X 射线晶体学基础

（第二版）

梁栋材　著

科学出版社
北京

内 容 简 介

本书是作者在多年的科研和教学基础上积累而成。运用几何学的概念和方法系统地分析和推导晶体的对称性原理及晶体的衍射原理，给读者以鲜明的立体概念，便于理解、掌握和应用。全书共分为三部分：几何晶体学基本原理、微观空间对称原理和晶体中X射线衍射基本原理。第一、二篇运用一般位置等效点系中的等效点在空间的对称分布与空间对称性相一致的原理，分别对晶体的宏观对称性、微观对称性及对称组合规律进行深入的阐述和分析，并对32个点群和230个微观空间对称组合给予系统推导。第三篇在晶体点阵与其倒易点阵相互关系的基础上，运用倒易点阵与反射球的数学模型及其相互作用关系，详细阐明劳埃散射方程和布拉格反射方程，并从原理上简明地描述了几种常用的重要的单晶衍射方法和仪器的实际运用。此外，从晶体微观空间中的平移矢量所导致倒易阵点系统消失的原理，阐明衍射的系统消光规律，并对120个衍射群给予推导。

本书是晶体学、晶体结构分析和蛋白质晶体学等专业的基础，可作为相关专业的大学生和研究生的专业基础读物，也可供从事相关专业研究的科技人员参考。

图书在版编目(CIP)数据

X射线晶体学基础/梁栋材著．—2版．—北京：科学出版社，2006

ISBN 978-7-03-017169-6

Ⅰ．X…　Ⅱ．梁…　Ⅲ．X射线晶体学　Ⅳ．O72

中国版本图书馆CIP数据核字(2006)第039364号

责任编辑：庞在堂/责任校对：陈丽珠

责任印制：徐晓晨/封面设计：龙文视觉设计

科学出版社出版

北京东黄城根北街16号

邮政编码：100717

http://www.sciencep.com

北京华宇信诺印刷有限公司印刷

科学出版社发行　各地新华书店经销

*

1991年11月第　一　版　　开本：B5(720×1000)

2006年9月第　二　版　　印张：23 1/4

2025年1月第五次印刷　　字数：466 000

定价：158.00元

(如有印装质量问题，我社负责调换)

第 二 版 序

《X 射线晶体学基础》一书终于再版了。

十五年前，该书是应国内从事晶体结构研究的科研人员特别是蛋白质晶体学专业的研究生的迫切需要，作为专业基础书和工具书而出版的。十五年来，晶体学本身和基于晶体学基本原理的相关学科都有了飞速的发展，特别是生命科学研究更加迫切地需要由分子和原子构成的“微观世界”的结构信息，作为结构生物学主要研究手段的 X 射线晶体结构分析的方法和手段也更加成熟和高效，并且为越来越多的相关学科的研究者所了解和采用。然而，正如卢嘉锡先生在本书第一版序言中所指出的：“晶体学的最基本的问题并没有改变”，清晰地理解微观空间对称原理和衍射原理仍然是从事该领域研究的工作者所必备的专业基础知识和基本功。事实上，正是有幸成为《X 射线晶体学基础》一书的读者们(其中不乏梁栋材先生历届研究生)，以他们受益于此书的切身感受，将本书推荐给他们的同事和学生，以至于来函索书者接连不断，包括在国外的懂中文的该领域学者。满足国内外从事晶体学，特别是生物大分子晶体学研究和教学的迫切需求是本书再版的唯一目的。

微观空间对称原理和衍射原理都是“看不见”、“摸不着”的抽象而枯燥的概念，梁栋材先生以其几十年对晶体学基本原理的深刻领悟，将几何晶体学和 X 射线晶体学，将正空间和倒易空间基本原理和概念，用最易理解的几何空间概念来阐述，这是本书有别于其他同类论著的最大特点，培养形象思维以建立高度的空间想象能力对理解本书的真缔是非常重要的，相信本书的再版将不负读者的期待。

本书再版前，作者再次对全书进行了审阅，并做了必要的校正。

常文瑞

中国科学院院士

中国科学院生物物理研究所研究员

饶子和

中国科学院院士

南开大学校长

第 一 版 序

晶体学的发展史可以追溯到上个世纪。本世纪 20 年代以来，晶体学已逐渐成为化学、物理学、矿物学以及冶金学等科学和技术的基础，而最近二三十年来晶体学在生物学上的应用展示了它新的强大生命力。然而晶体学的最基本问题并没有改变，生物大分子晶体学也必须基于微观空间对称原理和衍射原理之上。《X 射线晶体学基础》一书作者梁栋材教授在长期的研究和教学工作中，特别是与青年学者的共同研讨中发现，对微观空间对称原理的清晰理解是极为重要的，误解直至工作中的失误常常源于对微观空间对称原理的模糊认识，而这样一种清晰的理解必须建立在高度的空间想像能力基础上。所以该书没有采用群论等比较高深的数学手段为阐述原理的工具，而是采用最基础的立体几何学方法来直观地表达晶体学的基本原理。

梁栋材教授早年在苏联留学期间就开始归纳繁杂的对称原理，以后在他三十年如一日的严谨治学过程当中形成了今天这样的体系，其精华在于将微观空间对称性看成宏观对称性和三类平移的组合，并且运用一般位置等效点系中等效点在空间的对称分布与空间对称性相一致的原理，对晶体的对称性给予深入的阐述和分析，整个体系分明而易于掌握。该书在内容、阐述方法和结构上都有其独到之处，既可以满足研究人员、教师、大学生和研究生等各种读者的需要，同时也是一本晶体学的工具书。相信这本书的出版对推动国内晶体学，特别是对生物大分子晶体学的研究和教学工作会起到很好的作用。

卢嘉锡

1990 年 5 月于中国科学院

第一版序

[illegible]

第一版前言

X 射线晶体结构分析不仅是研究矿物、金属、无机化合物及有机化合物等空间结构的重要手段，而且也是当今研究生物大分子，诸如蛋白质、核酸及病毒等三维结构及其构象变化的极其重要的手段。X 射线晶体学是晶体结构分析的重要基础，在实验过程中需要熟练地了解及掌握晶体对 X 射线衍射的原理，而晶体的对称性，特别是晶体微观空间对称性原理的运用贯穿于结构分析的始终。我们的分析研究对象是在三维空间，熟练掌握与灵活运用晶体对称性原理的关键是鲜明的立体概念。

50 年代有幸在苏联 А.И.Китайгороский 和 Ю.Т.Стучков 教授的指导下攻读研究生学位，深深感谢导师的启蒙与循循诱导，使作者步入 X 射线晶体学和结构分析领域并打下了良好的基础。在此后的长期研究工作实践中，在许多晶体学先驱们的知识宝库里作者获得了许许多多的教益，并逐渐形成了自己对晶体的对称性原理和衍射原理的理解和运用方式。主要是运用几何学的概念和方法以加强立体概念，从而便于理解、掌握和运用。1963 年和 1964 年作者在中国科学技术大学讲授固体物理学有关“晶体学”部分的过程中，对自己的上述理解和运用方式做了初步总结，这一尝试的成功深化了作者的认识。相隔 20 年之后在 1983 年至 1989 年的七年期间，作者为中国科学技术大学生物系的兼职教授，主持了蛋白质晶体学课程，并主讲“几何晶体学”及“X 射线晶体学”两部分。在此期间，对于运用几何学的概念和方法对晶体对称性原理的理解和推导进行了系统的总结，并编写成授课讲义。讲稿前后经过三次修改和补充，本书是在此讲稿基础上形成的，希望本书有助于本专业的年轻学者。此外，本书肯定还有许多不完善和不足之处，恳请读者批评指正。

本书在形成以及编写过程中主要参阅了：E.E.弗林特(Флинт)著《结晶学原理》(杨朝梁等译，商务印书馆，1954 年)；Г.Ъ.柏基意(Ъокий)，M.A.巴赖-柯希志(Порой-Кошиц)著《伦琴射线结构分析实用教程》第一卷(施士元等译，高等教育出版社，1958 年)；A.N.季达依哥罗茨基(Китайгороский)著《X 射线结构分析》(龚尧圭等译，科学出版社，1958 年)；M.M.乌尔福逊(Woolfson)著《X 射线晶体学导论》(中国科学院生物物理所晶体结构分析组译，科学出版社，1981 年)；周公度著《晶体结构测定》(科学出版社，1981 年)；M.J.Buerger, *The Precession Method in X-ray Crystallography* (Wiley, 1964); K. Lonsdale (ed.),

International Tables for X-ray Crystallography(Vol.I, Kynoch, 1952)等。

本书的编写得到卢嘉锡教授的热情鼓励和支持，在此深表感谢。任重同志承担了本书的文字校对并为出版打印成稿等做了大量工作，并得到中国科学院科学出版基金的资助使本书得以出版，作者在此都表示衷心感谢。

梁 栋 材

1990年4月于北京

目　　录

第二篇 微观空间对称原理

第一篇

几何晶体学基本原理

第一章　晶体物质的主要特性

1.1.1　晶体内部结构的周期性

晶体作为固态物质中的一种形态，它不同于非晶态物质的最主要差别，在于它们具有规律的周期排列的内部结构。晶体内部物质点（原子、离子、分子等）在三维空间具有严格的周期排列堆积，这是晶体与其他形态物质的最主要区别，同时也是晶体具有各种各样特殊性质的根本原因。

首先以食盐（NaCl）来说明晶体。X 射线晶体结构分析结果证明，食盐是由钠离子（Na^+）和氯离子（Cl^-）在三维方向上按一定的几何规律排列而成。如图 1-1-1 所示，在互相垂直的 X，Y，Z 三个方向上 Na^+ 与 Cl^- 相间排列，而 Na^+ 和 Na^+，Cl^- 和 Cl^- 之间最短距离均为 5.628Å（1Å＝1×10^{-8}cm）。这种在内部结构中物质点做规律的周期排列的固态物质，称为晶体。

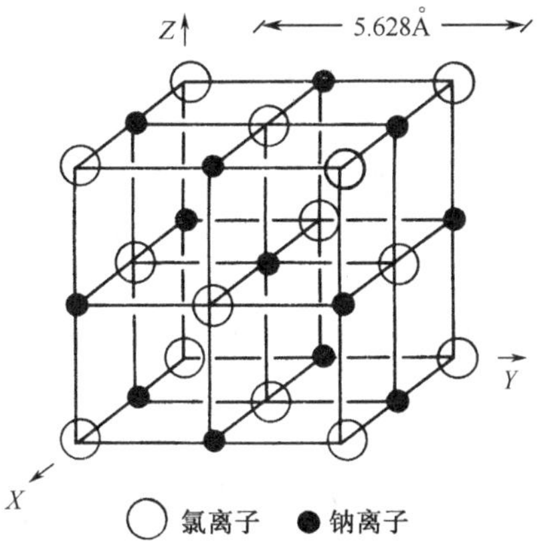

图 1-1-1　氯化钠晶体内部结构示意图

天然或人工生长出来的食盐晶体，如果生长环境良好，就可以形成一个完整端正无色透明的立方体。这种立方体是由 6 个平滑的正方平面互相连接组成的一个有限封闭空间。晶体表面的每个平面称为晶面，两个晶面之间所连接的直线称为晶棱，由多个晶面组成的有限封闭体称为晶体多面体。在以后的章节中我们将会知道，晶体多面体的形状（它们的晶面及晶棱）都是与晶体内部结构，特别是与内部结构的周期性密切相关的。如果晶体在生长过程中受到各种条件的影响（例如受到周围介质的阻碍），也许就不可能生长成完整端正的规则多面体，甚至不具有多面体外形，但其内部结构仍然是规律地周期排列，它仍是晶体。

人类最早在自然矿物中发现了大量具有规则几何外形的非常漂亮的天然晶体。于是就把这种具有规则几何多面体外形的固体称为晶体。然而，这种定义显然是不严谨的。因为一方面，某些具有天然规则多面体外形的“固体”并非是晶体。例如经过了非晶质蜕变的褐帘石，它内部已经转变成非晶态固体，却仍保留着原晶体的天然多面体外形。另一方面，由于晶体生长过程中往往会受到外界条件的限制，以致并非所有的晶体都有机会形成完整的规则多面体外形。例如组成花岗岩的主要矿物——长石和石英都是晶体，然而它们并不表现规则的多面体外形。实际上，在自然界中呈现完整的规则多面体外形的晶体并不是很多的。

如果将一个外形不规则的或故意磨圆了的晶体颗粒放在生长液中，在适当的条件下，这颗晶体可以继续自由生长，最终将会形成具有规则多面体的外形。这一结果说明，尽管在许多情况下晶体并没能长成完整的规则多面体，然而它们确实具有自发地成长为规则的几何多面体的内在能力。显然，晶体的这种性质是受着晶体内部的结构规律所支配的。晶体外表所呈现的多面体形态只是晶体内在本质的一种外在反映而已。

因此，我们不应该仅从外部现象诸如它的形态或它的某一种物理或化学特性来给晶体下定义，而应该从晶体内在本质上来确切地定义。晶体的根本特征在于它内部结构的周期性。物质点在内部三维空间有规则地周期排列是晶体区别于其他固态物质的根本标准。

1912 年物理学家劳埃（M. Laue）第一次在实验上证明了晶体的根本特性——晶体内部物质点在三维空间周期地排列。劳埃将晶体内部结构所具有的三维点阵的特性作为天然的光栅，这样的光栅可使伦琴（W. C. Röntgen）1885 年所发现的 X 射线引起干涉。劳埃的伟大成就不但证明了晶体的根本特性，而且将晶体学推进到一个新的纪元。

1.1.2 晶体空间点阵与晶格

晶体实际上是由原子、离子、分子等物质点在三维空间周期地排列而构成的固体物质。在晶体中，物质点按照一定的方式在空间做周期性规则的排列。相隔一定的距离重复出现，具有三维空间的周期性。

晶体内部的周期性结构，是晶体最基本的也是最本质的特征。

我们在研究晶体结构中各类物质点排列的规律性时，为了得出一个能概括各类等同点排列的一般规律，也就是说为了更好地、形象而简单地描述晶体内部物质点排列的周期性，把晶体中按周期重复的那一部分物质点抽象成一些几何点，而不考虑重复周期中它所包含的具体内容（指原子、离子或分子），从而集中地反映周期重复的方式。这种几何点，称为结点。由结点排列成的三维点阵就可能概括地表明各种等同点在晶体结构空间中的排列规律，我们称之为晶体结构的空间点阵。

显然，晶体结构的空间点阵是晶体结构中物质点的周期排列的一种几何抽象。建立这种抽象几何图形的具体方法，可以根据晶体结构的周期性，在每个周期中某一确定的地方给出一个结点，这些从晶体中无数个重复周期中所抽象出来的一组点，它们在三维空间是按一定周期重复的，这就建立起三维的点阵，即空间点阵。点阵是一组无限数目的结点，连接其中任意两点可得一矢量，将此矢量平移，当矢量的一端落在任意一点时，矢量的另一端必定也落在点阵中另一点上，所以，晶体点阵中的每个阵点都具有相同的周围环境。点阵中每个阵点代表着一定的具体内容（一个或一些分子、原子或离子等物质点），这一具体内容称之为晶体内部的结构基元。所以我们可以把晶体结构形象地用下式表示：

$$\text{晶体结构}=\text{点阵}+\text{结构基元}$$

这一表达式可以用图 1-1-2 来表示。

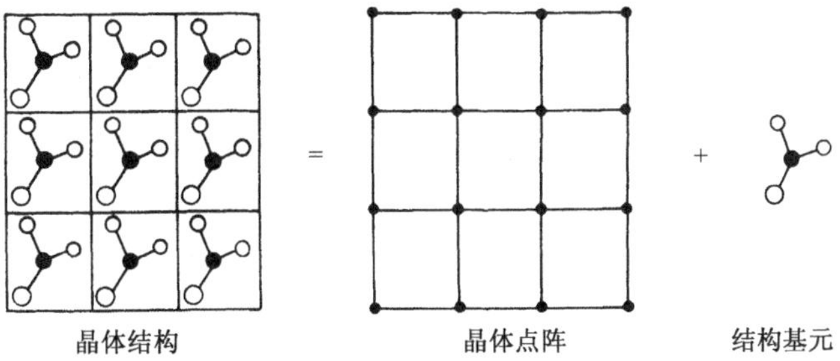

图 1-1-2　以晶体点阵与结构基元的复合表达晶体结构的示意图

根据点阵的性质，我们把分布在同一直线上的点阵叫直线点阵（阵点列），分布在同一平面上的点阵叫平面点阵（阵点平面），分布在三维空间的点阵叫空间点阵。图 1-1-3 分别表示出直线点阵、平面点阵和空间点阵。

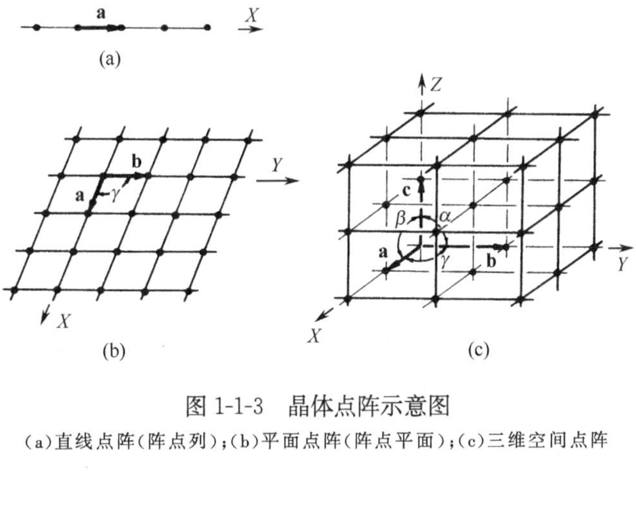

图 1-1-3　晶体点阵示意图

(a)直线点阵(阵点列)；(b)平面点阵(阵点平面)；(c)三维空间点阵

由图 1-1-3 可见，在直线点阵中若以连接两个阵点的单位矢量 **a** 进行平移，必指向另一阵点，而矢量的长度$|\mathbf{a}|=a$称为点阵参数。平面点阵必可分解为一组平行的直线点阵，并可选择两个不相平行的单位矢量 **a** 和 **b**，将其划分成并列的等同的平行四边形单位，而点阵中各阵点都位于各平行四边形的顶点处。矢量 **a** 和 **b** 的长度($|\mathbf{a}|=a$, $|\mathbf{b}|=b$)及其夹角 γ 称为平面点阵参数。一个简单的空间点阵必可分解为一组平行的并且完全相同的平行六面体单位，称为单位格子，而点阵中的阵点都位于各平行六面体的顶点处。矢量 **a**,**b**,**c** 的长度 a,b,c 及它们之间的夹角 γ,β,α 称为点阵参数或晶胞参数。

$$|\mathbf{a}|=a,\qquad a\wedge b=\gamma$$
$$|\mathbf{b}|=b,\qquad a\wedge c=\beta$$
$$|\mathbf{c}|=c,\qquad b\wedge c=\alpha$$

通常根据矢量 **a**,**b**,**c** 选择晶体的坐标轴 X,Y,Z，使它们分别和矢量 **a**,**b**,**c** 平行。国际上实行右手定则以确定坐标系(伸出右手的 3 个指头，大拇指代表 X 轴，食指为 Y 轴，中指为 Z 轴)，上图的空间点阵就是按右手定则确定的坐标系。

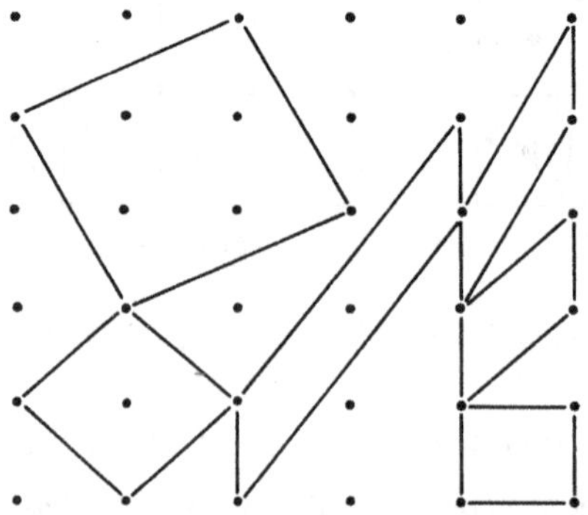

图 1-1-4　平面点阵中割取单位格子例举

显然，空间点阵可任意选择 3 个不相平行的单位矢量，将点阵分割为许多完全相同并周期重复的平行六面体(单位格子)，根据选择的单位矢量不同，其单位格子的样子亦不相同。对于一个晶体点阵，原则上应该有无限多种分割单位格子的方式，但基本上可归结为两类：一类是平行六面体单位内只包含一个阵点者(除了平行六面体的 8 个顶点之外，不再有其他附加阵点。在每一顶点上的阵点为 8 个相邻的平行六面体所共有，因而此类平行六面体具有阵点数目应为 $8\times1/8=1$)，称为“简单格子”或“素格子”；另一类是所分割的每个平行六面体中除 8 个顶点外还有附加的阵点，因而阵点数目大于 1，这种平行六面体称为“复格子”。图 1-1-4 是以一个平面点阵为例子，示意可以有各种各样的单位格子割取方式。

任何一个无穷的空间点阵都可以用无限多个完全相同的平行六面体的单位格

子在三维空间周期地重复来表达，而其中平行六面体的割取方式原则上应有无限多种。对于晶体点阵来说，割取这种平行六面体的单位格子是要遵循一定规则的，有关这方面的问题，我们将在以后的“布拉维”格子中加以讨论。

在点阵中分割的平行六面体称为点阵的单位格子。从另一角度看，空间点阵是由无限多个单位格子所构成，这一个具有严格三维周期性的格子亦称为空间格子，晶体的空间点阵在此情况下称为晶格。晶体点阵和晶格具有同样的意义，都是从实际晶体结构中抽象出来的，表达了晶体周期性结构的规律。

在此必须强调指出，空间格子以及组成空间格子的结点、结点行列、结点面网及单位格子等等，均只是一些抽象化的几何概念，所讨论的结点在空间的重复以及空间的分割等问题也都只是纯粹的数学问题，而晶体的结构则是由具体的物质点所构成的实在的东西。因此，晶体的空间格子不能直接等于晶体结构，单位格子并不能完全等同于单位晶胞，而结点也不直接代表某一种物质点。空间格子和结点本身都只具有纯粹的几何意义，而没有任何物理、化学上的意义。

然而，结点、单位格子、晶格等既然都是由具体的晶体内部结构加以抽象化而得出的，那么，如果进行相反的过程，按晶格内结点的重复规律，给予被重复的具体东西——“结构基元”(简称为“基元”)，使这些基元按晶格中结点分布的规律而分布，则我们将可回复得出具体的某一特定晶体的内部结构。这里所谓的基元是指组成晶体内部结构中的结构独立单元，它们可以借助平移操作而彼此联系起来。图 1-1-5 以二维空间为例表示出结构基元——方框部分的结构内容。

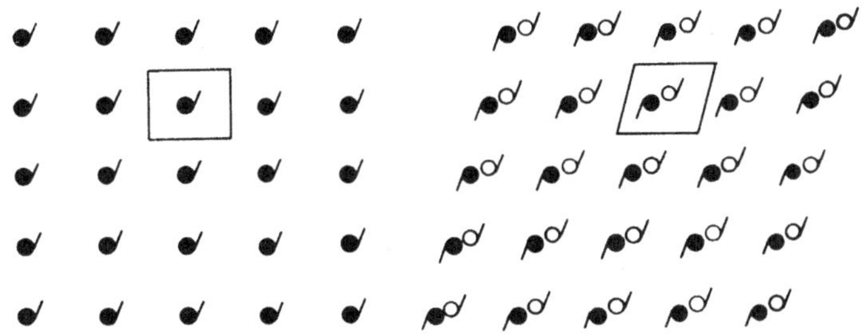
(a)　　(b)

图 1-1-5　在二维结构中单位晶胞与结构基元的举例

显然，每一基元的本身及其环境与其他基元都必须相同。从而如果在晶体内每一基元中各取一相应的等同点，则这些等同点就将构成晶体的空间点阵。另外，每一基元所占的空间则相当于空间格子中的一个平行六面体的素单位，每个基元之间可以通过素单位格子的 3 个矢量的平移而彼此重合。在晶体结构中，这种基元可以是由一个原子或一个分子组成，也可以是由若干个原子、离子或分子组成。例如 NaCl 结构中，基元由 Cl^- 和 Na^+ 构成，而在复杂的蛋白质结构中，组成每个基元的原子数目可以多至数以万计。此外，以 NaCl 为例，取基元中的 Cl^- 所构成的晶体点阵和取 Na^+ 所构成的点阵是完全一样的，二者只在空间位置上存在着一个平移关系，此平移就是 Cl^- 与 Na^+ 之间的矢量。

通过上述讨论，我们可以知道，晶体点阵与晶格是从晶体内部结构的周期性中抽象出来的，它反映晶体中物质点排列的周期性规律，反映了晶体结构的本质。晶体最基本的特征是晶体结构具有空间点阵式的周期性，近代 X 射线晶体衍射及晶体结构测定的结果早已肯定了这一特征。同时也应指出，一切实际晶体的内部结构都不可能是理想的、完整的空间点阵结构。由于实际晶体有一定的大小，晶体中或多或少都存在一定的缺陷，晶体中原子处于热运动之中且是处于各向异性的热运动之中等情况，所以实际晶体的结构都只是近似的空间点阵结构，而不是一个理想的空间点阵。

从周期重复原则，不可避免地要推导出晶体的空间点阵是一个在各方向都伸展至无限远处的无限图形。这种性质可从一直线点阵无限延伸的结果得以证明。事实上由物质点（原子、离子、分子等）排列而成的晶体结构当然不会占有无限大的空间，但是仍不妨碍我们将晶体点阵视为一个无限图形，理由有二：第一，晶体结构中相邻两物质点之间的距离，其数量级仅为数个埃至数十个埃，即 $10^{-8} \sim 10^{-7}$ cm，因此在一颗晶体内，1 mm 线段上所排列的物质点的数目相当大，近似地视之为无限大亦无不可；第二，晶体在适当的环境中，如果养分供应不断，有发育至无限大的可能性，虽然这是一个不可能实现的可能性，但却具有这样的趋势。由于这些原因，在以后研究晶体结构中物质点排列的某些几何规律性时，为推理上的方便，我们就将晶体点阵视为无限图形。

一整块固体中内部物质点的排列基本上为一个空间点阵所贯穿，称为单晶。有些固体是由许多小的单晶在各个方向聚集而成的，称为多晶。

一切物体，包括所有的晶体在内，它们都是由不连续的物质点——电子、原子、离子或分子所构成。从微观角度看，一切物体的性质都是不连续的，这一点对晶体来说，当然也不例外。

1.1.3 晶体的其他一些基本性质

晶体除了具有内部结构周期性这一最基本的性质之外，由于它具有周期性，晶体还具有其他一些基本性质。

1. 对称性　　无论晶体的宏观形貌或晶体内部微观结构都具有自身特有的对称性，晶体的对称性显然是取决于晶体内部的结构。晶体中的物质是按空间格子规律无限地在三维空间作周期性重复排列。显然，晶体对称性所具有的特性是由其周期性所决定的。

2. 均一性（均匀性、均和性）　　晶体结构规律的最根本之点是结构中的任一物质点都是在三维空间作周期性重复。因此，假如在晶体的各个不同部位都取出足够大的一块体积时，它们内部物质点的性质及物质点排列的方式都应该是能够相互重复的，即都是相同的，从而其各种性质也都应该是完全一致的。晶体的这种性质称为均一性。

所以，晶体的均一性指的是，晶体在其不同的部位上表现为具有相同性质的特性。

3. 各向异性(异向性)　物质的性质因观察方向的不同而有所差异的性质称之为异向性。

晶体的各向异性是由于晶体构造中各个方向上物质点的性质与排列方式不同所引起的，后者则又是由空间格子规律所决定的。因为在不相平行的行列上，一般情况下其结点间距并不相等。很明显，晶体的性质在一定的外界条件下，取决于成分和内部结构两个因素。既然在不同方向上其物质点的性质及排列方式均不相同(即其成分和结构都不相同)，那么必然要导致性质上的差异。

例如矿物中的蓝晶石，其硬度在平行其晶体延长方向上可以被小刀所划动，而在垂直于延长的方向上，小刀就无法划动，这就说明它的硬度是因方向而异的。

4. 自范性(自限性)　在晶体的基本性质中，自范性是最早被人们所认识的，晶体的自范性是指晶体具有自发地形成封闭的几何多面体外形，并以此范围(封闭)着它本身。这就是说，晶体占有一定的空间，其外表为晶面、晶棱及顶角等边界要素所包围，而与周围的介质分开。

晶体所具有的封闭的几何多面体外形，是晶体内部格子构造的外在反映。晶体的发生与生长的过程，实质上就是物质点按照空间格子规律进行规则排列和堆积的过程。

当然，由于外部因素的影响，有时使晶体不能表现出规则的几何多面体外形或者只能形成不完整的几何多面体。但就本质而言，晶体的自范性并不存在任何的例外。

5. 最小内能性　任何物体，包括晶体在内，它们都具有内能。物体的内能可能因它所处的热力学条件及其本身的形状及物相等因素的不同而异。在相同的热力学条件下，对于化学成分相同，但呈不同物相的物体相互比较而言，则以呈结晶相的物体——晶体的内能为最小。

根据分子运动理论，物体的温度与物体内部的物质点的平均动能有着密切联系。物体的温度越高，质点的热运动就越强烈，其平均动能也就越大。换言之，物体内能中的动能部分取决于物体所处的热力学条件，因而，它不能用来比较物体间的内能大小。可以用来比较物体内能大小的是其中的势能部分。物体的势能取决于物体内部物质点间的相对位置，即它们之间的距离与排列。

我们知道，晶体是具有格子结构的固体，其内部物质点之间呈现规则排列。这种规则排列，正是物质点间的引力与斥力达到平衡的结果，是物质点之间的一种密堆积。因而,在这种情况下,无论是使物质点间的距离增大或减少,都将导致物质点的相对势能的增加,从而使整个物体的势能增加。气体、液体和非晶态物质,由于它们内部物质点的排列是无规则的,导致物质点间的距离总是不可能等于平衡距离,因而它们的势能比晶体大。这就意味着,在相同的热力学条件下,它们的内能也都比晶体大。

6. 稳定性　　晶体的这一基本性质正是晶体具有最小内能的必然结果。晶体内的物质点因必须达到平衡位置而做规则排列。物质点只能在其平衡位置上做轻微振动,而不能脱离其平衡位置,否则将导致相变的发生。从能量的观点说,由于晶体的内能最小,因而物质点间相互维系的作用力最强,要改变它的位置就必须对它做功,也就是说需要外界传入能量。因此,相对说来结晶状态是最稳定的状态。

由此最后可以得出结论,结晶状态是热力学稳定的状态,亦即在一定的外界条件下,结晶状态不可能自发地转变为其他的物理状态。

第二章　面角恒等定律

1.2.1　可能晶面与实际晶面

在第一章中已说明晶体是具有空间点阵的结构特性。现代具有极高分辨率的电子显微镜已经直观地揭示了晶体内部物质点排列具有三维格子的结构特性。病毒晶体的电子显微镜照片非常清晰地显示出病毒颗粒之间的排列严格地遵循三维点阵的规律。当然,每一个病毒颗粒是由成万以至数十万个原子组成的结构。但是,这些病毒颗粒之间相应的原子原则上也保持着这种三维点阵的规律。

图 1-2-1 是晶体具有格子构造的示意图。显然,真实的晶体结构要比这示意图复杂得多,但是仅从晶体三维点阵角度来讨论,晶体内部物质点排列的三维格子特性正如图 1-2-1 所示。从图可知,晶体的晶面即相当于其中的结点面网,晶棱相当于结点的行列,而隅角顶点就相当于结点。

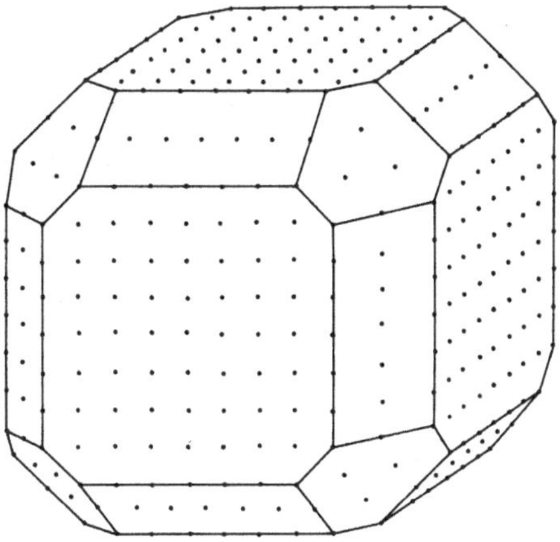

图 1-2-1　晶体内部格子结构示意图

在一个三维格子中,凡是不在同一行列上的 3 个结点都可决定这三维格子的一个面网的位置,因而三维格子中原则上应该具有无穷多的面网,这些面网不仅在空间位置上(方向上)而且在其特性上都不相同。某些面网上结点的分布较密或较疏于其他面网的结点分布,因此,我们可以按照结点的密度,也就是按单位面积上所具有的结点数目来区分这些面网。每一族相互平行的结点面网原则上都有可能是晶体的一个晶面,因此,晶体中应该具有许许多多(原则上应具有无穷多)的可能晶面。

实际上，并非所有可能的面网族都能显现为真实晶面。而且晶体在生长过程中，发育得快的曾经显现的晶面将会消失，发育得越快，消失得越早。图1-2-2所示意的三个晶面，由于晶面 B 的发育比晶面 A 和 C 快，最终晶面 B 消失，而只保存晶面 A 和 C。所以，我们所看到的实际晶体是一个由为数极少的几个至几十个实际晶面所组成的多面体。残留于实际晶体中的晶面称为实际晶面。

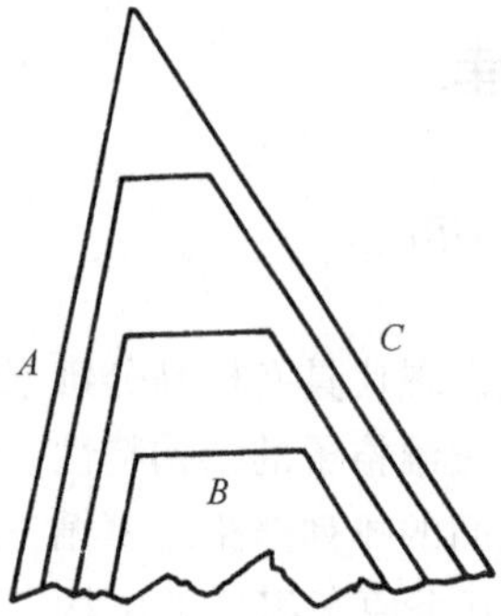

图1-2-2 晶体生长过程中发育快的晶面 B 消失示意图

一般来说残留于晶体多面体中的实际晶面都是密度大的晶面，其中密度最大的晶面优先保留在实际晶体中，密度较小的较次出现，密度再小些的晶面就更难以在实际晶体中发现，这就是所谓晶面发育次第规律。

1.2.2 晶体的晶面间夹角恒等

由于晶体在形成和发育过程中的外界条件差异，同一种物质（化合物）同一晶型的晶体可能具有各种外形的多面体，它们各自具有的晶面的数目和大小乃至它们的形状可能很不相同，但各个晶体中相应的晶面之间夹角却始终不变。

对于同一晶体内部结构（同质同构），任何两族平行的物质点面网之间的夹角应该是恒定的。既然晶体内部结构中一族平行的物质点面网是对应于晶体外形（多面体）的一个晶面，相应于这两族面网的晶面之间的夹角当然也应该保持不变，尽管这些同质同构的晶体之间具有很不相同的外形，以及它们所具有的晶面数目和大小也很不相同。

同一物质同一晶型（同构）的所有晶体，相应晶面（以及晶棱）之间的夹角恒定不变，称为面角恒等定律。

石英的晶体具有几种外形不同的多面体，但在它们所具有的晶面中，相应的晶面之间夹角是不变的。石英晶体及赤铁矿（Fe_2O_3）晶体的这种特性早在17世纪中叶就被人们所了解。而在18世纪里许多晶体的面角测定工作证实了面角恒等定律完全适用于所有物质的晶体。在18世纪以来相当长的时期里，面角恒等定律被应用于许多矿物的鉴定。晶体结构研究更使人们对晶体面角恒等定律的内在因素有了一个完全透彻的了解。

测量晶面间夹角的仪器是由粗糙的接触式测角器逐步发展为具有相当高精度的光学测角仪。

接触式测角器如图1-2-3所示，将晶体的两个晶面或两个棱分别与测角器的分度器和旋转小尺接触，从而读出它们之间的夹角。

光学测角仪有各式各样，诸如单圈反射测角仪、双圈反射测角仪、三圈反射测角仪等，它们的原理基本相同。图 1-2-4 是一种光学反射测角仪的工作原理。晶体安装在 ρ 转轴上，而 ρ 转轴又可以随着曲臂沿着底盘作 φ 角度的旋转。平行光束通过光学装置向晶体发射一束带十字或其他标记的光束并聚焦于晶体。目测装置用于观察晶体中晶面对入射光的反射信号。ρ 轴、入射光束及反射光束必须落在同一平面上并相交于一点，晶体被安装在它们的交点上。

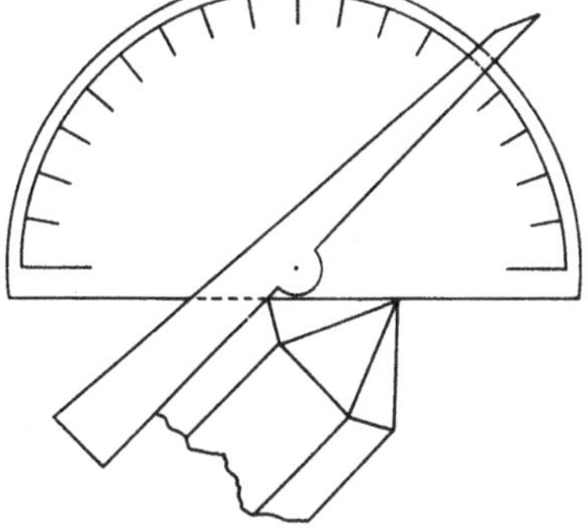
图 1.2.3　接触式测角器示意图

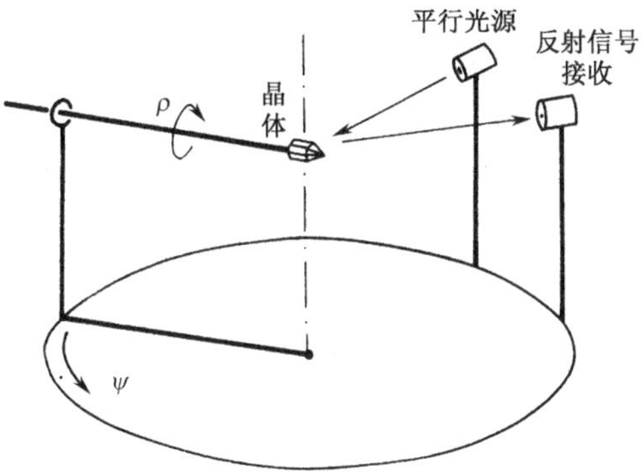

图 1-2-4　光学测角仪的工作原理示意图

晶体的任一晶面在特定的 ρ 和 φ 值时可像镜面那样，准确地将入射光反射到目测装置。这样晶体一旦被安装之后，将可以获得晶体中各晶面的特定 ρ 和 φ 值。球体坐标 ρ 和 φ 表达了各晶面的相对位置。从各晶面之间的 ρ 和 φ 的关系，很容易计算出晶面之间的夹角。当然对我们来说，实际上只要计算出各晶面法线之间的夹角也就可以了。这种计算也可以用下面讲到的“乌氏网”来处理，有关乌氏网的应用在费林特所著的《几何结晶学实习指导》[①]有详细论述。

1.2.3　晶体的投影

晶体是一个占有一定空间的多面体，晶体形貌学就是研究晶体的几何形状，其

① 地质出版社，1954 年。

根本任务在于研究晶体多面体中各个晶面之间的几何关系。面角恒等定律不但指出了晶体中相应晶面(棱)之间夹角恒定不变,而且揭示了晶体中各晶面(棱)之间具有一种特定的关系。在同质同构的晶体中,虽然晶面的数目、大小及形状有所差异,但晶面(棱)之间的特定关系并不改变。为了透彻而又简便地研究这种关系,人们研究晶体几何学的时候,更大的兴趣是在于这些多面体中各个面之间的几何关系,而不在于每个晶面的大小和形状。以晶面的法线而不是以晶面作为对象是研究它们之间特定关系的最方便的途径,这样的研究更有利于揭露晶体的对称特征。

对晶体的合理投影既是几何晶体学的重要研究手段,同时也是几何晶体学的一种十分重要的表达方式。在几何晶体学中常用的投影方法,视其投影面和视点所处位置的不同而分为极射赤平投影和心射极平投影等,因其特点不同而适用于不同的场合。

首先将晶体的晶面向球面作投影,设想将晶体固定于球的中心,晶体的每一个晶面作交于球心的面法线,并延伸与球面相交(如图 1-2-5 所示)。然后将晶体移离球体,此时球面上残留着晶体全部晶面法线的交点,这些交点称之为晶面的极点。如果此球面具有像地球仪那样的经纬线,而且以 φ 表示经度,ρ 表示纬度,那么前面光学测角仪所记录的晶体各晶面的球体坐标 ρ 和 φ 在这里将有一致的表达。球面上任意两结点之间的弧度严格地表示了相应的两个晶面法线之间的夹角。自然,面间夹角就是它的补角。

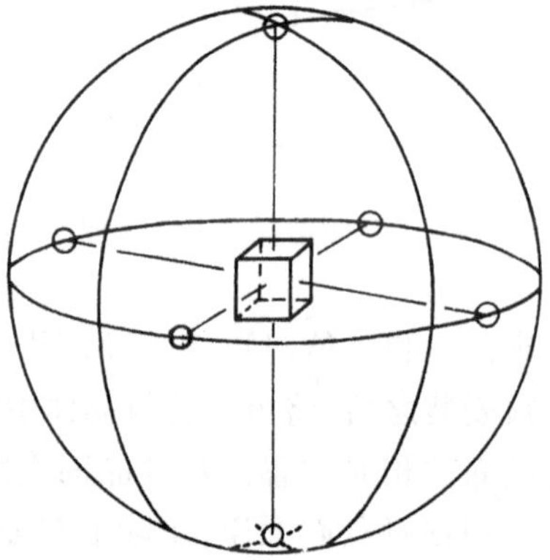

图 1-2-5 位于球心的晶体,其晶面法线与球面相交后给出的结点

为了把晶面的极点从球面的三维表达转移为二维平面的表达,我们还要作进一步的投影,最方便的有两种方法,即心射极平投影和极射赤平投影。

1.心射极平投影　将投影平面与上述带有晶面极点的球面相切于球面上的任意一点,以球心为视点,将球面上的晶面极点投影于投影平面上,即以球心与球面上的晶面极点作直线延伸到投影平面,此直线与投影平面相交点即为此晶面极点的投影点。

很清楚,投影直线与投影平面平行的那些晶面极点是无法在有限的投影平面上作投影的。因此,一个投影平面只能记录球面上部分晶面极点。

这种投影方法很少见于对几何晶体学的描述,但它对 X 射线晶体学中劳埃衍射照片的诠释却十分有用。

2.极射赤平投影　将上述带有晶面极点的球面中的一个直径平面作为投影平面,而且将此平面切割球面所得的圆周作为投影的基圆,以基圆的两个极点(即通过球心的基圆法线与球面相交的两个点)中之一作为视点,这里假定取基圆下面的极点作为视点,将此视点与基圆上面的球面上的晶面极点作连接线,这些直线必与投影面相交,这些相交点就是晶面极点的极射赤平投影点。图 1-2-6 是极射赤平投影示意图。

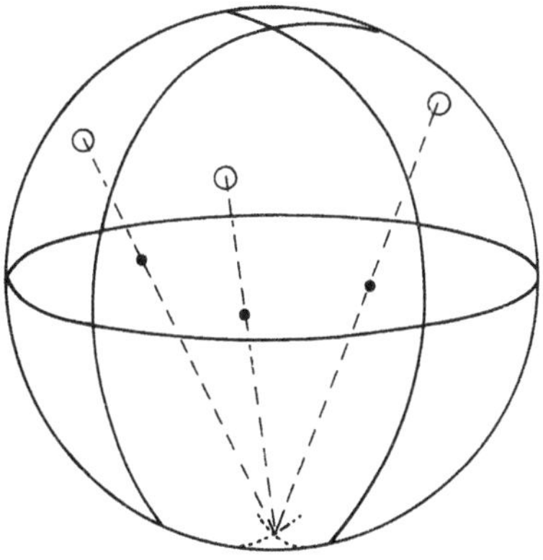

图 1-2-6　极射赤平投影示意图

以基圆的另一个极点作为视点,可以对另一半球面上的晶面极点用同样方法作投影,而且投影点亦落在同一个投影平面上。为了区分基圆上下两半球面上晶面极点的投影结果,可以分别用圆圈(○)和叉(×)表示。

极射赤平投影可以将整个晶体在球面上的晶面极点投影于一个平面上,而且全部投影点都落在投影平面的基圆范围内。极射赤平投影图上的一个结点(圆圈或叉)表示它相应的晶面法线的相对方向,当然它就表达了该晶面在晶体中所处的相对方位。极射赤平投影图上任意两个结点之间的相对位置表达了这两晶面法线的夹角(这两晶面间夹角自然就是它的补角)。乌氏网的运用可以帮助我们直接从极射赤平投影图上读出任意两点之间的夹角,并且可以对晶体投影方向进行变换。有关这方面的原理可参阅费林特著的《几何晶体学实习指导》。

极射赤平投影方法是对晶体进行几何晶体学研究和描述的一种十分重要的手段,下面的章节中我们将会经常运用它。

不难看出，无论心射极平投影还是极射赤平投影，它们的结果都是把一组晶面组成的晶体变换为一群结点的表达。晶体多面体中晶面之间的几何关系已变为点与点之间的关系，至于这些晶面在真实晶体中的实际形貌(大小和形状)就失去了意义。从这一群点可以描绘出一个准确的晶体多面体外形，但是它已不再是某个真实晶体的外形，而只是代表着这种晶体的一种“理想化”的外形。

第三章 晶体的对称原理

在自然界中，不会有其他一种物相会有晶体那么多样化的对称。对称是晶体所特有的性质。晶体具有如此复杂多样的对称，是由于其内部结构的三维周期特性决定的。晶体外形的对称是晶体内部结构对称(微观空间对称)的反映。有关晶体的微观空间对称将在第二篇的章节中给予阐明，本章节的讨论只限于几何晶体学范畴，即只讨论晶体的宏观对称——多面体外形的对称。这里，在研究晶体多面体的对称时，我们只注意晶体多面体中晶面之间的相互关系，而晶面在实际晶体中的形状和大小却是不重要的。

1.3.1 对称的概念及晶体的对称性

首先，对称的定义是：物体或物体各个部分借助于一定的操作而有规律地重复。例如，人的双手就是对称的。它们可以借助于一个反映平面的反映操作使之相重合。

晶体的对称是指晶体中各个部分借助于一些几何要素及以此为依赖的一些操作而有规律地重复。几何晶体学中所讨论的对称是指晶体多面体外形中的各个部分(晶面、棱、角)借助于一些几何要素及以此为依赖的一些操作得以有规律地重复。

呈现一定形式对称的图形称为对称图形。几何晶体学研究对象是一个有限空间的晶体多面体外形，它是一个有限的对称图形。有限对称图形中各个独立部分依赖于某种几何要素通过某一种(或多种)操作之后使之相互重合，而且不断地循环重复使整个对称图形复原。类似于双手这样的一个图形属于其中一种有限对称图形，其中一只手(对称图形的一个独立部分)可以借助于在两只手之间的一个反映面的反映操作而与另一只手(对称图形的另一独立部分)得以重合。继续进行这种操作，另一只手将与原来那一只手重复，继续不断的操作将循环重复，使整个对称图形(双手)复原。这种使对称图形复原的特性称为对称操作的封闭性。

对称图形中各个独立相同部分通过某一种操作使之互相重合并最终使对称图形复原，这种操作我们称之为对称操作。

施行对称操作时，必须凭借一定的几何要素(点、线、面)，这些几何要素称为对称要素，即对称元素。

对称图形中经对称操作后，各个相互重合的独立部分图形，称为对称等效图形。各个对称等效图形之间存在着“对称等效”的关系。

晶体的形貌学研究指出,晶体多面体外形中的晶面(晶棱及角)之间存在着各种对称关系。借凭着一定的对称元素进行对称操作之后,它们可得以重合。晶体多面体是一个十分完美的空间(有限)对称图形。在这种对称图形中,晶面将是整个图形中的一个独立部分。

就如上面讨论晶体投影时那样,我们在研究晶体的对称性时所注意的也只是多面体中晶面之间的几何关系,而晶面在实际晶体中的形状和大小却是不重要的。在下面的许多讨论中,对我们来说研究晶体多面体中晶面之间的关系,只需研究在投影球面上一群点内点与点之间的关系就足够了。由晶面组成的对称图形将由一群点所组成的对称图形所代替,晶面之间的对称将由点与点之间的对称所代替。在这样的讨论中,点与点的对称等效、(对称)等效点、(对称)等效点系以及点群等的概念将会被建立和运用。

晶体多面体是一个有限空间的对称图形,因此,它所具有的对称元素(点、线、平面)将通过这个多面体的重心。换句话说,各种对称元素必然与投影球面的球心相交。

下面我们将详细介绍晶体中可能存在的各种对称元素,它们是晶体多面体的有限图形中可能存在的宏观对称元素。为了帮助理解每个对称元素的性质及其对称操作特点,我们对每一种对称元素都画出对称元素及其对称等效点的示意图、对称元素及其对称等效点的极射赤平投影图,以及表达这种对称性的多面体。另外为了读者在实际工作中应用,除了介绍每一种对称元素的国际符号及习惯符号外,我们还将列出该对称元素的对称操作所导出的一般位置等效点坐标,这实际上就是该对称元素的一般位置等效点系。在对称元素国际符号后面的圆括弧内所标出的是该对称元素的坐标。这里必须对读者预先说明,按照晶体学国际习惯的表达方式,坐标变量的负值 $-x,-y,-z$ 将等同地表示为 $\bar{x},\bar{y},\bar{z}$。

1.3.2 对称自身、对称中心及对称面

1.3.2.1 对称自身

对称自身的对称操作是自身对称操作,图形的自身实际上是什么操作也不必进行,当然也没有对称等效。这是晶体中可能存在的一种最低对称性的对称元素,而且是在晶体中实际存在的一种对称元素(见图 1-3-1)。

国际符号为 1,习惯记号为 L^1。

当它处于任意坐标系中的坐标原点时,它的坐标是 1(000),所导出的一般位置等效点系为:

$$x,y,z \xleftrightarrow{1(000)} x,y,z$$

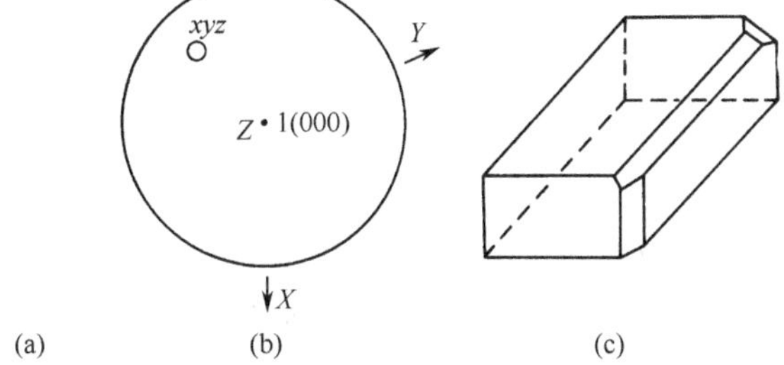

图 1-3-1　对称自身

(a)对称图形;(b)极射赤平投影;(c)多面体

1.3.2.2　对称中心

对称中心的对称操作是反伸对称操作。设有一个几何点,作通过该点的任意直线,在直线上距该点等距离的两端可以找到性质完全相同的两个对称等效点,该几何点就是对称中心。空间中任意一点向对称中心作直线并延伸等距离,必然会找到与初始点完全相同的点。这两点以对称中心为对称等效,即对称中心的等效点系(见图 1-3-2)。

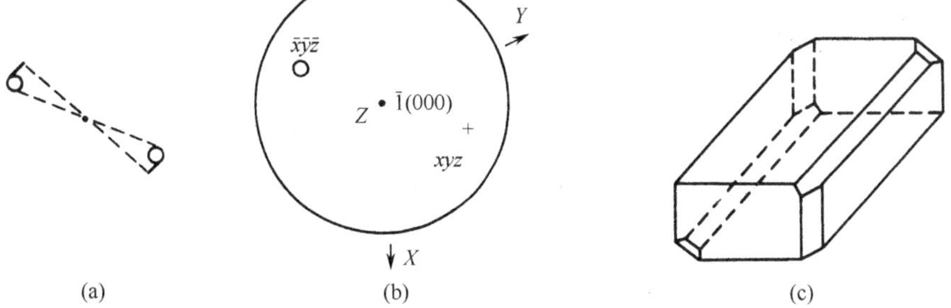

图 1-3-2　对称中心

(a)对称图形;(b)极射赤平投影;(c)多面体

国际符号为 $\bar{1}$,习惯记号为 C。

设对称中心位于任意坐标系的坐标原点上 $\bar{1}(000)$,对称图形中任意一点,坐标为 x,y,z,经此对称中心的对称操作后,获得另一对称等效点,其坐标应为 $\bar{x},\bar{y},\bar{z}$。即

$$x,y,z,\xleftrightarrow{\bar{1}(000)}\bar{x},\bar{y},\bar{z}$$

1.3.2.3 对称面

对称面的对称操作是反映对称操作。设在对称图形中有一个几何平面，对称图形中任意一点作为初始点向该几何平面作垂直线并向平面另一方延伸等距离，此端点与初始点的性质完全相同。那么，这一几何平面将对称图形分为完全相同的两个独立部分，称这几何平面为对称面，上述操作称为反映对称操作。对称图形由此而划分的两个独立部分之间具有对称面的对称等效。上述初始任意点与对称操作后的对称等效点组成了对称面的等效点系(见图 1-3-3)。

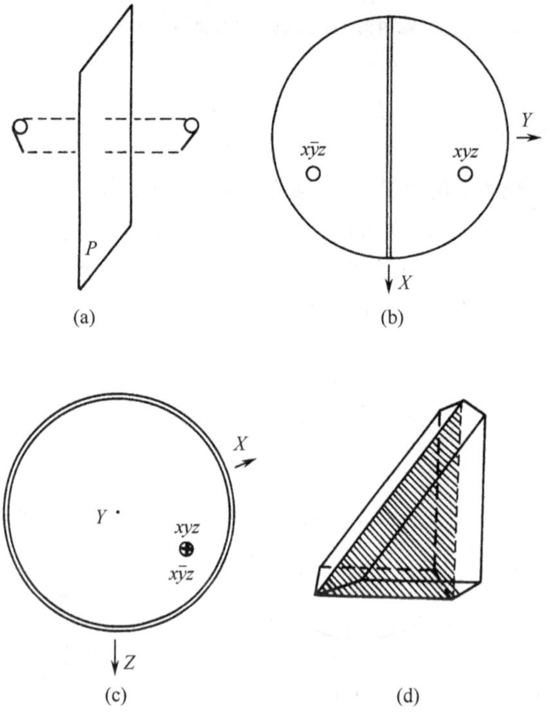

图 1-3-3　对称面

(a)对称图形；(b)和(c)不同方向投影的极射赤平投影图；(d)多面体

国际符号为 m，习惯记号为 P。

设对称面与坐标系的 Y 轴垂直并与 X、Z 轴重合。这样的坐标系将有如下坐标轴之间的夹角：$X \wedge Y = Y \wedge Z = 90°$，$X \wedge Z$ 任意值。此时对称平面的坐标为 $m(x0z)$。任意点 x, y, z 为初始点经此对称面 $m(x0z)$的对称操作后可得等效点，其坐标应为 $x, \bar{y}, z$。反过来，由 $x, \bar{y}, z$ 出发，亦可得其等效点，其坐标当然就是 x, y, z。

$$x, y, z \xleftrightarrow{m(x0z)} x, \bar{y}, z$$

同理可以导出与 X 轴或 Z 轴垂直的对称面 $m(0yz)$及 $m(xy0)$的等效点系。

1.3.3 对称轴(旋转对称轴)

对称轴的对称操作是绕轴的旋转对称操作。设有一几何直线通过对称图形，以对称图形中任意点作为初始点，绕此直线旋转一个 α 角度(称此角度 α 为基转角)之后，与另一点重合，此点与初始点的性质完全相同。而且上述操作经 n 次之后，回复到原来的初始点。这样的几何直线称为 n 次旋转对称轴(简称为 n 次旋转轴)，上述操作称为旋转对称操作。凭借 n 次旋转轴经 n 次操作的 n 个对称等效点组成了此 n 次旋转轴的等效点系。n 次旋转轴必然使对称图形分割为 n 个互相对称等效的独立部分。

几何晶体学中只可能存在一次旋转轴、二次旋转轴、三次旋转轴、四次旋转轴和六次旋转轴 5 种，即 $n=1,2,3,4,6$。它们的基转角 α 分别为 360°，180°，120°，90°及 60°。至于为什么 $n=5$ 以及 $n>6$ 的旋转轴不可能存在于晶体中，我们将会在下面给予简单的论证。

1.3.3.1 一次旋转轴($n=1,\alpha=360°$)

很明显，这种对称元素就是对称自身，绕轴旋转 360°的操作必然就是自身对称操作，这种对称在前面已经讨论过了。

国际符号为 1，习惯记号为 L^1，在此不再重述。

1.3.3.2 二次旋转轴($n=2,\alpha=180°$)

国际符号为 2，习惯记号为 L^2，投影图符号为 或$\longleftrightarrow$。

设二次旋转轴与坐标系中 Z 轴重合并与 X 及 Y 轴垂直，此时，二次旋转轴在这坐标系中的坐标将是 $2(00z)$。以任意点 x,y,z 为初始点经此二次旋转轴对称操作后可得等效点为 $\bar{x},\bar{y},z$。继续进行对称操作，等效点将回复到初始点 x,y,z。由此可知，上述二次旋转轴 $2(00z)$应由两个等效点 $x,y,z;\bar{x},\bar{y},z$ 组成一般位置等效点系。同理，对于与坐标系中的 X 轴重合并垂直于 Y 轴及 Z 轴的二次旋转轴 $2(x00)$，应有一般位置等效点系 $x,y,z;x,\bar{y},\bar{z}$。对于与 Y 轴重合且垂直于 X 轴及 Z 轴的二次旋转轴 $2(0y0)$，应有一般位置等效点系 $x,y,z;\bar{x},y,\bar{z}$(见图 1-3-4)。

$$x,y,z \xleftrightarrow{2(00z)} \bar{x},\bar{y},z;$$

$$x,y,z \xleftrightarrow{2(0y0)} \bar{x},y,\bar{z};$$

$$x,y,z \xleftrightarrow{2(x00)} x,\bar{y},\bar{z}$$

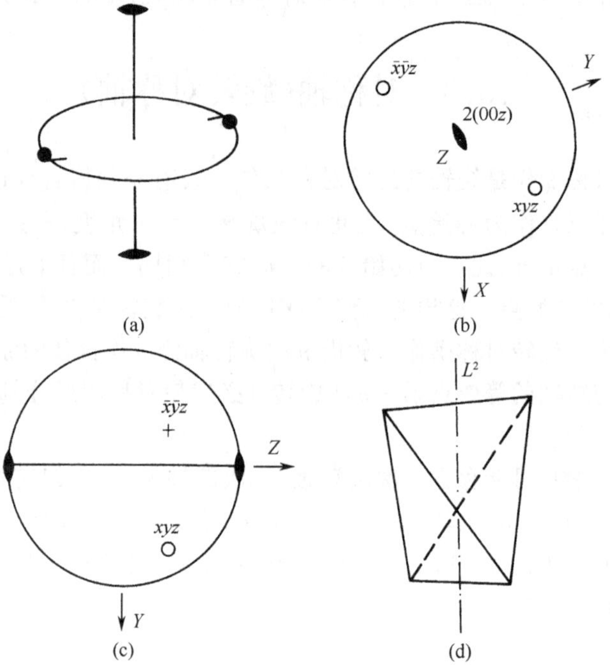

图 1-3-4 二次旋转轴

(a)对称图形;(b)和(c)不同方向的极射赤平投影图;(d)多面体

1.3.3.3 三次旋转轴($n=3, \alpha=120°$)

国际符号为 3,习惯记号为 L^3,投影符号为▲。

在几何晶体学中,符合三次旋转轴特性的坐标系有下述两类:

1. 第一类坐标系 Z 轴与 X 及 Y 轴垂直,而 X 轴与 Y 轴的单位轴长相等($a_0=b_0$),而且相交 120°($X\wedge Y=120°$)。三次旋转轴在此坐标系中与 Z 轴重合,其坐标为 3(00z)。这类坐标系称为 H 取向坐标系。以任意点 x,y,z 为初始点经此三次旋转轴对称操作后可得等效点 $\bar{y},x-y,z$,继续进行对称操作可得另一等效点 $\bar{x}+y,\bar{x},z$,再进行对称操作将回复到初始点。由此可知,上述三次旋转轴的一般位置等效点系为 $x,y,z;\bar{y},x-y,z;\bar{x}+y,\bar{x},z$(见图 1-3-5)。

2. 第二类坐标系 等轴坐标系,即 X 轴、Y 轴及 Z 轴的单位轴长都相等,即 $a_0=b_0=c_0$,而且 3 个坐标轴之间的夹角均相等 $\alpha=\beta=\gamma$,为任意值。在特殊情形里 $\alpha=\beta=\gamma=90°$。三次旋转轴在此坐标系中通过坐标原点与 3 个坐标轴的夹角都相等(即处于 3 个轴之间的中分线上),其坐标为 3(xxx)。这类坐标系称为 R 取向坐标系。任意点 x,y,z 为初始点,经此三次旋转轴的对称操作后,分别可得等效点为 y,z,x 及 z,x,y。因而三次旋转轴 3(xxx)的一般位置等效点系为 x,y,z;

$y,z,x;z,x,y$。图 1-3-6 是沿三次旋转轴的极射赤平投影及其中一种多面体的示意图。

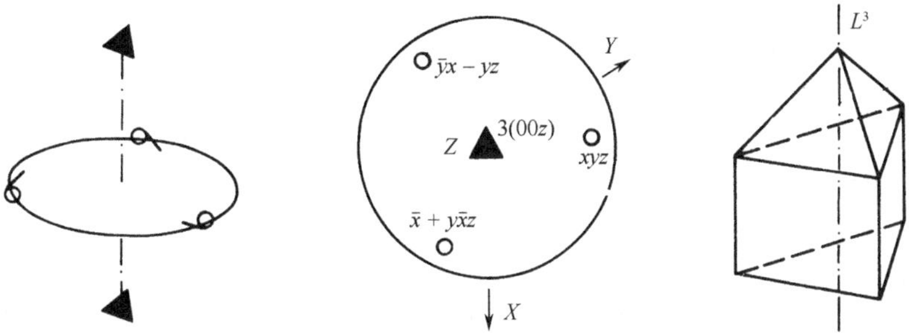

(a) (b) (c)

图 1-3-5 三次旋转轴

(a)对称图形;(b)极射赤平投影;(c)多面体

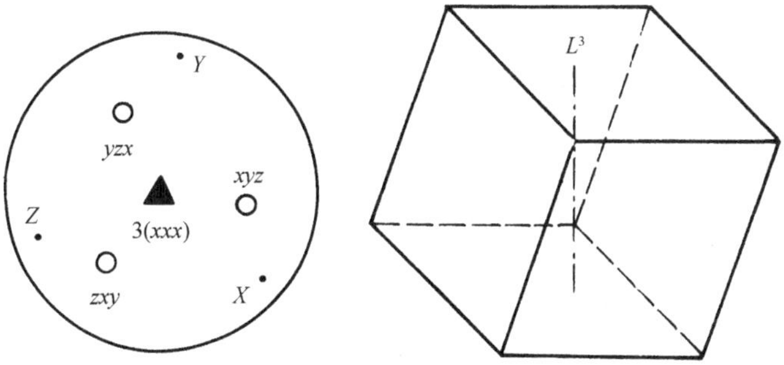

(a) (b)

图 1-3-6 三次旋转轴 3(xxx)

(a)极射赤平投影图;(b)多面体

1.3.3.4 四次旋转轴($n=4,\alpha=90°$)

国际符号为 4,习惯记号为 L^4,投影符号为■。

在几何晶体学中符合四次旋转轴特性的坐标系必须是直角坐标系,即 3 个坐标轴的夹角应为直角,$\alpha=\beta=\gamma=90°$。而且若四次旋转轴与 Z 轴重合,那么其余两个坐标 X 及 Y 轴的单位轴长应相等,即 $a_0=b_0\neq c_0$。亦即,四次旋转轴与一坐标轴相重合,而另外两个与四次旋转轴垂直的坐标轴其单位轴长应相等。在特殊情形中坐标系中 3 个坐标轴的单位轴长都相等,此时 $a_0=b_0=c_0$。

设四次旋转轴与 Z 轴重合,其坐标为 4($00z$)。以任意点 x,y,z 为初始点经四次旋转轴 4($00z$)连续施行对称操作可依次得等效点 $\bar{y},x,z;\bar{x},\bar{y},z$ 及 $y,\bar{x},z$。由此可知，四次旋转轴 4(00z)的一般位置等效点系为 $x, y, z; \bar{y}, x, z; \bar{x}, \bar{y}, z; y, \bar{x}, z$。

从上述四次旋转轴的一般位置等效点系中 x, y, z 与 $\bar{x}, \bar{y}, z$；$\bar{y}, x, z$ 与 $y, \bar{x}, z$ 的对称等效关系都说明(满足)具有二次旋转轴 2(00z)，其坐标恰好与四次旋转轴 4(00z)重合。很显然，四次旋转轴为偶次旋转轴，自然应该包含有二次旋转轴的对称性(见图 1-3-7)。

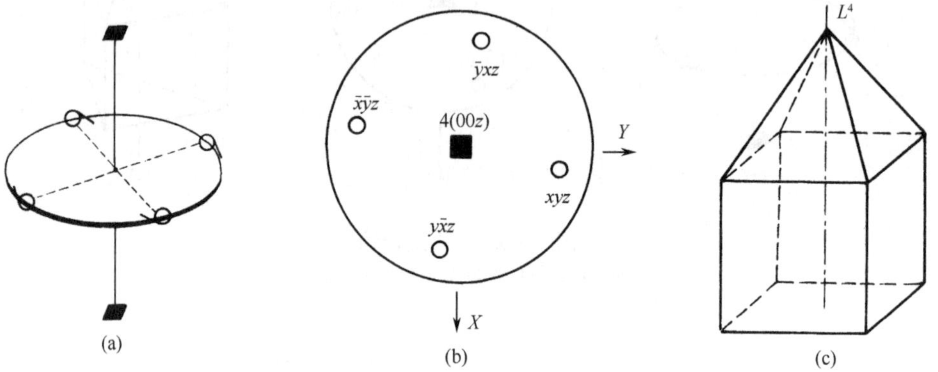

图 1-3-7　四次旋转轴

(a)对称图形；(b)极射赤平投影图；(c)多面体

1.3.3.5　六次旋转轴(n=6，α=60°)

国际符号为 6，习惯记号为 L^6，投影符号为⬢。

在几何晶体学中符合六次旋转轴特性的坐标系必须是与三次旋转轴的第一类坐标系一样，即六次旋转轴与 Z 轴重合，而 X 轴与 Y 轴的单位轴长必须相等(即 $a_0 = b_0$)，而且相交 120°($X \wedge Y$=120°)，这就是 H 取向坐标系。六次旋转轴在此坐标系中的坐标为 6(00z)。以任意点 x, y, z 为初始点，经六次旋转轴连续进行对称操作后，可得等效点依次为：$x-y, x, z; \bar{y}, x-y, z; \bar{x}, \bar{y}, z; \bar{x}+y, \bar{x}, z; y, \bar{x}+y, z$。由此可知，六次旋转轴 6(00$z$)的一般位置等效点系为 $x, y, z; x-y, x, z; \bar{y}, x-y, z; \bar{x}, \bar{y}, z; \bar{x}+y, \bar{x}, z; y, \bar{x}+y, z$。从上述旋转轴的一般位置等效点系中 x, y, z 与 $\bar{x}, \bar{y}, z$；$x-y, x, z$ 与 $\bar{x}+y, \bar{x}, z$；$\bar{y}, x-y, z$ 与 $y, \bar{x}+y, z$ 都表明(满足)二次旋转轴 2(00z)的对称等效关系，此二次旋转轴恰好与六次旋转轴重合。显然，六次轴为偶次旋转轴，自然应该包含有二次旋转轴的对称性。同样道理，从上述六次旋转轴的一般位置等效点系中，$x, y, z; \bar{y}, x-y, z; \bar{x}+y, \bar{x}, z$ 3 个等效点之间，以及 $\bar{x}, \bar{y}, z; y, \bar{x}+y, z; x-y, x, z$ 之间都说明(满足)三次旋转轴 3(00z)的对称性。所以，六次旋转轴同时包含有二次旋转轴及三次旋转轴的对称性(见图 1-3-8)。

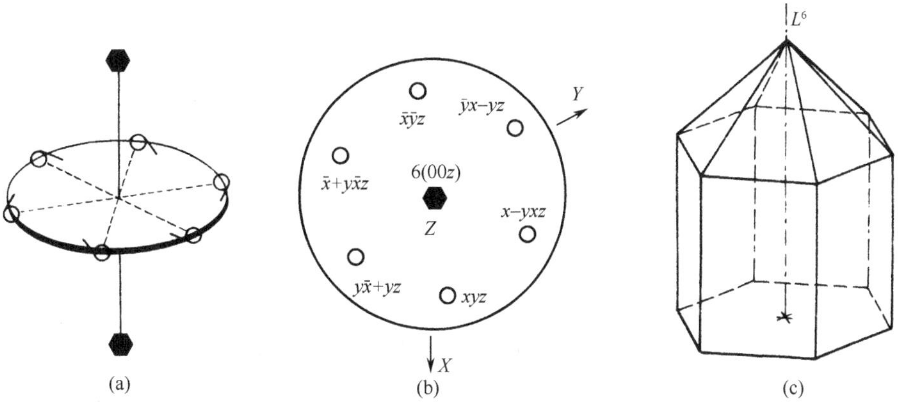

图 1-3-8　六次旋转轴

(a)对称图形;(b)极射赤平投影图;(c)多面体

1.3.3.6　五次和高于六次的旋转轴不可能存在

对于晶体的一切对称图形,由于受到空间点阵周期规律的制约,它们的旋转轴的轴次 n 将是有限的。

如图 1-3-9 所示,设有一基转角为 α 的旋转轴 L 垂直于纸面且通过点阵格子中的结点 A,而 B 则为与 A 相隔 1 个周期的另一结点。由于空间格子中的各个结点必互为等同点,因此,垂直于纸面通过 B 结点必然有一基转角亦为 α 的旋转轴 L'。L 与 L' 的性质应完全相同。结点 B 经旋转轴 L 的对称操作(绕轴旋转 α 角)得等效点 C 结点,同样 A 结点经旋转轴 L' 对称操作后得等效点 D 结点。如此,结点 A,B,C,D 亦必互为等同的格子结点,同时 $\overline{AC}=\overline{BD}=\overline{AB}$。于是连接 A,B,C,D 成一等腰梯形,$AB /\!/ CD$。由于晶体空间格子中相互平行的行列,其结点间距必定相等,因此必须满足:

$$\overline{CD}=k\cdot\overline{AB},\text{其中 } k \text{ 应为整数}$$

过点 A 和点 B 分别作 CD 之垂线 AE 和 BF,于是

$$\begin{aligned}\overline{CD} &= \overline{CE}+\overline{EF}+\overline{FD}\\ &= \overline{AC}\cdot\cos(180^\circ-\alpha)+\overline{AB}+\overline{BD}\cdot\cos(180^\circ-\alpha)\\ &= \overline{AB}\cdot(1-2\cos\alpha)\end{aligned}$$

代入上式可得 $k=1-2\cos\alpha$,即

$$\cos\alpha=(1-k)/2$$

以具体的整数代入 k,在式中可分别求出 α 值($\alpha>2\pi$ 的略去)。结果如表 1-3-1 所列。

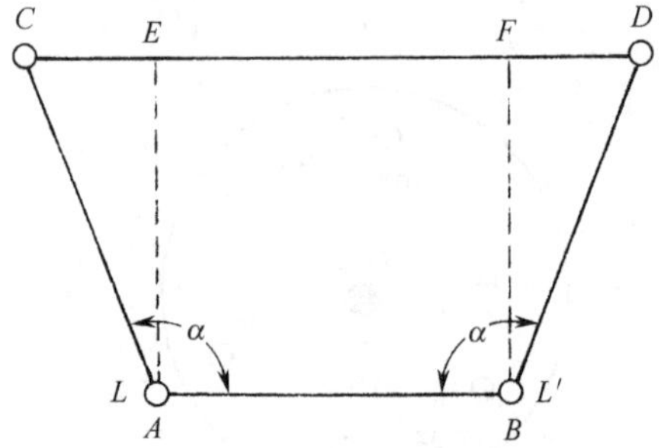

图 1-3-9　五次和高于六次旋转对称轴不可能存在

表 1-3-1　基转角的可能值

k	>3	3	2	1	0		−1	<−1
$\cos\alpha=(1-k)/2$	<−1	−1	−1/2	0	1/2		1	>1
α	无解	180°	120°	90°	60°	0°	(360°)	无解

由表 1-3-1 可知，在晶体学中旋转轴的基转角 α 只可能为 360°，180°，120°，90° 和 60°。

在前面有关对称图形及对称操作中已提及，经一次或 n 次对称操作后对称图形必须得以复原，这就是所谓对称操作的“封闭性”。旋转轴的对称操作亦不例外，因而旋转轴的轴次 n 与基转角 α 将有如下关系：

$$n=360^\circ/\alpha\text{ 或 }\alpha=360^\circ/n$$

根据上述基转角 α 的可能值，在晶体学中旋转轴的轴次 n 只能是一次、二次、三次、四次及六次旋转轴，而不可能有五次和高于六次的旋转轴。

至今为止我们介绍了几何晶体学中四种最基本的对称操作：自身对称操作、反伸对称操作、反映对称操作和绕轴旋转对称操作，而且上述各种对称元素（对称自身、对称中心、对称面和旋转轴）都是由单一种基本对称操作构成的对称元素。几何晶体学中除了单一的基本对称操作外，还可以有复合对称操作。复合对称操作是由两种基本对称操作复合后的一种对称操作。对称图形中独立部分经第一种基本对称操作后并不能与另一独立部分重合，还需要经另一种基本对称操作后才能与另一对称等效独立部分重合。实际上，复合对称操作对于基本对称操作而言是一种复合操作，而就它的操作本身来说，复合对称操作仍然是一种单一的对称操作。不但只在几何晶体学中可以有这种复合对称操作，以后在晶体内部结构中许多微观空间对称元素都具有平移操作与基本对称操作复合后的对称操作。

并非任何两种基本对称操作复合后都具有新的含义，例如自身对称操作与其他三种基本对称操作的复合并不会产生新的内容。又例如，反伸对称操作与反映对称操作的复合只是得到绕轴二次旋转对称操作(二次旋转轴所具有的对称操作)。只有反伸对称操作或反映对称操作与绕轴旋转对称操作复合后才会产生一些新的内容。下两节我们将介绍这两种复合对称操作以及它们相应的对称元素。

1.3.4 旋转反伸轴 L_i^n

旋转反伸轴所具有的对称操作是由绕轴旋转与反伸操作复合后的一种操作。既然是绕轴旋转对称操作,其基转角 α 当然要满足上面已论证过的可能值,其轴次 n 也只能是一次、二次、三次、四次和六次。旋转反伸对称操作有如下特征:对称图形中某独立部分绕直线旋转基转角 α 后,再经对此直线上的一个假想点(在宏观对称中它位于坐标原点)实施反伸对称操作之后才与对称图形中另一对称等效的独立部分相重合。这一复合操作称为旋转反伸对称操作,此直线称为旋转反伸轴。在几何晶体学中,这一假想点应是直线上的一个点,并与坐标系原点重合。如下面介绍所示,并非所有轴次的旋转反伸轴都具有新的内容。旋转反伸轴的习惯记号为 L_i^n,n 为轴次。习惯上,人们往往把旋转反伸轴简称为反转轴或反轴。

1.3.4.1 一次旋转反伸轴 L_i^1

一次旋转反伸对称操作示于图 1-3-10。对称图形中处于初始位置 1 的独立部分经绕轴旋转 360°(实际上仍然在位置 1 上)再经轴上的假想点实施反伸对称操作之后,将与位置 2 上的另一独立部分相重合。继续施行同样操作,将回复到位置 1 上的初始部分。对称图形中,如此两个对称等效部分之间的关系表明一次旋转反伸轴 L_i^1 并非新的对称元素,而是以前介绍过的对称中心,其位置就在假想点上,即 $L_i^1=C$,国际符号仍然用 $\bar{1}$ 表示。

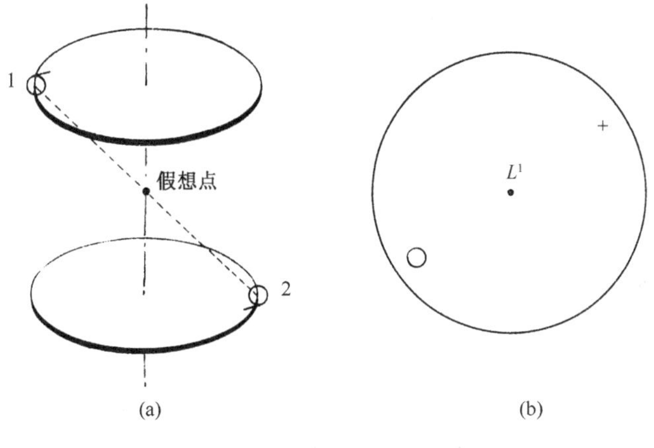

图 1-3-10 一次旋转反伸轴 L_i^1

(a)对称图形;(b)极射赤平投影图,实际结果是 $L_i^1=C$

1.3.4.2 二次旋转反伸轴 L_i^2

图 1-3-11 表示二次旋转反伸对称操作。对称图形中位置 1 的部分绕轴旋转 180°后到达位置 2,再以轴上假想点实施反伸操作后,将与位置 3 上的部分相重合。继续同样操作经位置 4 后回复到位置 1 上的独立部分。对称图形中,位置 1 及 3 上两个对称等效部分之间指出二次旋转反伸轴也不是新的对称元素,而是以前已介绍过的对称面,其位置应在通过假想点并垂直于轴,即 $L_i^2=P$,国际符号仍然以 m 表示。

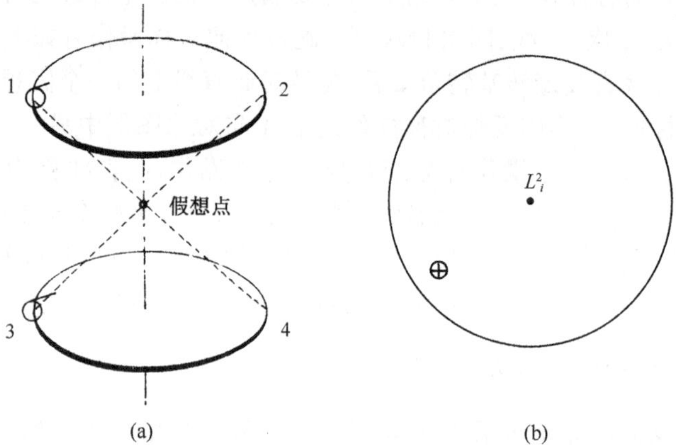

图 1-3-11 二次旋转反伸轴 L_i^2

(a)对称图形;(b)极射赤平投影图,实际结果是 $L_i^2=P$

1.3.4.3 三次旋转反伸轴 L_i^3

如图 1-3-12 所示,对称图形中,位置 1 中的独立部分绕轴旋转 120°到达位置 5,再经轴上假想点施行反伸操作与位置 2 上的独立部分相重合,继续同样操作,经位置 6 与位置 3 上的部分相重合。如此操作直至回到初始位置 1。对称图形中标号由 1 到 6 的 6 个独立部分相互之间对称等效。三次旋转反伸轴具有新的内容,被认为是一个新的对称元素。它的国际符号为 $\bar{3}$,而习惯记号是 L_i^3,其轴次 $n=3$,基转角 $\alpha=120°$,而且在几何晶体学中,轴上的假想点位于坐标系的原点上。它的投影图以符号▲表示。

设三次旋转反伸轴 $\bar{3}$ 处于与前面介绍的三次旋转轴 3 所处的完全一样的坐标系,即坐标系中 Z 轴与 $\bar{3}$ 重合,而 X 轴与 Y 轴相交 120°,且垂直于 Z 轴,X 轴与 Y 轴具有相同的单位轴长。另外,$\bar{3}$ 轴上的假想点落在坐标系的原点,此时的三次旋转反伸轴(也简称为三次反转轴或三次反轴)的坐标是 $\bar{3}(00z)$。

$\bar{3}(00z)$在上述 H 取向坐标系中将有如下的一般位置等效点系:$x, y, z; x-y, x, \bar{z}; \bar{y}, x-y, z; \bar{x}, \bar{y}, \bar{z}; \bar{x}+y, \bar{x}, z; y, \bar{x}+y, \bar{z}$。

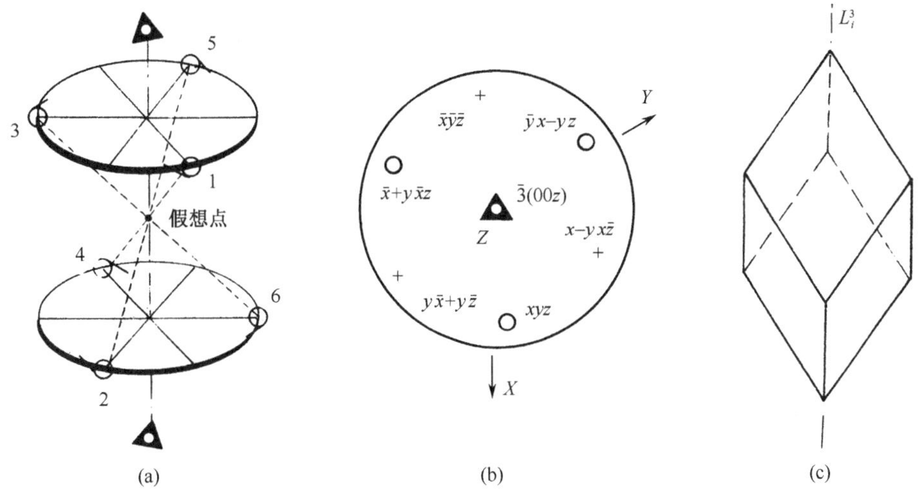

图 1-3-12　三次旋转反伸轴 L_i^3

(a)对称图形;(b)极射赤平投影图;(c)多面体

从图 1-3-12 中的极射赤平投影图及一般位置等效点系中等效点坐标的相互关系,可以得知,三次旋转反伸轴 $\bar{3}$ 包含有三次旋转轴 3 和对称中心 $\bar{1}$ 的对称性。也就是说三次旋转反伸轴是三次旋转轴与对称中心的复合:

$$\bar{3}=3+\bar{1}$$

1.3.4.4　四次旋转反伸轴 L_i^4

四次旋转反伸轴(四次反轴)的对称操作是绕轴旋转 90°后再以轴上假想点进行反伸对称操作。如图 1-3-13 所示,对称图形中位置 1 的部分绕轴旋转 90°至位置 2,并以轴上的假想点作反伸对称操作后与位置 3 上的独立部分相重合。继续由位置 3 的部分图形出发绕轴旋转 90°至位置 4,再反伸到位置 5,得到另一等同部分图形,如此继续同样的操作,经位置 6 到达 7,经位置 8 回到初始位置 1。因此,位置 1,3,5,7 上的 4 个独立部分相互对称等效并构成对称图形。从图 1-3-13 可以肯定,四次旋转反伸轴是一个新的对称元素。它的国际符号表示为 $\bar{4}$,习惯记号为 L_i^4,而投影符号以◆表示。

设四次旋转反伸轴 $\bar{4}$ 处于前述四次旋转轴 4 所处的坐标系,即 Z 轴与 $\bar{4}$ 重合,轴上的假想点落在坐标系原点上,而 X 轴与 Y 轴的单位轴长一样,相互垂直且垂直于 Z 轴。此时四次旋转反伸轴的坐标为 $\bar{4}(00z)$并有一般位置等效点系 x,y,z;$\bar{y},x,\bar{z}$;$\bar{x},\bar{y},z$;$y,\bar{x},\bar{z}$。

从图 1-3-13,我们很容易发现,就像其他的偶次对称轴一样,四次反轴 $\bar{4}$ 也包含有二次旋转轴的对称性。

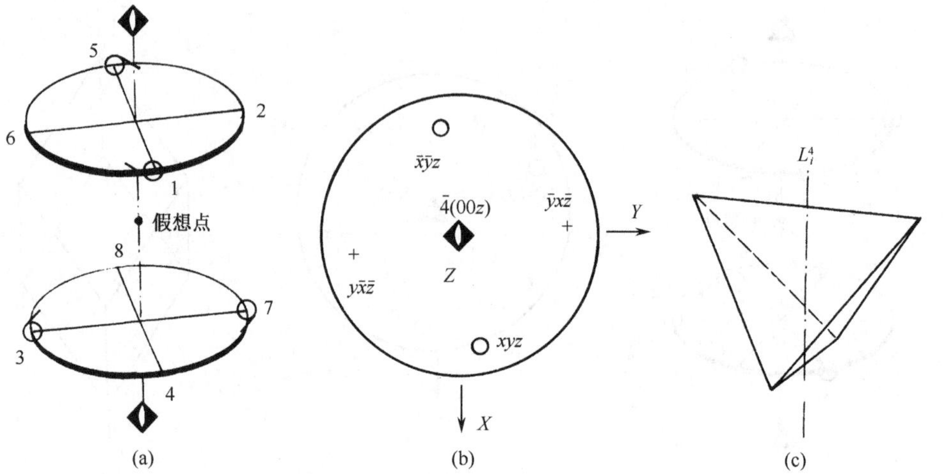

图 1-3-13　四次旋转反伸轴 L_i^4

(a)对称图形;(b)极射赤平投影图;(c)多面体

1.3.4.5　六次旋转反伸轴 L_i^6

六次旋转反伸轴(六次反轴)的操作如图 1-3-14 所示,对称图形中位置 1 的独立部分绕轴旋转 60°至位置 2,再以轴上的假想点施行反伸对称操作后与位置 3 重合。连续以同样操作经 4 与 5 重合,经 6 与 7 重合,经 8 与 9 重合,经 10 与 11 重合,最后经位置 12 与初始位置 1 重复。位置为 1,3,5,7,9,11 的 6 个独立部分相互对称等效

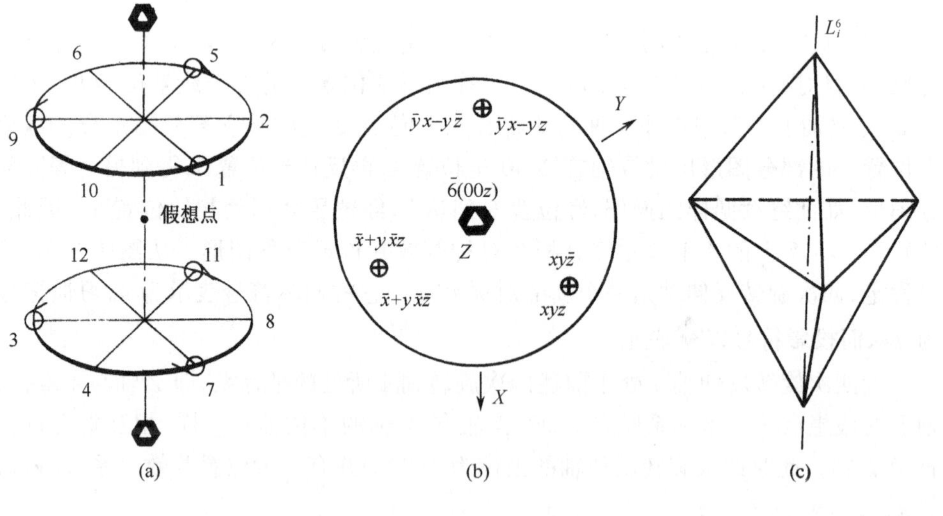

图 1-3-14　六次旋转反伸轴 L_i^6

(a)对称图形;(b)极射赤平投影图;(c)多面体

并构成六次旋转反伸对称图形。六次旋转反伸轴具有新的对称特点，它是一个新的复合对称元素，其国际符号是 $\bar{6}$，习惯记号为 L_i^6，投影符号以⬢表示。

让六次旋转反伸轴 $\bar{6}$ 处于前面介绍的六次旋转轴的 H 取向坐标系中，即坐标系中 X 轴与 Y 轴具有同一单位轴长，相交 120°而且都垂直于 Z 轴。六次反轴 $\bar{6}$ 与 Z 轴重合，并以坐标原点为假想点。此时六次反轴的坐标是 $\bar{6}(00z)$，它的一般位置等效点系是 $x,y,z;\bar{y},x-y,z;\bar{x}+y,\bar{x},z;x,y,\bar{z};\bar{y},x-y,\bar{z};\bar{x}+y,\bar{x},\bar{z}$。

从图 1-3-14 中不难发现六次旋转反伸轴既包含三次旋转轴 3，又有对称面的对称性，且是二者的复合，所以 $\bar{6}=3+m$，其中 3 与 m 相互垂直。

1.3.5 旋转反映轴 L_s^n

旋转反映轴的对称操作是绕轴旋转与反映操作复合后的一种对称操作。对称图形某独立部分绕直线旋转基转角 α 后，再经与此直线垂直并通过坐标系原点的一个假想平面施行反映操作之后，才与对称图形中另一对称等效部分相重合。旋转反映轴的习惯记号为 L_s^n（n 为轴次）。

1.3.5.1 一次旋转反映轴 L_s^1

对称图形中独立部分绕轴旋转 360°后经垂直于直线的假想平面实施反映对称操作之后，与另一独立部分相重合。很明白，初始的独立部分与对称等效的独立部分之间，实际上是一种纯粹的反映对称等效关系。也就是说，一次旋转反映轴并非是一种新的对称元素，而只是一个与假想平面重合的对称面。即 $L_s^1=P$，国际符号仍然以 m 表示（见图 1-3-15）。

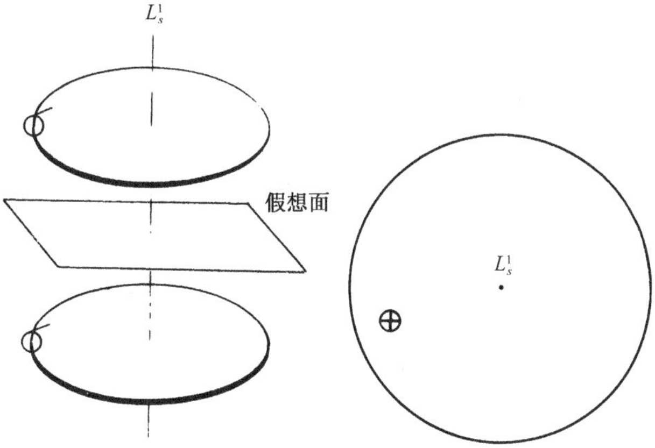

图 1-3-15 一次旋转反映轴 L_s^1

(a)对称图形；(b)极射赤平投影图，实际结果是 $L_s^1=P$

1.3.5.2 二次旋转反映轴 L_s^2

如图 1-3-16 所示，对称图形中独立部分处于初始位置 1，绕轴旋转 180°经位置 2，再经假想平面施行反映对称操作之后，在位置 3 上有对称等效的另一独立部分，继续进行同样操作，经位置 4 回到位置 1 的初始部分。组成对称图形的两个对称等效部分表明二次旋转反映轴并非是一种新的对称元素，而只是以前已介绍过的对称中心 C。它处于轴与假想平面的垂直交点上，国际符号仍然以 $\bar{1}$ 表示。

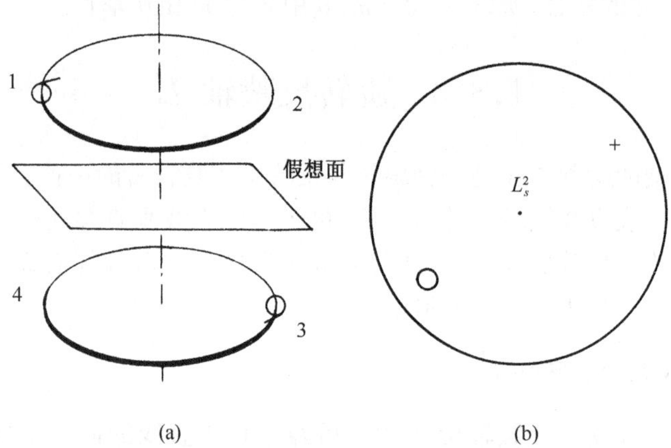

图 1-3-16　二次旋转反映轴 L_s^2

(a)对称图形；(b)极射赤平投影图，实际结果是 $L_s^2 = C$

1.3.5.3 三次旋转反映轴 L_s^3

如图 1-3-17 所示，对称图形中独立部分处于初始位置 1，绕轴旋转 120°，经位置 2，再经假想平面施行反映操作之后，在位置 3 上获得对称等效的另一部分，继续进行同样操作，经位置 4 到位置 5 上的等效部分，经位置 1 到 6，经 3 到 2，经 5 到 4，经 6 回到位置 1 上的独立部分。

很明显，图 1-3-17 的对称图形与图 1-3-14 所示的图形是完全一样的，也就是说，三次旋转反映轴 L_s^3 是与六次旋转反伸轴 L_i^6 的对称结果相同。按国际习惯，统一以 $\bar{6}$ 表示。它的一般位置等效点系及其极射赤平投影图请参阅图1-3-14。

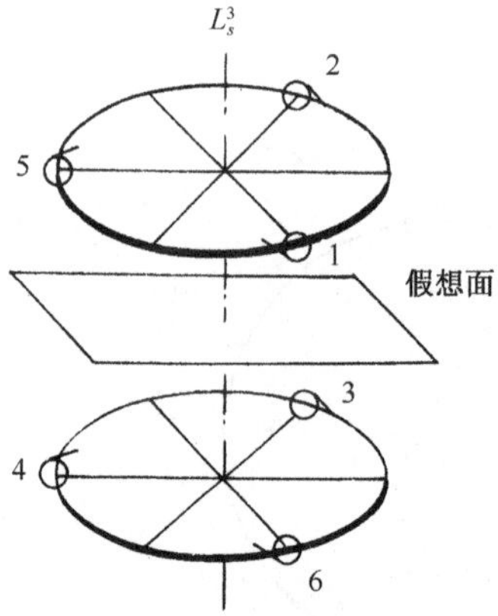

图 1-3-17　三次旋转反映轴 L_s^3

实际结果等同于六次旋转反伸轴 $L_s^3 = L_i^6$

1.3.5.4 四次旋转反映轴 L_s^4

如图 1-3-18 所示，对称图形中独立部分处于初始位置 1，绕轴旋转 90°到位置 2 后，经假想平面的反映操作到达位置 3 的等效部分，继续同样操作，经 4 到 5，经 6 到 7，经 8 回到位置 1。

由图 1-3-18 的对称图形可知，由四次旋转反映轴 L_s^4 所导出位置 1,3,5,7 的 4 个对称等效图形是与图 1-3-13 中 L_i^4 的结果一样。换句话说，L_s^4 并不具有新的内容，完全可以由 L_i^4 表示，按国际习惯均以符号 $\bar{4}$ 表示。它的一般位置等效点系及其极射赤平投影图如图 1-3-13 所示。

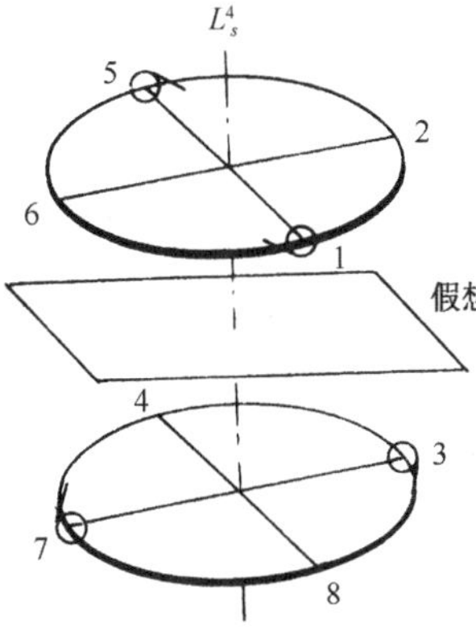

图 1-3-18 四次旋转反映轴 L_s^4 与四次旋转反伸轴相等（$L_s^4 = L_i^4$）

1.3.5.5 六次旋转反映轴 L_s^6

如图 1-3-19 所示，对称图形中独立部分处于初始位置 1，绕轴旋转 60°到位置 2，再经假想平面的反映操作到位置 3 的对称等效部分，继续同样的复合操作，经 4 到 5，经 6 到 7，经 8 到 9，经 10 到 11，经 12 回到 1。

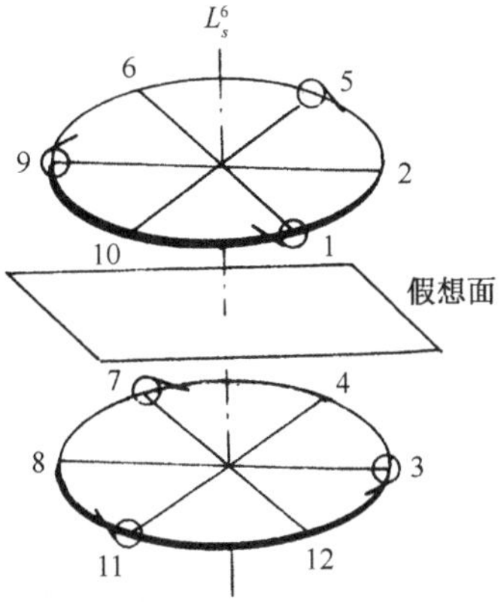

图 1-3-19 六次旋转反映轴 L_s^6 与三次旋转反伸轴相等（$L_s^6 = L_i^3$）

由六次旋转反映轴 L_s^6 所导出位置 1,3,5,7,9,11 共 6 个对称等效部分所组成的对称图形(图 1-3-19)与图 1-3-12 的三次旋转反伸轴 L_i^3 的结果完全一样。换句话说，L_s^6 并非是一个新的对称元素，它完全可以由 L_i^3 代替。按国际习惯，均以符号 $\bar{3}$ 表示。它的一般位置等效点系及其极射赤平投影图如图 1-3-12 所示。

第四章 对称元素的组合

从第三章有关对称原理的详细讨论可以确定，在结晶多面体的有限对称图形中可以存在 10 种独立的对称元素，这就是几何晶体学中的 10 种宏观对称元素，它们列于表 1-4-1。

表 1-4-1 几何晶体学中实际存在的 10 种宏观对称元素

对称元素名称（简称）	国际符号
对称自身	1
对称中心	$\bar{1}$
对称面	m
二次旋转轴（二次轴）	2
三次旋转轴（三次轴）	3
四次旋转轴（四次轴）	4
六次旋转轴（六次轴）	6
三次旋转反伸轴（三次反轴）	$\bar{3}$
四次旋转反伸轴（四次反轴）	$\bar{4}$
六次旋转反伸轴（六次反轴）	$\bar{6}$

在结晶多面体这一有限对称图形中，可以只有一个对称元素单独存在，也可能有多于一个以上的对称元素相交于晶体的几何中心，同时并存于一个晶体多面体中。

任意两个或两个以上的对称元素相交，它们的对称操作组合的结果必然会导致产生另一个或多个新的对称元素。而且，新派生的对称元素的性质（种类）及其坐标位置将由原始的那些对称元素的性质（种类）及其坐标位置所决定。从数学概念上，每一个具有特定位置的对称元素的对称操作均可由一个变换来描述。两个变换的乘积将导出一个新的变换，这个新的变换表达了具有特定坐标位置的新派生对称元素所具有的对称操作。对称轴之间的组合很容易从欧拉（Euler）定理导出其结果。从欧拉定理可指出，通过任意两相交旋转轴的交点，必可找到第三个新轴，它的作用等于前两者之积，其轴次及其与两个原始轴之间的交角，则取决于该二原始旋转轴之轴次及它们之间的交角。然而，为了初学晶体学的人具有更直观的立体空间概念（这对于晶体学及 X 射线晶体结构分析都是十分重要的），下面我们对问题的讨论还是采用对称等效点系坐标的推导和用极射赤平投影表达等效点系的方法。

前面第三章晶体的对称原理中已指出，在特定坐标系中的某一特定对称元素应有一组与之相应的一般位置等效点系。反之，由一组完整的一般位置等效点系的等效点坐标，也必然可以导出与之相应的对称元素及其在坐标系中的坐标位置。基于这一原理，运用一般位置等效点系与对称元素之间的这种重要关系，下面我们将对一些对称元素的组合进行讨论，研究它们的组合与派生的对称元素之间的关系。

1.4.1 不派生高次轴的对称元素组合

由下面的推导将会发现，两个对称元素(对称轴或对称面)若不是垂直相交，必然会导致派生出高次对称轴(参看包含高次轴的组合)，因此，这里只限于两个对称元素垂直相交。

1.4.1.1 二次轴 2(x00)与二次轴 2(0y0)垂直相交，必然派生出与前两者垂直相交的二次轴 2(00z)

在正交坐标系中，从任意点 x,y,z 出发，经两个二次轴 2(x00)及 2(0y0)充分的对称操作后，导出 4 个等效点(图 1-4-1)。在这一等效点系中，x,y,z 与 $\bar{x},\bar{y},z$ 以及 $\bar{x},y,\bar{z}$ 与 $x,\bar{y},\bar{z}$ 的等效关系都证明这一等效点系中存在着另一个二次轴，其坐标位置为 2(00z)，表明它与原始的两个二次轴垂直相交。

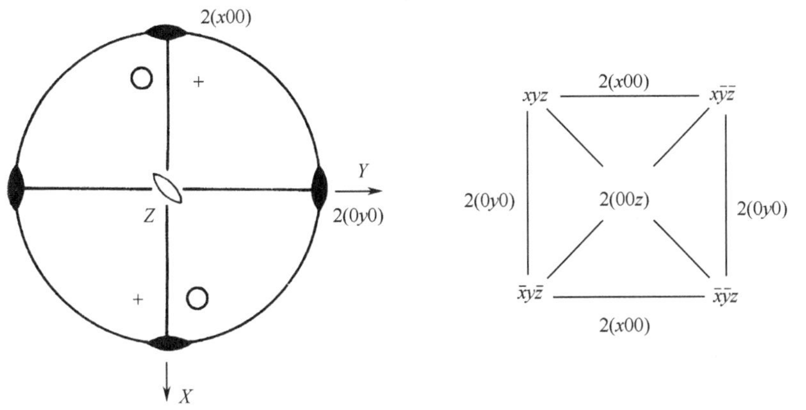

图 1-4-1　点群 222，极射赤平投影及等效点系

它的逆过程亦是成立的。其结论必然是 3 个互相垂直相交的二次轴之中任意两个的组合，必然派生出第三个。

1.4.1.2 一个二次轴 2(0y0)与一个对称面 m(x0z)垂直相交，必然在它们的交点上派生一对称中心 $\bar{1}$(000)

从任意点 x,y,z 出发，经二次轴 2(0y0)及对称面 m(x0z)充分的对称操作后，导出 4 个等效点(如图 1-4-2 所示)。在这一等效点系中，x,y,z 与 $\bar{x},\bar{y},\bar{z}$ 以及 $x,\bar{y},z$ 与 $\bar{x},y,\bar{z}$ 的等效关系都证明在这一等效点系内存在一对称中心，其坐标为 $\bar{1}$(000)，表明它处于原始的两个对称元素的交点上。

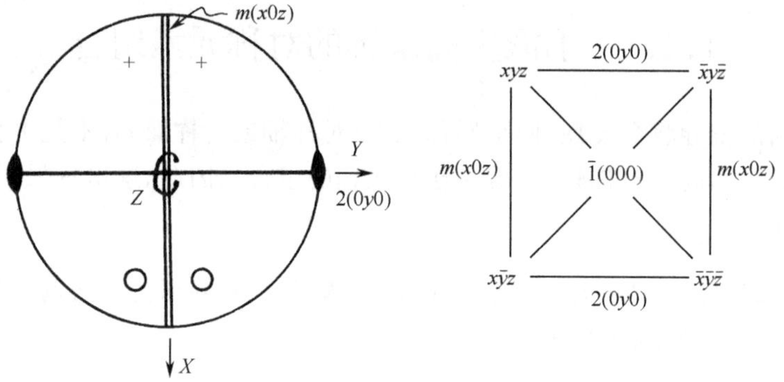

图 1-4-2 点群 2/m，极射赤平投影及等效点系

它的逆过程亦是成立的。其结论是二次轴 2(0y0)与对称中心 $\bar{1}$(000)相交，必然在垂直于二次轴且通过对称中心处派生出对称面 m(x0z)；同理，对称面 m(x0z)与对称中心 $\bar{1}$(000)组合后将派生二次轴 2(0y0)。

1.4.1.3 两个对称面 m(x0z)及 m(0yz)垂直相交，必然在它们的相交线上派生出一个二次轴 2(00z)

从任意点 x,y,z 出发，经两个对称面 m(x0z)及 m(0yz)充分的对称操作后，

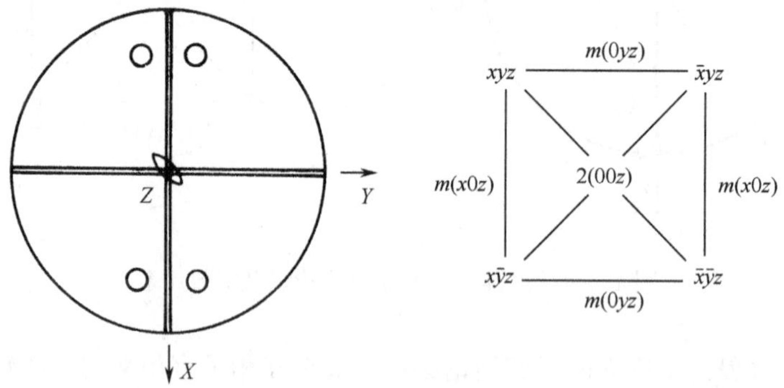

图 1-4-3 点群 $mm2$，极射赤平投影及等效点系

导出 4 个等效点(见图 1-4-3),在这一等效点系中,x,y,z 与 $\bar{x},\bar{y},z$ 以及 $x,\bar{y},z$ 与 $\bar{x},y,z$ 的等效关系都证明在原始的两对称面交线上存在着一个二次轴 2(00z)。

它的逆过程亦是成立的,其结论必然是对称面 m(x0z)与二次轴 2(00z)平行相交,通过它们的相交线(即二次轴)且垂直于原始对称面,必然派生对称面 m(0yz)。

1.4.2 只包含一个高次轴的对称元素组合

1.4.2.1 唯一的一个高次轴只能与对称面或二次轴垂直相交或与对称面平行相交

图 1-4-4 表示当四次轴 4(A)与对称面 m 以任意角 ω 相交时,经对称面 m 的操作后,必然派生出另一个四次轴 4(B)。实际上在图 1-4-4 中并未曾将对称元素的对称操作全部完成。例如,经 4(A)的对称操作后,原始的对称面 m 将由此派生另外 3 个对称面。随之,新派生的对称面的操作又将使 4(A)及 4(B)派生出许多与它们等效的四次轴。如此反复下去,只要 ω 角是任意的,其最终结果必然导出无穷多个四次轴和对称面。换句话说,这种对称组合将会导出无穷对称(球对称)的结果。这种没有终止的对称组合称为“不封闭”的对称组合。这种“不封闭”的组合在晶体学中是不能存在的,在晶体学中只能存在那些“封闭”的对称组合。所谓封闭的对称组合,就是两个或两个以上的对称元素的组合,其最终结果只导出有限个数的新派生对称元素,新派生的对称元素与原始的对称元素相互之间的任意组合,只会导出其中已有的对称元素,再也不会派生另一些新的对称元素。前面有关“不派生高次轴的对称元素组合”中所讨论的几种组合(参看图 1-4-1、图 1-4-2 及图 1-4-3)均属于封闭的对称组合。

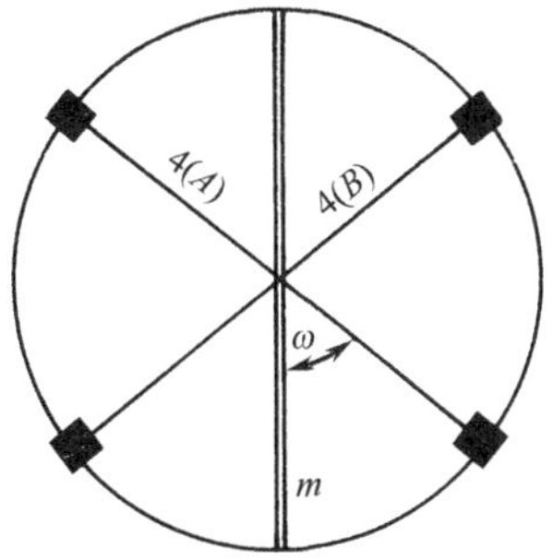

图 1-4-4 四次轴与对称面以任意角 ω相交

图 1-4-4 中若任意角 ω为特殊值 0°或 90°,即高次轴与对称面平行或垂直相交,那么它们的组合将是封闭的,而且并不会导出另外的高次轴。若任意角 ω是非 0°或 90°的某一些特殊值,那么,它们的组合也可能是封闭的,但它们组合的最终结果将会导出新的高次轴,这样的组合将在本篇第五章有关包含一个以上的高次轴的组合中加以详细讨论。

同理,在图 1-4-4 中以二次轴代替对称面,所得结果类同。

这里以及以后的章节中将涉及具有高次轴的组合,初始及派生的对称元素在特定坐标系中的取向(方位)决定了它的一般位置等效点坐标。表 1-8-2 和表

1-8-3中列出了各种对称元素在不同取向的坐标及它们相应的一般位置等效点系的坐标,供读者参考。

1.4.2.2 两个对称面 $m(A)$ 及 $m(B)$ 以适当的夹角 ω(30°,45°,60°)相交,经反复充分的对称操作后,在它们的相交线上必然派生出一个基转角为 2ω 的高次旋转轴,同时也导出全部数目为 360°/2ω 的对称面

图 1-4-5 中,首先示出对称面 $m(A)$与 $m(B)$相交,ω=45°。$m(A)$的对称操作使 $m(B)$派生出 $m(C)$,且 $m(C)$与 $m(A)$以 ω 角相交于原轴线上。同理,$m(B)$的对称操作使 $m(A)$派生出 $m(D)$,且 $m(D)$与 $m(B)$也以 ω 角相交于轴线。由于 ω=45°是非常适当的夹角,因而 $m(A)$,$m(B)$,$m(C)$及 $m(D)$的反复充分的操作,结果只是它们自身的重复,而并不再派生新的对称面,亦即此组合是封闭的对称组合。

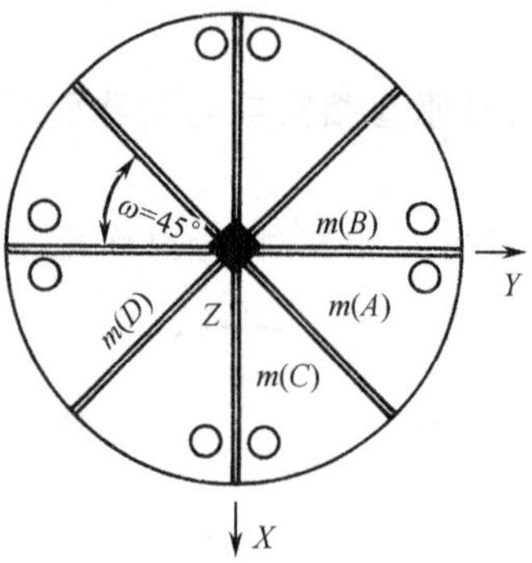

图 1-4-5　两个对称面 $m(A)$和 $m(B)$以 45°相交组合,其结果为点群 $4mm$

若上述原始对称面所处的坐标系为正交坐标系,且 X 及 Y 的单位轴长相同,原始对称面坐标为 $m(xxz)$与 $m(0yz)$,经它们互相操作后所派生的对称面将是 $m(x0z)$及 $m(x,\bar{x},z)$。以任意点 x,y,z 出发,经过这 4 个对称面的反复操作,很容易导出这 4 个对称面组合的一般位置等效点系:x,y,z; $\bar{y},x,z$; $\bar{x},\bar{y},z$; $y,\bar{x},z$; $x,\bar{y},z$; $\bar{y},\bar{x},z$; $\bar{x},y,z$; y,x,z(如图 1-4-5 所示)。这一等效点系的等效点之间的关系证明存在一个派生的四次轴 $4(00z)$与对称面相交线重合。

这种组合的另一种过程也是成立的。不难证明一个基转角为 α 的高次旋转轴与一个对称面平行相交必然导出全部数目为 360/α 的对称面,它们分别以夹角 α/2 相交于旋转轴。下面以图 1-4-5 中的四次轴作推导。

四次轴 $4(00z)$的操作,对任意点应有等效点系 x,y,z; $\bar{y},x,z$; $\bar{x},\bar{y},z$; $y,\bar{x},z$,再经与 $4(00z)$平行相交的对称面 $m(x0z)$操作后,应有另外 4 个等效点 $x,\bar{y},z$; $\bar{y},\bar{x},z$; $\bar{x},y,z$; y,x,z。这 8 个等效点就是这两个原始对称元素组合后的一般位置等效点系。现在,在这等效点系中,x,y,z 与 y,x,z; $x,\bar{y},z$ 与 $\bar{y},x,z$; $y,\bar{x},z$ 与 $\bar{x},y,z$,以及 $\bar{x},\bar{y},z$ 与 $\bar{y},\bar{x},z$ 的等效关系都证明派生的对称面 $m(xxz)$的存在。另外,它们中 x,y,z 与 $\bar{x},y,z$; y,x,z 与 $\bar{y},x,z$; $x,\bar{y},z$ 与 $\bar{x},\bar{y},z$ 以及 $y,\bar{x},z$ 与 $\bar{y},\bar{x},z$ 的等效关系都证明在组合中存在派生的对称面 $m(0yz)$。最后,它们之中 x,y,z 与 $\bar{y},\bar{x},z$; $x,\bar{y},z$ 与 $y,\bar{x},z$; y,x,z 与 $\bar{x},\bar{y},z$,以及 $\bar{y},x,z$ 与 $\bar{x},y,z$ 的等效关系也证明了对称面 $m(x\bar{x}z)$的存在。

从上面四次轴的讨论中可知两对称面相交夹角 ω 与高次轴的基转角 α 之间有

如下的关系：

$$\omega = \alpha/2$$

以前已证明晶体中只能存在轴次为三、四及六的高次旋转轴，它们的基转角 α 分别为 120°，90°及 60°。由此可确定，在晶体学中上述两个原始对称面相交的适当夹角 ω 只能是 60°或 45°或 30°。

图 1-4-6 及图 1-4-7 分别表示两个原始对称面以 60°及 30°相交，它们组合的最终结果导出三次旋转轴及六次旋转轴，以及全部数目分别为 3 个及 6 个的交于轴线的对称面。

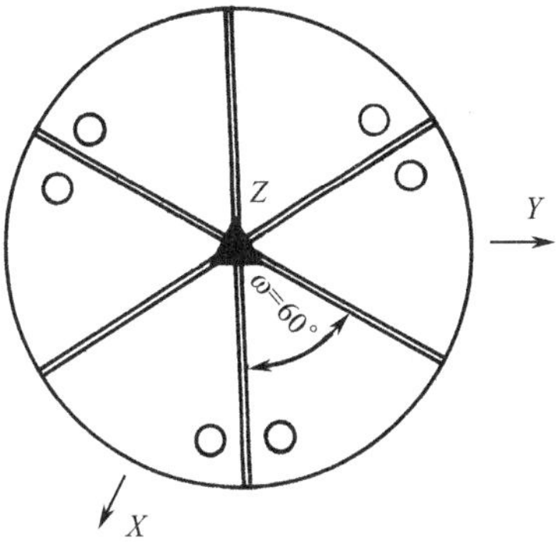

图 1-4-6　点群 $3m1$

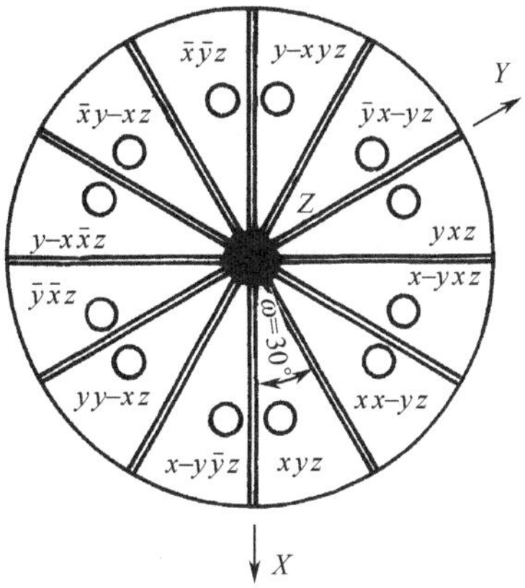

图 1-4-7　点群 $6mm$

1.4.2.3　两个二次轴 2(*A*)及 2(*B*)以适当的夹角 ω 相交，经反复充分的对称操作后，必然派生一个基转角为 2ω 的高次旋转轴，它垂直于 2(*A*)及 2(*B*)，且通过它们的交点，同时也导出全部数目为 360/2ω 的二次轴

其道理与上述两个对称面相交组合十分类似，在此从略。另外，同一道理，ω 只能是 60°，45°及 30°。当然，这样组合的逆过程也必然成立。基转角为 α 的高次旋转轴与一个二次轴垂直相交，必然导出全部数目为 360/α 的二次轴，它们之间以夹角 $\omega=\alpha/2$ 相交且垂直于该高次轴。

图 1-4-8 以极射赤平投影表示两个二次轴以 45°相交的组合。在 X 与 Y 轴的单位轴长相等的正交坐标系中，两个二次轴 2(x00)及 2(xx0)以 45°相交。从任意点 x,y,z 出发，经 2(xx0)的操作得等效点 $y,x,\bar{z}$，此两等效点经 2(x00)的操作得等效点 $x,\bar{y},\bar{z}$；$y,\bar{x},z$，而这两个新的等效点重新经 2(xx0)的操作，可得等效点 $\bar{y},x,z$；$\bar{x},y,\bar{z}$。这两等效点再经 2(x00)的对称操作，应有等效点为 $\bar{y},\bar{x},\bar{z}$；$\bar{x},\bar{y},z$。如此最终应有 8 个等效点共同组成这种组合的一般位置等效点系。在这一等效点系中 x,y,z 与 $\bar{x},y,\bar{z}$；$y,x,\bar{z}$ 与 $\bar{y},x,z$；$x,\bar{y},\bar{z}$ 与 $\bar{x},\bar{y},z$；$y,\bar{x},z$ 与 $\bar{y},\bar{x},\bar{z}$ 的等效关

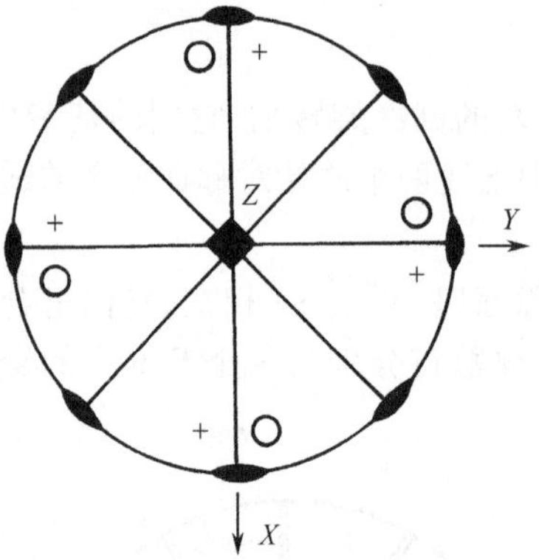

图 1-4-8　点群 422

系都指出，在此组合中存在派生的二次轴 2(0y0)。同样处理，也可以证明另一个派生的二次轴 2($\bar{x}x$0)的存在(等效点的关系从略)。另外，在这一等效点系中，$x, y, z; \bar{y}, x, z; \bar{x}, \bar{y}, z; y, \bar{x}, z$，以及 $y, x, \bar{z}; \bar{x}, y, \bar{z}; \bar{y}, \bar{x}, \bar{z}; x, \bar{y}, \bar{z}$ 的等效关系都分别说明这一等效点系中存在四次轴 4(00z)。由此可见，两个二次轴在这坐标系中以 45°相交，其组合的最终结果导出一个四次轴，以及 4 个与之垂直并分别以 45°相交的二次轴。

图 1-4-9 及图 1-4-10 分别表达两个原始二次轴以 60°及 30°相交，它们组合的最终结果导出三次旋转轴及六次旋转轴，以及全部数目分别为 3 个及 6 个与高次轴垂直的二次轴。它们的一般位置等效点系坐标请参阅表 1-8-4(b)。

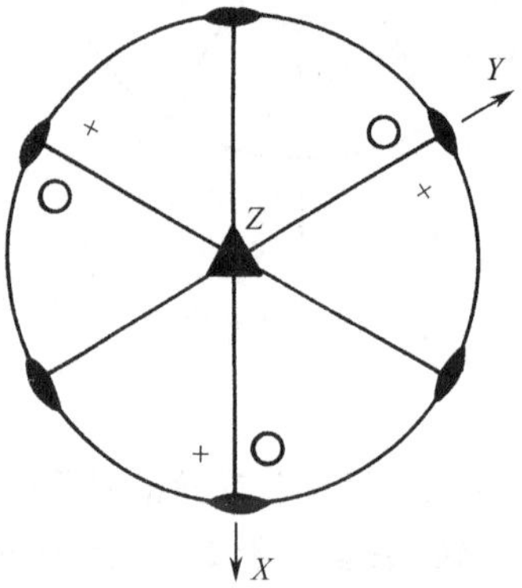

图 1-4-9　点群 321

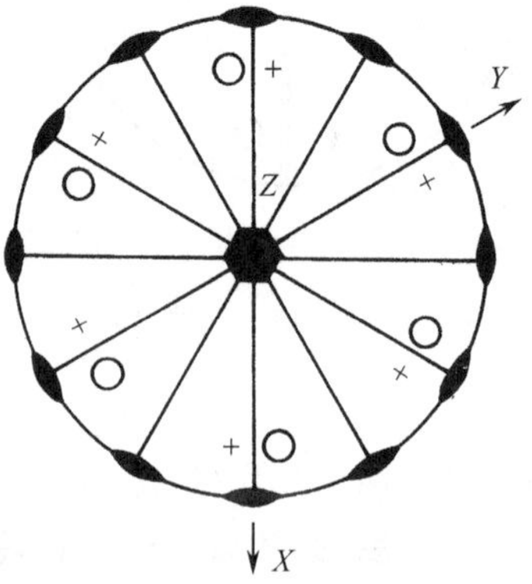

图 1-4-10　点群 622

1.4.2.4　一个二次轴与一对称面以夹角 $\omega=45°$ 相交，经反复充分的对称操作后，通过它们的交点，既垂直于二次轴又平行于对称面必然派生出一个基转角为 90°的四次旋转反伸轴，同时也导出全部数目为两个均垂直于四次反轴的二次轴及两个平行相交于四次反轴的对称面，且二次轴之间夹角及对称面之间夹角均为 90°

如图 1-4-11 所示，在 X 与 Y 轴的单位轴长相等的正交坐标系中，二次轴 2(xx0)与对称面 m(x0z)以 45°相交。初始任意点 x, y, z 经 m(x0z)对称操作得等效点 $x, \bar{y}, z$，两个等效点经 2(xx0)操作后，得等效点 $y, x, \bar{z}; \bar{y}, x, \bar{z}$，这两个等效点再经 m(x0z)的操作，得等效点 $y, \bar{x}, \bar{z}; \bar{y}, \bar{x}, \bar{z}$，这两个新的等效点又经 2($xx$0)的操

作，得等效点 $\bar{x},y,z;\bar{x},\bar{y},z$。如此，最终应共有 8 个等效点组成这种组合的一般位置等效点系。在此等效点系中，x,y,z 与 $\bar{x},y,z$；$x,\bar{y},z$ 与 $\bar{x},\bar{y},z$；$y,x,\bar{z}$ 与 $\bar{y},x,\bar{z}$；$y,\bar{x},\bar{z}$ 与 $\bar{y},\bar{x},\bar{z}$ 的等效关系证明此组合应有派生的对称面 $m(0yz)$。同理 x,y,z 与 $\bar{y},\bar{x},\bar{z}$；$x,\bar{y},z$ 与 $y,\bar{x},\bar{z}$；$y,x,\bar{z}$ 与 $\bar{x},\bar{y},z$；$\bar{y},x,\bar{z}$ 与 $\bar{x},y,z$ 之间的等效关系亦证明存在派生的二次轴 $2(\bar{x}x0)$。另外，在此等效点系中，等效点 x,y,z；$\bar{y},x,\bar{z}$；$\bar{x},\bar{y},z$；$y,\bar{x},\bar{z}$ 之间，以及 $x,\bar{y},z$；$y,x,\bar{z}$；$\bar{x},y,z$；$\bar{y},\bar{x},\bar{z}$ 之间的等效关系都满足四次反轴 $\bar{4}(00z)$ 的对称。

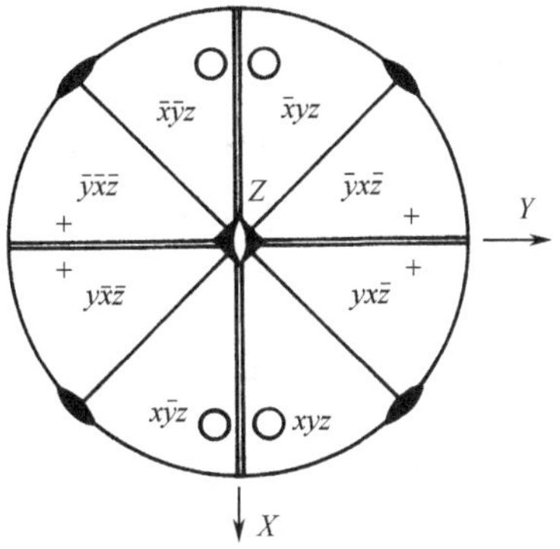

图 1-4-11　点群 $\bar{4}m2$

以四次反轴与二次轴垂直相交进行组合，或以四次反轴与对称面平行相交都可以导出与上述相同的结果。

1.4.2.5　一个二次轴与一对称面以夹角 ω=60°相交，经充分对称操作后，必然导出一个六次旋转反伸轴

如图 1-4-12 所示，原始的二次轴 $2(A)$ 经原始的对称面 $m(A)$ 的对称操作后派生出二次轴 $2(B)$。原始对称面 $m(A)$ 经 $2(A)$ 操作后，得派生对称面 $m(B)$，它与 $2(B)$ 重合。同理，$m(A)$ 经 $2(B)$ 操作后，得与 $2(A)$ 重合的对称面 $m(C)$。最后 $2(B)$ 经 $m(C)$ 操作后，得到与 $m(A)$ 重合的 $2(C)$。再反复操作，只是相互重复，结果是全部 3 个对称面互相以 60°相交于一直线，同时全部 3 个二次轴分别与 3 个对称面重合，且垂直于对称面相交线并共交于一点（见图 1-4-12）。以任意点出发，经初始对称面及初始二次轴的反复对称操作后，可共得全部数目为 12 的等效点[如图 1-4-12 所示，坐标列于表 1-8-4(b)]。

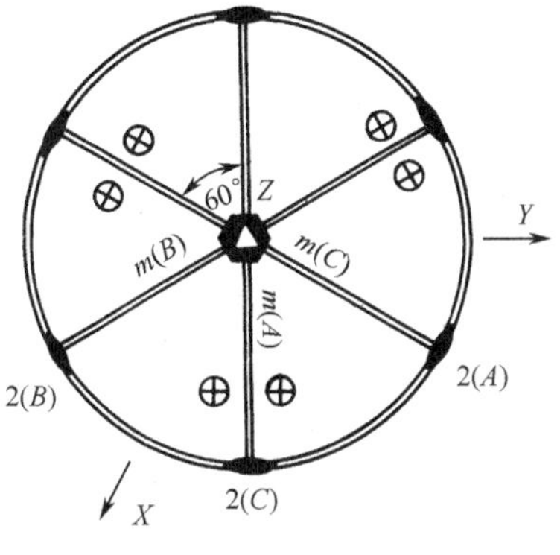

图 1-4-12　点群 $\bar{6}m2$

从一般位置等效点系中 12 个等效点之间的坐标关系也可以直接导出上述派生的二次轴及对称面。此外，将此一般位置等效点系中的 12 个等效点合适地分为两组（每组 6 个等效点）均指出，这一对称组合中存在一个六次旋转反伸轴，它与对称面交线重合且垂直于二次轴。正如前面在“对称元素”的讨论中所指出一样，六次反轴 $\bar{6}$ 中必然存在与之垂直的对称面。因为 $\bar{6}$ 是 3 与 m 垂直相交的一种复合对称元素。

自然，六次反轴与对称面平行重合，或六次反轴与二次轴垂直相交都可以导出上述组合的最终结果。

1.4.2.6 一个二次轴与一对称面相交 30°，经反复充分对称操作后，必可导出全部 3 个对称面分别以 60°相交于一轴线，全部 3 个二次轴以 60°相交且垂直相交于轴线，对称面与二次轴互相垂直(即分别以 30°相错)

图 1-4-13 以极射赤平投影表达这种组合及其结果，而且在图上也标出了这一组合的一般位置等效点系。等效点系中共 12 个等效点的坐标列于表 1-8-4(b)。很容易看出它们可分为两组，每组 6 个等效点的等效关系都属于三次旋转反伸轴的一般位置等效点系，证明对称面与二次轴这样的组合必然在它们相交的轴线上派生出三次旋转反伸轴 $\bar{3}$。

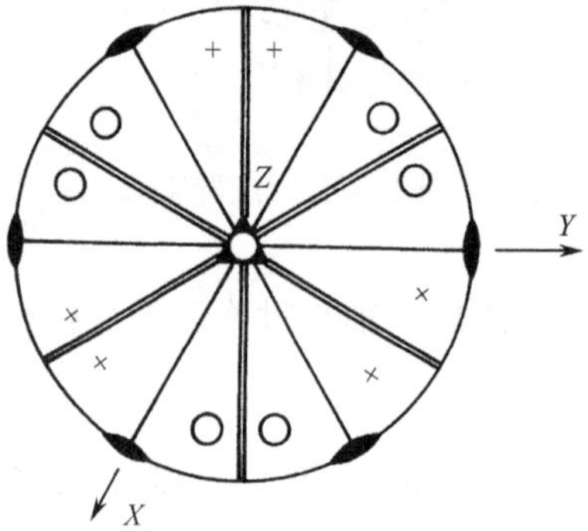

图 1-4-13　点群 $\bar{3}m1$

三次反轴与对称面平行重合或三次反轴与二次轴垂直相交都将会导出与上述组合相同的最终结果。

1.4.3 高次轴与对称面垂直相交

1.4.3.1 四次旋转对称轴与对称面垂直相交

四次轴中包含有二次轴的对称性，前面已经证明二次轴与对称面垂直相交的结果将派生对称中心，它与相交点重合。因此，四次旋转轴与对称面垂直相交将在它们的相交点上派生出对称中心 $\bar{1}$。图 1-4-14 是这种组合的极射赤平投影。图中标出了这一组合的一般位置等效点系，由 8 个等效点组成。由图中的等效点坐标关系[见表 1-8-4(b)]也可以指出对称中心的存在。

这种组合的逆过程并不能成立，即对称面与对称中心的组合只能派生二次轴，而不可能导出四次轴。

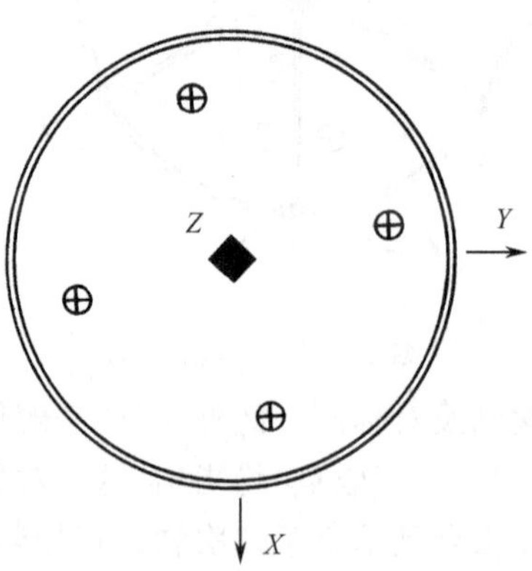

图 1-4-14　点群 $4/m$

1.4.3.2 六次旋转对称轴与对称面垂直相交

六次轴亦包含有二次轴的性质，因而六

次轴与对称面垂直相交，其结果在它们的交点上派生对称中心 $\bar{1}$。图 1-4-15 以极射赤平投影示意这种组合，以及这种组合的一般位置等效点系(见表 1-8-4)。从等效点系可以肯定对称中心的存在。

同理，对称面与对称中心的组合只会派生二次轴，而不可能导出六次轴。

1.4.3.3 其他高次轴与对称面的组合

三次轴 3 与对称面 m 垂直相交，其结果将是六次反轴，即 $3/m=\bar{6}$，请参阅图 1-3-14。

三次反轴 $\bar{3}$ 与对称面 m 垂直相交，其组合结果将导出如图 1-4-15 所示的结果，即 $\bar{3}/m=6/m$。

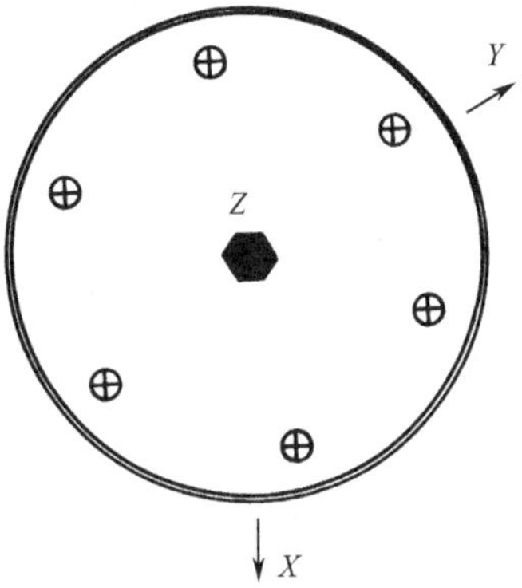

图 1-4-15　点群 $6/m$

四次反轴 $\bar{4}$ 与对称面 m 垂直相交，其组合结果将导出如图 1-4-14 所示的结果，即 $\bar{4}/m=4/m$。

六次反轴本身就包含有对称面的性质，它是三次轴与对称面的复合对称元素 $\bar{6}=3/m$。

第五章　晶体所有可能的对称组合

从晶体形貌学来说，晶体的对称性是指晶体外形多面体的对称特征，是指多面体中晶面之间在几何位置上的相互关系。通过第三章及第四章有关对称元素及其组合的讨论，可理解到晶体存在各种可能的对称类型。在晶体多面体中，它们的对称性可以只包含有一个对称元素，也可能是多个对称元素的组合。下面的讨论将指出在几何晶体学中共有 32 个可能的对称类型，它们表征了晶体全部可能的宏观对称性。

在数学意义上，任何的空间对称变换即构成了所谓“群”。在此，对称变换的集合被称为对称变换群，而相应的对称元素的集合则被称为对称元素群，这两者通常总称为对称群。因此，几何晶体学中的 32 个对称类型亦被称为 32 个对称群。

在第二章有关晶体投影的讨论中已经指出，研究晶体多面体中晶面之间的关系，对我们来说只需研究在投影球面上一群点内部的点与点之间关系就足够了。由晶面组成的对称图形将由一群点所组成的对称图形所代替，晶面之间的对称关系将由点与点之间在几何位置上的对称关系所代替。因此，几何晶体学中每一个对称类型可以由具有特定对称关系的一群点所代替，这一群点充分表达了相应的对称类型的对称特征。这里，对称变换实际是指点与点之间几何位置的关系。从这个意义上说，我们更习惯于将 32 个对称类型称为 32 个点群。

在上面第四章中我们讨论了一些有关对称元素组合的规律，现在我们来讨论晶体中一切可能点群的推导。当然，从对称类型的意义上，我们是推导晶体中对称元素的所有可能组合。在这里，我们希望再次强调指出，能够存在于晶体中的对称元素之间的互相组合只能是具有封闭性的，即组合的最终结果是有限数目的对称元素之间的互相组合。

1.5.1　具有不多于一个高次轴的对称组合

1.5.1.1　只具有一个对称元素的对称组合

这一类组合也可以理解为“对称自身”与所有对称元素分别组合，其结果就是几何晶体学中可能存在的 10 种对称元素（见表 1-4-1）单独存在的对称类型（A 类）。

A 类共有 10 个点群（对称类型），其符号如表 1-5-1 的国际符号所示。这 10 个点群的极射赤平投影请参阅第三章中有关对称元素的描述。

表 1-5-1 A 类对称类型

习惯记号	L^1	P	C	L^2	L^3	L^4	L^6	L_i^3	L_i^4	L_i^6
国际符号	1	m	$\bar{1}$	2	3	4	6	$\bar{3}$	$\bar{4}$	$\bar{6}$

1.5.1.2 一个二次轴与 A 类的对称元素垂直相交(B 类)

B 类的组合(见表 1-5-2)可导出 8 个点群(对称类型):$2/m$,222,32,422,622,$\bar{3}m$,$\bar{4}m2$,$\bar{6}m2$。这 8 个点群的极射赤平投影请参阅图 1-4-2,1-4-1,1-4-9,1-4-8,1-4-10,1-4-13,1-4-11 及图 1-4-12。

表 1-5-2 B 类对称类型

初始对称元素(A 类)	组合后全部对称元素	点群的国际符号
L^1	L^2	(2)
P	L^2PC	$2/m$
C	L^2PC	($2/m$)
L^2	$3L^2$	222
L^3	$L^3 3L^2$	32
L^4	$L^4 4L^2$	422
L^6	$L^6 6L^2$	622
L_i^3	$L_i^3 3L^2 3PC$	$\bar{3}m$
L_i^4	$L_i^4 2L^2 2P$	$\bar{4}m2$
L_i^6	$L_i^6 3L^2 4P$	$\bar{6}m2$

1.5.1.3 一个对称面与 A 类的对称元素平行相交(C 类)

C 类的组合(见表 1-5-3)可导出 4 个新的点群(对称类型):$mm2$,$3m$,$4mm$,$6mm$,这 4 个点群的极射赤平投影请参阅图 1-4-3,1-4-6,1-4-5 及图 1-4-7。

表 1-5-3 C 类对称类型

初始对称元素(A 类)	组合后全部对称元素	点群的国际符号
L^1	P	(m)
P	P	(m)
C	L^2PC	($2/m$)
L^2	$L^2 2P$	$mm2$
L^3	$L^3 3P$	$3m$
L^4	$L^4 4P$	$4mm$
L^6	$L^6 6P$	$6mm$
L_i^3	$L_i^3 3L^2 3PC$	($\bar{3}m$)
L_i^4	$L_i^4 2L^2 2P$	($\bar{4}m2$)
L_i^6	$L_i^6 3L^2 4P$	($\bar{6}m2$)

1.5.1.4 一个对称面与A类的对称元素垂直相交(D类)

D类的组合(见表1-5-4)只有两个新的点群(对称类型):4/*m*,6/*m*,这两个点群的极射赤平投影参阅图1-4-14及图1-4-15。

表1-5-4 D类对称类型

初始对称元素(A类)	组合后全部对称元素	点群的国际符号
L^1	P	(m)
P	$L^2 2P$	($mm2$)
C	$L^2 PC$	($2/m$)
L^2	$L^2 PC$	($2/m$)
L^3	$L_i^6(P)$	($\bar{6}$)
L^4	$L^4 PC$	$4/m$
L^6	$L^6 PC$	$6/m$
L_i^3	$L^6 PC$	($6/m$)
L_i^4	$L^4 PC$	($4/m$)
L_i^6	$L_i^6(P)$	($\bar{6}$)

1.5.1.5 两个对称面(一个垂直,一个平行)与A类对称元素相交(E类)

E类的组合(见表1-5-5)可导出3个新的点群(对称类型):*mmm*,4/*mmm*,6/*mmm*,图1-5-1,图1-5-2及图1-5-3以极射赤平投影分别表达了这3个点群的

表1-5-5 E类对称类型

初始对称元素(A类)	组合后全部对称元素	点群的国际符号
L^1	$L^2 2P$	($mm2$)
P	$L^2 2P$	($mm2$)
C	$3L^2 3PC$	(mmm)
L^2	$3L^2 3PC$	mmm
L^3	$L_i^6 3L^2 4P$	($\bar{6}m2$)
L^4	$L^4 4L^2 5PC$	$4/mmm$
L^6	$L^6 6L^2 7PC$	$6/mmm$
L_i^3	$L^6 6L^2 7PC$	($6/mmm$)
L_i^4	$L^4 4L^2 5PC$	($4/mmm$)
L_i^6	$L_i^6 3L^2 4P$	($\bar{6}m2$)

全部对称元素及它们的一般位置等效点系(见表1-8-4)。

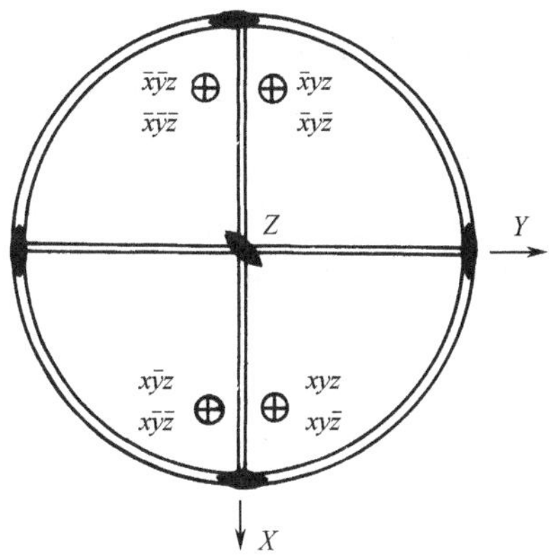

图 1-5-1　点群 *mmm*

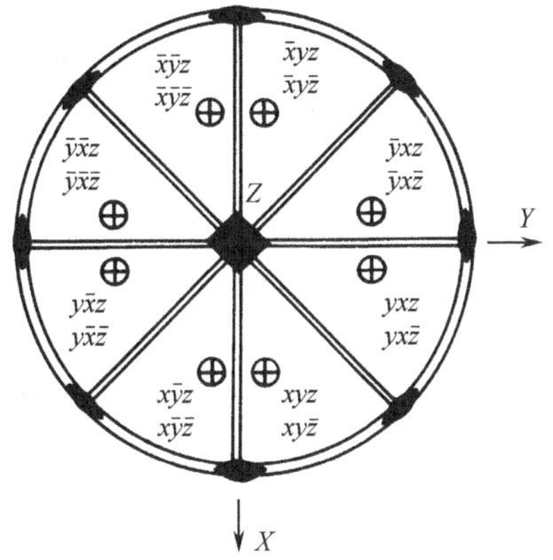

图 1-5-2　点群 4/*mmm*

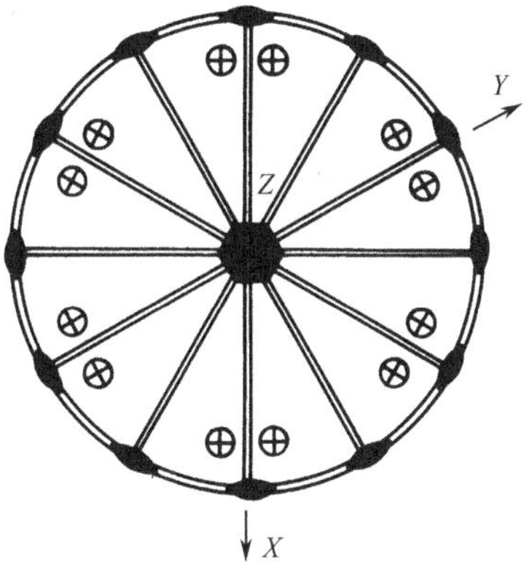

图 1-5-3　点群 6/*mmm*

点群 6/*mmm* 的一般位置等效点系：

$x, y, z; \bar{y}, x-y, z; \bar{x}+y, \bar{x}, z; y, x, z;$

$\bar{x}, \bar{x}+y, z; x-y, \bar{y}, z; \bar{x}, \bar{y}, z; y, \bar{x}+y, z;$

$x-y, x, z; \bar{y}, \bar{x}, z; x, x-y, z; \bar{x}+y, y, z;$

$x, y, \bar{z}; \bar{y}, x-y, \bar{z}; \bar{x}+y, \bar{x}, \bar{z}; y, x, \bar{z};$

$\bar{x}, \bar{x}+y, \bar{z}; x-y, \bar{y}, \bar{z}; \bar{x}, \bar{y}, \bar{z}; y, \bar{x}+y, \bar{z};$

$x-y, x, \bar{z}; \bar{y}, \bar{x}, \bar{z}; x, x-y, \bar{z}; \bar{x}+y, y, \bar{z}$

1.5.2　具有一个以上高次轴的对称轴组合

若两个高次轴(或一个高次轴与一个二次轴)以任意角 ω 相交,则可能经相互反复的对称操作后，导出具有无穷对称的球体对称。因此，必须让相交角 ω 为一些特殊值，使派生出的新对称轴是有限的，而且它们的反复组合结果是重复的，这就是所谓组合的封闭性（有限性），现在我们来详细讨论这个问题。

设有许多对称轴通过球心并与球壳相交。然后在球壳上每两交点引一直径平面（即通过球心的平面），从而我们可以把每一个对称轴看成是这些直径平面的相交直线，其中两个平面相交的夹角 ω 是该对称轴基转角的一半（$\alpha/2$）。这样，整个球面被割分为若干个球面三角形。每一个球面三角形可能的内角为 ω。

现有三个值得注意的条件：

(1)晶体中可能的对称轴的轴次只可能是 2,3,4,6。由于 $\omega=\alpha/2$，所以 ω 分别为 90°,60°,45°及 30°。

(2)三角学中指出，球面三角形里三内角之和（S）应为

$$180° < S < 540°$$

(3)现在讨论的是包含一个以上高次轴的组合，因此，每个球面三角形的 3 个顶点，至少应有一个以上的高次轴。

于是，按照上述(1)及(3)的要求，可以有下列 6 种球面三角形存在，其 3 个内角的值及其和为：

(a) $30°+30°+90°=150°$

(b) $30°+45°+90°=165°$

(c) $30°+60°+90°=180°$

(d) $45°+45°+90°=180°$

(e) $45°+60°+90°=195°$

(f) $60°+60°+90°=210°$

按照上述第(2)个条件，上述 6 种组合中，只有最后两种(e)及(f)才能满足 $180° < S < 540°$。显然，可能存在的具有一个以上高次轴的对称轴组合只有下述两种。

1.5.2.1 一个四次轴、一个三次轴及一个二次轴的组合

$$45°+60°+90°=195°$$

整个球的表面应由这种球面三角形拼组覆盖。如图 1-5-4(a)所示，只要四次轴、三次轴及二次轴之间相交的夹角合理，即这种球面三角形的 3 个边长合理，以此拼组覆盖全球表面是完全可以满足的。球面三角形诸边长为：四次轴与三次轴的夹角 54°44′8″，四次轴与二次轴的夹角 45°，三次轴与二次轴的夹角 35°15′52″。

这种组合最终具有对称元素 $3L^4 4L^3 6L^2$，这种对称类型的国际符号是“点群 43”。

图 1-5-4(a)是点群 43 的对称元素组合，而(b)是它的一般位置等效点系的极射赤平投影。由于 4 个三次轴的存在，此点群必须处于正交坐标系中，3 个四次轴

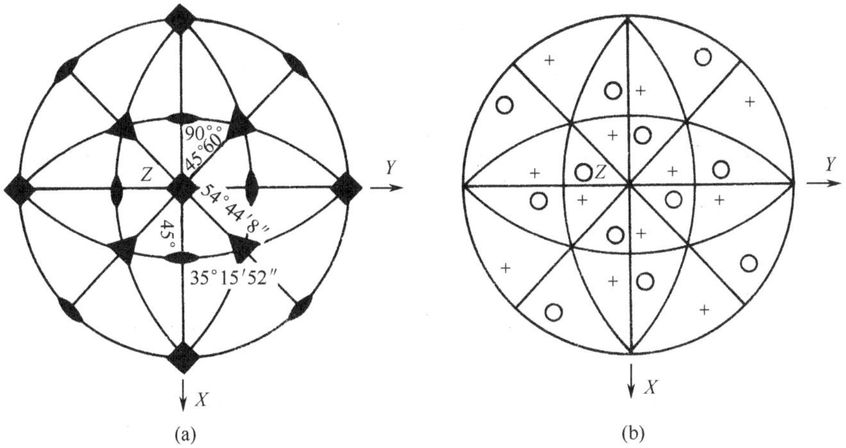

图 1-5-4　点群 43

(a)对称轴的组合;(b)一般位置等效点系

与坐标轴重合,而且 X,Y,Z 坐标轴的单位轴长必须相等。那么,图 1-5-4(b)中的一般位置等效点系的坐标如下:

$$x,y,z;\ z,x,y;\ y,z,x;\ \bar{x},\bar{z},\bar{y};\ \bar{y},\bar{x},\bar{z};\ \bar{z},\bar{y},\bar{x};$$
$$x,\bar{y},\bar{z};\ z,\bar{x},\bar{y};\ y,\bar{z},\bar{x};\ \bar{x},z,y;\ \bar{y},x,z;\ \bar{z},y,x;$$
$$\bar{x},y,\bar{z};\ \bar{z},x,\bar{y};\ \bar{y},z,\bar{x};\ x,\bar{z},y;\ y,\bar{x},z;\ z,\bar{y},x;$$
$$\bar{x},\bar{y},z;\ \bar{z},\bar{x},y;\ \bar{y},\bar{z},x;\ x,z,\bar{y};\ y,x,\bar{z};\ z,y,\bar{x}$$

1.5.2.2　两个三次轴与一个二次轴的组合

$$60°+60°+90°=210°$$

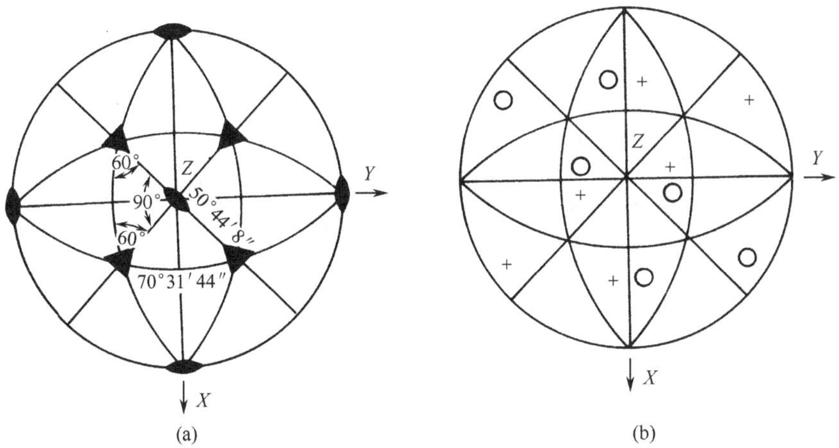

图 1-5-5　点群 23

(a)对称轴的组合;(b)一般位置等效点系

以这种球面三角形拼组覆盖整个球的表面(图 1-5-5),它的 3 个边长应为:三次轴与三次轴的夹角 70°31′44″,三次轴与二次轴的夹角 54°44′8″。

这种组合(对称类型)最终具有对称元素 $3L^2 4L^3$,它的国际符号为“点群 23”。

图 1-5-5 中图(a)是点群 23 的对称元素组合,而图(b)是它的一般位置等效点系的极射赤平投影。由于 4 个三次轴的出现,这点群必须处于正交坐标系中,3 个二次轴分别与坐标轴重合,而且 3 个坐标轴 X,Y,Z 的单位轴长必须相等,那么图 1-5-5(b)的一般位置等效点系的坐标如下:

$$x,y,z;\ z,x,y;\ y,z,x;\ x,\bar{y},\bar{z};\ z,\bar{x},\bar{y};\ y,\bar{z},\bar{x};$$
$$\bar{x},y,\bar{z};\ \bar{z},x,\bar{y};\ \bar{y},z,\bar{x};\ \bar{x},\bar{y},z;\ \bar{z},\bar{x},y;\ \bar{y},\bar{z},x$$

1.5.3 具有一个以上高次轴的对称轴与对称面组合

包含一个以上高次轴的对称轴组合结果如前所述是点群 43 及点群 23 两种。现在加上对称面的组合,显然可以是在对称轴组合的两种对称类型基础上给以对称面组合。为了在增加对称面的组合之后,不至于使原来的对称类型再派生出新的对称轴,对称面应首先考虑与对称轴平行相交。而且对称面只能是与对称类型中一个以上对称轴合理地平行相交,这样才不致派生新的对称轴。

1.5.3.1 对称面与点群 43 的对称轴组合

为了不派生新的对称轴,对称面只能与躺在同一个大圆(即直径平面)上的两个四次轴及两个二次轴同时平行相交,或者与两个三次轴一个四次轴及一个二次轴同时平行相交。不论初始对称面是哪一种情况,其组合结果都是一样的,都必然派生出全部共 9 个对称面,如图 1-5-6(a)所示。这种组合(对称类型)最终具有对称元素 $3L^4 4L^3 6L^2 9PC$,它的国际符号为“点群 $m\bar{3}m$”。

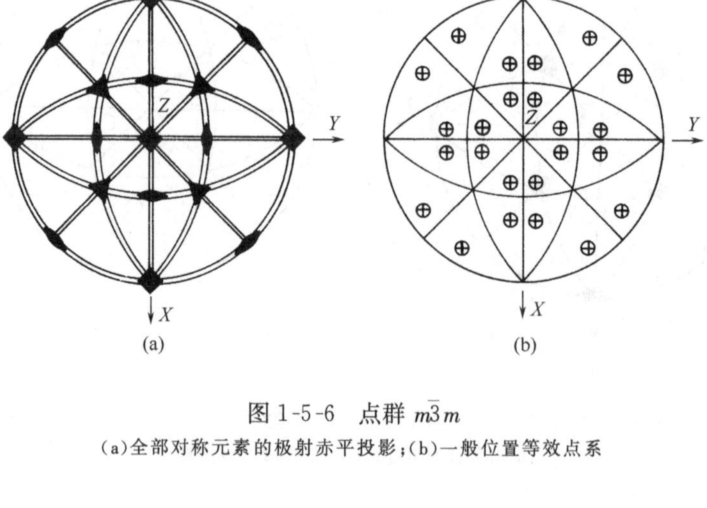

图 1-5-6 点群 $m\bar{3}m$

(a)全部对称元素的极射赤平投影;(b)一般位置等效点系

图 1-5-6 表示点群 $m\bar{3}m$ 的全部对称元素(a)及其一般位置等效点系的极射赤平投影(b)。当这点群处于上述点群 43 同样的坐标系,从任意点 x,y,z 出发,经充分的对称操作之后,将可导出全部数目为 48 个等效点,组成此点群的一般位置等效点系。它当然包括了点群 43 中一般位置等效点系的全部 24 个等效点,另外的 24 个等效点的坐标也可以简单地由它们再经对称中心 $\bar{1}$(000)或其中一个对称面的对称操作推导出来[见表 1-8-4(c)]。

1.5.3.2 对称面与点群 23 的对称轴组合

为了不派生新的对称轴,对称面可以与处于同一大圆(通过球心的圆)上的两个二次轴同时平行相交,也可以与两个三次轴及一个二次轴同时平行相交。这两种组合并不互相派生,现分别给以讨论:

1.点群 23 中两个二次轴与一个对称面平行相交　其结果将派生全部 3 个对称面,如图 1-5-7 所示。这一对称组合的对称元素是 $3L^2 4L^3 3PC$,它的国际符号以“$m\bar{3}$”表示。

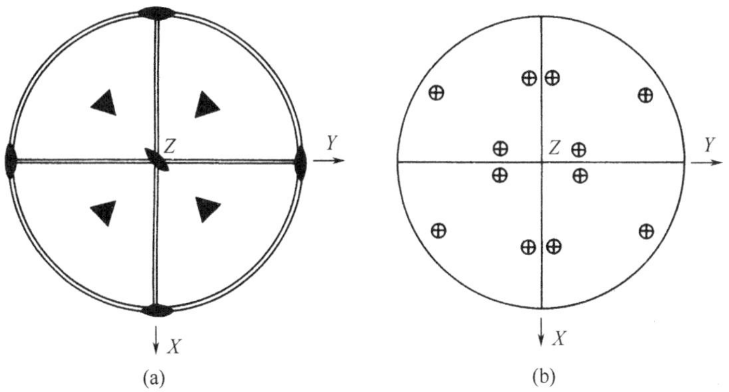

图 1-5-7　点群 $m\bar{3}$

(a)全部对称元素的极射赤平投影;(b)一般位置等效点系

当点群 $m\bar{3}$ 处于与点群 23 相同的坐标系,以任意点 x,y,z 为初始点,经全部对称元素的充分操作,可导出全部数目为 24 个等效点组成一般位置等效点系。它包括了点群 23 中一般位置等效点系的 12 个等效点,以及它们经对称中心 $\bar{1}$(000)(或其中一个对称面)对称操作后所派生的 12 个等效点,它们的坐标列于表 1-8-4(c)。

2.点群 23 中两个三次轴及一个二次轴与一个对称面平行相交　这一组合的结果将派生出全部 6 个对称面,而且由于对称面与其中二次轴又以 45°相交,其结果使全部初始的二次轴都演变为四次反伸轴。所以这样的对称组合最终得到全部对称元素为 $3L_i^4 4L^3 6P$。这一对称类型的国际符号为点群 $\bar{4}3m$。图 1-5-8 表示点群 $\bar{4}3m$ 的极射赤平投影结果。当点群 $\bar{4}3m$ 处于与点群 23 同样的坐标系,从初

始点 x,y,z 出发将可导出全部 24 个等效点的一般位置等效点系：

$$x,y,z;\ z,x,y;\ y,z,x;\ x,z,y;\ y,x,z;\ z,y,x;$$
$$x,\bar{y},\bar{z};\ z,\bar{x},\bar{y};\ y,\bar{z},\bar{x};\ x,\bar{z},\bar{y};\ y,\bar{x},\bar{z};\ z,\bar{y},\bar{x};$$
$$\bar{x},y,\bar{z};\ \bar{z},x,\bar{y};\ \bar{y},z,\bar{x};\ \bar{x},z,\bar{y};\ \bar{y},x,\bar{z};\ \bar{z},y,\bar{x};$$
$$\bar{x},\bar{y},z;\ \bar{z},\bar{x},y;\ \bar{y},\bar{z},x;\ \bar{x},\bar{z},y;\ \bar{y},\bar{x},z;\ \bar{z},\bar{y},x$$

不难看出点群 $\bar{4}3m$ 的一般位置等效点系必定包含点群 23 的一般位置等效点系，而且包含着它们与其中一个对称面[例如 $m(xx0)$]的对称等效点。

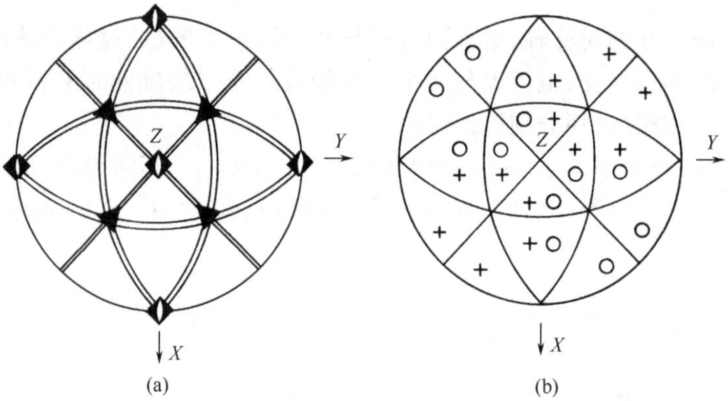

图 1-5-8　点群 $\bar{4}3m$

(a)全部对称元素的极射赤平投影；(b)一般位置等效点系

第六章 晶体的定向及晶系

1.6.1 晶带与晶带轴

晶体多面体是由许多晶面(至少4个晶面)所包围。平行于同一直线的各个晶面组成一个“晶带”,被平行的那条直线称为“晶带轴”。从晶带及晶带轴的定义可知,同一晶带中各晶面的法线皆躺在同一平面上,而其晶带轴必定垂直于此平面。此外,同一晶带的晶面总是落在极射赤平投影中的同一个通过球心的大圆上。

两个晶面相交组成一晶棱,晶棱总是与这两个晶面相平行。同一晶带的晶面所构成的晶棱是相互平行的,将这些晶棱平移并使之通过坐标原点,即构成此晶带的晶带轴。与晶带轴垂直的平面必定与此晶带所有的晶面相垂直。晶带轴与晶带中的晶棱相平行,表达着晶带中全部晶棱的方向及全部晶面都平行的那个方向。

从晶体内部点阵看,平行于任何一族相互平行的阵点平面都可能是一个晶面。在晶体点阵中这样的平面族将有无穷多个,自然它也存在着无穷多个可能的晶带。同一道理,从晶体点阵原点引出的任何一条阵点列直线都是可能的晶带轴。从晶体内部点阵看,每一条晶带轴都必定是通过原点,并且具有周期排列的阵点列。从这一意义上说,晶带轴不但只表达了一个方向,而且包含着在此方向上阵点之间的周期参数。同样道理,任何一个可能晶面的法线,不但只表达了一族相互平行的结点面的方向,而且它也包含着这族结点平面之间距离的周期参数。

晶体中任何一个可能晶面都必定属于两个或两个以上的晶带所共有。由特别多的晶带所共有的晶面,我们称为主要晶面。另外,由特别多的晶面所构成的晶带,我们称之为主要晶带,它的轴当然称之为主要晶带轴。在前面第二章中已经指出,在实际晶体发育中残留着的实际晶面往往都是一些相应于晶体内部结构中结点密度比较大的结点面族。一些实际的或可能的主要晶面往往也是一些与阵点密度很大的阵点面族相对应的。下面我们再从晶体内部点阵作一些讨论,并且将要说明主要晶面的法线往往就是一个主要晶带轴。

晶体点阵中任何一族相互平行的阵点平面所组成的面族都可以看作是由垂直于此面族的许多阵点面族所构成,这些面族都共同平行于此面族的法线方向。很容易理解,阵点密度越大的阵点平面族,构成它(垂直于它)的那些面族的数目将可能越多,而且那些面族的面间距离将越小。显然,点阵中阵点密度最大的阵点面族,构成它的那些面族的数目将是最多,而且那些面族的面间距将是最小。因此,与阵点密度最大的面族相垂直的方向将是由数目最多的可能晶面构成的晶带方向。亦即所谓最主要晶带的方向。换句话说,阵点密度很大的一些面族,其法线都将是可能的主要晶带轴。

晶体点阵中通过原点的任何一个阵点平面都可以看作由许多通过原点的阵点列所构成。我们已经知道,通过原点的任一条阵点列都是一个可能的晶带轴。因此,通过原点的一个阵点平面都包含着许多个晶带轴。躺在同一平面上的晶带轴就构成了一个“晶带轴族”。不难看出,一个“晶带轴族”的法线方向,必然也是一个晶带轴。阵点密度很大的通过原点的阵点平面必然包含着更多的通过原点的阵点列,而且它们的阵点间距是比较小的。它们中的一些都是比较主要的可能晶带轴。由比较主要的晶带轴所构成的“晶带轴族”,其法线方向必定是最主要的可能晶带轴。有关“晶带轴族”及其法线的概念不但有助于我们对下面有关晶体定向的讨论,而且对 X 射线晶体学中诠释劳埃法衍射照片也极为有益。

1.6.2 晶体的定向

几何晶体学中的对称元素都是为了阐述晶体对称性的几何要素,它们是几何点、平面及直线。既然对称元素表达了晶体固有的对称特性,它们就应该与反映晶体内部结构特性的晶体点阵相对应。对称元素的点、平面及直线就与晶体点阵中的原点、通过原点的阵点平面及阵点列的概念相一致,而且对称面及对称轴都往往与晶体点阵中阵点密度最大的一些阵点面及阵点列相一致。换句话说,对称面的法线方向及对称轴的方向往往都是晶体中实际的或可能的一些主要的或最主要的晶带轴。

晶体的定向就是在晶体内确定一个坐标系。所选取的 3 个坐标轴,我们称之为结晶学轴或简称为晶轴,分别以 a,b 及 c 标记。按照国际通例,必须以右手法则确定晶轴 a,b 及 c 的次序及相互取向,其 3 个晶轴在正方向上的夹角分别以 α,β 及 γ 标记。在这里要特别强调指出,除了给出声明之外,晶体的晶轴取向必定与晶体所处的坐标系 X,Y 及 Z 方向完全一致。不但晶轴 a,b 及 c 与 X,Y 及 Z 一一重合,而且它们的单位轴长也相应地一致。

为了表述晶体的特性,包括内部结构的周期性及对称性等特性,3 个晶体学轴 a,b 及 c 的方向总是从那些最主要的阵点列中选择,即从那些最主要的晶带轴中选择。这种选择必然与晶体中最重要的一些实际或可能晶棱及晶面法线方向相一致。不难理解,对称轴及对称面的法线方向将是晶体学轴 a,b 及 c 优先选择的重要依据,因为它们都是晶体中一些最主要的阵点列方向。

晶体学轴 a,b 及 c 必然都与晶体中最主要的晶带轴相一致。从晶体内部点阵看,与晶体学轴 a,b 及 c 一致的阵点列上,它们阵点之间最短距离的周期分别以 a_0,b_0 及 c_0 标记,我们将 a_0,b_0 及 c_0 定义为晶体 3 个晶轴 a,b 及 c 的单位轴长。这样一来 a_0,b_0,c_0 及 α,β,γ 6 个参数就表征了晶体内部结构的点阵特性。由这 6 个参数必可建立一个平行六面体的格子。晶体内部点阵将可看作是这样的平行六面

体沿 a,b,c 方向无穷排列的结果。这里需要提醒一下，往后的许多讨论中，经常将 a,b 及 c 既代表晶轴又同时代表单位轴长（即代替了 a_0，b_0 及 c_0）。

既然所有实际存在或可能存在的晶体的对称性均已被 32 个点群（对称类型）所概括，所有晶体的取向问题就都可以在点群范围内进行讨论，那么，每一个点群（严格地说，应该是该点群所概括的所有晶体）的取向都会有自己的特点。或者说，每个点群的取向——6 个参数的确定不应该与该点群的对称特征相矛盾。下面我们对 32 个点群分别作一些必要的讨论。

1. *点群 1 及点群 $\bar{1}$*　它们的对称性对 6 个参数的选择并无任何约束。原则上，任何 3 条互不平行的主要阵点列（即实际晶棱或可能晶棱）方向都可以选作 a，b，c。但一般应取 3 个最明显的晶带轴，并使 α,β,γ 接近 90°。

2. *只具有一个二次轴或一个对称面的点群 2、点群 m 以及两者组合的点群 $2/m$*　应该首先选择二次轴或对称面法线为一个晶体学轴，而且按国际惯例将这唯一的二次轴及唯一的对称面法线确定为 b 轴。a 轴及 c 轴除了必须垂直于 b 轴外，这些点群的对称性对它们并没有更多的约束。因此，垂直于二次轴，或躺在对称面上的任何两条互不平行的主要阵点列（晶棱或晶面法线——晶带轴）都可以选择为 a,c 轴，只是二者的夹角 β 最好是大于并接近 90°，请参看图 1-3-2、图 1-3-3 及图 1-4-4。

3. *不具有高次轴，但具有一个以上的二次轴或一个以上对称面的点群 $mm2$、点群 222 及点群 mmm（见图 1-4-3、图 1-4-1 及图 1-5-1）*　它们的对称面之间或二次轴之间都是互相垂直的。不难选择二次轴及对称面法线作为 3 个晶轴 a,b 及 c。这样的坐标系必然是正交坐标系，这样的正交坐标系与它们点阵的正交性质是相一致的。

以上所讨论过的点群，它们所选定的晶轴 a,b 及 c，在单位轴长上并没有任何要求，即 a_0，b_0 及 c_0 之间并未受点群对称性的任何制约。

4. *具有一个四次轴（包括四次反轴）的点群 4，$\bar{4}$，$4/m$，422，$4mm$，$4/mmm$ 及 $\bar{4}m2$ 等（见图 1-3-7，1-3-13，1-4-14，1-4-8，1-4-5，1-5-2 及图 1-4-11）*　应该首先选择这些点群中唯一的一个四次轴（及四次反轴）作为晶轴，而且习惯上选为 c 轴，然后将垂直于四次轴的两个相互垂直的二次轴或晶面法线作为 a 及 b 轴。如果点群中并没有这样的二次轴及对称面（例如点群 4 及 $\bar{4}$），那么，可以选择垂直于四次轴的两个相互垂直的主要晶带轴（晶棱或晶面法线）作为 a,b 轴。既然四次轴（以及四次反轴）与 c 轴重合，为了满足四次旋转对称，a 轴与 b 轴不但要相互垂直，而且它们的单位轴长必须相等，即 $a_0=b_0$。

按照上述要求，点群 $\bar{4}m2$ 中的 a 及 b 轴可以有两种选择：一种是（如图 1-4-11 所示）将两个相互垂直的晶面法线选作 a 轴及 b 轴；另一种是将两个相互垂直的二次轴选为 a 轴及 b 轴。后者点群符号将以 $\bar{4}2m$ 表示。两种选择在几何晶体学中是可以任意的，而在微观空间对称中却是非任意的。它们之间的差别只是将 a 轴

与 b 轴同时沿 c 轴转动 45°。

5.具有一个六次轴(所括六次反轴)的点群 $6,\bar{6},6/m,622,6mm,6/mmm$ 及 $\bar{6}m2$(见图 1-3-8,1-3-14,1-4-15,1-4-10,1-4-7,1-5-3 及图 1-4-12)　应该首先选择这些点群中唯一的一个六次轴(及六次反轴)作为晶轴,而且习惯选为 c 轴。六次轴的基转角 α 为 60°,沿着 c 轴的六次旋转对称对 a 及 b 轴的选择将有如下制约:①垂直于 c 轴的 a 轴与 b 轴应相交 120°(120°与 60°是互为互补角);② a 轴与 b 轴的单位轴长必须相等,即 $a_0=b_0$。所以,我们总是选择垂直于六次轴(及六次反轴)的两个相交 120°的二次轴或两个对称面的法线作为 a 轴及 b 轴。如果点群中不具有这些二次轴或对称面(例如点群 6 及 $\bar{6}$),那么,将要选择垂直于六次轴的两个相交 120°的主要晶带轴(晶棱或晶面法线)作为 a,b 轴。

6.具有一个三次轴的点群 $3,\bar{3},32,3m,\bar{3}m$,可以有两种取向方式　第一种取向方式与上述具有一个六次轴的点群一样,称为 H(Hexagonal 的第一个字母)取向。

对于点群 3 及点群 $\bar{3}$,选择唯一的三次轴或三次反轴为 c 轴,以垂直于三次轴的两个相交 120°的主要晶带轴(晶棱、晶面法线)为 a 轴及 b 轴(见图 1-3-5 及图 1-3-12)。当然,同样道理 a 轴及 b 轴的单位轴长必须相等,即 $a_0=b_0$。

对于点群 $32,3m$ 及 $\bar{3}m$ 同样以三次轴(或三次反轴)为 c 轴。但 a 轴及 b 轴却可以有两种取向选择:一种是如图 1-4-9,1-4-6 及图 1-4-13 所示,以垂直于三次轴(或三次反轴)的两个二次轴或晶面法线为 a,b 轴。此时,点群符号标记为 321,$3m1,\bar{3}m1$。另一种是以垂直于三次轴(或三次反轴)并与两个二次轴或晶面法线相垂直的方向为 a,b 轴。对如此取向,点群符号将写成 $312,31m,\bar{3}1m$。这两种 a,b 轴取向,各相差 30°。这种区别只在微观空间对称中才有意义,而在几何晶体学中却是任意的。

第二种取向方式是这些点群所特有的一种取向,称为 R(Rhombohedral 的第一个字母)取向。

在这些点群里,可以选取以三次轴(或三次反轴)为对称的相交的 3 个主要晶带轴(晶棱、晶面法线)为 a,b,c 轴,如图 1-6-1 所示。三次轴的对称性对这种取向方式有如下要求:$a_0=b_0=c_0$,$\alpha=\beta=\gamma\neq 90°$。

7.具有四个三次轴的点群 $23,43,m\bar{3},\bar{4}3m,m\bar{3}m$(见图 1-5-5,1-5-4,1-5-7,1-5-8,1-5-6)　这些点群的共同特征是具有 4 个三次轴,并相互以 109°28′16″相交。可以设想,将每个点群中的 4 个三次轴与一个立方体中 4 个体对角线重合,那么,此立方体中 3 个通过体心(坐标原点)并互相垂直的三对面的法线将被选择为晶轴 a,b 及 c。3 个晶轴将与上述点群的 3 个二次轴或 3 个四次轴或 3 个四次反轴重合。这些具有 4 个三次轴的点群,它们的对称性对于晶轴的规定具有十分严厉的约束,晶轴的选择必须满足 $a_0=b_0=c_0$,$\alpha=\beta=\gamma=90°$。

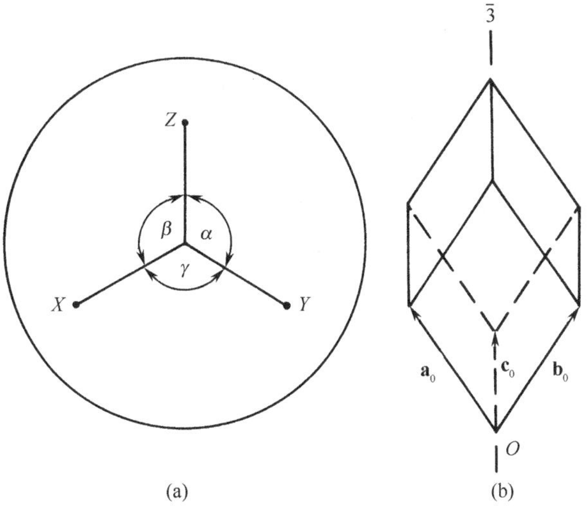

图 1-6-1　三方晶系的 R 取向(a),其晶胞类型(b)为
$a_0=b_0=c_0$, $\alpha=\beta=\gamma\neq 90°$

1.6.3　晶系的划分

上面的讨论指出了晶体的取向依赖于晶体内部结构的点阵特征。晶体的晶轴 a,b,c 的选择一定是使它们与晶体点阵的 3 个最主要的阵点列相重合,而且以阵点列上最短的阵点之间距离作为晶轴的单位轴长,因而晶体的取向被确定后所给出的 6 个参数 a_0, b_0, c_0 及 α,β,γ 将完全表征了晶体内部整个点阵的特点。所以,这 6 个参数被称为晶体的点阵参数。以此 6 个参数不难建立一个平行六面体,这样的平行六面体是晶体点阵内的一个基本单元,称之为晶体点阵的单位格子。晶体内部结构是以具体的结构基元在三维周期堆积而成的。这样三维无穷的周期排列的晶体结构也完全可以用其中一个单位体积来表征。晶体内部结构的特征是以同样的 a_0, b_0, c_0 及 α,β,γ 在晶体内部割取的平行六面体来表达。它的大小和形状与抽象的晶体点阵中的单位格子一样,但它却包含着具体的结构基元,我们把这种包含着具体结构内容的平行六面体称为晶体结构的单位晶胞,或简称晶胞。因而我们也把晶体点阵参数称为晶体的晶胞参数。晶体内部结构就是由晶胞沿三维方向周期排列的结果。

晶胞参数(点阵参数)表达了晶体点阵的特征,而晶体的对称性是晶体内部结构特征的一种表象,它也包含着单位格子(晶胞)的各种特征。因此,晶胞参数(点阵参数)必然要与表达晶体对称性的点群相适应。1.6.2 节的讨论指出了各个点群的对称性对晶胞参数的制约,换句话说,各个点群都有与其对称性相应的晶胞参数的选择。

不难看出，32 个点群共有 7 种晶胞参数的选择，也就是说，32 个点群所包括的全部实际存在或可能存在的晶体一共只有 7 种晶胞类型。以此为依据称它们为 7 种晶系，32 个点群自然被分属于 7 种晶系之中(见表 1-6-1)。

表 1-6-1　7 种晶系的特征对称及其所属点群

晶　系		特征对称元素	晶胞类型	所属点群
低级晶系	三斜晶系	对称自身或 对称中心	$a_0 \neq b_0 \neq c_0$ $\alpha \neq \beta \neq \gamma \neq 90°$	$1, \bar{1}$
	单斜晶系	二次轴或 对称面	$a_0 \neq b_0 \neq c_0$ $\alpha = \gamma = 90° \neq \beta$ $\beta > 90°$	$m, 2, 2/m$
	正交晶系	互相垂直的对 称面或二次轴	$a_0 \neq b_0 \neq c_0$ $\alpha = \beta = \gamma = 90°$	$222, mm2, mmm$
中级晶系	三方晶系	三次轴或 三次反轴	(1)与六方晶系相同 (2) $a_0 = b_0 = c_0$ $\alpha = \beta = \gamma \neq 90°$	$3, \bar{3}, 3m, 32, \bar{3}m$
	四方晶系	四次轴或 四次反轴	$a_0 = b_0 \neq c_0$ $\alpha = \beta = \gamma = 90°$	$4, \bar{4}, 4/m,$ $\bar{4}m2, 422,$ $4mm, 4/mmm$
	六方晶系	六次轴或 六次反轴	$a_0 = b_0 \neq c_0$ $\alpha = \beta = 90°$ $\gamma = 120°$	$6, \bar{6}, 6/m, \bar{6}m2,$ $622, 6mm, 6/mmm$
高级晶系	立方晶系	四个三次轴按 立方体的体对 角线取向	$a_0 = b_0 = c_0$ $\alpha = \beta = \gamma = 90°$	$23, m\bar{3}, 43,$ $\bar{4}3m, m\bar{3}m$

注：每一晶系中最后一个点群是该晶系的“全对称”点群。

每一晶系都有其特征对称元素及表征晶胞类型的六个晶胞参数。我们有时候也把这些表征晶系特性的要素称为晶系对称。

7 个晶系中又按照不具有高次轴者(三斜晶系、单斜晶系、正交晶系)称为低级晶系；具有一个高次轴者(三方晶系、四方晶系、六方晶系)称为中级晶系；具有一个以上高次轴者(立方晶系)称为高级晶系。

表 1-6-1 列出了 7 种晶系及其所属点群。表中每个晶系所列的最后一个点群是该晶系最高对称类型，称为该晶系的全对称型。表 1-6-1 中还列出了每个晶系的特征对称元素及表征该晶系特点的晶胞类型。

天然生物大分子是具有手性(或称单向性)的生物分子，分子内部不可能存在反伸对称性或反映对称性，也不可能有两个互为对映体的分子存在于晶体内。因而生物大分子的晶体只能是具有旋转对称操作的轴对称类型，即不能存在对称中心及对称面。适合生物大分子晶体的对称类型(点群)只有如下 11 种:1,2,222,4,422,3,32,6,622,23,43。

第七章　晶面指数与晶棱指数

1.7.1　晶 面 指 数

为了表示晶体中每一个实际的或可能的晶面与 3 个晶体学轴 a,b,c 的取向关系，我们给每一晶面以 3 个整数并加以圆括弧(hkl)来表示。其中 hkl 称为晶面指数。晶面指数中 h,k,l 为互质数，即它们之间不存在公约数。

我们指定晶体的晶胞单位长度 a_0, b_0, c_0 分别为 3 个晶体学轴 a,b,c 的单位轴长。

如图 1-7-1 所示，现有晶面 ABC 与晶轴 a,b,c 相交，其截距分别为$\overline{OA}$，$\overline{OB}$，$\overline{OC}$。它们当然会分别等于或大于 a_0, b_0, c_0，并为后者的整数倍。那么晶面 ABC 的面指数 hkl 将有如下的表达：

$$h : k : l = a_0/\overline{OA} : b_0/\overline{OB} : c_0/\overline{OC} \tag{1.7.1}$$

从式(1.7.1)可知，如果晶体的轴比 $a_0 : b_0 : c_0$，以及晶面在 3 个晶轴上的截距$\overline{OA}$，$\overline{OB}$，$\overline{OC}$都已给出，那么该晶面的面指数 hkl 将可确定。

在另一情况下，已知面指数 hkl 的晶面在晶轴上的截距$\overline{OA}$，$\overline{OB}$，$\overline{OC}$已经给出，那么该晶体的轴比将可确定，此时式(1.7.1)将表达为：

$$a_0 : b_0 : c_0 = h \cdot \overline{OA} : k \cdot \overline{OB} : l \cdot \overline{OC} \tag{1.7.2}$$

当然，若该已知面指数的晶面是单位晶面，即它的面指数为(111)，那么式

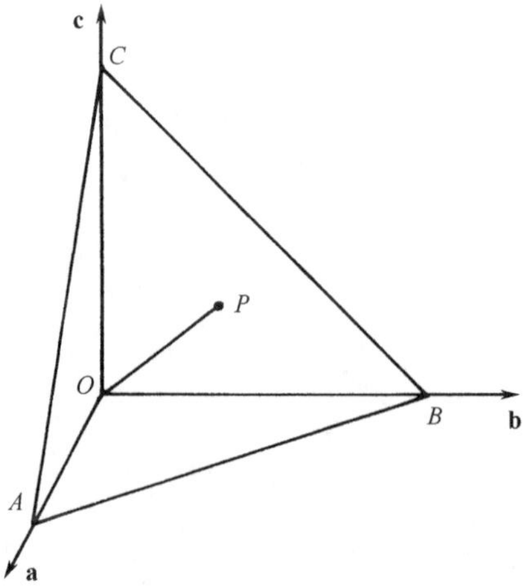

图 1-7-1　晶面 ABC 及其面法线 OP 在特定坐标中的示意图

(1.7.2)将有：

$$a_0 : b_0 : c_0 = \overline{OA} : \overline{OB} : \overline{OC} \qquad (1.7.3)$$

这就是说单位面(111)在晶轴上截距之比就是该晶体的轴比。

如果找不到与3个晶轴都相交的单位面(111)，也可以选出几个基本晶面，如(110)，(011)，(101)等，分别代入式(1.7.2)，联合解出该晶体的轴比。这就是所谓"双单位面"的方法。

在习惯上，往往把轴比 $a_0 : b_0 : c_0$ 表达成$(a_0/b_0):1:(c_0/b_0)$。

晶面指数中的3个互质整数 h,k,l 分别与晶体的3个晶轴一一对应。从式(1.7.1)可知，晶面在晶轴上的截距是与晶面指数成反比的。晶面在某晶轴的截距越小，面指数中对应于这一轴的指数值就越大。当晶面平行于某一晶轴，即其截距为无穷大，则它相应于此轴的指数等于零。

假定任意晶面 ABC 的面法线 OP 通过坐标原点并与此晶面相交于 P 点(见图1-7-1)，面法线 OP 与晶轴 a,b,c 的夹角为$\angle AOP$，$\angle BOP$ 及$\angle COP$。为了简便，我们将晶面指数为 hkl 的晶面法线 OP 与三个晶轴的夹角(即$\angle AOP$，$\angle BOP$ 及$\angle COP$)写成$(hkl)_a$，$(hkl)_b$ 及$(hkl)_c$。按图1-7-1所示，以余弦关系表达晶面 hkl 在晶轴上的截距分别为：

$$\begin{aligned}\overline{OA} &= \overline{OP}/\cos(hkl)_a;\\ \overline{OB} &= \overline{OP}/\cos(hkl)_b;\\ \overline{OC} &= \overline{OP}/\cos(hkl)_c;\end{aligned} \qquad (1.7.4)$$

若晶面为单位晶面，即它的面指数为(111)，那么代入(1.7.4)并结合式(1.7.3)，晶体的轴比将有如下的表达：

$$a_0 : b_0 : c_0 = 1/\cos(111)_a : 1/\cos(111)_b : 1/\cos(111)_c \qquad (1.7.5)$$

在单位面(111)的情况下，若已知夹角$(111)_a$，$(111)_b$ 及$(111)_c$，由于轴比等于晶面(111)在晶轴上截距之比，所以从图1-7-1也可以求得晶轴 a,b,c 之间的夹角 α，β 及 γ。

根据式(1.7.4)及式(1.7.1)，对于任意晶面(hkl)有如下表达：

$$h : k : l = a_0\cos(hkl)_a : b_0\cos(hkl)_b : c_0\cos(hkl)_c \qquad (1.7.6)$$

式(1.7.6)指出，若晶体的轴比 $a_0 : b_0 : c_0$ 已知，对于任何晶面(hkl)，只要得知其法线与晶轴夹角，该晶面的指数 hkl 就可被确定。

根据式(1.7.5)及式(1.7.6)可得：

$$\begin{aligned}h : k : l =& \cos(hkl)_a/\cos(111)_a :\\ & \cos(hkl)_b/\cos(111)_b : \cos(hkl)_c/\cos(111)_c\end{aligned} \qquad (1.7.7)$$

式(1.7.7)说明，当单位面(111)及任一晶面(hkl)的法线与晶轴之间的夹角已被测知，该晶面的面指数 hkl 就可求出。

从式(1.7.6)可知，在特定的轴比值下，晶面法线与某晶轴间的夹角越小，其余弦值越大，与此轴相应的指数也越大。无论式(1.7.1)或式(1.7.6)都可以作出如下推断：当晶面平行于某个晶轴，则它相应于此轴的指数等于零。例如，指数为 $hk0$ 的晶面必然是与 c 轴平行；同理，指数为 $h0l$ 及 $0kl$ 的晶面一定分别平行于 b 轴及 a 轴。

运用极射赤平投影方法，任一晶体的轴比、晶轴夹角，以及晶体中各个晶面的面指数都可以在该晶体的投影图中用简单的测量大圆弧的方法求得。对极射赤平投影方法的应用，费林特在《几何结晶学实习指导》中作了详细的讲解。

晶面指数 hkl 是晶体中晶面的一个记号，其更重要的意义还在于它是表明在已确定的晶轴 a,b,c 中该晶面所具有的特定方位，或者说(hkl)是表示该晶面面法线在晶轴 a,b,c 中的特定取向。这一概念是十分严谨的，在 X 射线晶体学有关衍射原理的章节中将会讨论晶体对 X 射线的"一级衍射"指数 $h_0k_0l_0$，以及晶体倒易点阵中阵点的指数等，在概念上与现在的晶面指数 hkl 是十分一致的。

1.7.2 晶棱指数

晶带轴是与相应的一些晶棱相平行的。晶棱指数表达了该晶棱在已确定的晶轴 a,b,c 中的方向。不难理解，相互平行的晶棱其棱指数必然相同，与这些晶棱相平行的晶带轴，其指数当然也就与此晶棱指数一样。

依照晶体内部点阵的概念可以指出：通过任意两结点的直线都是一个可能的晶棱方向。在晶体学中也可以指出：任何平行于两个实际或可能存在的晶面的交线方向都是一个实际或可能存在的晶棱。

与晶面指数相似，我们也用 3 个整数 u,v,w 并以方括弧$[uvw]$表示晶棱的方向。这些整数称为晶棱指数。晶棱指数中的 3 个整数 u,v,w 就如指数 h,k,l 那样是互质整数，即它们之间并没有公约数。

任何晶棱直线都可以平移到通过晶体点阵的坐标原点，此时晶棱直线将与某一通过原点的阵点列重合。在此阵点列上距离坐标原点最近的阵点，其指数(阵点指数)就是此晶棱的指数。距原点最近的阵点有两个，分别在此阵点列的正、反方向，它们的指数互为反符号，这两个互为反符号的晶棱指数都表示着同一个晶棱的方向，例如$[\bar{3}12]=[3\bar{1}\bar{2}]$表示着同一个晶棱的方向。作为表示晶棱的方向，这两个晶棱指数是相互等效的。阵点列上其他阵点的指数都是它们的整数倍(即具有一公约数)。图 1-7-2 中的 OP 阵点直线表示在已确定的晶轴 a,b,c 中，指数为$[213]$的晶棱方向。

设在晶轴 a,b 及 c 上的单位轴长为 a_0，b_0 及 c_0，在通过晶体点阵的坐标原点的阵点列 OP 上，任意阵点 M 在坐标轴 a,b 及 c 的截距投影分别为 OA，OB 及 OC。此阵点的指数 r_1,r_2,r_3 将分别为

$$r_1=\overline{OA}/a_0;\quad r_2=\overline{OB}/b_0;\quad r_3=\overline{OC}/c_0$$

那么，在此 OP 方向的晶棱指数$[uvw]$将是此阵点指数 r_1,r_2,r_3 之间除以公约数

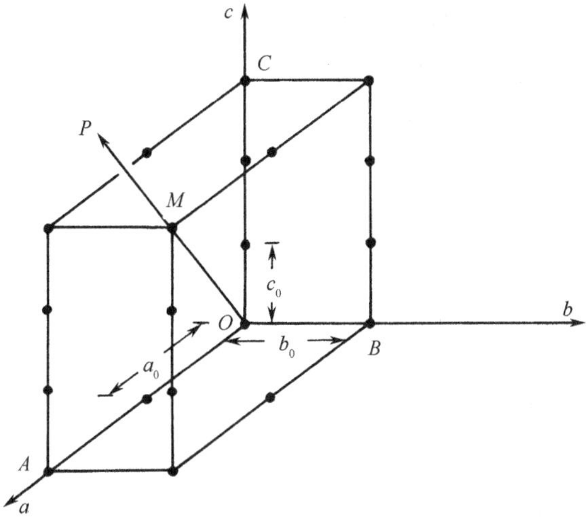

图 1-7-2 晶棱[213]在晶轴 a,b,c 中的方向,其中 a_0,b_0,c_0 为单位轴长

之后的指数。它们有如下关系:

$$u:v:w=\overline{OA}/a_0:\overline{OB}/b_0:\overline{OC}/c_0$$

在此比例式中,u,v 及 w 之间不再存在公约数 n。换句话说晶棱指数[uvw]与此阵点直线上任意阵点的指数 r_1,r_2,r_3 有如下倍数关系:

$$u=r_1/n;\quad v=r_2/n;\quad w=r_3/n$$

其中 n 为正整数。

前面已指出晶体学轴 a,b,c 一定是晶体内部点阵中通过原点的阵点列,而且是三条最主要的阵点列。从上述讨论,不难理解它们的指数应分别为:a 轴为[100];b 轴为[010];c 轴为[001]。

1.7.3 晶棱指数与晶面指数的关系

在晶体学中,有下列两个规则,名为晶带定律,即:①任何平行于两个可能或实际晶棱的平面就是一个可能或实际晶面;②任何平行于两个可能或实际晶面的交线方向都是可能或实际晶棱。

晶棱指数[uvw]与晶面指数(hkl)有如下关系:

$$hu+kv+lw=0 \tag{1.7.8}$$

E.E.费林特在《结晶学原理》[①]第七章对式(1.7.8)已作证明,并对它在几何晶体学中的应用作了详细讨论。下面我们只介绍它的一些重要应用。

① 商务印书馆,1954。

1.7.3.1 晶面指数与其晶带轴指数

由于晶带轴的指数就是此晶带中各个晶棱的指数，从式(1.7.8)我们可以找出同一晶带内各晶面指数的共同特征。

例如，对于晶带[111]，式(1.7.8)将有

$$h+k+l=0 \tag{1.7.9}$$

由此可知，属于晶带[111]的任何晶面，其面指数中3个指数之和应等于零。

例如，对于晶带[100]，式(1.7.8)将有

$$h=0 \tag{1.7.10}$$

由此可知，属于晶带[100]的所有晶面，其面指数中第一指数必为零，即$(0kl)$。同理可以推导出，属于晶带[010]的所有晶面，其面指数中第二指数必为零，即$(h0l)$；属于晶带[001]的所有晶面，其指数应为$(hk0)$。

例如，对于晶带[110]，式(1.7.8)将有

$$h+k=0 \text{ 或 } k=-h \tag{1.7.11}$$

由式(1.7.11)可知，属于晶带[110]的任何晶面，其面指数中第一指数与第二指数的绝对值必相同而且符号相反，即$(h\bar{h}l)$，其中在晶体学里$\bar{h}$是表示h的负值。同理可以推知晶带[101]及[011]的结果。

1.7.3.2 晶面指数与晶棱指数的相互关系

从式(1.7.8)可以求出两个晶面$(h_1k_1l_1)$及$(h_2k_2l_2)$相交的晶棱指数$[uvw]$。

晶面$(h_1k_1l_1)$及晶面$(h_2k_2l_2)$分别代入式(1.7.8)可得：

$$\begin{aligned} h_1u+k_1v+l_1w&=0; \\ h_2u+k_2v+l_2w&=0 \end{aligned} \tag{1.7.12}$$

联解方程组(1.7.12)可得下列结果(中间推导从略)：

$$u:v:w=(k_1l_2-l_1k_2):(l_1h_2-h_1l_2):(h_1k_2-k_1h_2) \tag{1.7.13}$$

即

$$\begin{aligned} u&=k_1l_2-l_1k_2; \\ v&=l_1h_2-h_1l_2; \\ w&=h_1k_2-k_1h_2 \end{aligned} \tag{1.7.14}$$

式(1.7.12)的求解也可以用下面的行列式形式，以十分容易记忆的方法确定uvw：

$$\begin{array}{c|ccccc|c} h_1 & k_1 & l_1 & h_1 & k_1 & & l_1 \\ & & \times & \times & \times & & \\ h_2 & k_2 & l_2 & h_2 & k_2 & & l_2 \end{array} \tag{1.7.15}$$

具体步骤是：①将每一晶面的面指数在一列上连续写两次，两个晶面写成二列，其指数按次序一一对应；②将最右及最左的纵行删去，如式(1.7.15)；③用交叉

相乘方法，并依次取出乘积差数，即可得式(1.7.14)的结果。例如已知晶面(320)及(211)，求它们相交的晶棱指数[uvw]。

$$\begin{array}{c|cccc|c} 3 & 2 & 0 & 3 & 2 & 0 \\ & & \times & \times & \times & \\ 2 & 1 & 1 & 2 & 1 & 1 \end{array}$$

$u=2\times1-1\times0=2$；$v=0\times2-3\times1=-3$；$w=3\times1-2\times2=-1$，所以，晶面(320)及(211)相交的晶棱，其指数应为[$2,\bar{3},\bar{1}$]。很明显，利用式(1.7.8)亦可作出另一种表达。沿着同样的途径，也可以推知平行于两个晶棱[$u_1v_1w_1$]及[$u_2v_2w_2$]的晶面的面指数(hkl)：

$$\begin{aligned} h &= v_1w_2 - w_1v_2; \\ k &= w_1u_2 - u_1w_2; \\ l &= u_1v_2 - v_1u_2 \end{aligned} \tag{1.7.16}$$

同样道理，以式(1.7.15)相类似的行列式形式，也可以求出晶面指数。

例如，已知晶棱[$\bar{1}20$]及[122]，求兼有此二晶棱的晶面指数。

可得 $h=2\times2-0\times2=4$；$k=0\times1-\bar{1}\times2=2$；$l=\bar{1}\times2-2\times1=\bar{4}$，对 hkl 分别除以公约数 2 以后，求得晶面指数为($21\bar{2}$)。

1.7.3.3 同一晶带内各个晶面在指数上的相互关系

从同一晶带中的两个晶面($h_1k_1l_1$)及($h_2k_2l_2$)，可以推知在同一晶带中另一晶面，其面指数将是两个初始晶面的面指数之和，即(h_1+h_2,k_1+k_2,l_1+l_2)。新的晶面位于两个初始晶面之间，下面作简单证明。

设两个晶面($h_1k_1l_1$)及($h_2k_2l_2$)在同一晶带里，并令此晶带轴的指数为[uvw]。从式(1.7.8)应有如下两方程：

$$\begin{aligned} h_1u+k_1v+l_1w &= 0; \\ h_2u+k_2v+l_2w &= 0 \end{aligned} \tag{1.7.12}$$

式(1.7.12)中两方程相加，可得：

$$(h_1+h_2)u+(k_1+k_2)v+(l_1+l_2)w=0 \tag{1.7.17}$$

从式(1.7.17)可以确知，与上述两个初始晶面共有的晶带轴[uvw]，存在着面指数为(h_1+h_2,k_1+k_2,l_1+l_2)的可能的晶面。从面指数可推知，新的晶面位于两个初始晶面之间。

同样道理，式(1.7.12)中两方程相减，可得下列两个新方程：

$$(h_1-h_2)u+(k_1-k_2)v+(l_1-l_2)w=0 \tag{1.7.18}$$

$$(h_2-h_1)u+(k_2-k_1)v+(l_2-l_1)w=0 \tag{1.7.19}$$

式(1.7.18)及式(1.7.19)表明，与上述两个初始晶面共有的晶带轴[uvw]，还存在着另外两个新的可能的晶面，其面指数分别为(h_1-h_2,k_1-k_2,l_1-l_2)及(h_2-h_1,k_2-k_1,l_2-l_1)。从面指数可推知它们分别位于两个初始面的两侧。前者位于初始面($h_1 k_1 l_1$)侧,后者位于初始面($h_2 k_2 l_2$)侧。

依据这一原理,从晶体的某些已知晶面,可以求出该晶体所有可能的晶面,并确定其面指数。若已知晶体的 4 个最基本晶面(100),(010),(001)及(111),那么这种推演就非常容易进行了。

图 1-7-3 是以立方晶系作为示范,当 4 个最主要晶面(100),(010),(001)及(111)已被确定,那么运用上述原理可以在此极射赤平投影图中推导出其他晶面在投影图中的位置及其指数。

在图 1-7-3 上可作一些实际练习。例如,从已知(110)及(111)可推知晶面(221),反之从晶面(111)及(221)亦可推知晶面(110),如此等等。

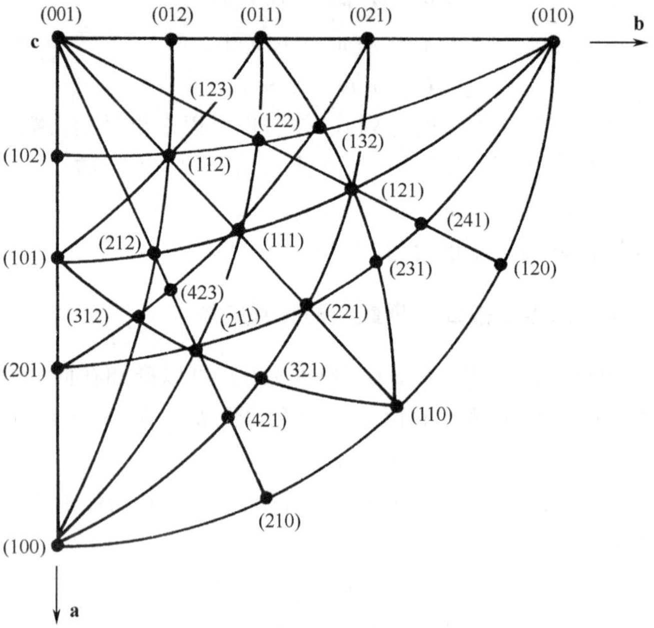

图 1-7-3　在立方晶系中推导可能的晶面及其面指数示意图

第八章　等效点系

1.8.1　一般位置等效点系与特殊位置等效点系

有关等效点及等效点系的概念在前面已广泛应用,这里给予进一步讨论。

等效点亦称为对称等效点。一个点经某一指定的对称元素的对称操作之后,与另外一个点完全重合,那么这两个点互为对称等效点。这两个点之间具有"对称等效"的关系。在晶体学里,等效点可以代表晶体外形多面体的晶面(在几何晶体学里),也可以代表结构基元(在微观空间对称中)。等效点之间的等效关系不但只在几何形状上一致,而且在物理和化学性质上也完全一样。

从一个初始点出发,经某一给定的对称群(几何晶体学中就是点群,它可能只含有一个对称元素,也可能是一组对称元素的组合)全部对称操作的反复进行直至循环重复为止。由此所推导出的一组对称等效点称为该点群的"等效点系"。等效点系内各点之间,对于这一特定点群来说,它们互为对称等效点,存在着对称等效关系。在晶体内部结构中等效点代表着结构基元,在晶体宏观形貌学上等效点代表着晶体多面体的晶面。

在给定的点群里,若初始点 x,y,z 是处于任意位置,即 x,y,z 3 个变量均为任意变量,所推导出的等效点系称为该点群的"一般位置等效点系"。若初始点是处于特殊位置上,即 3 个坐标变量中具有常数值(诸如 $x,0,z$;$x,0,0$;$0,0,0$ 等)或 3 个坐标变量之间具有某种特定关系(诸如 x,x,z;x,x,x;$2x,x,z$ 等),例如它处于对称元素的位置上,所导出的等效点系就为该点群的"特殊位置等效点系"。显然,在所有的 32 个点群里,每个点群只会有一个一般位置等效点系。而在大多数的点群里,它的特殊位置等效点系却可能有许多种。以点群 $2/m$ 为例,它的一般位置等效点系(请参阅图 1-4-2)包含有 4 个等效点:x,y,z;$x,\bar{y},z$;$\bar{x},y,\bar{z}$;$\bar{x},\bar{y},\bar{z}$。当初始点不处于任意位置而是在某一特殊位置,例如处于①对称面;②二次轴;③对称面与二次轴的交点上,则所导出的等效点系将分别为① $x,0,z$;$\bar{x},0,\bar{z}$,② $0,y,0$;$0,\bar{y},0$,③ $0,0,0$。第①,②种特殊位置等效点系都只包含有两个等效点。第③种等效点系则只有一个等效点。图 1-8-1 标出了这三种特殊位置等效点系的等效点。

每个点群只有一个一般位置等效点系,而且它所具有的等效点数目是最多的,特殊位置等效点系中的等效点数目总是比一般位置等效点系的等效点数目少一个整数倍。

每个点群的一般位置等效点系代表了这点群(对称类型)的对称性。一般位置

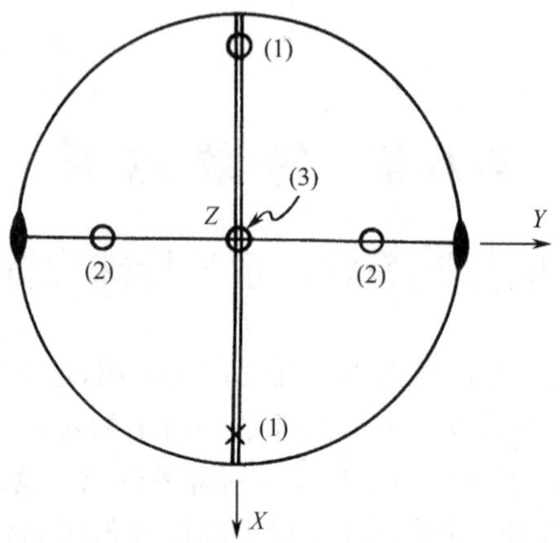

图 1-8-1　点群 2/*m* 中三种特殊位置等效点系

(1)位于对称面 *m* 上;(2)位于二次轴 2 上;(3)位于对称性为 2/*m* 上

等效点系中等效点之间的相互对称等效关系包含着该点群内全部对称元素的对称操作。显然,通过一般位置等效点系全部等效点坐标之间的相互关系,可以推导出该点群内全部对称元素的性质及其处于已给定坐标系中的坐标位置。同样道理,每个点群所处的坐标系已被确定,从而各对称元素所处的坐标位置已知,那么该点群的一般位置等效点系的等效点坐标将不难导出。等效点及等效点系的概念在以后的 X 射线晶体学及晶体结构分析里都有重要的意义,而它们在结晶多面体的研究中,有关"单形"与"复形"的概念与此关系十分密切。

1.8.2　点群中国际记号的取向

在上述各章节讨论中所用的点群符号都是目前国际晶体学联合会决定采用的记号。每个点群符号都包含了该对称类型中最基本的对称元素,其他未指出的对称元素均可通过这些已标出的最基本对称元素的组合推导出来。要达此目的,必须准确地了解每个已标出的对称元素的取向。

32 个点群的符号分别由一个、两个或 3 个对称元素符号组成,为了简化我们的讨论,可以认为每个点群都具有 3 个符号。

每个点群的 3 个对称元素符号,它们的取向只能在已确定的坐标系中才有肯定的意义,也就是说它的取向只有在它们所属晶系的特定坐标系中才有意义。所以下面按晶系将点群国际符号中每一个对称元素符号在晶系特定坐标系中的取向分别给以标明。

取向是指在特定坐标系中某一通过坐标原点的直线的方向,这直线可以是对称轴,亦可以是对称面的法线。下面标出的取向有如下约定:如果点群中的符号是对称轴，则此轴应与标明的取向平行，如果符号是对称面，则此对称面的面法线应与标明的取向平行。

前面在晶体的取向中已指出，晶体的对称轴及对称面法线必定是一些主要晶带轴，它们是与一些主要的晶棱方向平行的。而晶棱指数是表达该晶棱在特定坐标系中的方向，即表达着一条通过坐标原点的直线方向。表 1-8-1 以晶棱指数(包含 3 个指数的方括号)来表示各晶系所属各点群中每一对称元素符号的取向。

表 1-8-1　点群中国际符号的取向

晶系	点群中国际符号的取向	所属点群
三斜	[000]	1;$\bar{1}$
单斜	[010]	2;*m*;2/*m*
正交	[100][010][001]	222;*mm*2;*mmm*
三方	[001][100][120]	3;$\bar{3}$;3*m*1(31*m*);321(312);$\bar{3}$*m*1($\bar{3}$1*m*)
四方	[001][100][110]	4;$\bar{4}$;4/*m*;$\bar{4}$*m*2;422;4*mm*;4/*mmm*
六方	[001][100][120]	6;$\bar{6}$;6/*m*;$\bar{6}$*m*2;622;6*mm*;6/*mmm*
立方	[001][111][110]	23;*m*$\bar{3}$;43;$\bar{4}$3*m*;*m*$\bar{3}$*m*

注：对称轴或对称面法线应与标出的晶棱取向重合。

例如，单斜晶系中的点群 2/*m*，此点群符号表示了一个二次对称轴 2 与对称面 *m* 相垂直。此时二次轴是与对称面法线相一致的，而且如表 1-8-1 所示，它们应与晶棱[010]的取向相重合。

例如，正交晶系中的点群 222，如表 1-8-1 所示，此点群符号中的 3 个二次轴 2 应按次序分别与 3 个晶棱[100]，[010]，[001]的取向相重合。对于点群 *mmm*，3 个对称面的法线应按次序分别与此 3 个晶棱的方向相重合。对于点群 *mm*2，对称面的法线与对称轴 2 以同等对待，分别与此 3 个晶棱取向相一致。实际上点群 *mm*2 中独立的对称元素是两个对称面，其中第 3 个符号的二次轴 2 可以由这两个对称面的组合而派生出来。因而许多时候以 *mm* 代替点群符号 *mm*2。在这种情况下两个对称面 *mm* 的法线仍然按次序分别与此 3 个中的前两个晶棱取向相重合，第三个晶棱取向将予以空白。

例如，三方晶系中的点群 3 或 $\bar{3}$，三次轴或三次反轴只与表 1-8-1 所给出的 3 个晶棱[001]，[100]，[120]中的第一个晶棱，即[001]的取向相重合。对于点群 3*m*1，除了三次轴与[001]方向重合外，对称面 *m* 的法线应与第二个晶棱[100]相一致。不难理解，如果此点群的取向改为 31*m*(如前面所指出，在几何晶体学中这种取向选择是任意的，而在微观对称类型中却是非任意的)，对称面 *m* 的法线就应与第三个晶棱[120]相重合了。

例如,六方晶系中的全对称型点群 $6/mmm$,在这一点群符号中的第一个符号是 $6/m$,它表明六次对称轴与对称面垂直。不言而喻,六次轴与对称面法线相互重合,并且与表 1-8-1 所给出的第一个晶棱[001]方向一致。点群中其余两个符号——两个对称面,它们的法线按次序分别与晶棱[100]及[120]的方向相重合。

在上一章"晶面指数及晶棱指数"中读者已经明白,晶面指数和晶棱指数表达着相应的晶面和晶棱在已确定的坐标系中所处的方位。为了便于读者掌握和运用点群的国际符号,推导点群的对称元素及点群的等效点系,我们以极射赤平投影图将 H 取向坐标系中和立方晶系中的一些主要晶面和晶棱分别示于图 1-8-2 及图 1-8-3 中。H 取向是六方晶系的取向,其单位晶胞参数是 $a_0=b_0\neq c_0$;$\alpha=\beta=90°$,$\gamma=120°$。H 取向也是三方晶系两种取向之一。立方晶系的晶胞参数特征是 $a_0=b_0=c_0$,$\alpha=\beta=\gamma=90°$。立方晶系的晶胞特征与正交晶系及四方晶系的晶胞参数,差别只在于 3 个单位轴长 a_0,b_0,c_0 之间的关系,因而不妨将前者看作为后二者的一种特殊情况。所以,图 1-8-3 也完全适用于正交晶系及四方晶系的取向。

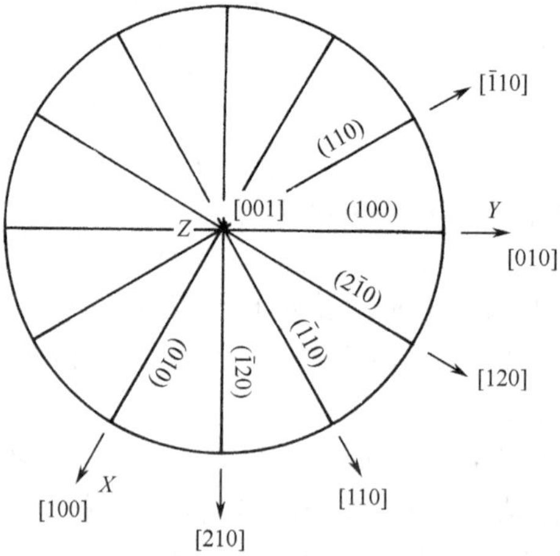

图 1-8-2　H 取向(三方晶系及六方晶系)坐标系中的一些主要晶棱指数(方括号)及一些主要的晶面指数(圆括号)

为了方便读者掌握处于 H 取向坐标系(图 1-8-2)及立方晶系(图 1-8-3)中与那些主要晶棱和主要晶面相互重合的对称元素的特点,我们分别把在那些位置上的对称元素的坐标,以及这些对称元素所给出的对称等效点坐标列于表 1-8-2,表 1-8-3(a),(b),(c),(d)及(e)中。依据上述图及表,读者不难推导出除三斜晶系和单斜晶系之外的其他晶系中各点群的一般位置等效点系和各种特殊位置等效点系的坐标。而三斜晶系及单斜晶系的对称元素组合十分简单,其等效点也就不难推导了。

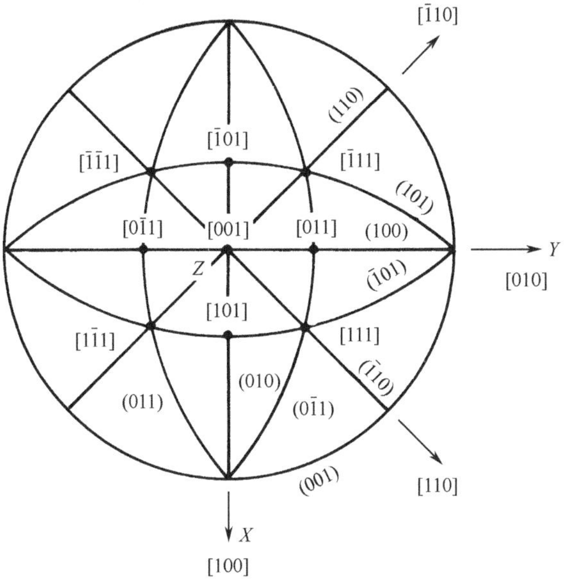

图 1-8-3　立方晶系(亦可供四方晶系及正交晶系参考)的一些主要晶棱的指数(方括号)及一些主要的晶面指数(圆括号)

表 1-8-2　*H* 取向(三方晶系及六方晶系)中与主要晶棱及晶面重合的对称元素特性及其等效点坐标

	相重合的晶棱、晶面	对称元素的坐标	等效点坐标变换
二次对称轴	[100]	$2(x00)$	$x,y,z;x-y,\bar{y},\bar{z}$
	[210]	$2(2xx0)$	$x,y,z;x,x-y,\bar{z}$
	[110]	$2(xx0)$	$x,y,z;y,x,\bar{z}$
	[120]	$2(x2x0)$	$x,y,z;\bar{x}+y,y,\bar{z}$
	[010]	$2(0y0)$	$x,y,z;\bar{x},\bar{x}+y,\bar{z}$
	$[\bar{1}10]$	$2(\bar{x}x0)$	$x,y,z;\bar{y},\bar{x},\bar{z}$
对称面	(010)	$m(x0z)$	$x,y,z;x-y,\bar{y},z$
	$(\bar{1}20)$	$m(2xxz)$	$x,y,z;x,x-y,z$
	$(\bar{1}10)$	$m(xxz)$	$x,y,z;y,x,z$
	$(2\bar{1}0)$	$m(x2xz)$	$x,y,z;\bar{x}+y,y,z$
	(100)	$m(0yz)$	$x,y,z;\bar{x},\bar{x}+y,z$
	(110)	$m(\bar{x}xz)$	$x,y,z;\bar{y},\bar{x},z$

注:(1)表中各晶棱及晶面的方位请参阅图 1-8-2。

(2)表中二次轴的坐标只写出其中的代表,例如 $2(\bar{x}00)$ 与 $2(x00)$ 对于等效点坐标变换是相同的,在表中不再列出。同理对于对称面也如此,例如 $m(2xxz)$、$m(2\bar{x}\bar{x}z)$、$m(2xx\bar{z})$ 及 $m(2\bar{x}\bar{x}\bar{z})$ 是在同一平面。

(3)与晶棱[001](即 *Z* 轴)重合的三次轴 $3(00z)$ 或六次轴 $6(00z)$ 的情况请参阅图 1-3-5 及图 1-3-8。

(4)有关晶棱指数及晶面指数的论述请参阅第七章。

表 1-8-3 立方晶系(四方晶系及正交晶系部分类同)中与主要晶棱及晶面重合的对称元素特性及其等效点坐标(参阅图 1-8-3)

(a)三次对称轴

相重合的晶棱	三次对称轴坐标	等效点坐标变换
[111]	$3(xxx)$	$x,y,z;\ y,z,x;\ z,x,y$
$[\bar{1}11]$	$3(\bar{x}xx)$	$x,y,z;\ \bar{y},z,\bar{x};\ \bar{z},\bar{x},y$
$[\bar{1}\bar{1}1]$	$3(\bar{x}\bar{x}x)$	$x,y,z;\ y,\bar{z},\bar{x};\ \bar{z},x,\bar{y}$
$[1\bar{1}1]$	$3(x\bar{x}x)$	$x,y,z;\ \bar{y},\bar{z},x;\ z,\bar{x},\bar{y}$

(b)四次对称轴

相重合的晶棱	四次对称轴坐标	等效点坐标变换
[001]	$4(00z)$	$x,y,z;\ \bar{y},x,z;\ \bar{x},\bar{y},z;\ y,\bar{x},z$
[010]	$4(0y0)$	$x,y,z;\ z,\bar{y},\bar{x};\ \bar{x},y,\bar{z};\ \bar{z},y,x$
[100]	$4(x00)$	$x,y,z;\ x,\bar{z},y;\ x,\bar{y},\bar{z};\ x,z,\bar{y}$

(c)四次反伸对称轴

相重合的晶棱	四次反伸轴坐标	等效点坐标变换
[001]	$\bar{4}(00z)$	$x,y,z;\bar{y},x,\bar{z};\bar{x},\bar{y},z;y,\bar{x},\bar{z}$
[010]	$\bar{4}(0y0)$	$x,y,z;z,\bar{y},\bar{x};\bar{x},y,\bar{z};\bar{z},\bar{y},x$
[100]	$\bar{4}(x00)$	$x,y,z;\bar{x},\bar{z},y;x,\bar{y},\bar{z};\bar{x},z,\bar{y}$

(d)二次对称轴

相重合的晶棱	二次对称轴坐标	等效点坐标变换
[110]	$2(xx0)$	$x,y,z;\ y,x,\bar{z}$
$[\bar{1}10]$	$2(\bar{x}x0)$	$x,y,z;\ \bar{y},\bar{x},\bar{z}$
[101]	$2(x0x)$	$x,y,z;z,\bar{y},x$
$[\bar{1}01]$	$2(\bar{x}0x)$	$x,y,z;\ \bar{z},\bar{y},\bar{x}$
[011]	$2(0yy)$	$x,y,z;\ \bar{x},z,y$
$[0\bar{1}1]$	$2(0\bar{y}y)$	$x,y,z;\ \bar{x},\bar{z},\bar{y}$

(e)对称面

相重合的晶面	对称面坐标	等效点坐标变换
(001)	$m(xy0)$	$x,y,z;\ x,y,\bar{z}$
(010)	$m(x0z)$	$x,y,z;\ x,\bar{y},z$
(100)	$m(0yz)$	$x,y,z;\ \bar{x},y,z$
(011)	$m(x\bar{y}y)$	$x,y,z;\ x,\bar{z},\bar{y}$
$(0\bar{1}1)$	$m(xyy)$	$x,y,z;\ x,z,y$
(101)	$m(\bar{x}yx)$	$x,y,z;\ \bar{z},y,\bar{x}$
$(\bar{1}01)$	$m(xyx)$	$x,y,z;\ z,y,x$
(110)	$m(\bar{x}xz)$	$x,y,z;\ \bar{y},\bar{x},z$
$(\bar{1}10)$	$m(xxz)$	$x,y,z;\ y,x,z$

注:请参阅图 1-8-3 及表 1-8-2 的注,在此不重复。

1.8.3 等效点系坐标的推导

依据图 1-8-2 和 1-8-3 及表 1-8-1,1-8-2,1-8-3,读者可以从一个点群的国际符号推导出该点群的全部对称元素及其在已确定的坐标系中的坐标位置,而且还可以推导出该点群的一般位置等效点系和各种特殊位置等效点系的坐标。同样道理,借助于上述图及表,运用极射赤平投影图的表述方法,读者可以从某一点群的一般位置等效点系坐标,通过等效点坐标之间的关系推导出这一点群中每一个对称元素及其坐标,从而导出这一点群正确取向的坐标系并最终指出点群的国际符号。下面我们以两个示例加以说明。

例一 已知点群的国际符号为 $6mm$,请推导出此点群的全部对称元素及坐标,以及此点群的一般位置等效点系和各种特殊位置等效点系的坐标。

我们的推导可以按下列步骤进行:

(1)从国际符号 $6mm$,可以确定该点群属于六方晶系。从晶系的晶胞参数特征($a_0=b_0\neq c_0$,$\alpha=\beta=90°$,$\gamma=120°$)可以确定此点群取向的坐标系 X,Y,Z,并以极射赤平投影法表示于图 1-8-4。

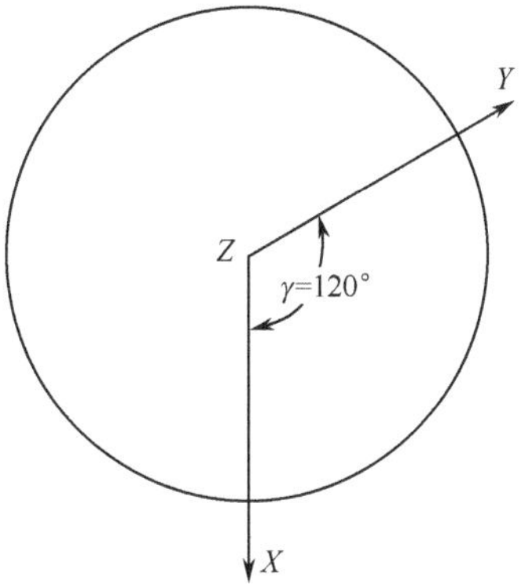

图 1-8-4 六方晶系及三方晶系 H 取向中 3 个坐标轴的取向示意图

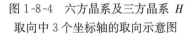

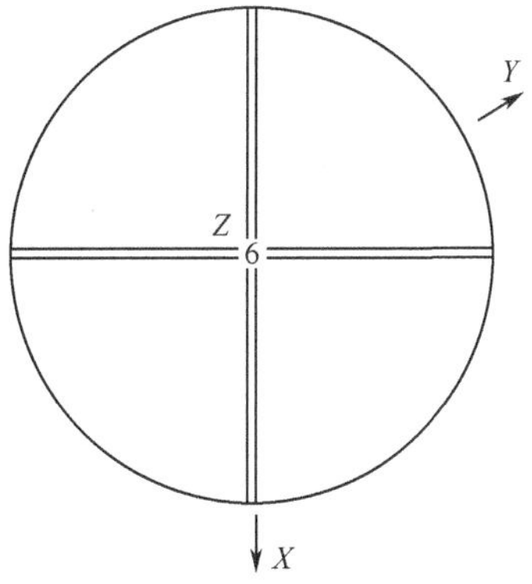

图 1-8-5 在 H 取向的坐标系中,位于[100]取向和[120]取向的对称面,它们在空间取向上相互之间并不等效

(2)从表 1-8-1 可知点群符号中的六次轴 6 与晶棱[001]方向重合,而两个对称面 mm 的法线分别与[100]及[120]重合。参考图 1-8-2,不难找出此点群三个基本对称元素在图 1-8-4 坐标系中的方位,将它们表示于图 1-8-5 中。

(3)运用对称元素组合的原理和推导方法,在极射赤平投影图 1-8-5 上,从任意初始点 x,y,z 出发,很容易推导出各个等效点及所有派生的对称元素,如图 1-8-6所示。这就是点群 $6mm$ 全部对称组合及其一般位置等效点系的极射赤平投影图。

(4)参考表 1-8-2,从图 1-8-6 可以确定每个对称面的晶面指数,从而确定每个对称元素在此坐标系中的坐标:$6(00z)$,$m(x0z)$,$m(2xxz)$,$m(xxz)$,$m(x2xz)$,$m(0yz)$,$m(\bar{x}xz)$。

(5)参考表 1-8-2 有关等效点坐标变换,以及图 1-3-8 有关 $6(00z)$的等效点系坐标,从任意点 x,y,z 出发,对上述 7 个对称元素进行等效点变换操作,必然可以推导出与图 1-8-6 中 12 个等效点相对应的一般位置等效点系坐标:

$$x,y,z;\ x,x-y,z;\ x-y,x,z;\ y,x,z;\ \bar{y},x-y,z;\ y-x,y,z;$$
$$\bar{x},\bar{y},z;\ \bar{x},y-x,z;\ y-x,\bar{x},z;\ \bar{y},\bar{x},z;\ y,y-x,z;\ x-y,\bar{y},z$$

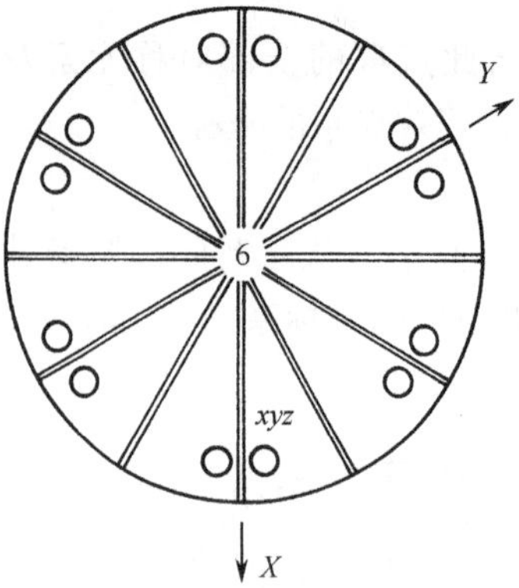

图 1-8-6 点群 $6m$ 中一般位置等效点系

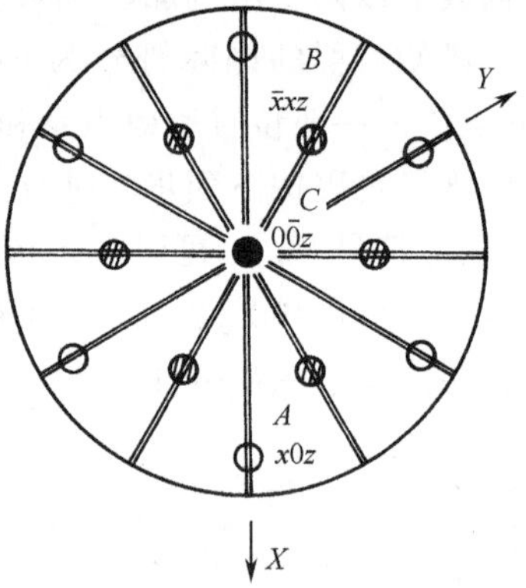

图 1-8-7 点群 $6m$ 中 3 种特殊位置等效点系的示意图,其中 A 及 B 两组对称面之间是对称独立的,因而 A,B 两组特殊位置等效点系之间也是独立的。位于对称性为 $6m$ 的 C 组只包含一个等效点

(6)如图 1-8-7 所示,初始点处于特殊位置(对称元素)上的有如下三种情况。

1)初始点 A 处于对称面 $m(x0z)$上,此初始点坐标应为 $x,0,z$。将此初始点坐标分别代入上述一般位置等效点系 12 个等效点的坐标中,可推导出与图 1-8-7 所示的 6 个等效点相应的等效点坐标,组成一套特殊位置等效点系:

$$x,0,z;\ x,x,z;\ 0,x,z;\ \bar{x},0,z;\ \bar{x},\bar{x},z;\ 0,\bar{x},z$$

2)初始点 B 处于对称面 $m(\bar{x}xz)$上,初始点坐标为 $\bar{x},x,z$。同样原理,可推导出另一套由 6 个等效点组成的特殊位置等效点系(如图 1-8-7 所示)。

$$\bar{x},x,z;\ \bar{x},2\bar{x},z;\ 2\bar{x},\bar{x},z;\ x,\bar{x},z;\ 2x,x,z;\ x,2x,z$$

3)初始点 C 处于 6 个对称面与六次对称轴相交的直线上,此直线的对称性为 $6mm$。此时初始点坐标为 $0,0,z$。将此初始点坐标代入一般位置等效点系的等效点坐标,最终获得只由一个等效点组成的一套特殊位置等效点系:$0,0,z$。

例二 已知某一点群的一般位置等效点系坐标:

$$x,y,z;\ z,x,y;\ y,z,x;\ x,\bar{y},\bar{z};\ z,\bar{x},\bar{y};\ y,\bar{z},\bar{x};$$
$$\bar{x},y,\bar{z};\ \bar{z},x,\bar{y};\ \bar{y},z,\bar{x};\ \bar{x},\bar{y},z;\ \bar{z},\bar{x},y;\ \bar{y},\bar{z},x$$

要求推导出此点群的全部对称元素及点群的国际符号。

我们的推导可按如下步骤进行：

(1)我们所熟悉的 32 个点群中,低级晶系的点群的一般位置等效点数目最高者为 8(点群 mmm),例题中一般位置等效点数目为 12,可以肯定此点群只可能属于中级晶系或高级晶系。

在中级晶系中,四方晶系所属各点群,其一般位置等效点数目应只是 2 或 4 的倍数,不存在 3 的倍数。只有三方晶系及六方晶系,以及高级晶系的一般位置等效点系能满足 3 的倍数。所以,例题中的点群不属于四方晶系。

(2)详细分析例题中 12 个等效点的坐标及其相互变换关系,不难发现 12 个等效点可划分为 4 组。每组 3 个等效点坐标之间均满足 $x,y,z;y,z,x;z,x,y$ 的坐标轮换规律,这是立方晶系所属各点群共有特征,即处于立方体对角线上三次对称轴3(xxx)所特有的等效点坐标之间轮换规律。参考表 1-8-3(a),通过对例题所列 12 个等效点重新划分,不难发现它们之间的关系表达了另外 3 个三次对称轴 3($\bar{x}xx$)、3($\bar{x}\bar{x}x$)、3($x\bar{x}x$)。其实,这 4 个三次轴必定同时共存于立方晶系,而且是立方晶系的对称特征。

(3)立方晶系所属点群共 5 个。如果读者熟悉每个点群一般位置等效点的数目,那么,对于确定点群将会很有帮助(立方晶系所属 5 个点群中,只有点群 23 的一般位置等效点的数目为 12)。

详细分析 12 个等效点坐标之间的关系,除上述坐标轮换关系之外,我们将着重分析坐标变量 x,y,z 次序相同的等效点之间的正负值变换关系,如 x,y,z 与 $x,\bar{y},\bar{z}$;z,x,y 与 $z,\bar{x},\bar{y}$ 等等的变换关系。不难发现这种坐标变量次序相同的等效点坐标之间存在着两个变量的正负号变换关系。这是平行于坐标轴的二次对称轴所具有的对称等效点坐标变换特征。这种对称等效点坐标变换关系的详细分析,可以结合参考表 1-8-3(a),(b),(c),(d),(e),肯定例题所列 12 个等效点之间的对称等效关系表达 3 个与坐标轴重合的二次对称轴 2(x00),2(0y0),2(00z)。除此之外,在此一般位置等效点系中并不存在四次轴、对称面及对称中心的对称等效关系。

(4)以极射赤平投影图,不难表示出点群 23 的全部对称元素,如图 1-5-5 所示,在此不重复了。

上述两个示例的推导步骤对于初学者也许会有所帮助,而对于熟悉几何晶体学对称原理的读者,在完成类似上述的推导时,应根据自己已掌握的对称原理和经验按照自己的方式和步骤进行推演。

类似于上述两个示例的推导,对于建立晶体对称的立体空间概念,以及对于晶体学对称原理的实际应用将是十分有意义的。它对于以后学习有关微观空间对称原理乃至晶体结构的实际测定都很有帮助。

1.8.4 等效点系的等效点数目和坐标

等效点系的等效点数目决定于点群所包含的对称元素种类与数量,也决定于初始等效点所处的坐标位置。如前面所述,一个等效点系的组成是从一个初始点出发,经过该点群全部对称元素的反复对称操作直至互相重复封闭所导出的一组对称等效点。

从原理上说,一般位置等效点系是从一个处于任意位置(3 个坐标变量是任意的变量)的初始点出发,经过点群的全部对称元素充分的对称操作后所推导出来的一组等效点。实际上并不需要全部的对称元素,而只需要这一点群中独立的对称元素充分的对称操作就可以推导出来。一个点群的对称元素可以区分为独立的对称元素和派生的对称元素,派生的对称元素可以从独立对称元素的对称组合中派生出来。例如点群 mmm 中具有 3 个互相垂直的对称面之外,还有 3 个二次轴和对称中心。而这一点群的独立对称元素是 3 个对称面,其余的对称元素均可由 3 个对称面的组合派生出来。当然,我们也可以把点群 mmm 中的 3 个相互垂直的二次轴中的任意两个和对称中心看成是此点群的独立对称元素,因为它们的组合也将导出点群中的 3 个对称面和另一个二次轴。确切地说,一个点群的独立对称元素是该点群全部对称元素中的一部分,凭借着它们的相互组合将可导出点群中其余的对称元素。一般位置等效点系的等效点数目,将是点群中独立对称元素的等效点数的乘积。例如点群 mmm 的独立对称元素为 3 个对称面 m,m,m,每个 m 的等效点数为 2,由此可知 $2\times2\times2=8$,点群 mmm 的一般位置等效点系的等效点数为 8。

点群的国际符号既包含着每一个点群的特征对称元素,原则上也表达了每一点群中的基本对称元素。例如低级晶系的各个点群符号及中级晶系中的一些点群符号就是如此。在中级晶系中的一些点群符号($\bar{4}m2$, $4mm$, $4/mmm$, $\bar{6}m2$, $6mm$, $6/mmm$ 等)是由 3 个符号来组成,这对于对称原理特别是微观空间对称是十分必要的。例如点群 $4mm$ 中两个对称面的取向不同,它们的面法线分别与[100]及[110]相一致,代表着点群中两组不同的对称面。在以后有关微观空间对称的讨论里我们将知道微观空间对称群 $P4mb$, $P4bm$ 等等的空间群中两个对称面的性质并不相同。同样道理 $P\bar{4}m2$ 与 $P\bar{4}2m$,由于二次轴 2 与对称面 m 所处的方位取向不同,构成了两个完全不相同的空间对称群。在宏观对称上,对于点群的全部对称元素的推导,以及对于点群的一般位置等效点系的推导,点群国际符号 $4mm$ 中第三个符号并非必要,在某种意义上说,第三个符号可以说是多余的。又例如 622 可以用 62 表示,$6mm$ 也可以 $6m$ 表示。我们将 32 个点群的一般位置等效点系的等效点数目,以及按上述国际符号的取向(表 1-8-1)所推导出等效点的坐标列于表

1-8-4，以供读者查阅。如前面多次指出，点群符号 $3m1$ 与 $31m$，321 与 312，$\bar{3}m1$ 与 $\bar{3}1m$，$\bar{4}m2$ 与 $\bar{4}2m$，以及 $\bar{6}m2$ 与 $\bar{6}2m$ 是分别属于同一个点群（对称类型），只是在取向上有所不同，亦即对称元素 2 或 m 相应于晶体已确定的坐标系中具有不同的方向。由于取向的差别，点群的等效点系的等效点坐标必然不一样。为了读者便于查阅，我们将上述同一点群不同取向的点群符号及其一般位置等效点坐标也并列于表 1-8-4。表中所列点群符号在取向上是与表 1-8-1 一致的。

表 1-8-4(a)　低级晶系 8 个点群的一般位置等效点系

点群符号	等效点数	等效点坐标
1	1	x, y, z
$\bar{1}$	2	x, y, z; $\bar{x}, \bar{y}, \bar{z}$
2	2	x, y, z; $\bar{x}, y, \bar{z}$
m	2	x, y, z; $x, \bar{y}, z$
$2/m$	4	x, y, z; $\bar{x}, y, \bar{z}$; $x, \bar{y}, z$; $\bar{x}, \bar{y}, \bar{z}$
222	4	x, y, z; $\bar{x}, y, \bar{z}$; $\bar{x}, \bar{y}, z$; $x, \bar{y}, \bar{z}$
mm	4	x, y, z; $\bar{x}, y, z$; $x, \bar{y}, z$; $\bar{x}, \bar{y}, z$
mmm	8	x, y, z; $\bar{x}, y, z$; $x, \bar{y}, z$; $\bar{x}, \bar{y}, z$; $x, y, \bar{z}$; $\bar{x}, y, \bar{z}$; $x, \bar{y}, \bar{z}$; $\bar{x}, \bar{y}, \bar{z}$

(b)　中级晶系 19 个点群的一般位置等效点系

点群符号	等效点数	等效点坐标
3	3	x, y, z; $\bar{y}, x-y, z$; $\bar{x}+y, \bar{x}, z$
$\bar{3}$	6	x, y, z; $x-y, x, \bar{z}$; $\bar{y}, x-y, z$; $\bar{x}, \bar{y}, \bar{z}$; $\bar{x}+y, \bar{x}, z$; $y, \bar{x}+y, \bar{z}$
$31m$	6	x, y, z; $\bar{y}, x-y, z$; $\bar{x}+y, \bar{x}, z$; $x-y, \bar{y}, z$; $\bar{x}, \bar{x}+y, z$; y, x, z
$3m1$	6	x, y, z; $\bar{y}, x-y, z$; $\bar{x}+y, \bar{x}, z$; $\bar{x}+y, y, z$; $x, x-y, z$; $\bar{y}, \bar{x}, z$
312	6	x, y, z; $\bar{y}, x-y, z$; $\bar{x}+y, \bar{x}, z$; $\bar{x}+y, y, \bar{z}$; $x, x-y, \bar{z}$; $\bar{y}, \bar{x}, \bar{z}$
321	6	x, y, z; $\bar{y}, x-y, z$; $\bar{x}+y, \bar{x}, z$; $x-y, \bar{y}, \bar{z}$; $\bar{x}, \bar{x}+y, \bar{z}$; $y, x, \bar{z}$
$\bar{3}1m$	12	x, y, z; $x-y, x, \bar{z}$; $\bar{y}, x-y, z$; $\bar{x}, \bar{y}, \bar{z}$; $\bar{x}+y, \bar{x}, z$; $y, \bar{x}+y, \bar{z}$; $x-y, \bar{y}, z$; $\bar{y}, \bar{x}, \bar{z}$; $\bar{x}, \bar{x}+y, z$; $\bar{x}+y, y, \bar{z}$; y, x, z; $x, x-y, \bar{z}$
$\bar{3}m1$	12	x, y, z; $x-y, x, \bar{z}$; $\bar{y}, x-y, z$; $\bar{x}, \bar{y}, \bar{z}$; $\bar{x}+y, \bar{x}, z$; $y, \bar{x}+y, \bar{z}$; $\bar{x}+y, y, z$; $y, x, \bar{z}$; $x, x-y, z$; $x-y, \bar{y}, \bar{z}$; $\bar{y}, \bar{x}, z$; $\bar{x}, \bar{x}+y, \bar{z}$
4	4	x, y, z; $\bar{y}, x, z$; $\bar{x}, \bar{y}, z$; $y, \bar{x}, z$
$\bar{4}$	4	x, y, z; $\bar{y}, x, \bar{z}$; $\bar{x}, \bar{y}, z$; $y, \bar{x}, \bar{z}$
$4/m$	8	x, y, z; $\bar{y}, x, z$; $\bar{x}, \bar{y}, z$; $y, \bar{x}, z$; $x, y, \bar{z}$; $\bar{y}, x, \bar{z}$; $\bar{x}, \bar{y}, \bar{z}$; $y, \bar{x}, \bar{z}$
$\bar{4}m2$	8	x, y, z; $\bar{y}, x, \bar{z}$; $\bar{x}, \bar{y}, z$; $y, \bar{x}, \bar{z}$; $\bar{x}, y, z$; $y, x, \bar{z}$; $x, \bar{y}, z$; $\bar{y}, \bar{x}, \bar{z}$
$\bar{4}2m$	8	x, y, z; $\bar{y}, x, \bar{z}$; $\bar{x}, \bar{y}, z$; $y, \bar{x}, \bar{z}$; $x, \bar{y}, \bar{z}$; $\bar{y}, \bar{x}, z$; $\bar{x}, y, \bar{z}$; y, x, z

续表

点群符号	等效点数	等效点坐标
422	8	$x, y, z;\ \bar y, x, z;\ \bar x, \bar y, z;\ y, \bar x, z;\ x, \bar y, \bar z;\ \bar y, \bar x, \bar z;\ \bar x, y, \bar z;\ y, x, \bar z$
$4mm$	8	$x, y, z;\ \bar y, x, z;\ \bar x, \bar y, z;\ y, \bar x, z;\ x, \bar y, z;\ \bar y, \bar x, z;\ \bar x, y, z;\ y, x, z$
$4/mmm$	16	$x, y, z;\ \bar y, x, z;\ \bar x, \bar y, z; y, \bar x, z;\ x, \bar y, z;\ \bar y, \bar x, z;\ \bar x, y, z; y, x, z; x, y, \bar z;\ \bar y, x, \bar z; \bar x, \bar y, \bar z;$ $y, \bar x, \bar z;\ x, \bar y, \bar z;\ \bar y, \bar x, \bar z;\ \bar x, y, \bar z;\ y, x, \bar z$
6	6	$x, y, z;\ x-y, x, z;\ \bar y, x-y, z;\ \bar x, \bar y, z;\ \bar x+y, \bar x, z;\ , y, \bar x+y, z$
$\bar 6$	6	$x, y, z;\ \bar y, x-y, z;\ \bar x+y, \bar x, z;\ x, y, \bar z;\ \bar y, x-y, \bar z;\ \bar x+y, \bar x, \bar z$
$6/m$	12	$x, y, z;\ x-y, x, z;\ \bar y, x-y, z;\ \bar x, \bar y, z;\ \bar x+y, \bar x, z;\ y, \bar x+y, z;\ x, y, \bar z;\ x-y, x, \bar z;$ $\bar y, x-y, \bar z;\ \bar x, \bar y, \bar z;\ \bar x+y, \bar x, \bar z;\ y, \bar x+y, \bar z$
$\bar 62m$	12	$x, y, z;\ \bar y, x-y, z;\ \bar x+y, \bar x, z;\ x, y, \bar z;\ \bar y, x-y, \bar z;\ \bar x+y, \bar x, \bar z; x-y, \bar y, z;\ \bar x, \bar x+y, z;$ $y, x, z;\ x-y, \bar y, \bar z;\ \bar x, \bar x+y, \bar z;\ y, x, \bar z$
$\bar 6m2$	12	$x, y, z;\ \bar y, x-y, z;\ \bar x+y, \bar x, z;\ x, y, \bar z;\ \bar y, x-y, \bar z; \bar x+y, \bar x, \bar z;\ \bar x+y, y, z; x, x-y, z;$ $\bar y, \bar x, z;\ \bar x+y, y, \bar z;\ x, x-y, \bar z;\ \bar y, \bar x, \bar z$
622	12	$x, y, z;\ x-y, x, z;\ \bar y, x-y, z;\ \bar x, \bar y, z;\ \bar x+y, \bar x, z;\ y, \bar x+y, z;\ \bar x+y, y, \bar z;\ y, x, \bar z;$ $x, x-y, \bar z;\ x-y, \bar y, \bar z;\ \bar y, \bar x, \bar z;\ \bar x, \bar x+y, \bar z$
$6mm$	12	$x, y, z;\ x-y, x, z;\ \bar y, x-y, z;\ \bar x, \bar y, z;\ \bar x+y, \bar x, z;\ y, \bar x+y, z;\ x-y, \bar y, z;\ \bar y, \bar x, z;$ $\bar x, \bar x+y, z;\ \bar x+y, y, z;\ y, x, z;\ x, x-y, z$
$6/mmm$	24	$x, y, z;\ x-y, x, z;\ \bar y, x-y, z;\ \bar x, \bar y, z;\ \bar x+y, \bar x, z;\ y, \bar x+y, z;\ x-y, \bar y, z;\ \bar y, \bar x, z;$ $\bar x, \bar x+y, z;\ \bar x+y, y, z;\ y, x, z;\ x, x-y, z;\ x, y, \bar z;\ x-y, x, \bar z;\ \bar y, x-y, \bar z;\ \bar x, \bar y, \bar z;$ $\bar x+y, \bar x, \bar z;\ y, \bar x+y, \bar z;\ x-y, \bar y, \bar z;\ \bar y, \bar x, \bar z;\ \bar x, \bar x+y, \bar z;\ \bar x+y, y, \bar z;\ y, x, \bar z;\ x, x-y, \bar z$

(c) 高级晶系 5 个点群的一般位置等效点系

点群符号	等效点数	等效点坐标
23	12	$x, y, z; z, x, y; y, z, x; x, \bar y, \bar z; z, \bar x, \bar y; y, \bar z, \bar x; \bar x, y, \bar z; \bar z, x, \bar y; \bar y, z, \bar x; \bar x, \bar y, z; \bar z, \bar x, y; \bar y, \bar z, x$
$m\bar 3$	24	$x, y, z; z, x, y; y, z, x; x, \bar y, \bar z; z, \bar x, \bar y; y, \bar z, \bar x; \bar x, y, \bar z; \bar z, x, \bar y; \bar y, z, \bar x; \bar x, \bar y, z; \bar z, \bar x, y; \bar y, \bar z, x; \bar x, \bar y,$ $\bar z; \bar z, \bar x, \bar y; \bar y, \bar z, \bar x; \bar x, y, z; \bar z, x, y; \bar y, z, x; x, \bar y, z; z, \bar x, y; y, \bar z, x; x, y, \bar z; z, x, \bar y; y, z, \bar x$
$\bar 43m$	24	$x, y, z; z, x, y; y, z, x; x, \bar y, \bar z; z, \bar x, \bar y; y, \bar z, \bar x; \bar x, y, \bar z; \bar z, x, \bar y; \bar y, z, \bar x; \bar x, \bar y, z; \bar z, \bar x, y; \bar y, \bar z, x; x, z,$ $y; z, y, x; y, x, z; x, \bar z, \bar y; z, \bar y, \bar x; y, \bar x, \bar z; \bar x, z, \bar y; \bar z, y, \bar x; \bar y, x, \bar z; \bar x, \bar z, y; \bar z, \bar y, x; \bar y, \bar x, z$
43	24	$x, y, z; z, x, y; y, z, x; x, \bar y, \bar z; z, \bar x, \bar y; y, \bar z, \bar x; \bar x, y, \bar z; \bar z, x, \bar y; \bar y, z, \bar x; \bar x, \bar y, z; \bar z, \bar x, y; \bar y, \bar z, x; \bar x, \bar z,$ $\bar y; \bar z, \bar y, \bar x; \bar y, \bar x, \bar z; \bar x, z, y; \bar z, y, x; \bar y, x, z; x, \bar z, y; z, \bar y, x; y, \bar x, z; x, z, \bar y; z, y, \bar x; y, x, \bar z$
$m\bar 3m$	48	$x, y, z; z, x, y; y, z, x; x, \bar y, \bar z; z, \bar x, \bar y; y, \bar z, \bar x; \bar x, y, \bar z; \bar z, x, \bar y; \bar y, z, \bar x; \bar x, \bar y, z; \bar z, \bar x, y; \bar y, \bar z, x; \bar x, \bar z,$ $\bar y; \bar z, \bar y, \bar x; \bar y, \bar x, \bar z; \bar x, z, y; \bar z, y, x; \bar y, x, z; x, \bar z, y; z, \bar y, x; y, \bar x, z; x, z, \bar y; z, y, \bar x; y, x, \bar z; \bar x, \bar y, \bar z; \bar z,$ $\bar x, \bar y; \bar y, \bar z, \bar x; \bar x, y, z; \bar z, x, y; \bar y, z, x; x, \bar y, z; z, \bar x, y; y, \bar z, x; x, y, \bar z; z, x, \bar y; y, z, \bar x; x, z, y; z, y, x;$ $y, x, z; x, \bar z, \bar y; z, \bar y, \bar x; y, \bar x, \bar z; \bar x, z, \bar y; \bar z, y, \bar x; \bar y, x, \bar z; \bar x, \bar z, y; \bar z, \bar y, x; \bar y, \bar x, z$

注:点群符号 $3m1$ 与 $31m$,321 与 312,$\bar 3m1$ 与 $\bar 31m$,$\bar 4m2$ 与 $\bar 42m$,以及 $\bar 6m2$ 与 $\bar 62m$ 是分别属于同一点群,差别只在于坐标轴 X 及 Y 的取向不同。

第九章　单形与复形及其例举

为了了解晶体的形态，必须认识晶体在理想发育状态下可能出现的各种理想的几何形状，这些理想的几何形状就是由一些理想晶面组成的晶体的理想多面体。这些理想多面体可能是由一组相互对称等效的晶面所构成的封闭体，也可以由一组以上的对称等效晶面所构成。

1.9.1　单　　形

从一个初始平面出发在对称类型（点群）中经全部对称元素的对称操作之后，所推导出来的几何图形，称之为单形。

在晶体的极射赤平投影中，晶面被表达为点，点在点群的极射赤平投影中的位置就描述了晶面法线的方向，当然它也就描述了该晶面在晶体中的相对位置。因而用点群的等效点的概念来理解单形的定义是最恰当不过的了。点群中的一套等效点系就表述了该对称类型中的一种单形，例如点群 $2/m$（即 L^2PC），可有如下几种等效点系。

（1）初始点在非对称元素上的一般位置，等效点数目为 4，其坐标为：x,y,z；$x,\bar{y},z$；$\bar{x},y,\bar{z}$；$\bar{x},\bar{y},\bar{z}$；4 个晶面如图 1-9-1 所示组成的单形为“斜方柱”，柱的两端是空的。

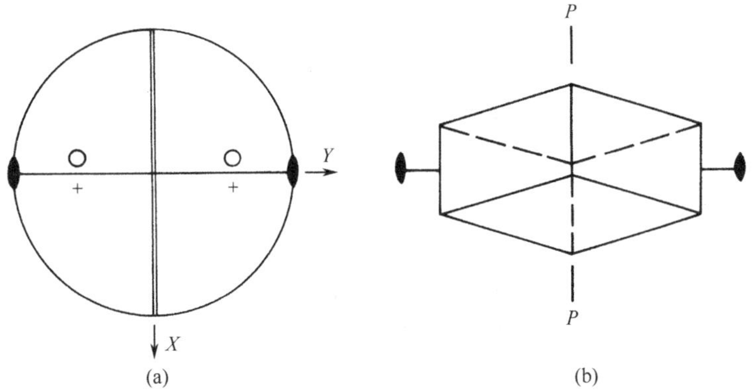

图 1-9-1　单形：斜方柱

(a)极射赤平投影；(b)单形示意图

(2)初始点落在对称面 P 上，等效点数目为 2，其坐标为：$x,0,z;\bar{x},0,\bar{z}$，两个晶面组成的单形为“平行双面”，如图 1-9-2 所示。

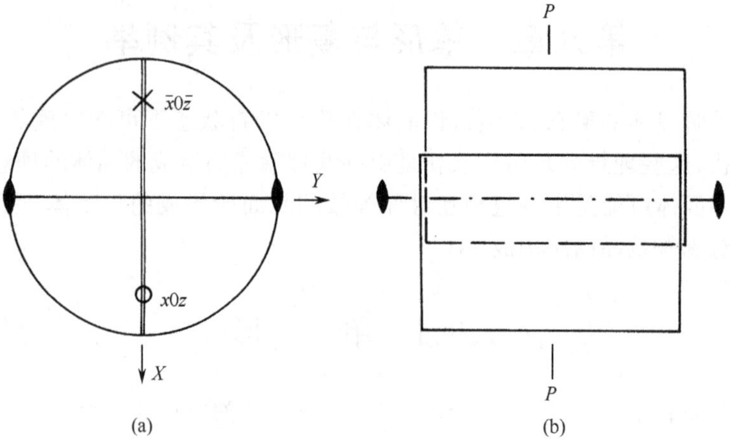

图 1-9-2　单形：平行双面

(a)极射赤平投影；(b)单形示意图

(3)初始点落在二次对称轴 L^2 上，其坐标为：$0,y,0;0,\bar{y},0$，两个晶面组成的单形也是“平行双面”，如图 1-9-3 所示。

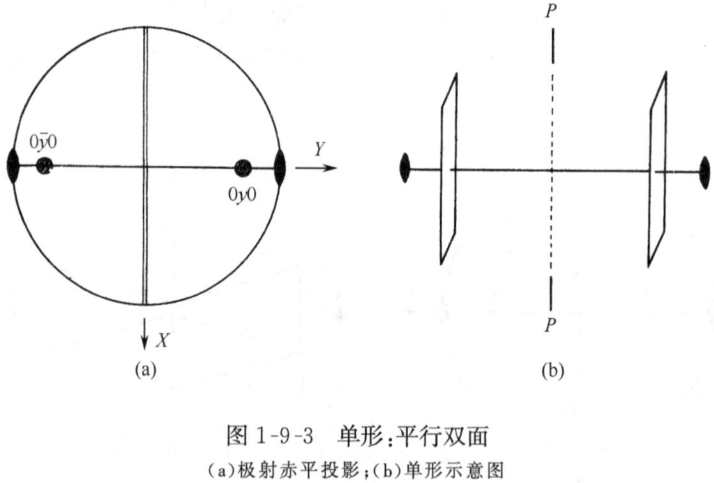

图 1-9-3　单形：平行双面

(a)极射赤平投影；(b)单形示意图

(4)初始点落在二次对称轴与对称面的交点(即对称中心)上。等效点数目为 1，即只有初始点自身之外并无其他等效点。它的坐标就是对称中心(000)的坐标，其单形称为“单面”。

通过上述的讨论及例举，特别结合点群的概念，就不难理解“单形”所具有的下述一些特点。

同一单形中的各个晶面，就像点群的等效点系中各点一样，相互之间是对称等效的，这些晶面在晶体学上的各种性质（晶体物理及晶体化学等性质）都彼此相同。对称类型（点群）中所包含的对称元素越多，则属于这一对称类型的单形越复杂，其种类也越多。若初始平面处于非对称元素位置上，即它处于一般任意位置上，如图1-9-1点群 $2/m$ 中的一般位置，所推导出的单形为“一般形”。若初始平面处于特殊位置上，如在对称元素上，如图1-9-2和图1-9-3等所示，所推导的单形称为“特殊形”。一般形的单形代表了该对称类型（点群）的对称性，它所包含的晶面数目在该对称类型中最多。同一个对称类型内，特殊形的单形种类可以多于一种，例如点群 $2/m$ 中可以有3种与其特殊位置等效点系相对应的特殊形，其中每种特殊形的单形所包含晶面数目与其所处的对称元素性质相关。

单形中晶面之间可能相互组成一个闭合的空间，称为“闭形”，如图1-9-4及图1-9-5所示的菱面体和菱形十二面体。一种单形的晶面也可能只组成一个开放的空间，称为“开形”，例如图1-9-1所示的斜方柱。

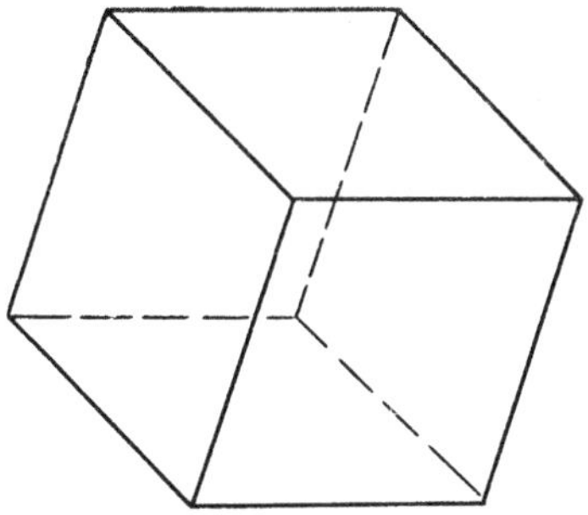

图1-9-4　三方二锌猪胰岛素晶体——菱面体

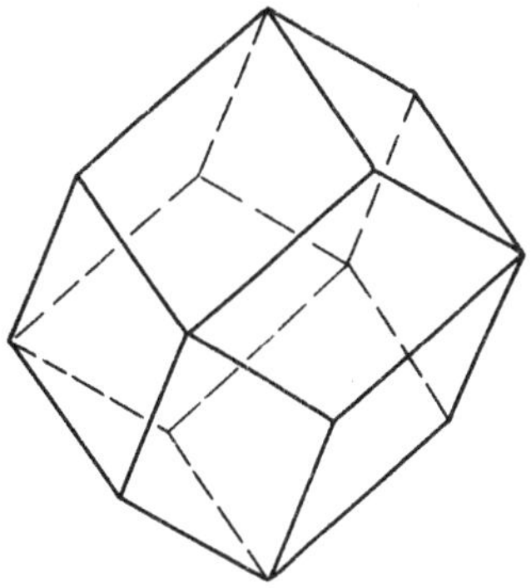

图1-9-5　乌凤蛇胰岛素晶体——菱形十二面体

7种晶系的32种对称类型（点群）共有47种单形。每一种单形都有自己特征的晶面几何形状及由它们所组成的多面体空间形状，而且每种单形在几何晶体学中都有自己特定的名称，例如三方二锌猪胰岛素的晶体是由一种单形组成的多面体（图1-9-4），它是属于三方晶系中的一种单形，叫“菱面体”。许多其他胰岛素的类似物的晶体也是菱面体，同一种晶型。乌凤蛇胰岛素晶体具有另一种多面体类型（图1-9-5），它也是一种单形，是属于立方晶系的一种单形，叫“菱形十二面体”。

有关47种单形的详细描述，请参看费林特著《结晶学原理》及波波夫著《结晶学》[①]。

1.9.2 复　　形

由两个或若干个单形的晶面组合成的多面体或空间,叫做复形。

复形中各单形之间并无任何对称元素使之联系。换句话说,复形中各个单形虽然都同属于一个对称类型,但各单形之间却没有对称等效关系。例如铜的晶体具有对称类型为 $3L^4 4L^3 6L^2 9PC$(点群 $m3m$),如图 1-9-6 所示。铜晶体多面体是一种复形,它是由两种单形所组成:一种单形是“立方体”,共有 6 个晶面(图中标记为 a);另一种单形是“菱形十二面体”,共有十二个晶面(图中标记为 d)。而单形 a 与单形 d 之间,晶面 a 与晶面 d 之间并没有对称等效关系。

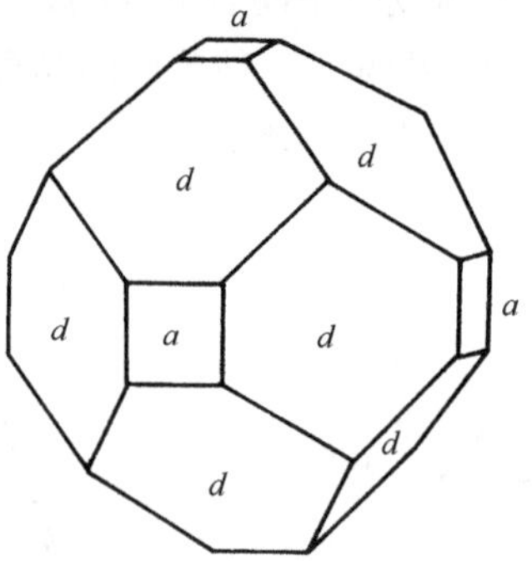

图 1-9-6　铜晶体多面体

从原理上说,复形的种类可以有无穷多,这也正是为什么自然界中晶体的多面体是如此丰富多采。但是,蛋白质的晶体却极少出现复形的多面体。相对于金属离子及有机小分子来说,生物大分子不但只拥有庞大的分子体积,而且分子的结构显得松散,分子的外形亦很不规则,在晶体内部的排列(密堆积)中它们就显得十分不严谨了。在这样情况下,只有与点阵中阵点非常密集排列的平面相平行的、为数极少的几个晶面在晶体的发育过程中被保留下来。许多蛋白质晶体的例子都说明它们的多面体只是一种单形,而且往往只是一种特殊形的单形。

---

① 地质出版社,1957。

第二篇

微观空间对称原理

第一章　微观空间的平移

2.1.1 周期平移

在几何晶体学中已经指出，晶态物质区别于其他固态物质的重要特征在于晶体内部结构具有十分严谨的周期性。物质点在内部三维空间有规则地、周期地排列，这是晶体最基本的，也是最本质的特征。晶体的空间点阵就是晶体内部结构中物质点的三维周期排列的一种几何抽象。几何晶体学的着眼点在于研究晶体外形的几何形貌，而X射线晶体学把注意力放在晶体内部结构的微观空间，把物质点周期排列的三维空间看作是一个无限的周期空间(严格地说，它应该是一个有限的物理空间)，而这种物质点三维周期排列的几何抽象——晶体空间点阵也被看作是一个无限的周期点阵(严格地说，它应该是一个有限的点阵)。晶体内部任一物质点与其三维周期上的其他物质点，在化学及物理性质上完全相同，晶体点阵中所有阵点的性质也完全一样。

这种具有三维周期排列特性的晶体内部结构可分割为无限多个平行六面体——单位晶胞。单位晶胞是晶体内部结构的最小单位。单位晶胞内的结构内容和特性充分代表了晶体内部结构。晶体内部结构正是由无限多个单位晶胞沿三维方向堆积在一起。单位晶胞这一平行六面体的大小和形状是由3对边的长度 a_0，b_0，c_0 以及它们之间夹角 α,β,γ 来表示的。它们被称为单位晶胞的6个参数，简称晶胞参数。晶胞参数正好表达着上述晶体内部结构三维周期的单位长度和取向。晶胞参数必定是与晶体的取向相一致的，即晶胞的长度 a_0，b_0，c_0 必定与晶体学轴 a,b,c 相平行，而且是晶体学轴 a,b,c 的单位长度。晶胞的长度 a_0，b_0，c_0 通常采用埃(Å)作为单位。此外，当我们单独考察一个单位晶胞的内部结构时，所选择的坐标系 XYZ 必定是与晶胞六参数相一致，即坐标系原点必须选在平行六面体的顶角上，坐标轴 X,Y,Z 必须分别与 a_0，b_0，c_0 相重合。这里必须强调指出，晶体学习惯沿用右手坐标系，即 X,Y,Z 的次序关系必须符合右手规则(如果确定右手拇指为 X 轴，则食指为 Y，中指为 Z，如此类推)。既然 a_0，b_0，c_0 分别表示着单位晶胞平行六面体的三个边长，其单位为埃，那么坐标 x,y,z 的单位亦为埃，称为绝对坐标值，亦简称为绝对坐标。但是如果我们把 a_0，b_0，c_0 看作是晶体内部三维方向的排列周期，而且把周期作为度量的单位，那么一个单位晶胞的每个边的长度分别为1周期，此时坐标 x,y,z 将以分数坐标表示。分数坐标与周期长度的乘积就是绝对坐标值了。分数坐标突出了晶体内部的周期性。由于晶体内部结构中三维堆积在一起的无限多个单位晶胞之间并无差别，因而分数坐标 x,y,z 中的整数部分只意味着周期的平移，即从某一晶胞中的特定坐标位置平移到其他另一晶胞中相同的特定坐标位置。两个晶胞中同一特定坐标位置，其本身性质以及其周围环境完全相同。由于单位晶胞的结构内容和特征代表着晶体内部整体的结构，因而晶体结构分析往往集中于对一个单位晶胞的考察。从这一意义来说，分数坐标 x,y,z 中的整数部分就显得十分次要。事实上，分数坐标 x,y,z 中的整数部分恰好表达了晶体最基本的特征——内部结构的周期。当我们集中精力考察一个单胞内物质点之间的相互空间关系的时候，千万不要忘记晶体结构分析的任务之一还在于考察各种物质点在晶体内部的密堆积特性和它们之间的相互作用。

既然晶体空间点阵是晶体内部物质点(原子、离子、分子等)三维周期排列的几何抽象、阵点之间的关系是周期的表达，那么，晶体点阵当然也可以分割为无限多个平行六面体——单位格子。单位格子是晶体点阵的最小单位。单位格子的割取通常以阵点为平行六面体的 8 个顶点。每个顶点的阵点分属于相邻 8 个单位格子所共有。单位格子除了 8 个顶点具有阵点外，平行六面体的 6 个面心及体心不再具有附加阵点的，称之为“简单格子”，否则称之为“复格子”。单位格子的形状、大小应与单位晶胞一样，同样可以用 a_0,b_0,c_0 及 α,β,γ 6 个参数给予表征。单位格子也可以理解为单位晶胞内物质点排布的一种几何抽象。单位格子的特征代表着晶体点阵的特征。晶体点阵是无限多个单位格子在三维方向上的堆积。

当我们从宏观的晶体形貌学进入微观空间探讨晶体内部结构时，晶态的物质不再是由物质点在有限空间内连续分布的晶体，而是由物质点在无限空间内周期地(不连续地)排列的晶体内部结构。物质点分布的不连续性、间断性是一切物质在微观空间中的共同特性。但是，物质点在微观空间中不连续地、间断地，但却严格周期地排列，这种严格周期性却是晶态物质微观空间结构所特有的性质。物质点的分布具有严格周期性，而表征晶态物质对称性的对称元素在微观空间中的分布也同样具有严格的周期性，并具有三维空间分布的特征。

很显然，在晶体学中平移(周期平移以及往后将要讨论的其他平移)总是与晶体学轴方向相关地进行，因而晶体内部微观空间中，包括周期平移在内的所有平移均可由下式表达：

$$R_{mnp} = m\mathbf{t}_a + n\mathbf{t}_b + p\mathbf{t}_c \tag{2.1.1}$$

其中，$\mathbf{t}_a,\mathbf{t}_b$ 及 $\mathbf{t}_c$ 是单位晶胞中与 a,b 及 c 平行的基本矢量(周期平移矢量)，m,n 及 p 是系数。

当式(2.1.1)中，m,n,p 分别为 0 或整数 $\pm1,\pm2,\cdots$ 时，R_{mnp} 所表达的平移是单位晶胞周期的重复，称为周期平移。

2.1.2 平移对称操作

对称操作中的平移称为平移对称操作，或简称平移操作。

晶体内部结构是一个开放的无限空间，而不是几何晶体学所研究的封闭的有限空间。物质点不连续地在三维微观空间中分布，而不是连续地在宏观空间中分布。晶体外形、晶面、晶棱、隅角等在宏观有限封闭空间中相互对称关系是几何晶体学对称原理的研究对象。它们组成了一个有限空间的对称图形。晶体微观空间对称原理所研究的是一个无限空间的对称图形，是在三维空间中不连续地、间断地分布的无限多物质点之间的相互对称关系。无限多个结构基元各自都是在此无限对称图中的一个独立对称部分。因此，要使此无限对称图中某一独立对称部分（结构基元）与另一对称等效的部分（对称等效的结构基元）得以重合，需要凭借着各种几何要素（点、线、面）所施行的对称操作。除图形自身、图形的反伸、图形的反映和图形绕轴旋转 4 种对称操作之外，还必须添加 1 种平移对称操作。为阐述方便，我们这里所讨论的平移对称操作中的“平移”并不包括 2.1.1 节中所讨论的周期平移，也不涉及下一节 2.1.3 中将要讨论的非初基平移。

平移对称操作（以下简称平移操作）的加入使得晶体的微观对称性变得更加丰富多采。施行这 5 种微观对称操作所凭借的几何要素（点、线、面）的性质更加多样化。全部微观对称元素将由这 5 种微观对称操作及其复合而导出。可以理解，微观对称元素中必然包含有存在于晶体宏观对称中的 10 种对称元素，即 $1,\bar{1},m,2,3,\bar{3},4,\bar{4},6,\bar{6}$。除此之外，由于增加了平移操作，使在微观对称中出现一些新的对称——滑移对称和螺旋对称。在微观对称元素中将出现一些新的对称元素：各种滑移对称面，各种轴次和沿轴不同平移量的螺旋对称轴。

由 5 种微观对称操作及其复合的结果可以知道，新增加的平移操作（不是周期平移）与图形自身操作或与图形的反伸操作的复合不会导出新的对称元素。平移操作与图形的反映操作或与绕轴旋转操作的复合却会导出新的对称元素。

2.1.2.1　平移操作与反映操作的复合

如图 2-1-1 所示，让这种复合操作所依借的几何平面与晶体学轴 a 及 c 平行而且垂直于 b。在无限空间对称图形中，处于初始位置 1 的独立部分对几何平面（图 2-1-1 以虚线表示）经反映操作后到达位置 2，此时在位置 2 并没有对称等效的部分，必须从位置 2 沿着几何平面上的晶体学 a 轴方向平移半个周期，即平移 $t_a/2$ 到达位置 3，与对称等效部分相重合。同理，部分图形从位置 3 经几何平面反映到位置 4 后，还必须沿几何平面上 a 轴方向平移半周期后到达位置 5，才能与对称等效部分重合。如此操作下去，在此开放的无限图形中无限多个对称等效部分将得以重合。当然，在操作过程中，先施行平移操作，然后再给予反映操作，其结果是一样的。这一个平行于 a 轴具有反映操作和沿 a 轴平移操作的复合操作性质的几何平面，称为“a 滑移对称面”，国际符号以 a 表示，简称 a 滑移面。

同理，平行于 b 轴（或 c 轴）的几何平面，具有反映操作和沿 b 轴（或 c 轴）平移操作（平移 $t_b/2$，或 $t_c/2$）复合的操作性质的，称之为 b 滑移对称面（或 c 滑移对称面），简

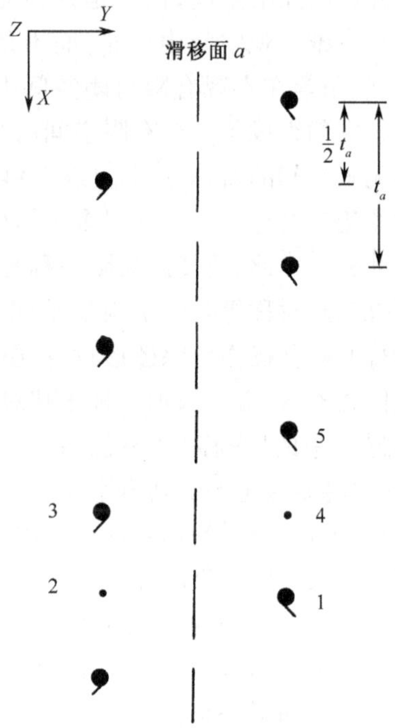

图 2-1-1　具有沿 a 轴平移操作与反映操作复合的对称面——a 滑移对称面

称 b 滑移面(或 c 滑移面)。

可以理解,平行于两个晶体学轴的几何面,在它所具有的复合操作中的平移操作是沿两个晶体学轴方向同时平移半周期的(即对角线半周期的),这样的对称面称为 n 滑移对称面。如果这一平移操作不是对角线半周期,而只是 1/4 对角线周期者,称之为 d 滑移面。

事实上,上述滑移面并不一定需要与晶体学轴平行。因为晶体点阵中任意阵点平面上的阵点排列都具有二维周期特征,因而滑移面的平移操作总是沿周期方向进行的。当然上述晶体学轴 a,b,c 上的 a_0, b_0, c_0 是晶体点阵中最基本的周期(即 t_a, t_b, t_c)。

在晶体内部微观空间中,物质点的排布是无穷的,所以如其他微观空间对称元素一样,对称面(包括滑移面)除了沿面法线方向具有周期性外,沿平面的二维方向还具有无限延伸性。

2.1.2.2　平移操作与绕轴旋转操作的复合

绕轴旋转操作在几何晶体学中已作详细讨论,晶体学中绕轴旋转操作的旋转

基转角 α 只能是 180°,120°,90°,60° 4 种,相应的轴次 n 为 2,3,4,6 共 4 种。

让所依借的几何直线平行于晶体点阵中的某一周期 t 方向,如图 2-1-2 所示。这里旋转操作的基转角 α 为 120°,相应轴次 n 为 3,在无限对称图形中,选择任意位置 1 为初始位置的独立部分,以几何直线为轴,绕轴旋转 120°到达位置 2,位置 2 上并无对称等效部分,必须继续从位置 2 沿着旋转轴方向平移 1/3 周期($t/3$)之后到达位置 3,在位置 3 上才能找到与之重合的对称等效部分;同样,从位置 3 经绕轴旋转到位置 4,再沿轴平移 $t/3$ 到达位置 5 与另一对称等效部分重合;再从位置 5 绕轴旋转 120°到达位置 6,经沿轴平移操作到达位置 7,再次与另一对称等效部分重合。如此连续复合操作直至无穷。如果将此无限对称图形中,无穷多个对称等效部分 1,3,5,7,……等按次序给予"连接"(如图 2.1.2 所示),不难看出,这一连接线是一条绕着旋转轴(复合操作所凭借的几何直线)的螺纹。这种旋转轴称为螺旋对称轴,简称螺旋轴。不难推想,轴次为 n 的螺旋轴每次沿轴平移操作的平移量可以为 mt/n,其中 n 是轴次,而 m 为正整数,而且 $m\leqslant n$。当 $m=n$ 时,旋转轴就是普通的 n 次旋转对称轴。由此可以推知轴次为 n 的螺旋轴将可能存在多种。例如轴次为 3 的螺旋轴沿轴平移操作的平移量将可以是 $t/3$ 和 $2t/3$ 两种。这两种三次螺旋轴的国际符号分别标记为 3_1 和 3_2。其他轴次的螺旋轴,其国际符号可以从 n_m 中推导出来。

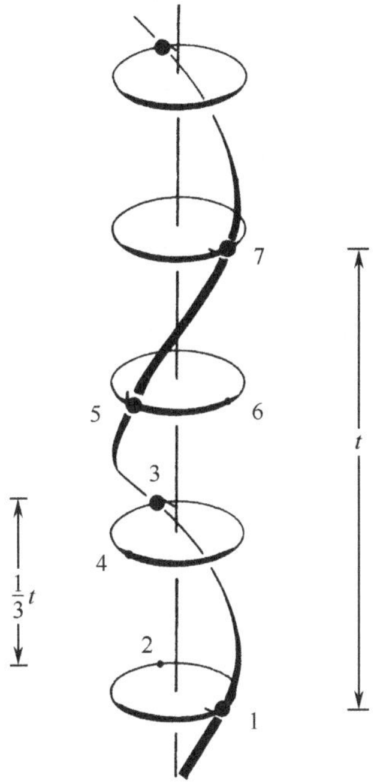

图 2-1-2 具有沿轴平移操作与绕轴旋转操作复合的对称轴——螺旋对称轴

晶体学习惯沿用右手坐标系,螺旋对称轴亦采用右手螺纹规则,具体操作办法是:将右手拇指伸直,表示螺旋轴的平移操作的方向,其余四指合拢弯曲表示螺旋轴的绕轴旋转操作的方向。

2.1.3 非初基平移

晶体的空间点阵是物质点在晶体内部结构中三维周期排列和其他平移特征的几何抽象。晶体点阵必然具有与晶体内部结构完全一样的周期参数。晶体点阵可分割成无限多等同的平行六面体——单位格子。单位格子是晶体点阵的最小单元,它的特征代表着整个点阵的特征。通常分割单位格子时总是以阵点作为平行六面体的顶点。

晶体学中将晶体点阵分割为单位格子时，必须遵循一定的规则，有关分割单位格子的规则在以后有关布拉维格子的章节中将会给予详细叙述。已经明确知道，从各种晶体点阵分割出来的单位格子可分为两大类。

1.第一类单位格子　　除了单位格子平行六面体的 8 个顶角上具有阵点外，单位格子内再没有其他任何附加阵点，这一类称为“初基格子”或“简单格子”。初基格子虽然占有 8 个位于顶角的阵点，而每个顶角的阵点却属于相邻 8 个单位格子所共有，所以初基格子内所包含的内容只是 1 个阵点。初基格子中 8 个顶角阵点之间的关系可以用点阵的 3 个基本的周期平移 $\mathbf{t}_a$，$\mathbf{t}_b$，$\mathbf{t}_c$ 来表达。将坐标系原点选在格子中的 1 个顶角阵点上，坐标系的 3 个坐标轴与格子中 3 个不相平行的边相重合，与 3 个坐标轴方向一致的 3 个基本周期平移矢量 $\mathbf{t}_a$，$\mathbf{t}_b$ 和 $\mathbf{t}_c$ 表达了初基格子内阵点之间的平移关系(请参阅 2.1.1 节周期平移)。

2.第二类单位格子　　除初基格子的 8 个顶角阵点外，格子内还具有附加阵点，这一类单位格子称为“非初基格子”或“复格子”。

非初基格子中的附加阵点称为非初基阵点。已经确知，各种复格子中的非初基阵点是处于单位格子平行六面体的面中心或者处于平行六面体的体中心上。平行六面体中一对相互平行的平面的面中心位置具有附加阵点的，称为“侧面心格子”。平行六面体中全部 6 个平面的面中心位置上均有附加阵点的，称为“全面心格子”或简称“面心格子”。平行六面体中在体中心位置上具有附加阵点的，称为“体心格子”。显然，由侧面心格子堆积的晶体点阵就称为“侧面心点阵”，由全面心格子堆积的点阵称为“全面心点阵”，由体心格子堆积的点阵称为“体心点阵”。它们统称为“非初基点阵”。

对非初基格子的坐标系的确定如同初基格子一样，让坐标系原点落在单位格子平行六面体的一个顶角阵点上，坐标轴与 3 条棱边重合。与 3 个坐标轴方向一致的 3 个基本周期平移矢量 $\mathbf{t}_a$，$\mathbf{t}_b$ 和 $\mathbf{t}_c$ 表达单位格子中各个初基阵点(位于平行六面体 8 个顶角的阵点)之间周期平移关系。那么各种附加的非初基阵点之间以及它们与初基阵点之间的平移关系仍然以式(2.1.1)表达。

$$R_{mnp} = m\mathbf{t}_a + n\mathbf{t}_b + p\mathbf{t}_c \tag{2.1.1}$$

这里，系数 m, n, p 分别为 0 或 $\pm 1/2$。此时 R_{mnp} 就表达了非初基阵点的非初基平移。当 m, n, p 3 个系数中 1 个为 0，其余两个为 1/2，那么，R_{mnp} 就表达了初基阵点与侧面心阵点之间的非初基平移。当 3 个系数均为 1/2，R_{mnp} 就表达了体心格子中初基阵点与体心阵点之间的非初基平移。很显然，如果令 m, n, p 为 0 或整数，式(2.1.1)的 R_{mnp} 就回到 2.1.1 节中所讨论的周期平移。它表达了初基阵点之间的平移关系。

既然晶体点阵是晶体内部结构中物质点之间平移的几何抽象，那么就不难理解，晶体点阵中的非初基平移正是表达了晶体内部结构中物质点的排布存在着相应的非初基平移关系。同一道理，单位格子中的非初基阵点正好表示着相应的单位晶胞内物质点的排布也存在着这种非初基平移的等效关系。

第二章　微观空间对称元素

2.2.1　微观空间对称元素的特点

2.2.1.1　微观空间对称元素在晶体内部结构中呈三维空间排布

几何晶体学的任务在于研究晶体的宏观几何形貌，研究由晶面、晶棱、隅角等所封闭组成的有限空间多面体。物质点在这一有限空间中被看作是连续、均匀分布的介质。宏观的几何晶体学对称原理所阐述的是这些晶面、晶棱、隅角等在空间的相互关系，因而对称操作所依仗的几何要素点、线、面（对称元素）都必然通过晶体并相交于晶体的重心。

晶体内部结构中物质点在三维空间呈不连续、周期的排布，晶体结构分析任务在于研究物质点（原子、离子、分子等）在晶体内部的空间排布关系，即"三维空间结构"。微观空间对称原理所阐述的是这些物质点在空间排布中相互对称等效的规律。物质点的不连续的排布决定了对称元素在晶体内部的三维空间排布，它们并不相交在一起。就以晶体内部结构中一个最小单位——单位晶胞来说，对称元素在晶胞中也是三维排布的，它们并不相交于一点。从根本上说，这是因为整个对称图形（晶体内部结构）中各个对称等效部分（物质点）是不连续的、间断的三维排布。单位晶胞内的情形也是如此。

2.2.1.2　微观空间对称元素在晶体内部结构中的排布具有周期性

物质点在晶体内部结构中的排布具有严谨的三维周期性，不难理解，表述这些具有三维周期性的物质点之间对称等效关系的对称元素亦必然具有三维周期性排布的特点。从另一角度来看，晶体内部结构是无穷多个单位晶胞三维周期密堆积，那么排布于晶胞内的对称元素当然也随着三维周期的晶胞堆积呈现出在晶体内部结构中的周期排布特性。

2.2.1.3　微观空间对称元素在晶体内部结构中具有无限延伸的特性

晶体内部结构被看作是由物质点规律地排布的一个无限空间（严格地说它是一个有限空间，而且是一个可以量度的有限空间），表达这些物质点之间对称等效关系的任何一个对称元素都具有在这空间中无限延伸的性质，它贯穿于整个空间。在这个无限的微观空间中，任何一个对称元素的对称操作，都可以让空间中所有无限物质点中任何一物质点作为初始点实施对称操作，使之与相应的对称等效物质点相重合，而且可以连续操作直到无限。换句话说，任何一个对称元素的对称性在整个晶体内部微观空间中都可毫无例外地得到满足，它的对称操作适用于所有物质点。

当然，就像晶体结构分析的任务那样，只要把一个晶胞内的结构研究清楚就可以了，因为单位晶胞是晶体内部结构的最小组成单元。所以，晶体内部结构的对称性当然也可以一个单位晶胞内的对称性作代表给予表达，整个内部结构的对称性只是这一个单位晶胞中的对称元素沿三维周期的无限重复，以及每个对称元素的无限延伸。事实上我们在以后章节中的有关论述，以及在晶体结构分析的实践中都是以一个单位晶胞作为对象，而不是整个无限的微观空间。只有在必要时，从一个晶胞扩展到相邻的晶胞。正因如此，当我们已习惯于研究一个单位晶胞的对称性和它的结构之后，也必须认识到这一个孤立的单位晶胞在整个晶体内部结构中所处的地位和所起的作用。

2.2.1.4 平移对称操作使微观空间对称元素更加丰富多采

在 2.1.2 节中已详细讨论了平移对称操作(简称平移操作)。微观空间对称元素的性质将由 5 种对称操作以及它们的复合操作所决定。它们是(图形)自身对称操作、(图形)反伸对称操作、(图形)反映对称操作、(图形)绕轴旋转对称操作、(图形)平移对称操作。前 4 种对称操作在宏观空间——几何晶体学中已为读者所熟悉，具有这 4 种对称操作及其复合操作的对称元素共 10 种，其国际符号标记为 1, $\bar{1}$, m, 2, 3, $\bar{3}$, 4, $\bar{4}$, 6, $\bar{6}$。既然微观空间对称中包含着这 4 种对称操作，这 10 种对称元素自然属于微观空间对称元素的一部分。

由于平移对称操作的出现，微观空间对称元素的种类和性质增添了许多姿采。正如 2.1.2 节中所指出，平移对称操作本身以及它与自身对称操作或它与反伸对称操作的复合都没有什么实际意义，并不引起新的对称元素。而平移对称操作与反映对称操作的复合将导出各种滑移对称面，以国际符号标记可列为 a, b, c, n, d 共 5 种。平移对称操作与绕轴旋转对称操作的复合将产生各种轴次的具有各种不同平移量的螺旋对称轴，它们以国际符号标记为 2_1, 3_1, 3_2, 4_1, 4_2, 4_3, 6_1, 6_2, 6_3, 6_4, 6_5 共 11 种。这些新型的微观空间对称元素、11 种螺旋对称轴和 5 种滑移对称面的性质将在下面的章节中给予详细讨论。

现在我们可以肯定，具有 5 种对称操作及其复合操作的微观空间对称元素共有 26 种，归纳列于下面：

$$1, \bar{1}, m, a, b, c, n, d, 2, 2_1, 3, \bar{3}, 3_1, 3_2, 4, \bar{4}, 4_1, 4_2, 4_3, 6, \bar{6}, 6_1, 6_2, 6_3, 6_4, 6_5$$

存在于晶体内部结构中的对称性是微观对称元素的组合。上述 26 种微观对称元素，以及初基平移、非初基平移的共同组合称为空间对称群(类型)，简称空间群。晶体内部结构中可能存在的空间对称类型共 230 种，通常称为 230 种空间群。

2.2.2 滑移对称面

滑移对称面是具有反映操作和平移操作复合的一种几何平面，复合操作的施行可以反映操作在前，平移操作在后，也可平移操作在前，反映操作在后，其结果完全相同。

晶体学中对称面总是与晶体点阵中某一主要阵点平面相平行或重合。平移对称操作总是以阵点平面上阵点之间的基本周期作为方向施行的。如果滑移对称面复合操作中的平移操作是沿着晶体学 a 轴周期方向施行的，称之为 a 滑移面，同理，沿 b 轴周期方向的为 b 滑移面，沿 c 轴周期方向为 c 滑移面。这里必须指出，滑移面的性质仅仅指出了平移操作沿着此几何平面相平行(或重合)的阵点平面上特定周期方向和它的平移量。在某些情况下(例如在中级晶系和高级晶系中)一些滑移面并不与晶轴平面相平行，而这些滑移面的性质并无改变，它所具有的平移对称操作性质指出了等效对称点的平移方向是沿着与对称面平行的阵点的基本周期，一般来说是一个基本周期或对角线周期。

如果滑移对称面的复合操作中，平移操作是沿着与此几何平面相平行的两个周期(通常就是指水平方向周期和垂直方向周期)的对角线方向周期施行的，这就是 n 滑移面和 d 滑移面。

a 滑移面、b 滑移面、c 滑移面和 n 滑移面所具有的平移操作，其平移量是所指定方向周期的一半(即半周期 $t/2$)，d 滑移面的平移量为 1/4 周期(即 $t/4$)。

2.2.2.1 单位晶胞的投影及其符号表示

与国际上晶体学习惯表示方法一样，我们在讨论三维空间微观对称时是采用垂直投影方法，即将单位晶胞平行六面体沿着某一晶体学轴垂直投影于纸面上。此时单位晶胞平行六面体将被投影成平行四边形的二维图形，坐标系 XYZ 中的两个轴分别与四边形的两边重合，表达两个周期方向。坐标系原点自然应与晶胞原点(四边形的 1 个顶角)相重合。投影轴正方向是从纸面上的坐标系原点处朝向纸面上方。平行四边形中两平行边之间距离表示着 1 个周期。投影图上的数字符号表示被投影的等效点或对称元素对应于投影轴的截距(高度)。由于我们通常是采用分数坐标，即以周期作为单位，所以在投影图上所标出的投影轴截距也是以分数坐标表示。如果没有标出投影高度的，应视为零高度即处于投影面(纸面)上。例如某一等效点标明“$\frac{1}{2}+$”，表示此等效点在投影坐标轴上的坐标值是投影坐标轴的半周期加坐标变量；“$\frac{1}{4}-$”表示投影轴的四分之一周期减去坐标变量；“+”或“−”是表示某等效点的投影轴坐标为正变量或负变量，等等。

此外,投影图上的等效点均以小圆圈“○”表示。当遇到两个等效点被投影在同一位置时,则以两个半圆表示,其中一个半圆附加小点“  ”

2.2.2.2 各种滑移对称面的符号表达

1.滑移面垂直于投影面(纸面)

(1)具单一周期方向平移操作的 a,b,c 滑移面垂直于投影面。由于沿滑移面的平移操作可以有两个不同周期方向,一个方向是处于投影面的水平方向且平行于滑移面,另一个方向是垂直于投影面方向且平行于滑移面,所以有两种表达符号。

以长的断线“— — — —”表示 a,b,c 滑移面在投影面上的垂直投影,其平移操作沿断线方向施行,即沿着处于投影面(纸面)的水平方向且平行于滑移面的周期方向。平移量为 1/2 周期。

以点线“· · · · ·”表示 a,b,c 滑移面在投影面上的垂直投影,但其平移操作的方向却是沿垂直于投影面(纸面)且平行于滑移面的周期方向。平移量为 1/2 周期。

(2)垂直投影于投影面(纸面)的 n 滑移面以点线相隔“— · — · —”表示。n 滑移面的平移操作是沿着两个平行于滑移面的周期方向施行的,即沿着水平方向的周期和垂直方向的周期同时施行,平移量均为 1/2 周期。换言之,平移操作是沿着这两个周期的对角线方向的周期上给予平移量为 1/2 周期的操作。

(3)垂直于投影面的 d 滑移面以点和箭头相隔“→ · → · →”和“← · ← · ←”表示两种不同的滑移方向。d 滑移面平移操作所施行的平移方向与 n 滑移面类同,都是两个周期的对角线方向,只是其平移量为 1/4 周期。显然,d 滑移面是具有方向性的,它在 2.2.2.4 节及 2.6.3 节中给予讨论。

2.滑移面平行于投影面(纸面)

(1)对于 a、b、c 滑移面以下图表示。其箭头方向表达着此滑移面平移操作所施行的方向,它应平行于晶胞投影中的 1 个周期方向。

(2)对于 n 滑移面,以下图表示。符号中的分角线表达着此滑移面平移操作所施行的方向,它表示所施行的平移是沿对角线周期。

(3)对于 d 滑移面,以下图表示。其箭头方向表示 d 滑移面平移操作施行方向,它与 n 滑移面一样,是沿着对角线周期的。但平移量不同于 n 滑移面,这里只是 1/4 周期。d 滑移面具有方向性,所以用两种符号表示两种不同方向所施行的

平移操作。

滑移面平行于投影面时,它们的符号标在单胞投影图的左上方。滑移面在投影轴上的坐标高度写在符号的左上角(不标记坐标高度者,表示滑移面的坐标高度为 0 或 1/2 周期)。

2.2.2.3 滑移对称面例举

为了让读者熟悉滑移对称面的性质及其在单位晶胞投影图中的符号表达,下面我们以 b,n 及 d 滑移面作例子,分别进行讨论。在讨论的例子中,既给出单位晶胞的投影图,图中标出对称元素和一般位置等效点系,同时也以对称元素及其坐标位置推导其一般位置等效点系坐标。对称元素符号后面的圆括弧是给定的对称元素坐标。一般位置等效点系的推导(无论在投影图上或坐标推导)总是以处于一般位置的任意点 x,y,z 作为初始点。

1.与晶体学轴 a,b,平面重合的 b 滑移面 $b(xy0)$　具有滑移面 $b(xy0)$的晶胞,由于投影轴的不同,其投影图也不相同。图 2-2-1 同时给出此晶胞沿 c 轴、b 轴及 a 轴的投影示意图,而且将一般位置等效点系也标在图上。

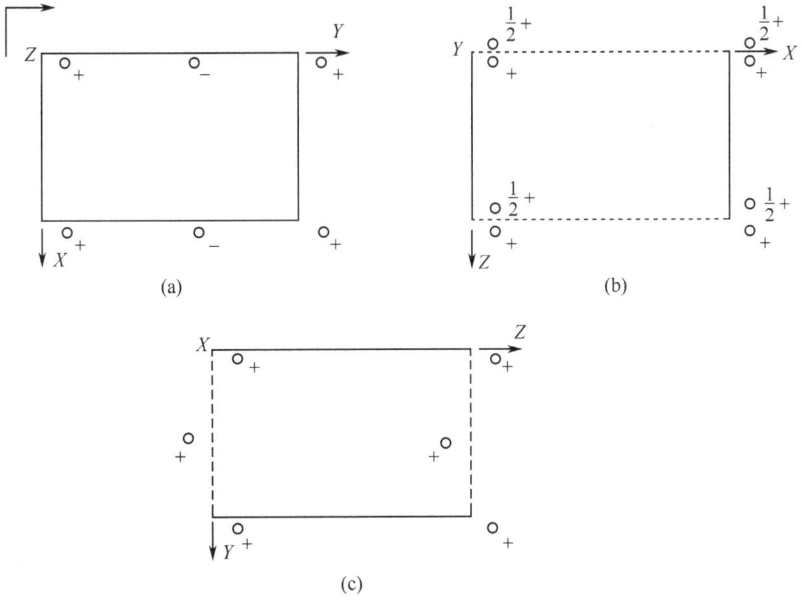

图 2-2-1　具有 $b(xy0)$滑移面的晶胞沿 Z轴(a)、Y轴(b)及 X轴(c)投影的示意图,它的一般位置等效点系为

$$x,y,z \xleftrightarrow{b(xy0)} x,1/2+y,\bar{z}$$

从图 2-2-1 可以清楚地知道同一个具有 $b(xy0)$滑移面的晶胞，由于投影方向不同，其图形及符号也不相同，一般位置等效点系的投影排布也不一样。其实，图 2-2-1 所示的 3 个图形都是同一个晶胞，只是投影轴不同而已。

其他单周期方向施行平移操作的 a 滑移面及 c 滑移面，其单胞投影亦与图 2-2-1相似，只是坐标轴取向有所差别。

2.垂直于 X 轴且截距为 a 的 n 滑移面 $n(ayz)$　　在几何晶体学中已经讨论过，垂直于 X 轴的对称面，必然与 YZ 阵点平面平行(或重合)。

图 2-2-2 给出了 3 个不同投影方向的示意图，可以看到 n 滑移面具有双周期方向(即周期对角线)平移操作的性质，平移量为对角线周期的半周期。

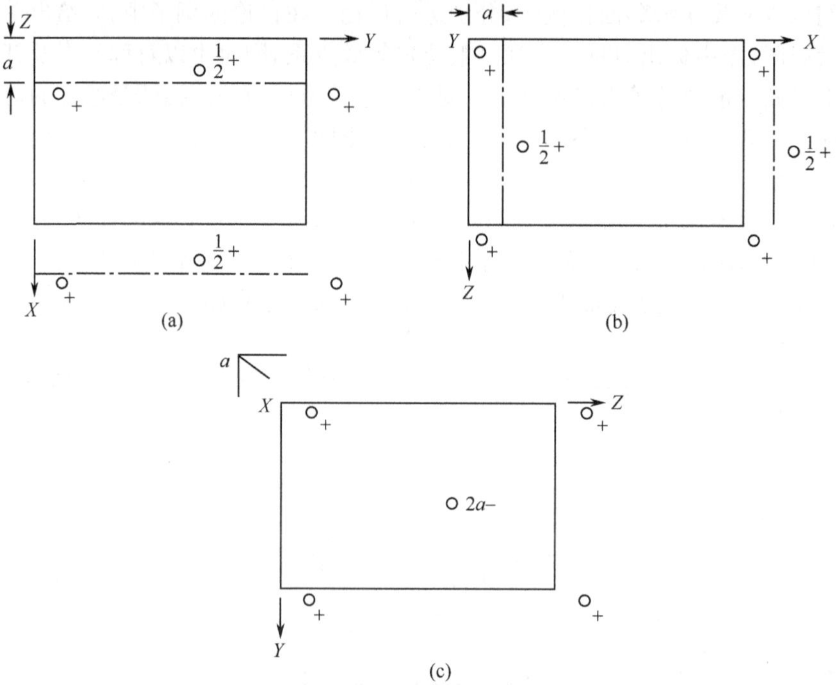

图 2-2-2　具有与 X 轴垂直且截距为 a 的滑移面 $n(ayz)$的晶胞沿 Z 轴(a)、Y 轴(b)及 X 轴(c)投影的示意图，它的一般位置等效点系为

$$x, y, z \xleftrightarrow{n(ayz)} 2a-x, 1/2+y, 1/2+z$$

3.垂直于 Y 轴且通过原点的 d 滑移面 $d(x0z)$　　在直角坐标系中，垂直于 Y 轴的对称面必然与 XZ 阵点平面相平行，图 2-2-3 为沿不同轴向的投影图。

2.2.2.4　*d*滑移面的一些特点

d滑移面是一种很特殊的滑移面，在以后的第六章"微观空间对称元素与非初

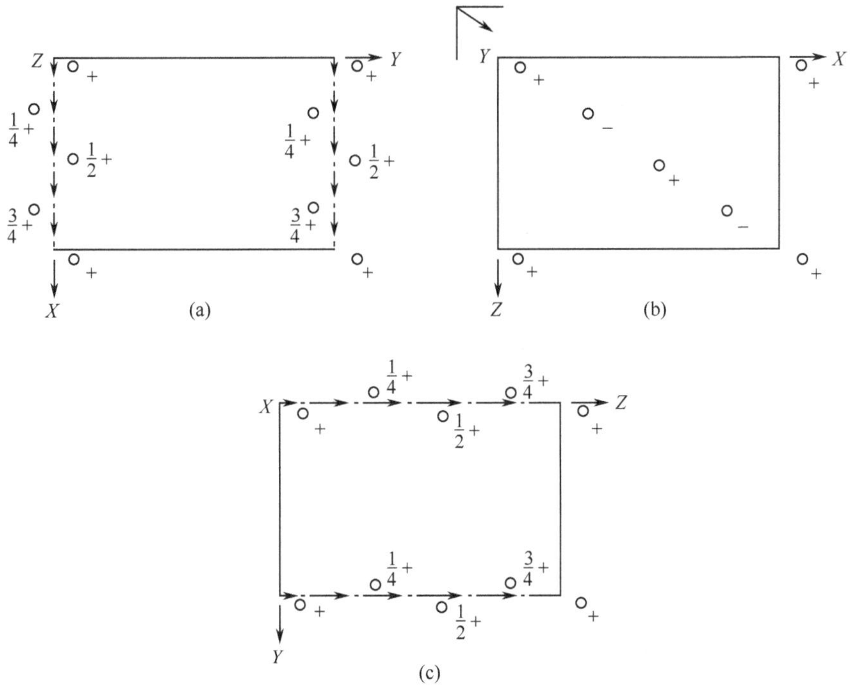

图 2-2-3　具有滑移面 $d(x0z)$的晶胞沿 Z轴(a)、Y轴(b)及 X轴(c)投影的示意图，它的一般位置等效点系为 $x, y, z; 1/4+x, \bar{y}, 1/4+z; 1/2+x, y, 1/2+z; 3/4+x, \bar{y}, 3/4+z$

基平移组合”中将进一步讨论，这里只简单列举它的一些主要特点。

(1)虽然 n滑移面与 d 滑移面的平移操作都是双周期方向，即与滑移面平行的两个周期方向同时施行平移操作，亦即沿两个周期的对角线周期方向施行平移操作。由于 n滑移面沿对角线周期方向所施行的平移操作的平移量为 1/2 周期，因而在平面方向上不呈现方向性，如图 2-2-2 所示。而 d 滑移面沿对角线周期方向所施行的平移量却是 1/4 周期，这样的结果使等效点的排布在滑移面的平面方向上呈现方向性。图 2-2-4 所示的两个示意图是在投影面(纸面)上两个不同平移方向的 d 滑移面。很明显，由于 d 滑移面的“方向”不等效点的排布也显然不一样。

(2)d滑移面的对称操作使它在平移操作方向上的一个周期重复中有 4 个对称等效点。包括 n滑移面在内，其他滑移面的对称操作使它们在重复的周期内只具有 2 个对称等效点。

(3)d滑移面不能单独一个存在。在微观空间对称中，如果存在 d 滑移面，就必然两对 d 滑移面同时出现。两对 d 滑移面之间相互垂直相交，而且每一对中的两个相互平行的 d 滑移面具有相反的平移操作方向，它们之间平行相隔 1/4 周期。如图 2-2-5 所示。

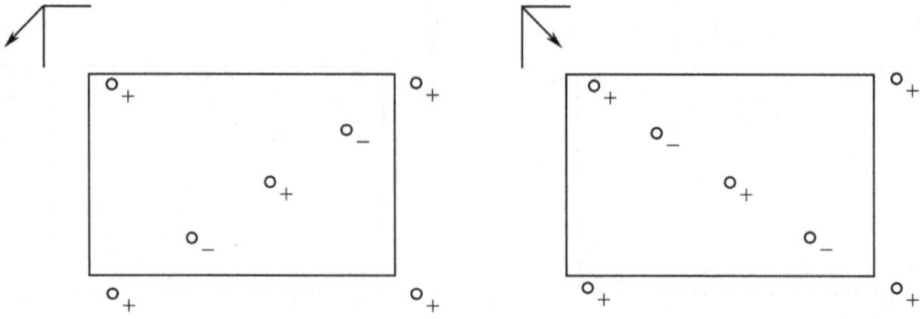

图 2-2-4　d滑移面具有方向性

(a)及(b)示意不同平移方向的 d 滑移面

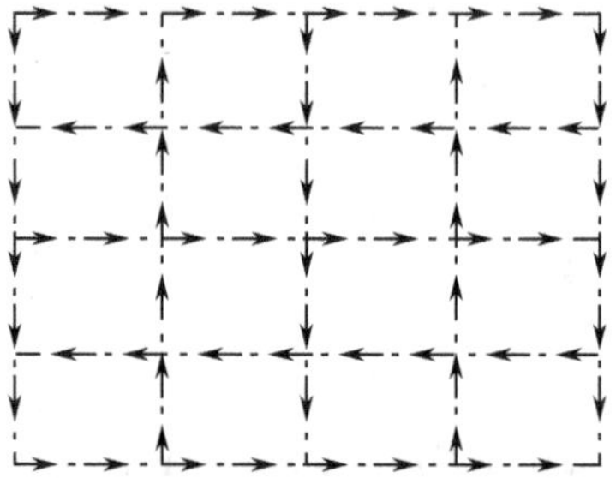

图 2-2-5　沿对称面投影时，d 滑移面的平移操作方向性示意图

(4) d 滑移面只能出现在非初基空间对称群中，更确切地说，它只能存在于面心(F)格子空间群或其他某些非初基格子空间群中具有面心格子性质的取向上[如四方晶系体心格子的(xxz)平面上]，在 2.6.3 节中作进一步讨论。

2.2.3　螺旋对称轴

螺旋对称操作是绕轴旋转操作与平移操作的复合。施行这一复合操作所凭借的几何直线，换句话说，具有这种复合操作性质的几何直线，称为螺旋对称轴，简称螺旋轴。

几何晶体学中已证明，在晶体中对称轴的轴次 n 只能是 2,3,4,6 共 4 种，其基转角 α 相应地为 180°,120°,90°和 60°。其他轴次和基转角的对称轴不可能存在于晶体学中。

每一种螺旋轴的性质是由它的轴次 n(而 $\alpha=360°/n$)和沿轴平移基本矢量 $\mathbf{R}$ 来决定的。如果沿轴方向的点阵周期是以基本周期矢量 $\mathbf{t}$ 表示，那么各种螺旋轴的沿轴基本平移矢量可以表示为 $\mathbf{R}=m\mathbf{t}/n$,其中 n 为轴次,m 是正整数,而且 m 必须小于 n(即 $m<n$),很明显,如果 $m=n$,那么沿轴平移操作的平移基本矢量将是周期平移,螺旋对称轴将变成旋转对称轴了。国际符号是以 n_m 来表示每种螺旋轴的性质的,这里轴次 n 确定了旋转基角 α,而 m 又确定了沿轴平移基本矢量 $\mathbf{R}$。例如螺旋轴 6_1,这一国际符号中轴次为 6,其旋转基角 $\alpha=360°/6$,符号的下标 $m=1$,那么沿轴平移基本矢量 $\mathbf{R}=\mathbf{t}/6$。不言而喻,螺旋轴 6_1 所具有的对称操作是每次绕轴旋转 60°同时沿轴平移 1/6 周期。

这里需要再次强调指出,在晶体学中各种螺旋对称轴的旋转前进方向均应遵守右手螺旋定则。读者将来会注意到螺旋轴 6_5 是等同于左手螺旋的 6_1,如此等等。

下面我们对每种螺旋轴分别给以描述。每一螺旋轴的示意图上都给出国际符号、图形的国际习惯表示、基转角 α 和沿轴平移基本矢量 $\mathbf{R}$。

1.二次螺旋轴　　示于图 2-2-6。

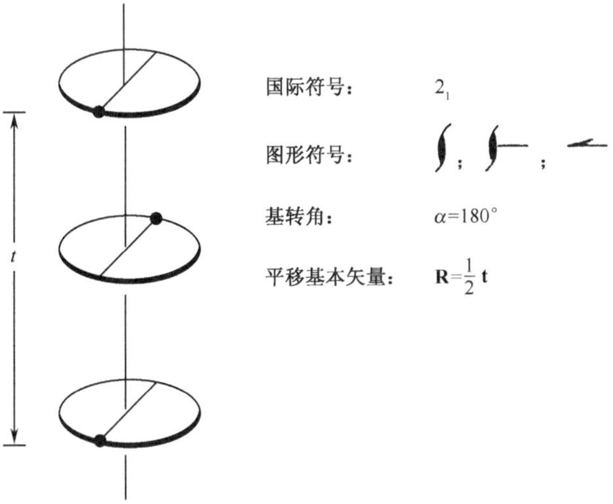

图 2-2-6　二次螺旋轴示意图

2.三次螺旋轴　　共有两种,即 3_1 及 3_2,分别示意于图 2-2-7。

3.四次螺旋轴　　共有 3 种,即 4_1,4_2 及 4_3,分别示于图 2-2-8。值得讨论的是,四次轴是偶次轴,而 4_1 及 4_3 螺旋轴使等效点的排布失去了二次旋转轴的性质,但却包含着二次螺旋轴。只有 4_2 螺旋轴仍然保留着二次旋转轴的性质。

4.六次螺旋轴　　共有 5 种:6_1,6_2,6_3,6_4,6_5,分别示意于图 2-2-9。对六次螺旋轴值得讨论的是,六次旋转轴包含三次轴的性质,同时又是偶次轴。而六次螺旋轴中,6_1 及 6_5 螺旋轴使等效点的排布完全失去了三次旋转轴和二次旋转轴的特性,但是它们却都包含着二次螺旋轴 2_1 和分别具有三次螺旋轴 3_1 和 3_2 的性质。

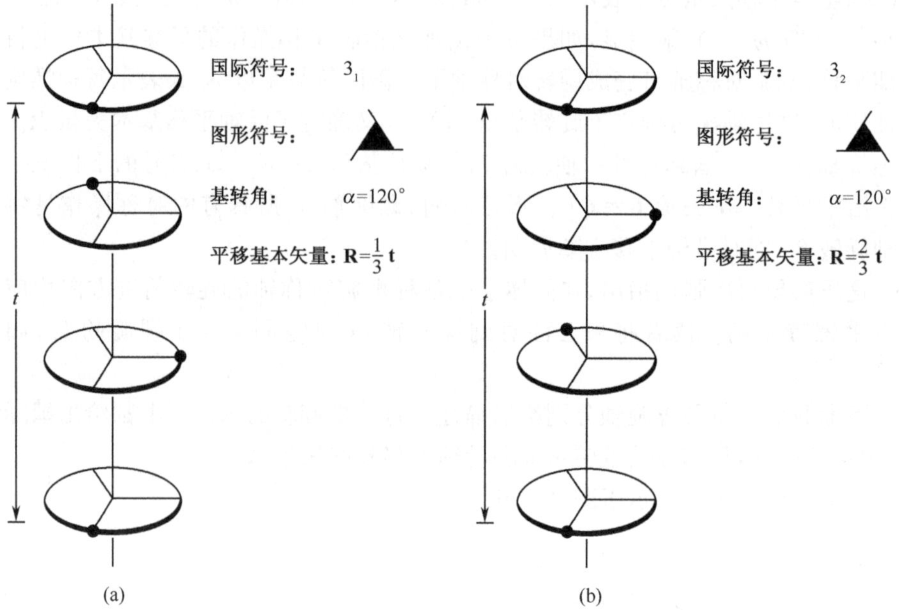

图 2-2-7　三次螺旋轴 3_1 和 3_2 示意图

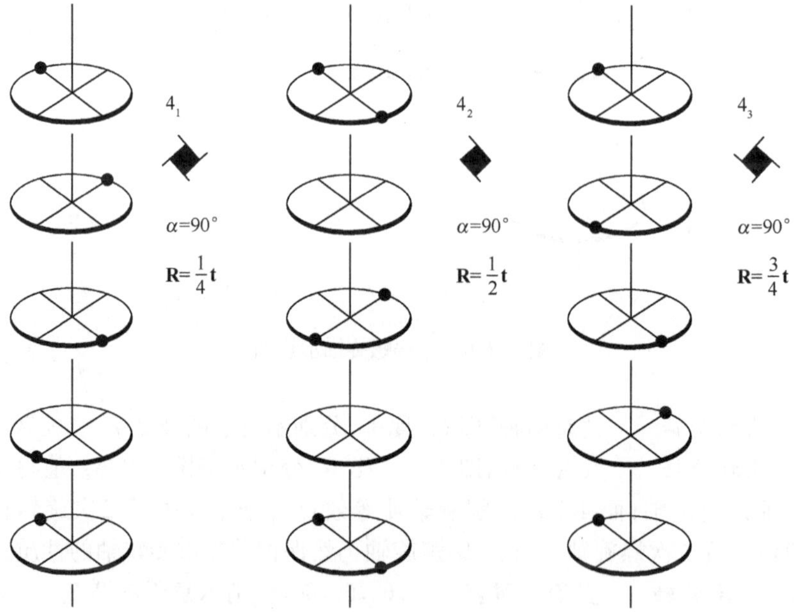

图 2-2-8　四次螺旋轴 4_1, 4_2 及 4_3 示意图

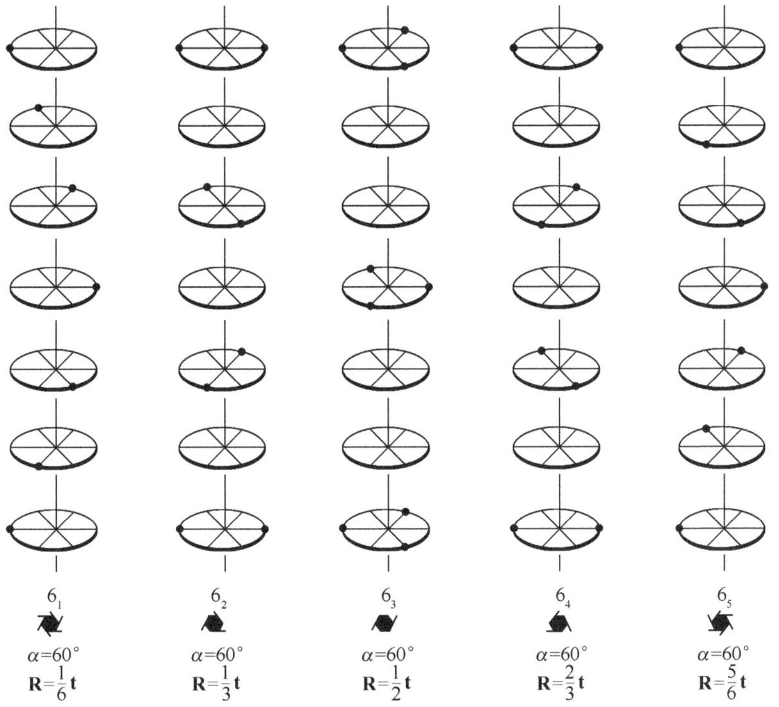

图 2-2-9　六次螺旋轴示意图

6_2 及 6_4 螺旋轴虽然失去了三次旋转轴的性质，但却保留着二次旋转轴而且分别包含着 3_2 及 3_1 螺旋轴性质(请注意：6_2 螺旋轴包含着 3_2 螺旋轴，而 6_4 旋转轴却包含着 3_1 螺旋轴，而不是相反)。6_3 螺旋轴失去了二次螺旋轴和二次旋转轴的特点，但保留着三次旋转轴的性质。

注意到各种螺旋轴的特征是十分重要的，它不仅对了解螺旋对称操作这种复合操作及各种螺旋轴的性质很有益处，而且对于以后章节中关于微观对称元素与周期平移组合、微观对称元素之间的组合，以及与非初基平移的组合等所涉及的推导，都有助于读者加深理解。

2.2.4　各种螺旋轴的等效点系坐标

各种螺旋轴的等效点系坐标与相应轴次的旋转对称轴的等效点系坐标十分相似，其差别就在于螺旋轴每次施行绕轴旋转后等效点必须沿轴方向增加 1 个平移基本矢量 **R**。如果将旋转轴的等效点系和同一轴次螺旋轴的等效点系作沿对称轴的投影，在投影图上它们的等效点系在二维排布上是完全相同的。由于对称元素在微观空间中是三维排布的，各对称元素在晶胞中不一定通过坐标系原点，为了对微观空间对称性加深理解，亦便于读者在学习和工作时查对。表 2-2-1 分别列出各种螺旋轴与坐标系的 Z 轴平行且与 X 及 Y 轴的截距为 a 及 b 的情况，其他情况可以类推，如果螺旋轴是与坐标系的 X 轴或 Y 轴平行，读者只需作相应的坐标变换就可以了。这里必须注明，表 2-2-1 所列的二次螺旋轴既适合于单斜坐标系，当然也适用于正交晶系和中级晶系；四次螺旋轴是处于四方晶系的坐标系（$a=b\neq c$，$\alpha=\beta=\gamma=90°$），当然也适用于立方晶系；而三次螺旋轴及六次螺旋轴是使用 H 格子的坐标系（$a=b\neq c$，$\alpha=\beta=90°$，$\gamma=120°$）。

表 2-2-1　各种螺旋轴在特定坐标系中与 Z 轴平行且与 X 轴及 Y 轴截距为 a 及 b 时的一般位置等效点系

1. 二次螺旋轴

$2_1(abz)$：$x, y, z; 2a-x, 2b-y, 1/2+z$

2. 三次螺旋轴

$3_1(abz)$：$x, y, z; a+b-y, 2b-a+x-y, 1/3+z; 2a-b-x+y, a+b-x, 2/3+z$

$3_2(abz)$：$x, y, z; a+b-y, 2b-a+x-y, 2/3+z; 2a-b-x+y, a+b-x, 1/3+z$

3. 四次螺旋轴

$4_1(abz)$：$x, y, z; a+b-y, b-a+x, 1/4+z; 2a-x, 2b-y, 1/2+z; a-b+y, a+b-x, 3/4+z$

$4_2(abz)$：$x, y, z; a+b-y, b-a+x, 1/2+z; 2a-x, 2b-y, z; a-b+y, a+b-x, 1/2+z$

$4_3(abz)$：$x, y, z; a+b-y, b-a+x, 3/4+z; 2a-x, 2b-y, 1/2+z; a-b+y, a+b-x, 1/4+z$

4. 六次螺旋轴

$6_1(abz)$：$x, y, z; b+x-y, b-a+x, 1/6+z; a+b-y, 2b-a+x-y, 1/3+z; 2a-x, 2b-y, 1/2+z;$
$2a-b-x+y, a+b-x, 2/3+z; a-b+y, a-x+y, 5/6+z$

$6_2(abz)$：$x, y, z; b+x-y, b-a+x, 1/3+z; a+b-y, 2b-a+x-y, 2/3+z; 2a-x, 2b-y, z;$
$2a-b-x+y, a+b-x, 1/3+z; a-b+y, a-x+y, 2/3+z$

$6_3(abz)$：$x, y, z; b+x-y, b-a+x, 1/2+z; a+b-y, 2b-a+x-y, z; 2a-x, 2b-y, 1/2+z;$
$2a-b-x+y, a+b-x, z; a-b+y, a-x+y, 1/2+z$

$6_4(abz)$：$x, y, z; b+x-y, b-a+x, 2/3+z; a+b-y, 2b-a+x-y, 1/3+z; 2a-x, 2b-y, z;$
$2a-b-x+y, a+b-x, 2/3+z; a-b+y, a-x+y, 1/3+z$

$6_5(abz)$：$x, y, z; b+x-y, b-a+x, 5/6+z; a+b-y, 2b-a+x-y, 2/3+z; 2a-x, 2b-y, 1/2+z;$
$2a-b-x+y, a+b-x, 1/3+z; a-b+y, a-x+y, 1/6+z$

很显然，如果将表 2-2-1 中的等效点系沿 Z 轴不给予平移操作，亦即全部等效点沿 Z 轴的坐标量都只是 z 变量，没有常数量，此时读者将得到相应轴次的旋转对称轴的一般位置等效点系，该轴与 Z 轴平行且与 X 轴及 Y 轴的截距为 a 及 b。同理，读者只要运用反伸对称操作，也可以推导出各种轴次的反伸对称轴在与 Z 轴平行且与 X 轴和 Y 轴截距为 a 和 b 时的等效点系。

通常，我们更多地讨论如何从任意点 xyz 出发去推导出某一特定对称元素或某一特定对称组合(对称群)的一般位置等效点系，而很少强调它的逆过程。表 2-2-1 提示我们，从一个对称元素的一般位置等效点系的等效点坐标，不但可以确定该对称元素的种类和性质，而且还可以准确地推导出它的坐标位置(包括它的取向和与坐标轴的截距)。这一逆推演当然也适用于对称组合(对称群)。其实，在许多章节有关对称组合的讨论中，已广泛运用组合后一般位置等效点系内对称等效点坐标之间的关系，来判定新派生的对称元素的种类、性质和坐标位置，在下面一些章节的有关讨论中，更是如此。

第三章　微观空间对称元素与周期平移的组合

周期平移在 2.1.1 节中已作详细阐述。当式(2.1.1)中的系数 m,n,p 分别为 ±1或零时，$\mathbf{R}_{mnp}$ 称为周期平移。由于 m,n,p 的值不同，$\mathbf{R}$ 可以是表达晶胞的单一周期的平移，也可以是两个基本周期的综合平移，即两个基本周期的对角线周期的平移，等等。

两个变换的乘积将导出另一个新的变换。可以肯定，任何微观空间对称元素与适当的周期平移的组合都将会派生出新的，与原来同一性质或不同性质的对称元素。

2.3.1　非高次轴的微观对称元素与周期平移组合

非高次轴的微观对称元素，对称中心、对称面和滑移面、二次旋转轴和二次螺旋轴等与周期平移组合，必然在组合周期方向的半周期位置上出现性质完全相同的对称元素。

2.3.1.1　对称中心与一个周期平移组合

如图 2-3-1 所示，让初始的对称中心处于晶胞的坐标系原点，即 $\bar{1}$(000)。以一般位置初始点出发，经此原点上的对称中心的对称操作，得到全部两个等效点 $x,y,z;\bar{x},\bar{y},\bar{z}$。它们沿晶胞基本周期 a 方向平移 1 个周期 $R_{mnp}=t_a$，应有周期平移等效点 $1+x,y,z;1-x,\bar{y},\bar{z}$。将全部 4 个等效点给以组合，不难发现 x,y,z 与 $1-x,\bar{y},\bar{z}$ 之间，$\bar{x},\bar{y},\bar{z}$ 与 $1+x,y,z$ 之间都同样表达着共同的另一个新的对称中心 $\bar{1}$(1/200)，它处于周期 a 方向上的半周期位置上。同一原理，初始的两个等效点在其他周期上如 $\mathbf{t}_b,\mathbf{t}_c$，对角线周期 $\mathbf{t}_a+\mathbf{t}_b,\mathbf{t}_a+\mathbf{t}_c,\mathbf{t}_b+\mathbf{t}_c$，以及体对角线周期 $\mathbf{t}_a+\mathbf{t}_b+\mathbf{t}_c$ 等方向上的周期平移等效点，均可推导出其他相应的处于半周期位置上新派生的对称中心。具体说，初始的和各个周期平移的等效点共 16 个，即 $x,y,z;\bar{x},\bar{y},\bar{z};1+x,y,z;1-x,\bar{y},\bar{z};x,1+y,z;\bar{x},1-y,\bar{z};x,y,1+z;\bar{x},\bar{y},1-z;1+x,1+y,z;1-x,1-y,\bar{z};1+x,y,1+z;1-x,\bar{y},1-z;x,1+y,1+z;\bar{x},1-y,1-z;1+x,1+y,1+z;1-x,1-y,1-z$。从它们之间的等效关系，不难指出晶胞内必定存在如下派生的对称中心：$\bar{1}$(1/2 0 0)，$\bar{1}$(0 1/2 0)，1(0 0 1/2)，$\bar{1}$(1/2 1/2 0)，$\bar{1}$(1/2 0 1/2)，$\bar{1}$(0 1/2 1/2)，$\bar{1}$(1/2 1/2 1/2)。图 2-3-1 中表示了部分周期平移等效点坐标之间所表达的派生对称中心。

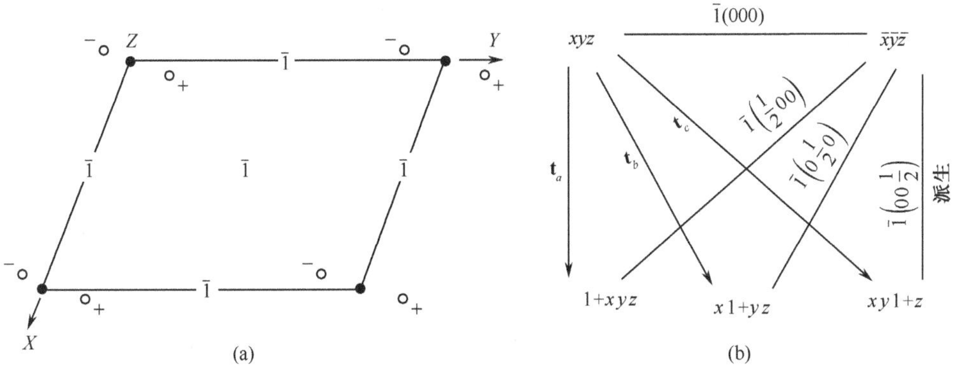

图 2-3-1 (a)对称中心(以小黑点表示)与周期平移组合,新派生的对称中心以国际符号 $\bar{1}$ 表示;(b)一般位置等效点坐标之间的等效关系表明新派生对称中心的存在,并指出它们在晶胞中的坐标位置

2.3.1.2 反映对称面和滑移面与周期平移组合

普通反映对称面(简称反映面或对称面)和滑移对称面(简称滑移面)与平行于面的两个基本周期方向的周期平移组合没有什么意义。这种组合并不会派生出新的对称面,因为对称面在微观空间中本身就具有二维无限延伸的性质。反映对称面和滑移面在晶胞中只有和与面垂直的周期平移进行组合才会出现派生的对称面,下面将证明这样组合所派生的对称面处于与初始对称面相隔 1/2 周期的相互平行的位置,其性质与初始对称面的性质完全一样。

1. 对称面 $m(x0z)$ 与垂直的周期平移 $\mathbf{t}_b$ 组合　对称面 $m(x0z)$ 的一般位置等效点 $x,y,z;x,\bar{y},z$。沿垂直于对称面方向的周期平移等效点应有 $x,1+y,z$; $x,1-y,z$(不言而喻,这是 $\mathbf{t}_b$ 周期排布的对称面 $m(x1z)$ 相关的两个等效点)。4 个等效点交叉组合,$x,1+y,z$ 与 $x,\bar{y},z$;$x,1-y,z$ 与 x,y,z 是由新派生的对称面 $m(x\ 1/2\ z)$ 使之对称等效。派生的对称面 $m(x\ 1/2\ z)$ 是与初始的对称面 $m(x\ 0\ z)$ 相互平行,相隔半周期。

图 2-3-2 以晶胞投影图示意派生对称面 $m(x\ 1/2\ z)$ 的出现和等效点的对称等效关系,并且以部分等效点坐标给以推导。

2. 滑移面 $n(0yz)$ 与垂直的周期平移 $\mathbf{t}_a$ 组合　滑移面 $n(0yz)$ 的一般位置等效点为 $x,y,z;\bar{x},1/2+y,1/2+z$。沿垂直于滑移面方向的周期平移 $\mathbf{t}_a$ 应有等效点 $1+x,y,z;1-x,1/2+y,1/2+z$。4 个等效点交叉组合,x,y,z 与 $1-x,1/2+y,1/2+z$;$1+x,y,z$ 与 $\bar{x},1/2+y,1/2+z$ 均表明另一派生的滑移面 $n(1/2yz)$ 的存在,它与初始的滑移面相互平行且相隔半周期。图 2-3-3 示意这种组合结果。

同一道理可以推知,其他滑移面亦必然有同样的结果。

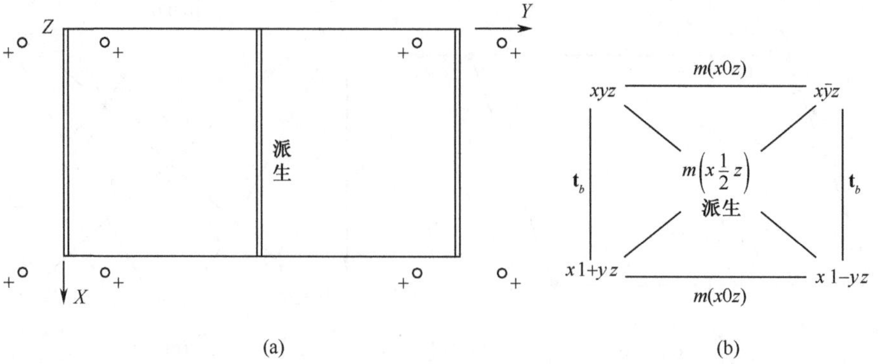

图 2-3-2 (a)晶胞中对称面 $m(x0z)$与周期平移 $\mathbf{t}_b$ 组合的示意图,等效点的对称排布表明派生对称面的存在;(b)等效点坐标之间的变换表明派生对称面的存在,并指出它们的坐标位置

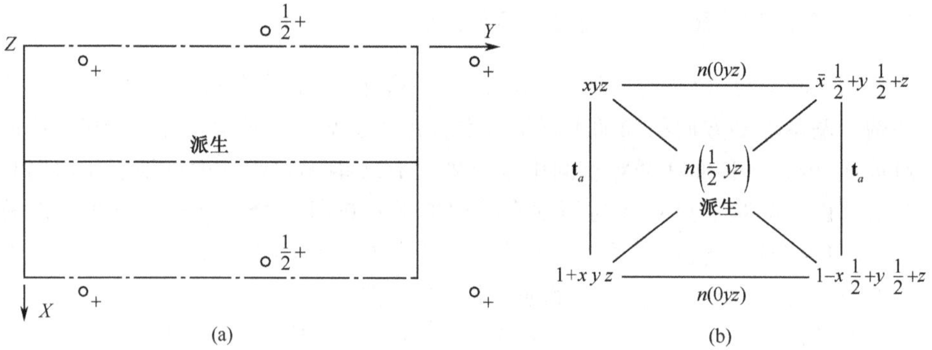

图 2-3-3 (a)晶胞中滑移面 $n(0yz)$与周期平移 $\mathbf{t}_a$ 组合的示意图,等效点的对称排布表明派生滑移面的存在;(b)等效点坐标之间的变换表明派生滑移面的存在,并指出它在晶胞中的坐标位置

2.3.1.3 二次轴与周期平移组合

在微观空间里,对称轴是无限延伸的,沿轴方向的周期平移与对称轴组合并不派生新的内容。只有垂直于轴的周期平移与对称轴组合才会派生新的对称轴。二次旋转轴及二次螺旋轴在晶胞中必定与两个基本周期平移相垂直,当然也与此两个基本周期的对角线周期平移相垂直。二次旋转轴和二次螺旋轴与上述 3 个周期平移中的任何一个进行组合都将派生出新的二次旋转轴和二次螺旋轴。派生的二次轴与初始的二次轴平行相隔半周期,其性质与初始的二次轴一样。

1.二次旋转轴 2(00z)与垂直方向的周期平移组合　　晶胞中与二次旋转轴

2(00z)垂直的周期平移应有 $\mathbf{t}_a$,$\mathbf{t}_b$ 和 $\mathbf{t}_a+\mathbf{t}_b$。初始的二次旋转轴 2(00$z$)在晶胞中通过坐标原点且与 Z 轴重合,如图 2-3-4 所示(图中以图形符号表示,以区别于用国际符号表示的派生轴)。

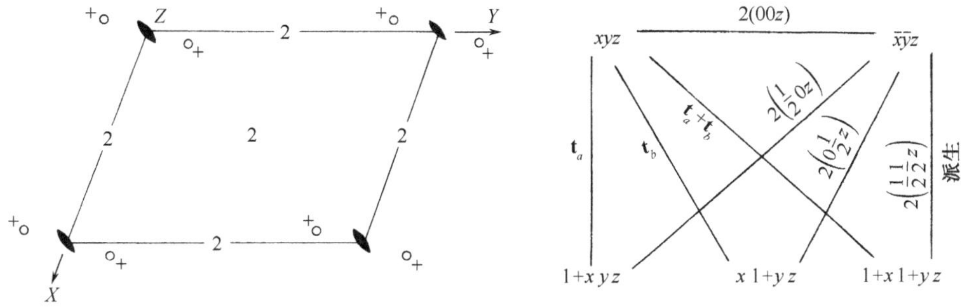

(a) (b)

图 2-3-4 (a)二次旋转轴 2(00z)在晶胞中与周期平移组合,等效点的对称排布表明派生二次旋转轴(以国际符号 2 表示)的存在;(b)等效点坐标之间的变换表明派生二次旋转轴的存在,并指出它们在晶胞中的坐标位置

它的一般位置等效点坐标为 $x,y,z;\bar{x},\bar{y},z$。这两个等效点沿 $\mathbf{t}_a$ 的周期平移等效点应是 $1+x,y,z;1-x,\bar{y},z$。4 个等效点重新组合后,x,y,z 与 $1-x,\bar{y},z$;$\bar{x},\bar{y},z$ 与 $1+x,y,z$ 均指出它们是另一派生的二次旋转轴 2(1/2 0 0)的等效点对。很明显,派生的 2(1/2 0 z)与初始的二次旋转轴 2(00z)相互平行,而且在 t_a 方向上相隔半周期。

初始的等效点对 $x,y,z;\bar{x},\bar{y},z$ 沿 $\mathbf{t}_b$ 的周期平移等效点应是 $x,1+y,z;\bar{x},1-y,z$,将 4 个等效点组合成对,x,y,z 与 $\bar{x},1-y,z$;$\bar{x},\bar{y},z$ 与 $x,1+y,z$ 均满足另一派生二次旋转轴 2(0 1/2 z)的对称等效关系。同理,初始等效点对 $x,y,z;\bar{x},\bar{y},z$ 沿 $\mathbf{t}_a+\mathbf{t}_b$(对角线)的周期平移等效点应是 $1+x,1+y,z;1-x,1-y,z$。4 个等效点的组合表明派生的 2(1/2 1/2 z)的存在。

2. 二次螺旋轴 2_1(00z)与垂直方向的周期平移组合 二次螺旋轴 2_1(00z)与晶胞中 Z 轴重合,与之垂直的周期平移应有 $\mathbf{t}_a$、$\mathbf{t}_b$ 和对角线 $\mathbf{t}_a+\mathbf{t}_b$。与晶胞中 Z 轴重合的二次螺旋轴 2_1(00z)应有一般位置等效点 $x,y,z;\bar{x},\bar{y},1/2+z$。它沿 $\mathbf{t}_a$、$\mathbf{t}_b$ 及 $\mathbf{t}_a+\mathbf{t}_b$ 方向周期平移的等效点对分别是 $1+x,y,z;1-x,\bar{y},1/2+z$;$x,1+y,z;\bar{x},1-y,1/2+z$ 和 $1+x,1+y,z;1-x,1-y,1/2+z$。从 8 个等效点之间的关系可以指出晶胞内沿上述 3 个基本周期平移方向的半周期上分别存在派生的二次螺旋轴 2_1(1/2 0 z),2_1(0 1/2 z),2_1(1/2 1/2 z),如图 2-3-5 所示,图中为了区别于初始的二次螺旋轴,派生的二次轴用国际符号 2_1 表示。

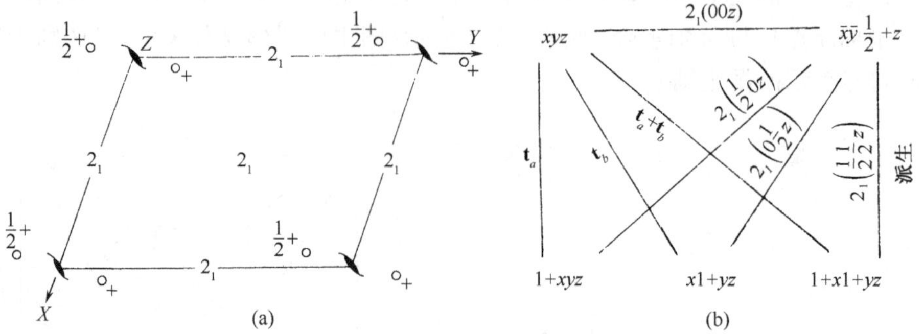

图 2-3-5 (a)二次螺旋轴 $2_1(00z)$在晶胞中与周期平移组合,等效点的对称排布表明派生二次螺旋轴(以国际符号 2_1 表示)的存在;(b)等效点坐标之间的变换表明派生二次螺旋轴的存在,并指出它们在晶胞中的坐标位置

2.3.2 四次轴与周期平移组合

几何晶体学中有关对称群推导已表明四次轴只存在于四方晶系及立方晶系。这一节所讨论的仅以四方晶系的情况为例,而其原理完全适用于立方晶系。四方晶系的晶胞特征是 $a=b\neq c, \alpha=\beta=\gamma=90°$,四次轴与坐标系的 Z 轴平行。

四次轴与其他对称轴一样,在微观空间中具有无限延伸性,因而只有垂直于对称轴的 $\mathbf{t}_a$,$\mathbf{t}_b$ 以及 $\mathbf{t}_a+\mathbf{t}_b$ 周期平移参加组合才会派生出新的对称轴(这里是已经确定四次轴与 Z 轴平行)。

单独一个周期平移(当然是与对称轴垂直的周期)与四次轴(以及含偶次轴的六次轴)组合,只能导出二次轴,而不可能派生出高次轴。初始的四次轴所具有的对称等效点与单一周期平移的等效点是位于周期直线上,即相互之间只能构成旋转基角 $\alpha=180°$的等效点对。这样,它们之间只能满足二次轴的绕轴旋转对称操作,只能导出二次轴,而且派生的二次轴必定与四次轴平行相隔半周期,所派生的二次轴的性质完全由四次轴的性质所决定。在四次轴中,四次旋转轴 4、四次反伸轴 $\bar{4}$ 及螺旋轴 4_2 等都包含着二次旋转轴 2 的性质,它们单独与一个垂直于轴的周期平移进行组合,必然导出二次旋转轴 2。而螺旋轴 4_1 和螺旋轴 4_3 包含着二次螺旋轴 2_1 的性质,它们与单独一个周期平移组合,其结果只能得到派生的二次螺旋轴 2_1(请参阅 2.3.1 中有关"二次轴与周期平移组合")。

四次轴(以及其他高次轴)只有与多个垂直于轴的周期平移同时组合,才可能导出派生的高次轴。具体来说,四次轴所处的四方晶系晶胞具有 $a=b\neq c, \alpha=\beta=\gamma=90°$的特征,而且四次轴与 Z 轴(晶体学 c 轴)平行。这样,初始四次轴的等效点与 $\mathbf{t}_a$,$\mathbf{t}_b$ 及 $\mathbf{t}_a+\mathbf{t}_b$ 3 个方向的周期平移等效点共同构成了具有以基角为 $\alpha=90°$绕轴旋转的对称等效关系。这是四次轴的绕轴旋转操作，因此可以断言，四次轴与上述3个方向的周期平移同时组合，必然在 $\mathbf{t}_a+\mathbf{t}_b$ 方向的半周期上派生出与初始四次轴相平行的四次轴，其性质必然与初始四次轴相一致。

为了进一步深入了解四次轴与周期平移的规律，下面给出各种四次轴与周期平移组合示意图并进行必要的讨论。示意图内，初始四次轴以图形符号表示，派生的轴以国际符号表示，以便区别。

2.3.2.1　四次旋转轴 4(0 0 *z*)与周期平移组合

1.四次旋转轴 4(00*z*)与单独一个周期平移组合　　四次旋转轴 4(00*z*)的一般位置等效点系为 $x,y,z;\bar{y},x,z;\bar{x},\bar{y},z;y,\bar{x},z$。它们沿 a 轴方向平移一周期 $\mathbf{t}_a$ 后的等效点为 $1+x,y,z;1-y,x,z;1-x,\bar{y},z;1+y,\bar{x},z$。将这 8 个等效点如图 2-3-6 所示，重新交叉组合，x,y,z 与 $1-x,\bar{y},z$；$\bar{y},x,z$ 与 $1+y,\bar{x},z$；$\bar{x},\bar{y},z$ 与 $1+x,y,z$；$y,\bar{x},z$ 与 $1-y,x,z$。它们都表现出由 2(1/2 0 *z*)相关的对称等效关系。同理，4(00*z*)与 $\mathbf{t}_b$ 的组合将会派生 2(0 1/2 *z*)。由此可知，四次旋转轴 4 与单独一个周期平移组合，将在此周期平移方向上的半周期位置派生出相平行的二次旋转轴 2。这就像 2.3.1.3 中二次旋转轴 2 与垂直于轴方向的平移周期组合的结果一样。

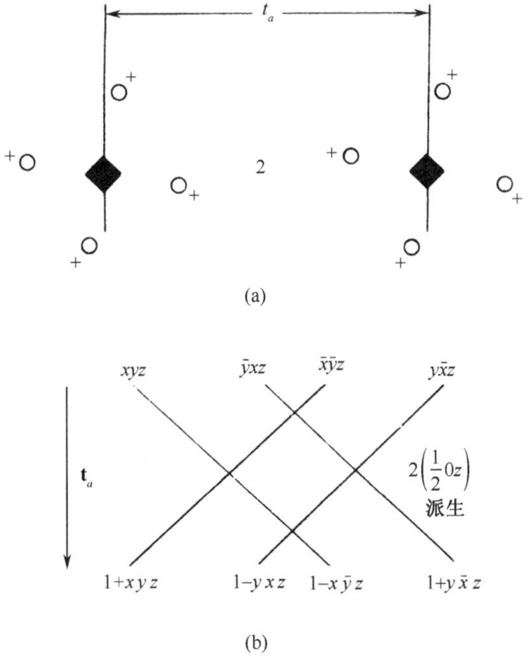

图 2-3-6　(a)四次旋转轴 4(00*z*)与单独一个周期平移 $\mathbf{t}_a$ 的组合，导出派生的二次旋转轴 2(1/2 0 *z*)；(b)等效点之间的变换

不难推知，连同四次旋转轴 4 在内，凡是包含着二次旋转轴性质的四次轴 4，$\bar{4}$，4_2 与单独一个垂直于轴方向的周期平移组合，必然在此方向半周期上派生出一个相平行的二次旋转轴 2。同理，凡是包含有二次螺旋轴 2_1 性质的四次轴，如 4_1 及 4_3 与单一周期平移组合，在半周期位置将派生相平行的二次螺旋轴 2_1。

2. 四次旋转轴 $4(00z)$ 与垂直于对称轴的周期平移 $\mathbf{t}_a$，$\mathbf{t}_b$ 和 $\mathbf{t}_a+\mathbf{t}_b$ 同时组合

四次轴所处的四方晶系（或立方晶系）的重要特征是与对称轴垂直的 2 个基本周期平移量相等，即 $t_a=t_b$，其夹角 $\gamma=90°$，这样的特征使 $\mathbf{t}_a$，$\mathbf{t}_b$ 和 $\mathbf{t}_a+\mathbf{t}_b$ 同时组合将可导出另一派生的四次轴，它位于对角线 $\mathbf{t}_a+\mathbf{t}_b$ 方向半周期，且与初始四次轴相平行。派生的四次轴的性质与初始四次轴的性质完全相同。

四次旋转轴 $4(00z)$ 具有一般位置等效点 $x,y,z;\bar{y},x,z;\bar{x},\bar{y},z;y,\bar{x},z$，它们与 $\mathbf{t}_a$，$\mathbf{t}_b$ 及 $\mathbf{t}_a+\mathbf{t}_b$ 分别组合将有周期平移等效点 $1+x,y,z,1-y,x,z;1-x,\bar{y},z;1+y,\bar{x},z;x,1+y,z;\bar{y},1+x,z;\bar{x},1-y,z;y,1-x,z;1+x,1+y,z;1-y,1+x,z;1-x,1-y,z;1+y,1-x,z$。这样，连同初始的四个等效点在内，如图 2-3-7 所示应共有 16 个等效点。把它们重新组合，以相应的 4 个等效点为 1 组，共 4 组：①$x,y,z;1-y,x,z;1-x,1-y,z;y,1-x,z$；②$\bar{y},x,z;1-x,\bar{y},z;1+y,1-x,z;x,1+y,z$；③$\bar{x},\bar{y},z;1+y,\bar{x},z;1+x,1+y,z;\bar{y},1+x,z$；④$y,\bar{x},z;1+x,y,z;1-y,1+x,z;\bar{x},1-y,z$。每组内 4 个等效点之间的对称等效关系表达着新派生的四次旋转轴 $4(1/2\ 1/2\ z)$ 的存在（请参阅 2.2.4 中有关处于任意位置上四次轴 $4(a\ b\ z)$ 的一般位置等效点坐标之间的关系）。图 2-3-7 中派生的对称轴以国际符号 4 及 2 表示，以区别于初始轴。

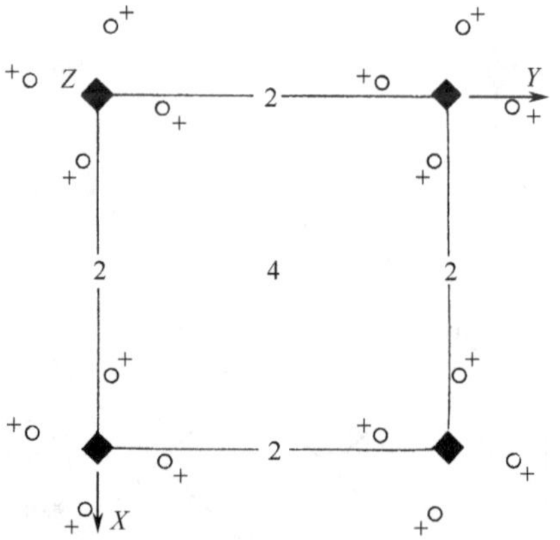

图 2-3-7　四次旋转轴 $4(00z)$ 与周期平移 $\mathbf{t}_a$，$\mathbf{t}_b$ 和 $\mathbf{t}_a+\mathbf{t}_b$ 同时组合，派生的对称轴在图中以国际符号 4 和 2 表示

2.3.2.2　四次反伸轴及四次螺旋轴与周期平移组合

与上述四次旋转轴 $4(00z)$ 与周期平移组合的原理完全一样。可以断定，它们

与单独一个周期平移组合，其结果必然在此平移方向上的半周期位置派生出与初始轴平行的二次旋转轴或二次螺旋轴。确切地说，具有二次旋转轴性质的 $\bar{4}$ 及 4_2 将派生出二次旋转轴 2，而含有二次螺旋轴性质的 4_1 和 4_3 将会派生出二次螺旋轴 2_1。

四次反伸轴及四次螺旋轴与垂直于对称轴的周期平移 $\mathbf{t}_a$，$\mathbf{t}_b$ 及 $\mathbf{t}_a+\mathbf{t}_b$ 同时组合，将派生出与初始轴性质完全相同的四次反伸轴或四次螺旋轴，派生的轴位于对角线周期平移 $\mathbf{t}_a+\mathbf{t}_b$ 方向的半周期，且与初始轴平行，其结果示于图 2-3-8(a)，(b)，(c)，(d)中。图中初始的对称轴以图形符号表示，而派生的对称轴以国际符号表示，以便区别。

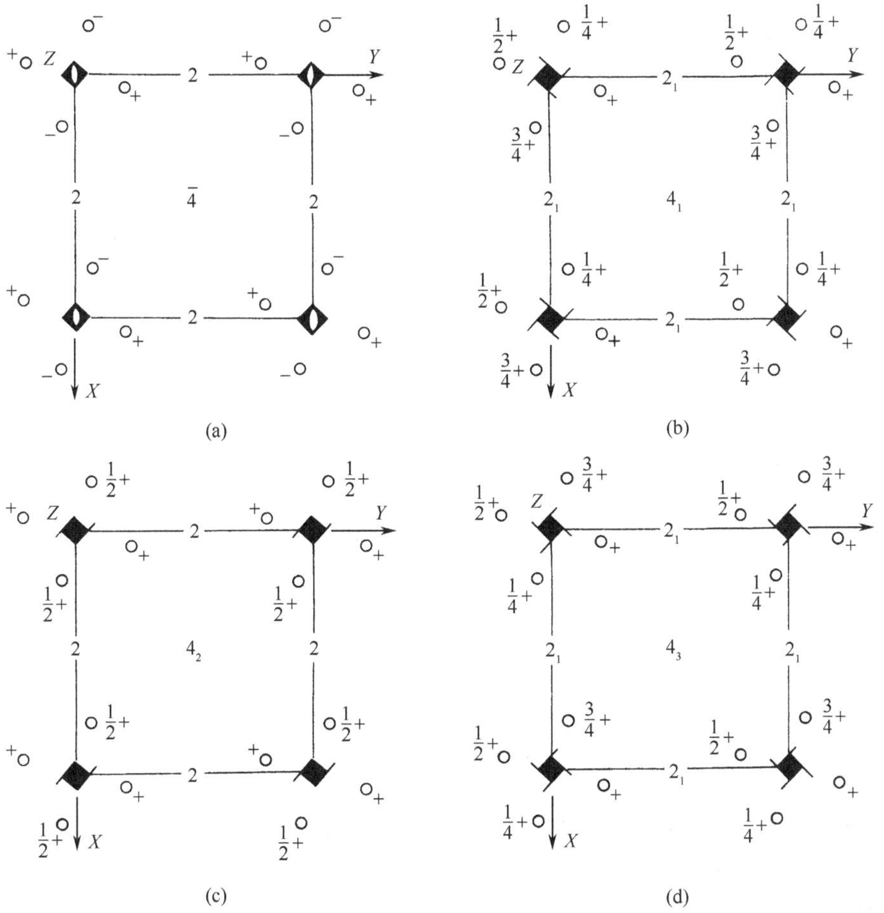

图 2-3-8　四次反伸轴 $\bar{4}$(a)、四次螺旋轴 4_1(b)，4_2(c)及 4_3(d)与周期平移组合的示意图

2.3.3 三次轴与周期平移组合

前面的章节已经指出，在微观空间中，对称轴是无限延伸的，因而沿轴方向的周期平移与对称轴组合并不产生新的内容，只有与轴垂直的周期平移与对称轴组合才会派生新的对称轴。这里还要进一步指出，在特定情况下，如果我们需要考察某一个任意方向的周期平移与对称轴相组合的时候，就得先将此任意方向的周期平移分解为与轴平行和与轴垂直的两个分量。很显然，这两个分量必然也是周期平移。换句话说，必须首先将此任意方向的周期平移分解为与轴平行的周期平移和与轴垂直的周期平移，然后考察与轴垂直的分量(周期平移)与对称轴的组合。这一组合结果就充分表达了此任意方向周期平移与对称轴组合的结果。

在几何晶体学有关对称原理的讨论中已经表明三次轴只存在于三方晶系及立方晶系中。

此外，在三方晶系中又有 H 取向和 R 取向两种情况。这一节所讨论的内容仅以三方晶系的情况为例，而且只限于三方晶系中的 H 取向。很显然，在 H 取向中，三方晶系的特征对称元素三次轴是与晶体学轴 c 平行(或重合)，且与晶体学轴 a 及 b 垂直。这样垂直于对称轴的周期平移 $\mathbf{t}_a$ 和 $\mathbf{t}_b$(以及 $\mathbf{t}_a+\mathbf{t}_b$)与三次轴的组合将具有代表性而且十分直观和易于理解。

三方晶系中的 R 取向情况与立方晶系中的三次轴取向十分相似。它们的三次轴方向与它们 3 个晶体学轴 a、b 及 c 的中分线方向，即与周期平移 $\mathbf{t}_a+\mathbf{t}_b+\mathbf{t}_c$ 的方向相平行(而且 $a=b=c$，即 $t_a=t_b=t_c$)。在此情况下，必须首先将基本周期平移 $\mathbf{t}_a$，$\mathbf{t}_b$ 和 $\mathbf{t}_c$ 分解为与对称轴平行和垂直的两个分量，然后考察与对称轴垂直的各个分量的情况。其实，此时分解后的各个分量可以由 3 个新的基本周期平移 $\mathbf{t}_{aH}$，$\mathbf{t}_{bH}$ 和 $\mathbf{t}_{cH}$ 来表达，而 $\mathbf{t}_{aH}$，$\mathbf{t}_{bH}$ 和 $\mathbf{t}_{cH}$ 是具有 H 格子的性质，是这种变换后的 H 格子中的 3 个基本周期平移。这就是所谓 R 格子采用 H 取向的变换。事实上三方晶系的 R 取向情况，以及立方晶系中的三次轴取向情况都可以用 H 取向来表达。但是这种变换将使晶胞(格子)增大，原来 R 取向的简单晶胞(格子)将变换成复晶胞(格子)。在结构分析的实践中，人们往往将三方晶系中具有 R 格子的空间对称群采用 H 取向，以便于结构分析过程中的各种运算和坐标变换。

三次轴是一种奇次轴，不具有二次轴的性质，因而与单独一个垂直于轴方向的周期平移相组合不可能派生任何新的对称轴。三次轴必须与两个垂直于轴的周期平移同时组合才能派生新的对称轴。

H 取向是六方晶系特有的晶轴取向方式。H 取向所割取的晶胞具有如下特征：$a=b\neq c$，$\alpha=\beta=90°$，$\gamma=120°$。如图 2-3-9 所示，H 晶胞这一平行六面体在几何学上具有一个十分重要的特征，由于 H 晶胞的两个水平方向的基本周期平移的长度相等，即 $t_a=t_b$，而且 $\gamma=120°$，因而它们的对角线周期平移 $\mathbf{t}_a+\mathbf{t}_b$ 的长度也与

$\mathbf{t}_a$ 和 $\mathbf{t}_b$ 相等。所以,H 晶胞这一平行六面体可以看作由两个等边三角形的三方柱拼在一起。如图 2-3-9 沿 Z 轴投影的平行四边形可看作由两个相同的等边三角形组成,每个等边三角形的边长相等 $|\mathbf{t}_a|=|\mathbf{t}_b|=|\mathbf{t}_a+\mathbf{t}_b|$,其内角均为 60°。从几何学来看每个等边三角形的中心(重心),即图中的点 K,可以作为施行三次旋转对称操作所凭借的几何点。如果回到立体图形来讨论,在 H 晶胞平行六面体中的两个相同的等边三角形的三方柱中,通过 K 点且与 Z 轴平行的几何直线,在几何学上看,可以作为施行绕轴旋转对称操作所凭借的几何直线。由此可以推论,在 H 晶胞中位于(2/3 1/3 z)及(1/3 2/3 z)的两条几何直线在几何学上具有作为三次轴的必要条件。

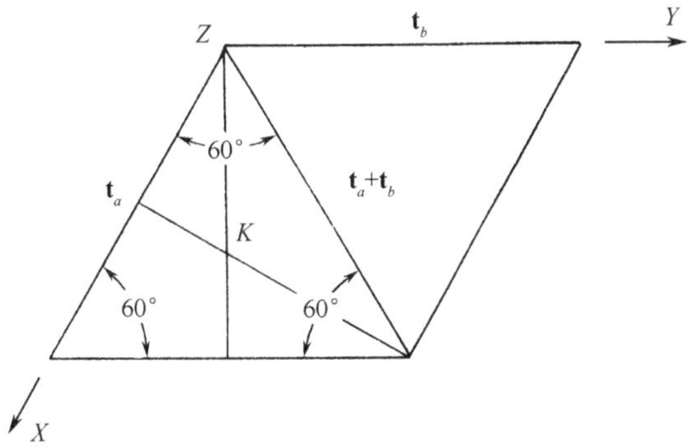

图 2-3-9 H 晶胞中各周期平移的特征

三次旋转轴 3(00z)在 H 晶胞中与两个垂直于轴的周期平移 $\mathbf{t}_a$ 和 $\mathbf{t}_a+\mathbf{t}_b$ 组合的情况,可作如下的讨论。作为初始的三次旋转轴 3(00z)在 H 晶胞中(图 2-3-10)应有对称等效点 $x,y,z;\bar{y},x-y,z;\bar{x}+y,\bar{x},z$。它们沿周期平移 $\mathbf{t}_a$ 和 $\mathbf{t}_b+\mathbf{t}_a$ 的对称等效点应有 $1+x,y,z;1-y,x-y,z;1-x+y,\bar{x},z;1+x,1+y,z;1-y,1+x-y,z;1-x+y,1-x,z$,连同初始的等效点共 9 个等效点。如果将此 9 个等效点重新组合成 3 组:① $x,y,z;1-y,x-y,z;1-x+y,1-x,z$;② $\bar{y},x-$

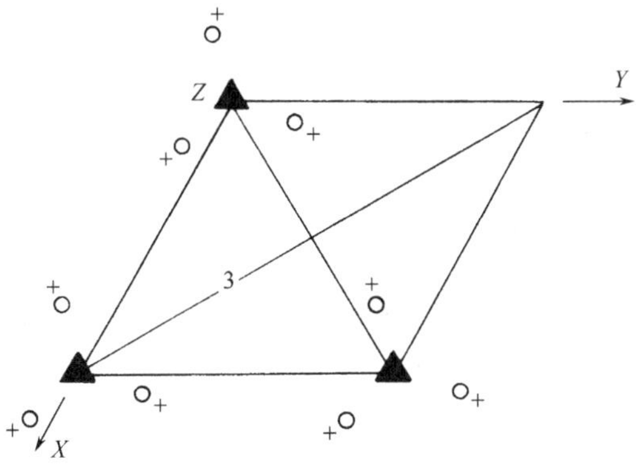

图 2-3-10 三次旋转轴 3(00z)在 H 晶胞中与周期平移 $\mathbf{t}_a$ 和 $\mathbf{t}_a+\mathbf{t}_b$ 同时组合,派生的三次旋转轴在图中以国际符号 3 表示

$y,z;1-x+y,\bar{x},z;1+x,1+y,z$;③$\bar{x}+y,\bar{x},z;1+x,y,z;1-y,1+x-y,z$。很明显,各组内3个等效点之间的对称等效关系都可以导出1个新的三次旋转对称轴3(abz)(其等效点系为$x,y,z;a+b-y,2b-a+x-y,z;2a-b-x+y,a+b-x,z$;请参考表2-2-1)。不难算出此派生的三次旋转对称轴在X,Y上的截距$a=2/3,b=1/3$。由此可以确定,初始的三次旋转轴3(00z)(在图2-3-10中以图形符号表示)与周期平移$\mathbf{t}_a$和$\mathbf{t}_a+\mathbf{t}_b$同时组合,其结果将派生出新的三次旋转轴3(2/3 1/3 z),新派生的三次旋转轴处于与X,Y轴截距为2/3及1/3,且与Z轴平行,如图2-3-10中国际符号3所示。

以同样的方法不难证明,三次旋转轴3(00z)与两个垂直于轴的周期平移$\mathbf{t}_b$和$\mathbf{t}_a+\mathbf{t}_b$同时组合将会派生出另一新的三次旋转轴3(1/3 2/3 z),它平行于Z轴,而与X及Y轴的截距分别为1/3和2/3。

同样道理并以同样的方法处理,可以推导出三次反伸轴$\bar{3}$(00z),三次螺旋轴3_1(00z)和3_2(00z)与垂直于轴的周期平移$\mathbf{t}_a$,$\mathbf{t}_b$和$\mathbf{t}_a+\mathbf{t}_b$组合的结果,分别示于图2-3-11(a),(b),(c)。初始轴在图中以图形符号表示,而派生的对称轴则以国际符号标记。

三次反伸轴$\bar{3}$包含着对称中心$\bar{1}$的性质,如图2-3-11(a)中所示,初始的三次

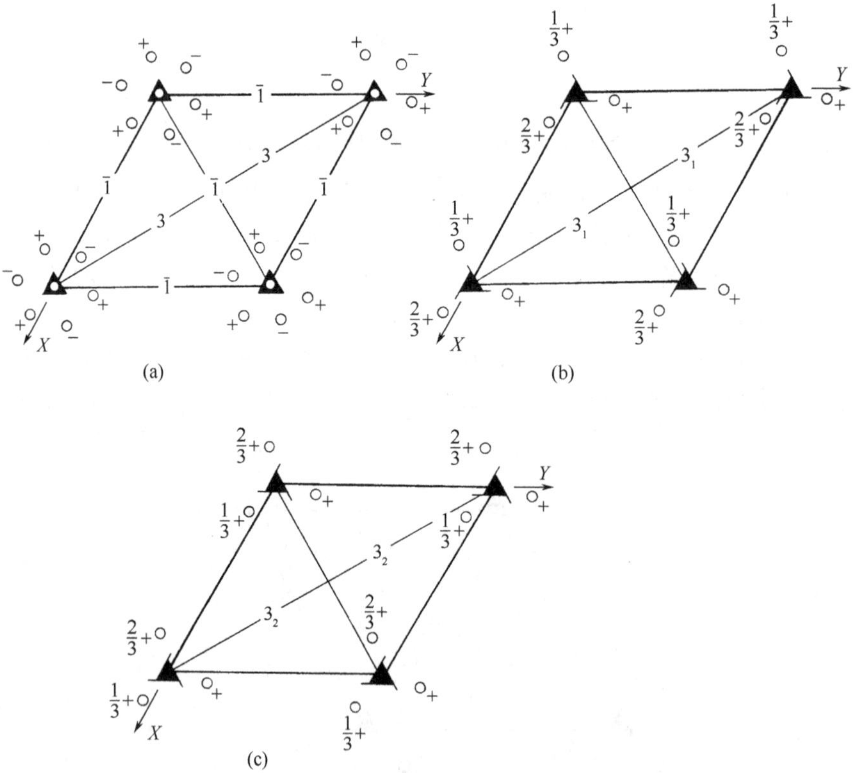

图2-3-11 三次反伸轴$\bar{3}$(00z)(a)、三次螺旋轴3_1(00z)(b)、3_2(00z)(c)与周期平移$\mathbf{t}_a$,$\mathbf{t}_b$和$\mathbf{t}_a+\mathbf{t}_b$组合

反伸轴 $\bar{3}(00z)$与单独一个垂直于轴的周期平移组合，均在半周期位置上派生出对称中心 $\bar{1}$。

从上述的讨论可得如下结论：三次轴是奇次轴，它们与单独一个垂直于轴的周期平移的组合，除三次反伸轴 $\bar{3}$ 含有对称中心性质因而在半周期位置派生对称中心 $\bar{1}$ 之外，不可能产生其他对称轴。三次轴$(00z)$在 H 格子中同时与周期平移 $\mathbf{t}_a$，$\mathbf{t}_b$，$\mathbf{t}_a+\mathbf{t}_b$ 组合，其结果在$(2/3\ 1/3\ z)$和$(1/3\ 2/3\ z)$位置上派生出两个新的三次轴，它们的性质与初始的三次轴性质完全一样。

2.3.4　六次轴与周期平移组合

H 取向是六方晶系中晶轴取向所特有的。如 2.3.3 中所指出的那样，H 晶胞的特征是 $a=b\neq c, \alpha=\beta=90^\circ, \gamma=120^\circ$。六方晶系特征是对称元素六次轴在 H 晶胞中与 c 轴平行(或重合)且垂直于晶轴 a 和 b。晶轴 a 和 b 的夹角为 120°。

2.3.4.1　六次轴与单独一个垂直于轴的周期平移组合

六次轴是偶次轴，即它包含着二次轴的性质。在 2.3.2 节中对具有偶次轴性质的四次轴与单独一个垂直于轴的周期平移组合曾作过较详细的讨论，其原理必然也适用于具有偶次轴性质的六次轴。可以推论，六次轴与单独一个垂直于轴方向的周期平移组合，其结果在此方向的半周期位置上将派生出 1 个二次轴，派生的二次轴与初始的六次轴平行，其性质将与初始六次轴所包含二次轴的性质完全一致。

图 2-3-12，以六次螺旋轴 $6_1(00z)$与单独一个垂直于轴的周期平移 $\mathbf{t}_a$ 组合作为例子予以讨论。$6_1(00z)$应有六个对称等效点，依次为 $x, y, z; x-y, x, 1/6+z; \bar{y}, x-y, 1/3+z; \bar{x}, \bar{y}, 1/2+z; y-x, \bar{x}, 2/3+z; y, y-x, 5/6+z$(请参阅 2.2.4 节中有关六次螺旋轴等效点系坐标)。它们沿周期平移 $\mathbf{t}_a$ 的等效点应为 $1+x, y, z; 1+x-y, x, 1/6+z; 1-y, x-y, 1/3+z; 1-x, \bar{y}, 1/2+z; 1-x+y, \bar{x}, 2/3+z; 1+y, y-x, 5/6+z$。连同初始的等效点共 12 个对称等效点。将此 12 个对称等效点

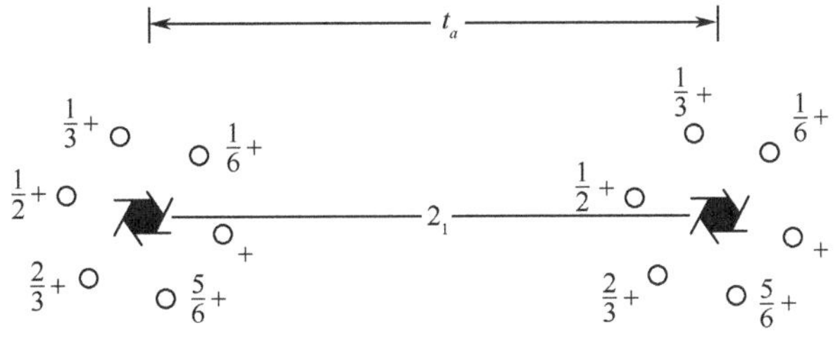

图 2-3-12　六次螺旋轴 $6_1(00z)$与单独一个周期平移 $\mathbf{t}_a$ 组合，派生出二次螺旋轴 $2_1(1/2\ 0\ z)$

重新组合，两个等效点为1组，共6组：①$x,y,z;1-x,\bar{y},1/2+z$；②$x-y,x,1/6+z;1-x+y,\bar{x},2/3+z$；③$\bar{y},x-y,1/3+z;1+y,y-x,5/6+z$；④$\bar{x},\bar{y},1/2+z;1+x,y,z$；⑤$y-x,\bar{x},2/3+z;1+x-y,x,1/6+z$；⑥$y,y-x,5/6+z;1-y,x-y,1/3+z$。这6组中，每一组内两个等效点之间都表达着二次螺旋轴的对称等效关系。很明白，新派生的二次螺旋轴 $2_1(1/2\ 0\ z)$位于 $\mathbf{t}_a$ 平移方向的半周期，且与初始六次螺旋轴 $6_1(00z)$相平行。

不难证明，具有二次螺旋轴性质的其他六次螺旋轴 $6_3(00z)$和 $6_5(00z)$与单独一个周期平移 $\mathbf{t}_a$ 组合亦必然派生1个二次螺旋轴 $2_1(1/2\ 0\ z)$。同样道理，可以证明，具有二次旋转轴性质的六次轴如 $6(00z)$，$6_2(00z)$，$6_4(00z)$与单独一个周期平移 $\mathbf{t}_a$ 组合，必将派生1个二次旋转轴 $2(1/2\ 0\ z)$，派生的二次旋转轴位于平移 $\mathbf{t}_a$ 方向的半周期上，而且与初始轴相平行。同样可以断言，不具有二次轴特性的六次反伸轴 $\bar{6}(00z)$与单独一个周期平移 $\mathbf{t}_a$ 组合不会产生任何新的对称元素。

至于上述各种六次轴与其他垂直于轴的周期平移 $\mathbf{t}_b$ 或 $\mathbf{t}_a+\mathbf{t}_b$ 中单独一个进行组合，其结果不言而喻，将会导出与上述类似的结果，在此不再赘述。

2.3.4.2　六次轴在 *H* 晶胞中与两个垂直于轴的周期平移组合

六次轴既是偶次轴，又具有三次轴的性质。在2.3.3节中对于在H晶胞中的三次轴与两个垂直于轴的周期平移同时组合的情况已作过详细讨论。所讨论的原理当然适合于包含三次轴性质的六次轴在 *H* 晶胞中的组合。在这里，我们对六次旋转轴 $6(00z)$在 *H* 晶胞中与两个垂直于轴的周期平移 $\mathbf{t}_a$ 和 $\mathbf{t}_a+\mathbf{t}_b$ 组合情况进行一些讨论。

初始六次旋转轴 $6(00z)$在 *H* 晶胞中(图2-3-13)应有6个对称等效点，它们依次为 $x,y,z;x-y,x,z;\bar{y},x-y,z;\bar{x},\bar{y},z;y-x,\bar{x},z;y,y-x,z$。它们沿周期平移 $\mathbf{t}_a$ 和 $\mathbf{t}_a+\mathbf{t}_b$ 的等效点分别为 $1+x,y,z;1+x-y,x,z;1-y,x-y,z;1-x,\bar{y},z;1-x+y,\bar{x},z;1+y,y-x,z;1+x,1+y,z;1+x-y,1+x,z;1-y,1+x-y,z;1-x,1-y,z;1-x+y,1-x,z;1+y,1-x+y,z$，连同初始的等效点共18个等效点。如果将此18个等效点重新组合成6组：①$x,y,z;1-y,x-y,z;1-x+y,1-x,z$；②$x-y,x,z;1-x,\bar{y},z;1+y,1-x+y,z$；③$\bar{y},x-y,z;1-x+y,\bar{x},z;1+x,1+y,z$；④$\bar{x},\bar{y},z;1+y,y-x,z;1+x-y,1+x,z$；⑤$y-x,\bar{x},z;1+x,y,z;1-y,1+x-y,z$；⑥$y,y-x,z;1+x-y,x,z;1-x,1-y,z$。很明显，各组内3个等效点之间的对称关系都可以导出1个新的三次旋转轴 $3(abz)$，不难推算出此派生的三次旋转轴在 *X*、*Y* 上的截距 $a=2/3$，$b=1/3$。由此可以确定，初始的六次旋转轴中 $6(00z)$ (在图2-3-13中以图形符号表示)与周期平移 $\mathbf{t}_a$ 和 $\mathbf{t}_a+\mathbf{t}_b$ 同时组合，其结果将派生出新的三次旋转轴 $3(2/3\ 1/3\ z)$。新派生的三次旋转轴与 *X*，*Y* 轴的截距为2/3及1/3，而且与 *Z* 轴平行，如图2-3-13中国际符号所示。

不难证明六次旋转轴 $6(00z)$与周期平移 $\mathbf{t}_b$ 和 $\mathbf{t}_a+\mathbf{t}_b$ 同时组合，将派生三次旋

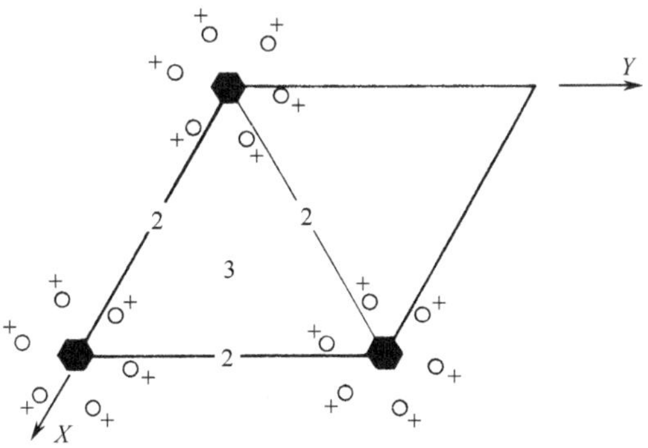

图 2-3-13　六次旋转轴 6(00z)在 H 晶胞中与周期平移 $\mathbf{t}_a$ 和 $\mathbf{t}_a+\mathbf{t}_b$ 同时组合

转轴 3(1/3 2/3 z)，它位于 X，Y 轴的截距为 $a=1/3$，$b=2/3$，而且与初始的六次旋转轴平行。

同理，其他六次轴在 H 晶胞中与两个垂直于轴的周期平移组合，在位置(2/3 1/3 z)或(1/3 2/3 z)上将派生出新的三次轴。新派生三次轴的性质是与初始六次轴所包含三次轴的性质完全一样。图 2-3-14 分别列出了六次反伸轴 $\bar{6}$(00z)和六次螺旋轴 6_1(00z)、6_2(00z)，6_3(00z)，6_4(00z)，6_5(00z)在 H 晶胞中与周期平移 $\mathbf{t}_a$ 和 $\mathbf{t}_a+\mathbf{t}_b$ 同时组合的结果。在图中，初始的六次轴均以图形符号表示，而派生的对称轴则以国际符号标记，以便区别。

从图 2-3-13 和图 2-3-14 的组合结果，可以归纳如下：

(1)在 H 晶胞中，六次轴与单独一个垂直于轴的周期平移组合，其结果有三种情况：

1)由于六次反伸轴 $\bar{6}$ 既不包含对称中心，又不具有任何二次轴的性质，因而组合的结果并不产生任何新的对称元素。

2)由于六次旋转轴 6 及六次螺旋轴 6_2 和 6_4 都包含着二次旋转轴的性质，因而组合的结果是，在组合的平移方向的半周期位置上派生出与初始轴平行的二次旋转轴 2。

3)由于六次螺旋轴 6_1，6_3，6_5 都包含着二次螺旋轴 2_1 的性质，因而组合的结果是，在组合的平移方向半周期位置上派生出与初始轴平行的二次螺旋轴 2_1。

(2)在 H 晶胞中，六次轴与两个垂直于轴的周期平移组合，其结果有三种情况：

1)含有三次旋转轴特性的六次旋转轴 6、六次反伸轴 $\bar{6}$、六次螺旋轴 6_3 与 $\mathbf{t}_a$ 和 $\mathbf{t}_a+\mathbf{t}_b$ 或者与 $\mathbf{t}_b$ 和 $\mathbf{t}_a+\mathbf{t}_b$ 同时组合，其结果在晶胞中(2/3 1/3 z)或者(1/3 2/3 z)位置上派生出与初始轴相平行的三次旋转轴 3。这里必须指出，由于六次反伸轴 $\bar{6}$

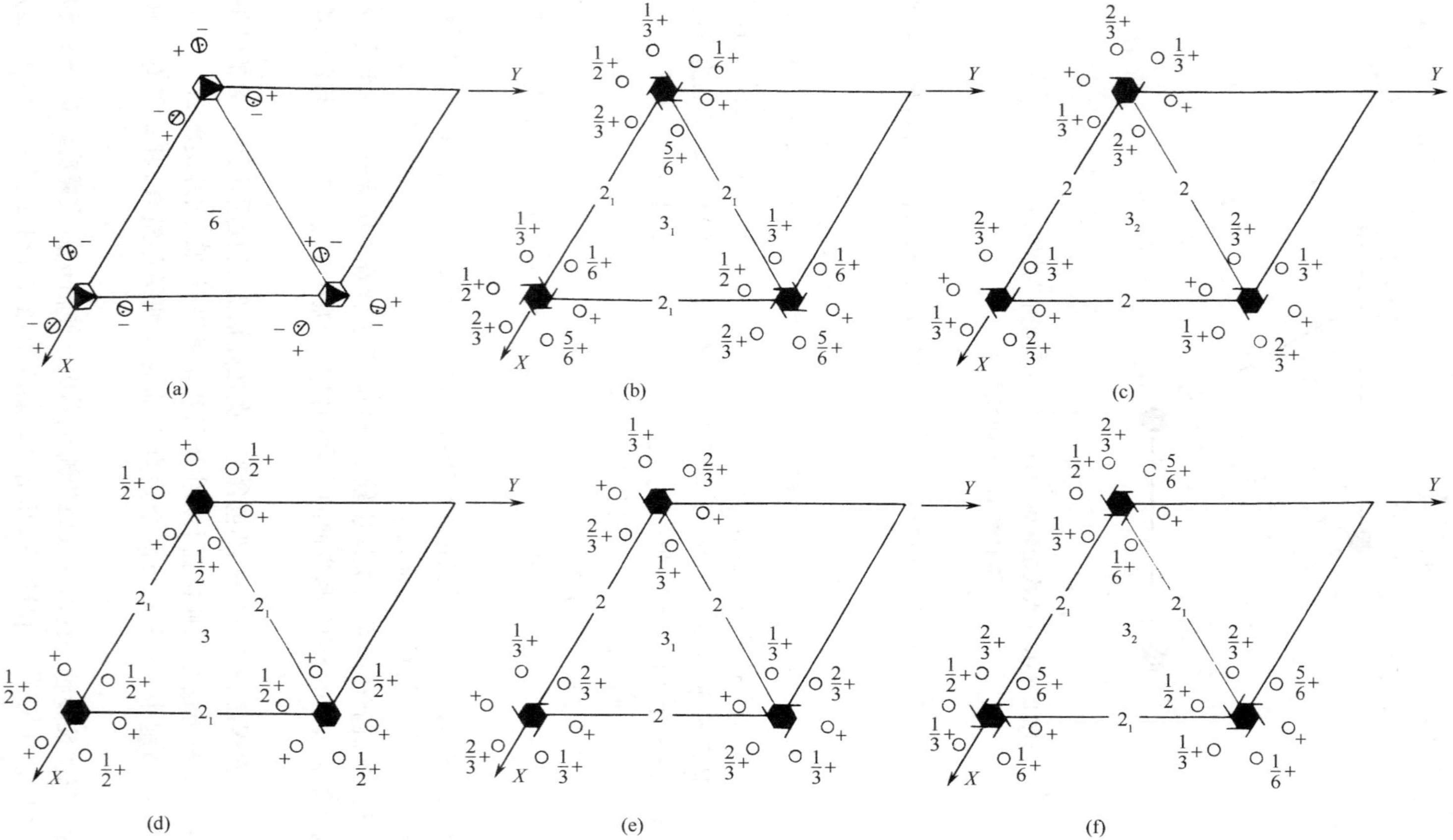

图 2-3-14　在 H 晶胞中同时与周期平移 $\mathbf{t}_a$ 和 $\mathbf{t}_a+\mathbf{t}_b$ 组合的六次反伸轴 $\bar{6}(00z)$ 和六次螺旋轴 $6_1(00z)$，$6_2(00z)$，$6_3(00z)$，$6_4(00z)$，$6_5(00z)$ 分别依次列于图 (a)，(b)，(c)，(d)，(e) 和 (f)

包含着一个与轴垂直的对称面 m 的性质，而此对称面 m 在 H 晶胞中必然具有沿 X,Y 轴平面方向无限延伸的特性。因此，上述六次反伸轴在组合中所派生出来的三次旋转轴 3 就必然演变为六次反伸轴 $\bar{6}$（当然，$\bar{6}$ 包含着三次旋转轴 3 的性质），如图 2-3-14(a)中所示的结果。

2)含有三次螺旋轴 3_1 性质的六次螺旋轴 6_1 和 6_4 与 $\mathbf{t}_a$ 和 $\mathbf{t}_a+\mathbf{t}_b$ 或者 $\mathbf{t}_b$ 和 $\mathbf{t}_a+\mathbf{t}_b$ 同时组合，其结果在(2/3 1/3 z)或(1/3 2/3 z)位置上派生三次螺旋轴 3_1。

3)含有三次螺旋轴 3_2 性质的六次螺旋轴 6_2 和 6_5 与 $\mathbf{t}_a$ 和 $\mathbf{t}_a+\mathbf{t}_b$ 或者 $\mathbf{t}_b$ 和 $\mathbf{t}_a+\mathbf{t}_b$ 同时组合，其结果在(2/3 1/3 z)或(1/3 2/3 z)位置上派生三次螺旋轴 3_2。

第四章 微观空间对称元素的组合

2.4.1 微观空间对称元素组合的一般特性

在本篇第二章中已经对微观空间对称元素的性质作过详细的讨论。本章主要讨论在晶体内部结构中 26 种微观空间对称元素之间相互组合中的一些规律。对它们在组合中的规律进行研究,将有助于我们对微观空间对称性的特点加深理解,并且也有助于掌握 230 个空间对称类型(空间群)的推导规律。通过本章的学习,读者将明白如何从一个空间群中的一些独立的对称元素,通过它们之间的相互组合推导出其他所有的对称元素以及它们的对称等效点系。

微观空间对称元素在晶体内部,就像结构基元在晶体内部一样,是三维周期分布的。它们的分布完全符合周期平移规律。在晶体内部结构的无限空间(实际上,它仍然是个有限的空间)里,微观空间对称元素的分布是无限的。不难理解,任何一个对称面都是沿二维方向无限延伸的平面,任何一个对称轴都是沿一维方向无限延伸的直线。它们所具有的对称操作当然适用于整个晶体内部结构的无限空间。换句话说,在整个晶体内部结构的无限空间中,所有物质点的三维排布,毫无例外地都满足在此空间中任何一对称元素的对称等效操作的要求。

既然单位晶胞是晶体内部结构的一个独立的空间单元,它代表了晶体结构的全部结构特征和对称特征。晶体内部结构只是无限多个单位晶胞在三维方向上的无限堆积,相邻晶胞之间只是一个周期平移的关系。因此,本章的讨论只需要在一个晶胞范围内进行就可以。一个晶胞内各个对称元素相互组合的规律足以概括整个晶体内部无限多个对称元素之间组合的规律。原则上,晶体内无限多个对称元素中任何两个位于不同晶胞的对称元素都可以进行组合,它们组合的结果必然与同一晶胞内两个相应的(周期平移所相应的)对称元素组合的结果相同,其差别就仅仅在于所派生的对称元素在位置上具有相应的周期平移。

在几何晶体学中我们也详细地讨论过对称元素的组合,其中许多组合的规律仍然适用于微观空间对称元素之间的组合。诸如,偶次轴与对称面垂直相交将派生出对称中心;对称面相交将会导出对称轴,等等。为了避免盲目性和无谓的重复,实际上我们下面的讨论也是按照这些基本规律的特点来进行的。但是在下面的讨论中读者将会发现,在晶胞中微观空间对称元素之间组合规律具有自身的特殊性。首先,对称元素在晶胞中是三维排布的,而不是像几何晶体学中所有对称元素都相交于晶体的中心(重心)。其次,由于三维排布的特点,以及许多微观空间对称元素具有平移操作的复合操作特点,所以它们之间组合的结果所派生出的对称元素，无论在晶胞中的坐标位置上或者在性质上（对称元素的种类和是否具有平移操作的性质）都完全决定于初始对称元素的性质（种类和平移操作性质）和相互之间坐标位置。

无论几何晶体学中的对称元素或在晶体内部微观空间中的对称元素，在特定的坐标系中都有标记它们所处位置的坐标。从任意点出发，通过一个对称元素（或一组对称元素——对称类型）的对称操作，必将导出一组具有特定坐标的等效点，称为此对称元素（或对称类型）的一般位置等效点系。很自然，通过一组完整的一般位置等效点系的等效点坐标之间的相互关系，可以推导出此对称元素（或对称类型）在特定坐标系中的坐标位置及其性质（对称元素的种类和平移操作性质）。在特定坐标系中，一个对称元素（或对称类型）与其一般位置等效点系是相互依存、相互表达和相互决定的。这一重要原理在几何晶体学有关宏观对称原理的讨论中已被广泛应用。在微观空间对称原理的讨论中也将广泛运用这一原理。正像前面章节所表述的方式一样，下面的有关讨论也是以图形方式和坐标推导方式表达在单位晶胞中的对称元素，以及它们（对称类型）的一般位置等效点系的坐标位置。

2.4.2 对称轴与对称面垂直相交

在几何晶体学中已讨论过，一个偶次对称轴与对称面垂直相交，必然在交点上派生一个对称中心，其逆过程也是成立的，即对称面与对称中心的存在，证明与对称面垂直的应是一个偶次轴，而偶次轴与对称中心组合将会导出一个与偶次轴垂直的对称面。在微观空间中，参加组合的两个对称元素并不一定相交，组合所派生的对称元素也不一定与初始对称元素相交。派生新的对称元素，其性质及位置均由两个初始对称元素的性质及其相对空间位置所决定。此外，在几何晶体学中已经指出，奇次（三次）轴与对称面垂直相交结果是已知的六次反伸轴 $\bar{6}$。

2.4.2.1 二次轴与对称面垂直相交

在晶体点阵中二次轴必定平行（或重合）于阵点列，而且与阵点面族垂直，因而一般情况下在单位晶胞的坐标系中二次轴是与一个坐标轴平行，并同时垂直于其他两个坐标轴。这里以单斜晶系为例，即 $a \neq b \neq c, \alpha = \gamma = 90°, \beta > 90°$。其他晶系的情况如正交晶系等也可以由此推论。

让初始的二次旋转轴 2(0 y 0)在单斜晶系的晶胞中与 Y 轴重合，而且垂直于坐标轴 X，Z。从任意点 x, y, z 出发，初始二次旋转轴 2(0 y 0)应有等效点 x, y, z; $\bar{x}, y, \bar{z}$。参加组合的初始滑移面 $n(x0z)$与初始二次旋转轴垂直且通过坐标原点。通过 $n(x0z)$的对称操作，原有的两个等效点将导出相应的对称等效点 $1/2 + x, \bar{y}$,

$1/2+z$ 和 $1/2-x,\bar{y},1/2-z$。全部 4 个等效点是经 $2(0y0)$ 和 $n(x0z)$ 充分对称操作后，代表了它们组合的一般位置等效点系。由这一般位置等效点系 4 个等效点之间的对称关系：x,y,z 与 $1/2-x,\bar{y},1/2-z$；$\bar{x},y,\bar{z}$ 与 $1/2+x,\bar{y},1/2+z$ 可以指出等效点之间存在对称中心 $\bar{1}(abc)$（它的一般位置等效点系坐标为 x,y,z；$2a-x,2b-y,2c-z$），不难算出派生的对称中心在 3 个坐标轴上的截距为 $a=1/4,b=0,c=1/4$[见图 2-4-1(a)]。由此可知二次旋转轴 $2(0y0)$ 与滑移面 $n(x0z)$ 垂直相交，派生出来的对称中心（在图中以国际符号 $\bar{1}$ 表示）沿着滑移面所具有的平移操作的方向 $\mathbf{t}_a/4+\mathbf{t}_c/4$ 离开初始对称元素的相交点。

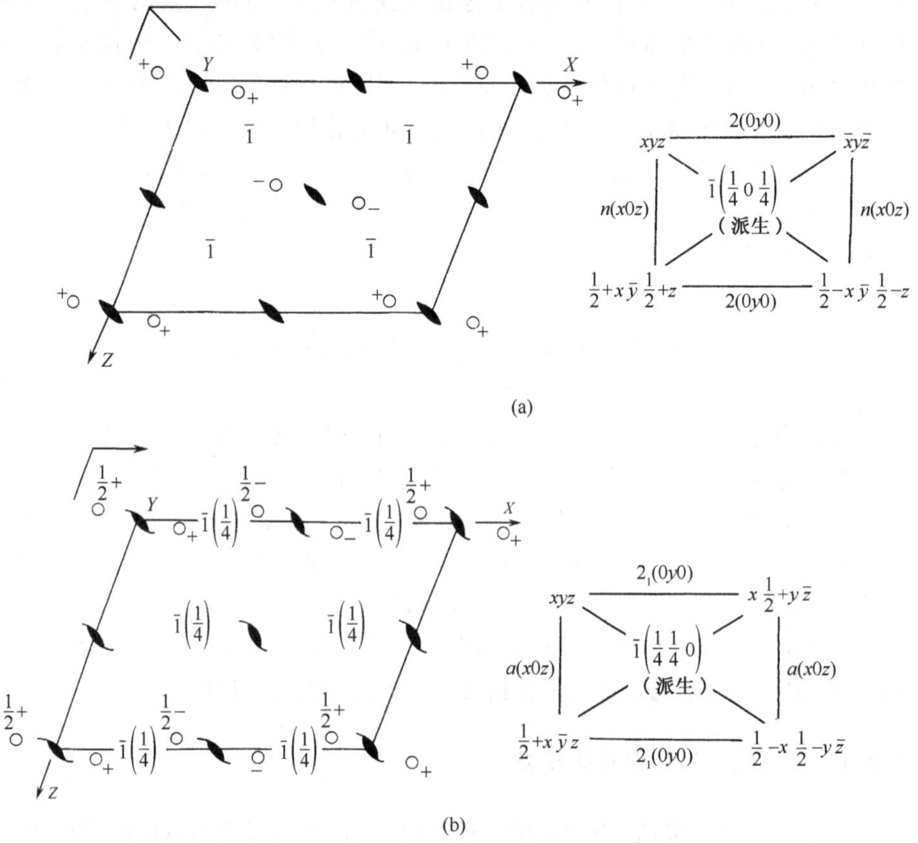

图 2-4-1　二次轴与对称面垂直相交组合

(a) $2(0\ y\ 0)$ 与 $n(x\ 0\ z)$；(b) $2_1(0\ y\ 0)$ 与 $a(x\ 0\ z)$

图 2-4-1(b) 给出了二次螺旋轴 $2_1(0y0)$ 与滑移面 $a(x0z)$ 垂直相交组合的结果。图中以图形符号标出初始对称元素及一般位置等效点系在晶胞中的分布，派生的对称中心以国际符号 $\bar{1}$ 表示，以便区别。为了帮助读者掌握组合的规律，图

2-4-1(b)给出了一般位置等效点系坐标与对称元素性质及其坐标位置的相互关系。

从上述例子的推导和图 2-4-1(a)及(b)可以推知,二次轴与对称面垂直相交组合,所派生的对称中心的坐标位置与它们相交点之间的移动有如下规律:新派生的对称中心离开二次轴与对称面相交点的平移,是由初始对称元素所具有的平移操作性质所决定的。对称中心从相交点平移的方向与初始对称元素所具有的平移操作方向相一致,其平移量为平移操作的平移量的一半。如图 2-4-1(a)所示,二次旋转轴 2(0 y0)与滑移面 n(x0 z)相交于坐标原点(000)。由于滑移面 n(x0 z)具有平移操作的复合对称操作,其平移操作量为 $\mathbf{t}_a/2+\mathbf{t}_c/2$,因而派生的对称中心将以$(\mathbf{t}_a/2+\mathbf{t}_c/2)/2$ 的平移矢量从相交点坐标(000)平移至(1/4 0 1/4),即上述推导出的对称中心为 $\bar{1}$(1/4 0 1/4)。又如图 2-4-1(b)所示,二次螺旋轴 2_1(0 y0)与滑移面 a(x0 z)相交于(000)位置。由于二次螺旋轴 2_1(0 y0)具有沿轴平移操作量为$\mathbf{t}_b/2$的复合对称操作,而滑移对称面 a(x0 z)又具有平移操作量为 $\mathbf{t}_a/2$ 的复合对称操作,因而派生的对称中心将以$(\mathbf{t}_a/2+\mathbf{t}_b/2)/2$ 的平移矢量离开相交点(000),平移到(1/4 1/4 0)的位置。

这里提醒读者,新派生的对称元素(这里所讨论的对称中心以及往后可能遇到的各种派生的对称元素)在晶胞中都遵循以前章节中所论述的周期排布规律和它们与周期平移组合的规律,以后不再赘述。

上述关于派生对称中心的位置从相交点平移的规律,不仅对于二次对称轴与对称面垂直相交的情况,而且对于下面各种偶次的(具二次轴性质的)高次对称轴情况都是适用的。实际上这一规律在微观空间对称原理中具有普遍性。从原理上说,在晶胞中(仍然在晶体内部结构中)任意两个对称元素组合,所派生的对称元素的性质(种类及平移操作性质)及其坐标位置都毫无例外地决定于初始对称元素的性质和它们在晶胞中相互之间的空间位置。此外,对称元素与周期平移的组合(第三章),以及对称元素与非初基平移的组合(第六章)都遵循着与此类似的规律。

2.4.2.2 四次轴与对称面垂直相交

四次轴只存在于四方晶系或立方晶系。这里以四方晶系为例,四次轴在晶胞中($a=b\neq c$, $\alpha=\beta=\gamma=90°$)平行于坐标系的 c 轴并与周期平移 $\mathbf{t}_a$ 及 $\mathbf{t}_b$ 垂直,这里周期$|\mathbf{t}_a|$与周期$|\mathbf{t}_b|$相等。参加组合的对称面自然与周期平移 $\mathbf{t}_a$ 及 $\mathbf{t}_b$ 相平行。

在微观空间对称中,四次轴可以有四次旋转轴 4,四次反伸轴 $\bar{4}$ 和四次螺旋轴 4_1,4_2,4_3 共 5 种。而对称面可以是普通对称面 m 和滑移对称面 a, b, c, n(这里,d 滑移面必定是两对垂直相交地出现,在此不可能单一地出现)。

首先,垂直于 c 轴不可能出现 c 滑移面。此外,由于滑移面 a 和 b 都具有单向平移操作的性质,无论单个或两者同时垂直于 4 或 $\bar{4}$ 或 4_2 都将直接破坏这些四次对称轴所固有的对称特征。因而它们之间的组合是不可能存在的。下面将对可能的组合分别给予一些讨论。

1.四次旋转轴 $4(00z)$与普通对称面 $m(xy0)$垂直相交　　如图 2-4-2 所示，初始对称元素都不具有任何平移操作的性质，所以它们组合派生的对称中心 $\bar{1}(000)$就落在其相交点上，并不发生平移。

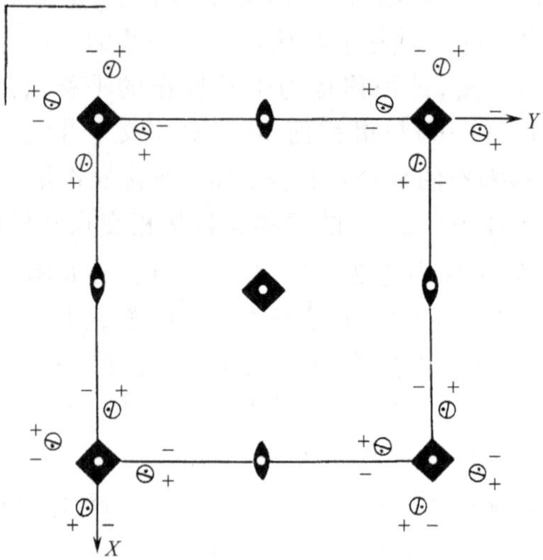

图 2-4-2　$4(00z)$与 $m(xy0)$垂直相交组合

2.四次螺旋轴 $4_2(00z)$与普通对称面 $m(xy0)$垂直相交　　由于四次螺旋轴 4_2 包含着二次旋转轴 2 的性质，它绕轴旋转 180°并没有沿轴平移操作量（平移一周期 $\mathbf{t}_c$ 等于没有平移），所以两个初始对称元素都不具有使派生的对称中心从相交点(000)平移的矢量。如图 2-4-3 所示，派生的对称中心 $\bar{1}(000)$就落在初始对称元素的相交点上。

3.四次旋转轴 $4(00z)$与滑移面 $n(xy0)$垂直相交　　滑移面 $n(xy0)$具有平移操作性质的复合操作，其平移操作为 $\mathbf{t}_a/2+\mathbf{t}_b/2$。如图 2-4-4 所示，派生的对称中心 $\bar{1}(1/4\ 1/4\ 0)$以平移矢量$(\mathbf{t}_a/2+\mathbf{t}_b/2)/2$ 从初始对称元素相交点(000)平移至$(1/4\ 1/4\ 0)$位置。此外，四次旋转轴 $4(00z)$与单独一周期平移 $\mathbf{t}_a$ 或 $\mathbf{t}_b$ 组合，在半周期位置上所派生的二次旋转轴在此晶胞中演变成四次反伸轴 $\bar{4}(1/2\ 0\ z)$或 $\bar{4}(0\ 1/2\ z)$，其结果示于图 2-4-4。不言而喻，如果将四次反伸轴 $\bar{4}$ 与滑移面 n 作为初始的对称元素垂直相交，而且相交点正好落在 $\bar{4}$ 轴的反伸操作的假想点上，那么组合的结果必然与图 2-4-4 一样，只是坐标系原点作相应的平移。

4. 四次螺旋轴 $4_2(00z)$与滑移面 $n(xy0)$垂直相交　　如上述所指出的，滑移面 $n(xy0)$具有平移操作 $\mathbf{t}_a/2+\mathbf{t}_b/2$ 的性质，而四次螺旋轴 $4_2(00z)$对于绕轴旋转 180°没有实质性的平移操作。派生的对称中心 $\bar{1}(1/4\ 1/4\ 0)$以平移矢量$(\mathbf{t}_a/2+\mathbf{t}_b/2)/2$

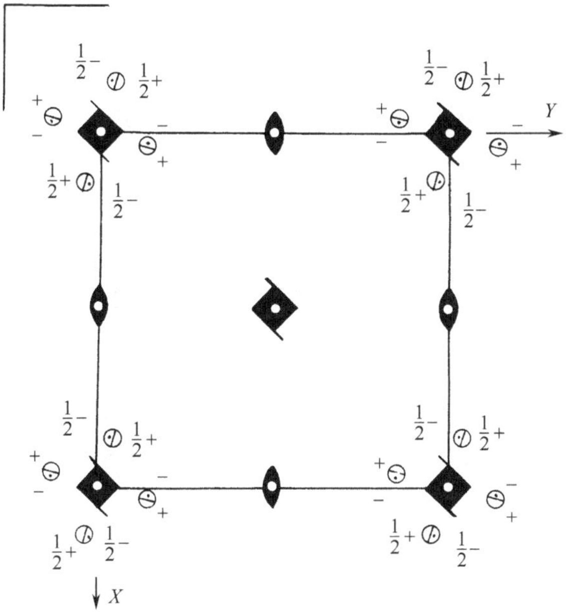

图 2-4-3　$4_2(00z)$与 $m(xy0)$垂直相交组合

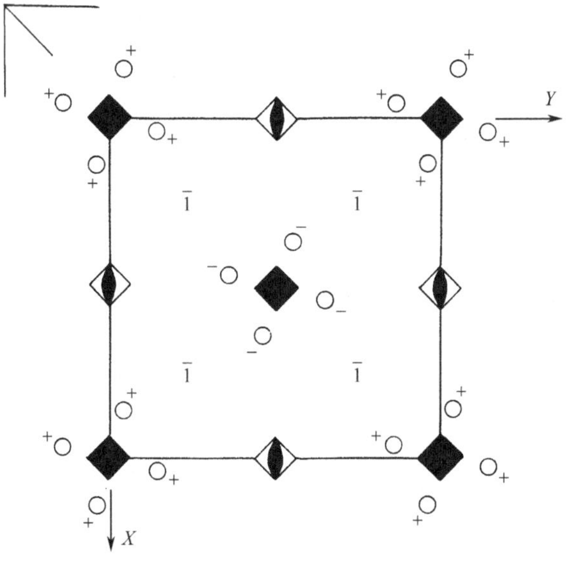

图 2-4-4　$4(00z)$与 $n(xy0)$垂直相交组合

从初始对称元素相交点(000)平移到(1/4 1/4 0)位置上(图 2-4-5)。

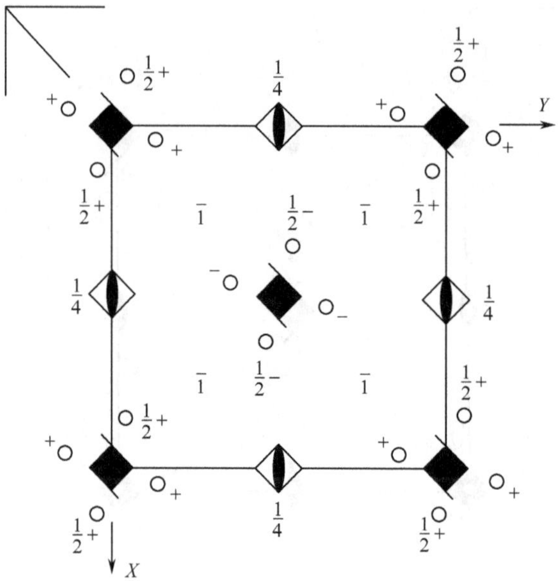

图 2-4-5 $4_2(00z)$与 $n(xy0)$垂直相交组合

同理,如果将四次螺旋轴 $4_2(00z)$与单独一个周期平移 $\mathbf{t}_a$ 或 $\mathbf{t}_b$ 组合,在半周期位置上所派生的二次旋转轴在此组合中演变成四次反伸轴 $\bar{4}(1/2\ 0\ z)$ 或$\bar{4}(0\ 1/2\ z)$。

很显然,如果将四次反伸轴 $\bar{4}$ 与滑移面 n 作为初始对称元素垂直相交,相交点落在四次反伸轴上距离反伸操作假想点为 $\mathbf{t}_c/4$(沿对称轴方向 1/4 周期)的位置,它们的组合结果亦必然派生出如图 2-4-5 一样的四次螺旋轴 4_2。值得读者注意的是如果将四次反伸轴 $\bar{4}$ 和滑移面 n 作为初始对称元素垂直相交,由于滑移面 $n(xy0)$相交于对称轴的位置不同,组合所得结果完全不同。如果相交点落在四次反伸轴的假想反伸点上,其组合结果将派生出如图 2-4-4 的四次旋转轴 4。如果相交点落在距离假想反伸点 1/4 周期位置上,将派生出如图 2-4-5 所示的四次螺旋轴(如果将图 2-4-5 的坐标原点平移 $\mathbf{t}_c/4$ 所显示的对称图形将更为直观一些)。

5.*四次螺旋轴 4_1(或 4_3)与滑移面 a 或 b 垂直相交* 由于四次螺旋轴 4_1 或 4_3 都具有以 1/4 周期绕轴螺旋方向性,所以,若与普通对称面 m 或具有双轴向平移操作性质的滑移面 n 垂直相交都会破坏沿轴螺旋 1/4 或 3/4 周期的对称等效关系。同样,它们也不能与单独一个具有单轴向平移操作性质的滑移面 a 或 b 垂直相交组合,因为单独一个具有单轴向平移操作性质的 a 或 b 滑移面将会破坏四次轴自身固有的特性(绕轴旋转四次对称)。但是,正因为滑移面 a 及 b 都具有单轴向平移操作性质,而且它们之间平移方向差 90°,即垂直正交。所以,只要滑移面 a

及 b 同时出现,而且平行相隔 1/4 周期,这样一组相隔 $\mathbf{t}_c/4$ 的滑移面 $a(xy0)$ 和 $b(xy\ 1/4)$ 是可以成功地与四次螺旋轴 $4_1(00z)$ 和 $4_3(00z)$ 垂直相交组合的,如图 2-4-6 所示。从组合的结果可以断定,在这一组合中,四次螺旋轴 4_1 和 4_3 是互为派生共存在的,即以 4_1 为初始轴,则派生出 4_3 轴;反之以 4_3 为初始轴,则派生出 4_1 轴,它们之间沿晶胞基本周期平移 $\mathbf{t}_a$ 和 $\mathbf{t}_b$ 方向相隔半周期。

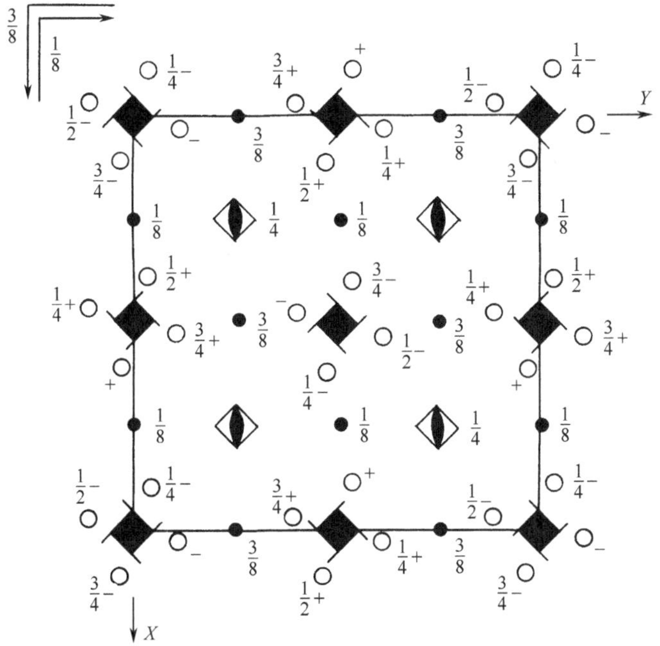

图 2-4-6　四次螺旋轴 4_1 和 4_3 与滑移面 a 和 b 同时组合

从对称等效点的排布可以看出,图 2-4-6 所示的组合,其结果是一个具有 $(\mathbf{t}_a+\mathbf{t}_b+\mathbf{t}_c)/2$ 非初基平移矢量的复格子晶胞,是一个体心格子的晶胞。正因如此,在此晶胞中对称元素的派生共存现象十分复杂:假想反伸点位置不同的两种四次反伸轴 $\bar{4}$ 和两种四次螺旋轴 4_1 和 4_3 相互平行地派生共存;滑移面 a 和 b 相隔 1/4 周期派生共存;不同位置的对称中心 $\bar{1}$ 派生共存。有关由于非初基平移致使对称元素派生共存的问题将在第五章中详细讨论。

2.4.2.3　六次轴与对称面垂直相交

六次轴只出现于六方晶系。六方晶系的晶胞(即通常 H 取向的单位晶胞)特征为 $a=b\neq c, \alpha=\beta=90°, \gamma=120°$。特征对称元素的六次轴在 H 晶胞中与坐标轴 Z 重合,且与坐标轴 X, Y 垂直。参加组合的对称面与 X、Y 轴平行。

六次轴中六次螺旋轴 6_1,6_2,6_4 和 6_5 具有沿轴方向平移 1/6 或 1/3,或 2/3,或

5/6 周期的螺旋操作性质，而任何对称面与它们垂直相交都将直接破坏它们这种特定平移操作性质所引起的对称等效关系，因而在与对称面垂直相交的组合中不可能出现六次螺旋轴 6_1，6_2，6_4 及 6_5。

在 H 取向的晶胞中，基本周期平移 $\mathbf{t}_a$ 与 $\mathbf{t}_b$ 相交 120°，它们与对角线周期平移相交 60°。由于具有平移操作性质的各种滑移面 a，b 和 n 及 d 只具有一个方向的平移矢量，无论如何组合都无法满足绕轴旋转的六次对称，因而它们不可能出现在与六次轴垂直相交的组合。

可能组合的就只有下面两种情况：

1. *六次旋转轴 6(00z)与普通对称面 m(xy0)垂直相交*　　如图 2-4-7 所示，它们组合的结果十分简单。由于初始对称元素并无任何平移操作的性质，所派生的对称中心 $\bar{1}$(000)就落在相交点上。在晶胞中六次旋转轴 6(00z)与两个周期平移 $\mathbf{t}_a$ 与 $\mathbf{t}_a+\mathbf{t}_b$ 或者 $\mathbf{t}_b$ 与 $\mathbf{t}_a+\mathbf{t}_b$ 同时组合，在(2/3 1/3 z)或者在(1/3 2/3 z)位置上应派生出三次旋转轴 3。但是它们与晶胞中的对称面 $m(xy0)$复合后，演变成六次反伸轴 $\bar{6}$(见图 2-4-7)。

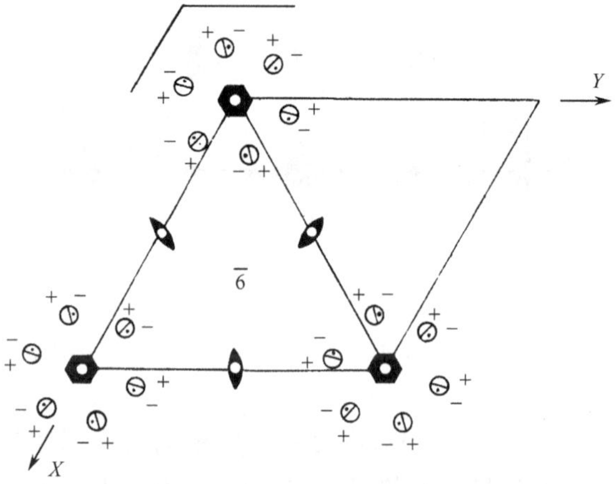

图 2-4-7　六次旋转轴 6 与对称面 m 垂直相交组合

2. *六次螺旋轴 6_3(00z)与普通对称面 m(xy0)垂直相交*　　由于六次螺旋轴 6_3 具有二次螺旋轴 2_1 的性质，派生的对称中心 $\bar{1}$ 与初始对称元素相交点的位置存在着沿轴方向 1/4 周期(即 $\mathbf{t}_c/4$)的平移。为了使对称中心落在坐标系原点(000)上，在图 2-4-8 中让对称面的位置由(xy0)沿轴平移 1/4 周期，即 $m(xy1/4)$。此外，晶胞中位于(2/3 1/3z)及(1/3 2/3z)的派生三次旋转轴与晶胞中的对称面 m 复合而演变成六次反伸轴 $\bar{6}$，如图 2-4-8 所示。

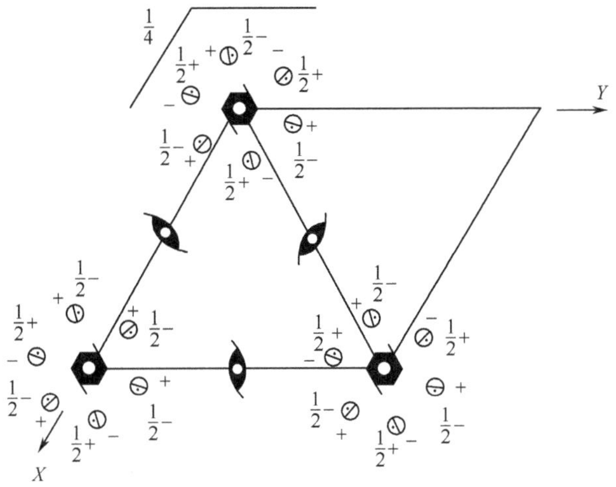

图 2-4-8　六次螺旋轴 6_3 与对称面 m 垂直相交组合

2.4.3　对称面与对称面相交

几何晶体学已经指出，2 对称面以 ω 角相交，沿相交轴线将出现基转角为 $\alpha=2\omega$ 的对称轴，其轴次为 $n=360°/\alpha$，并且组合的最终结果是 n 个对称面以 ω 夹角相交于轴线。其逆过程也成立，一个对称面与一个 n 次轴平行相交，其结果必然派生出全部 n 个对称面，并以 $\omega=360°/2n$ 夹角相交。

在微观空间中，除普通对称面 m 外，滑移对称面都具有平移操作性质的复合操作，因而它们相交组合之后，其平移操作的性质就决定了所派生的 n 次轴的性质（沿轴平移操作的性质）及其水平位置。具体说，那些（全部）参加组合的初始对称面沿轴方向（即相交直线）的平移操作性质决定了派生轴的性质，而它们垂直于轴方向的平移操作性质就决定了派生轴离开相交线的平移方向和平移量。

滑移面 d 是一种十分特殊的滑移面，在 2.6.3 节中将单独对它作一些必要的讨论。在对称元素的组合中，特别是在初基格子的晶胞中，滑移面 d 并没有代表性，所以在讨论组合的规律性时，通常不将它作为讨论的对象。

除滑移面 d 外，其余所有滑移面的复合操作，其平移操作的平移量均为 1/2 周期。很显然，它们相交组合的结果，沿轴方向（即相交直线）的综合平移将是 1/2 周期的整数倍。换句话说，沿轴方向的平移要不是 1/2 周期，要不就是根本没有实质性意义的整数周期的平移量（整数周期对于晶胞内的对称元素组合是没有实际意义的）。已经知道，具有沿轴平移量为 1/2 周期平移操作性质的螺旋轴只能是 2_1，4_2 及 6_3。所以对称面与对称面相交的组合只能满足派生旋转轴 2，3，4，6 和螺旋

轴 2_1, 4_2, 6_3 的条件。

由 n 个对称面以 ω 角相交（相交于轴线）组合，所派生的对称轴必为 n 次对称轴，从原理上已十分清楚，在几何晶体学中已作详细讨论。而 n 个参加组合的对称面在沿轴方向平移操作的平移量是如何决定派生 n 次轴的性质呢？这里作一些一般性讨论。例如，在四方晶系晶胞中 4 个滑移面 c[分别标记为(1),(2),(3),(4)]分别以 $\omega=45°$ 相交于晶胞中坐标轴 Z，如图 2-4-9 所示。滑移面 c 具有沿 Z 轴平移 $\mathbf{t}_c/2$ 的复合操作。从任意点 x, y, z 出发，经(2)滑移面 c 到等效点 $y, x, 1/2+z$，然后经(3)滑移面的对称操作到等效点 $\bar{y}, x, z$，如此继续直到重复，全部如图所示共 8 个等效点。

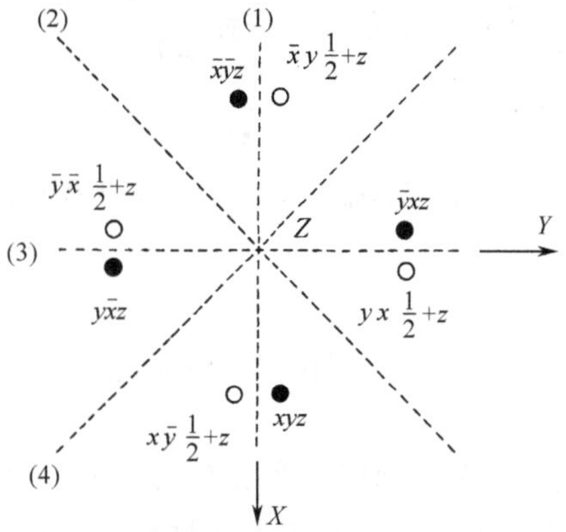

图 2-4-9　两个 c 滑移面以 45°相交组合所导出的全部共 4 个 c 滑移面及其组合的一般位置等效点系

8 个等效点可分为 2 组，包含初始点 x, y, z 在内的一组在图 2-4-9 中以小黑点表示，另一组 4 个等效点以小圆圈表示。每组 4 个等效点之间均满足与坐标轴 Z 重合的四次旋转轴 4(00z)的对称等效关系。两组等效点之间在 Z 轴方向上相差 $\mathbf{t}_c/2$ 周期，这正是滑移面 c 的平移操作的平移量。从图中可以直观地看到，第一组等效点（以黑点表示）中初始点 x, y, z 是经过(2)及(3)两个相邻的滑移面 c 的对称操作后才到达等效点 $\bar{y}, x, z$。其中，通过第一个(2)滑移面 c 的对称操作后，等效点 $y, x, 1/2+z$ 与初始点沿 c 轴相差 $\mathbf{t}_c/2$，它并不是初始点 x, y, z 的四次轴等效点，而只有再经第二个(3)滑移面 c 的对称操作后到达等效点 $\bar{y}, x, z$，它才是初始点 x, y, z 按四次轴对称操作的等效点，而此时等效点 $\bar{y}, x, z$ 与等效点 $y, x, 1/2+z$ 又沿 c 轴相差 $\mathbf{t}_c/2$。如此回到与初始点 x, y, z 相同的高度。由此可见，上述两组四次轴等效点中，每组等效点内按四次轴对称操作，依次序相近的两个等效点之间，例如 x, y, z 与 $\bar{y}, x, z$ 之间是经过两个相邻对称面的对称操作后才达到四次轴等效相关的。可以理解，四次轴的基转角为 $\alpha=2\omega$，故只有通过两个夹角为 ω 的对称面方能满足 2ω 的绕轴旋转的条件。通过上述分析，不难推断，由 n 个对称面相交所派生的 n 次轴性质（沿轴方向的平移操作性质）是由它们中（任意）两个相邻对称面沿轴方向的综合平移所决定的。这一原理对于下面 2.4.4 节中 n 个二次轴的不同组合，导出具有不同性质的 n 次轴，在原理上是十分类似的。

2.4.3.1　两个对称面以 90°相交

两个对称面以 $\omega=90°$（垂直）相交，将派生出基转角为 $\alpha=180°$ 的二次轴，二次轴的性质由两个对称面沿相交线方向的综合平移量所决定，而两个对称面垂直于相交线方向的综合平移量决定二次轴离开相交线的平移。图 2-4-10 列出了几种典型组合，图中除给出对称元素及等效点在晶胞中的分布外，还列出等效点系坐标与对称元素的相互关系。

图(a)是在晶胞中两个普通对称面 $m(0yz)$ 与 $m(x0z)$ 垂直相交。由于两个对称面都没有任何平移操作性质，因此组合结果十分简单，派生二次旋转轴 $2(00z)$，并与对称面相交线 $(00z)$ 重合。

图(b)是晶胞中滑移面 $n(0yz)$ 和 $c(x0z)$ 垂直相交。两个初始滑移面都具有沿轴方向平移操作性质，其平移量都分别为 $\mathbf{t}_c/2$，所以两个滑移面沿轴方向的综合平移是 $\mathbf{t}_c/2+\mathbf{t}_c/2=\mathbf{t}_c$。这是周期平移，对派生轴的性质无实际意义，这就决定派生轴为二次旋转轴。由于滑移面 $n(0yz)$ 沿 Y 轴还有平移操作的分量 $\mathbf{t}_b/2$，所以派生的二次旋转轴以 $(\mathbf{t}_b/2)/2$ 从对称面交线 $(00z)$ 平移到 $(0\ 1/4\ z)$ 位置。为此，滑移面 $n(0yz)$ 和 $c(x0z)$ 垂直相交结果派生二次旋转轴 $2(0\ 1/4\ z)$。

图(c)是晶胞中两个滑移面 $b(0yz)$ 和 $n(x0z)$ 垂直相交于 $(00z)$。两个滑移面中滑移面 $n(x0z)$ 包含着平移操作 $\mathbf{t}_a/2+\mathbf{t}_c/2$，其中具有沿轴方向平移分量 $\mathbf{t}_c/2$，决定派生轴为二次螺旋轴。滑移面 $b(0yz)$ 具有垂直于轴方向的 $\mathbf{t}_b/2$ 平移操作性质，而滑移面 $n(x0z)$ 也有 $\mathbf{t}_a/2$ 的平移操作分量，因而所派生的二次螺旋轴将以 $(\mathbf{t}_a/2+\mathbf{t}_b/2)/2$ 从两个滑移面相交线 $(00z)$ 平移至 $(1/4\ 1/4\ z)$ 位置。

图(d)是表达了两个滑移面 $b(0yz)$ 和 $a(x0z)$ 垂直相交的结果。由于两个滑移面都没有沿轴方向的平移量，派生轴自然是二次旋转轴。滑移面 $b(0yz)$ 具有 $\mathbf{t}_b/2$ 的平移操作性质，而滑移面 $a(x0z)$ 则有 $\mathbf{t}_a/2$，这样，派生的二次旋转轴将以 $(\mathbf{t}_a/2+\mathbf{t}_b/2)/2$ 离开相交线 $(00z)$ 平移至 $(1/4\ 1/4\ z)$ 位置。

2.4.3.2　三个对称面以 60°相交

在第一篇几何晶体学基本原理第八章中对于在 H 取向中一些主要晶棱指数和晶面指数已作了详细的介绍，特别是对点群国际符号中的取向已给予详细的论述，在此不再赘述。

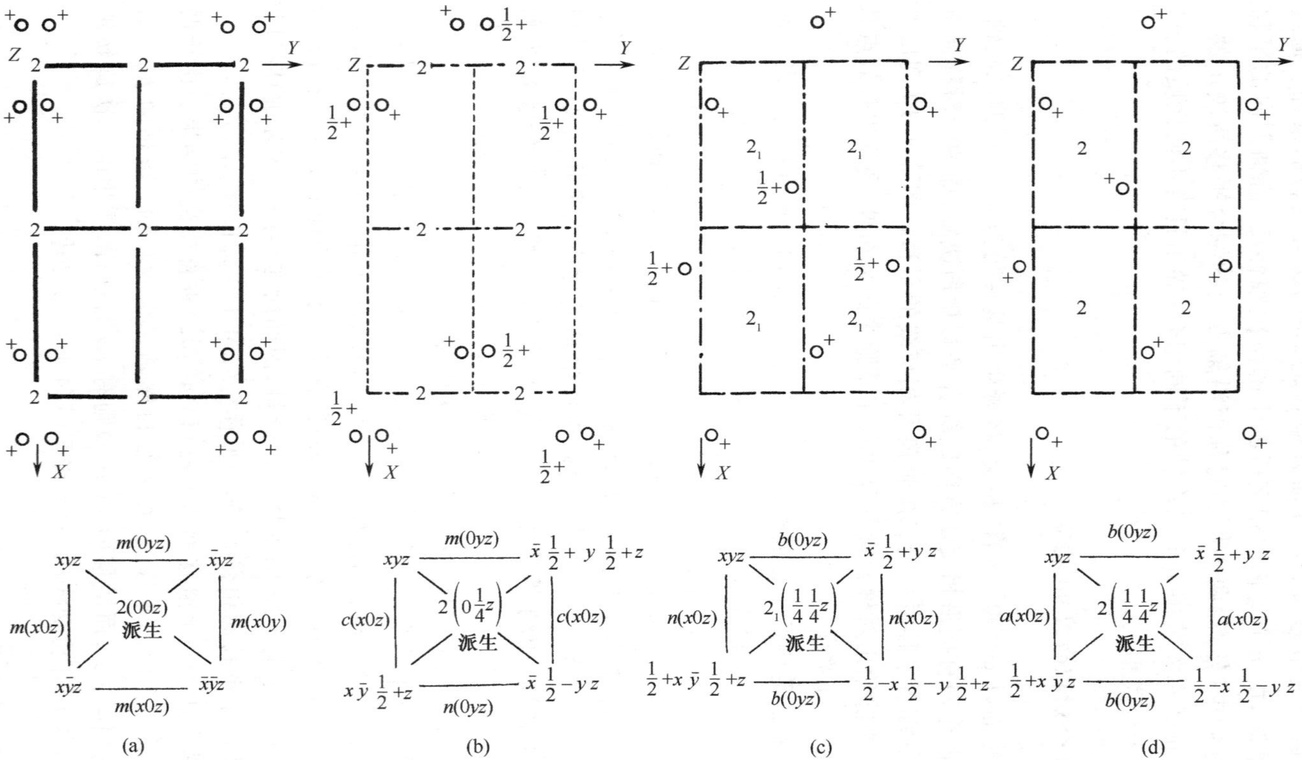

图 2-4-10　两个对称面以 90° 相交

(a) *mm* 组合；(b) *nc* 组合；(c) *bn* 组合；(d) *ba* 组合

在 H 取向的晶胞中以 60°相交的 3 个对称面可以有两种取向：一种是[100]取向，即 3 个对称面分别垂直于晶棱[100]，[110]和[010]；另一种取向是[120]取向，即 3 个对称面分别垂直于晶棱[120]，[210]和[$\bar{1}$10]方向。在几何晶体学的宏观对称中，例如点群 $3m1$ 与 $31m$ 是完全相同的一个点群 $3m$。而在微观空间对称中 $P3m1$ 和 $P31m$ 却是完全不相同的两个空间对称群，其差别就在于在 H 取向的晶胞中，两个对称群的对称面具有上述两种不同的取向。类似的情况除三方晶系外还有诸如点群 $\bar{4}m2$ 与 $\bar{4}2m$ 等等。总之，在微观空间对称原理中，对称元素在晶胞中的取向是极其重要的。在以后的讨论中将会涉及许许多多有关取向的问题。

在 H 取向的晶胞中，无论是[100]取向或[120]取向，以 60°相交于三次旋转轴 3 的 3 个对称面必须属于同种性质的对称面，只有这样才能满足三次旋转轴 3 的对称等效关系。具体说，如果垂直于晶棱[120]方向是滑移面 c，那么垂直于[210]及[$\bar{1}$10]亦自然是滑移面 c。或者，如[100]取向上是普通对称面 m，则垂直于[100]，[110]，[010]的 3 个对称面必然都是普通对称面 m。这一组合规律是很易理解的，1 个对称面 m 与 1 个三次旋转轴 3(或包含三次旋转轴性质的六次螺旋轴 6_3)平行相交必导出 3 个同样性质的对称面 m 以 60°相交于三次旋转轴 3。当然，除此之外还有另一种情况，3 个不同性质的(沿轴平移性质相同、而垂直于轴的平移性质却不一样)对称面相交，所派生的三次旋转轴将出现位移。

此外，在以后第六章有关非初基格子的讨论中，读者将会了解到简单格子(P)的 H 取向晶胞是包含着面心(C)格子的性质。正因如此，在 H 取向晶胞中无论[100]取向或[120]取向的对称面都存在着两种对称面派生共存现象，即两种对称面互为派生的关系。具体说，对称面 m 与 $a(b)$平行相隔 1/4 周期派生共存；n 与 c 平行相隔 1/4 周期派生共存。这样就不难理解图 2-4-11 及图 2-4-16 所示的对称元素在晶胞中的复杂排布了。

图 2-4-11 给出了 3 个对称面以 60°相交的可能组合，其中图(a)，[120]取向的 3 个普通对称面 m 相交；图(b)，[100]取向的 3 个普通对称面 m 相交；图(c)，[120]取向的 3 个滑移面 c 相交；图(d)，[100]取向的 3 个滑移面 c 相交。图中组合派生的三次旋转轴以国际符号 3 表示。

图 2-4-11 所示的派生三次旋转轴 3 都是由 3 个性质完全相同的对称面(m 或 c)以 60°相交组合的结果，在这种组合中派生的三次旋转轴 3 是与对称面相交直线重合的。另一种情况，即 3 个不同性质(沿轴方向平移性质必须一样，仅垂直于轴方向的平移性质不同)的对称面以 60°相交于直线，其结果派生的三次旋转轴将从相交直线发生平移，平移的方向及平移量是由初始对称面的性质决定的。下面对图 2-4-11(a)及(c)的图形作一讨论。在图 2-4-11(a)中除了 3 个普通对称面 m 相交于 Z 轴上，即$(00z)$上之外，在$(1/2\ 0\ z)$，$(0\ 1/2\ z)$和$(1/2\ 1/2\ z)$等位置上都存在着 1 个普通对称面 m 和两个滑移面 $a(b)$相交在一起的情况。同样，在图 2-4-11(c)中除了 3 个

滑移面 c 相交于$(00z)$,并在此相交线上派生三次旋转轴 $3(00z)$之外,在$(1/2\ 0\ z)$,$(0\ 1/2\ z)$和$(1/2\ 1/2\ z)$位置上还存在着 3 个性质并不相同的滑移面 n 及 c 相交一起的现象。下面分别将这两种组合重新列于图 2-4-12,并进行讨论。

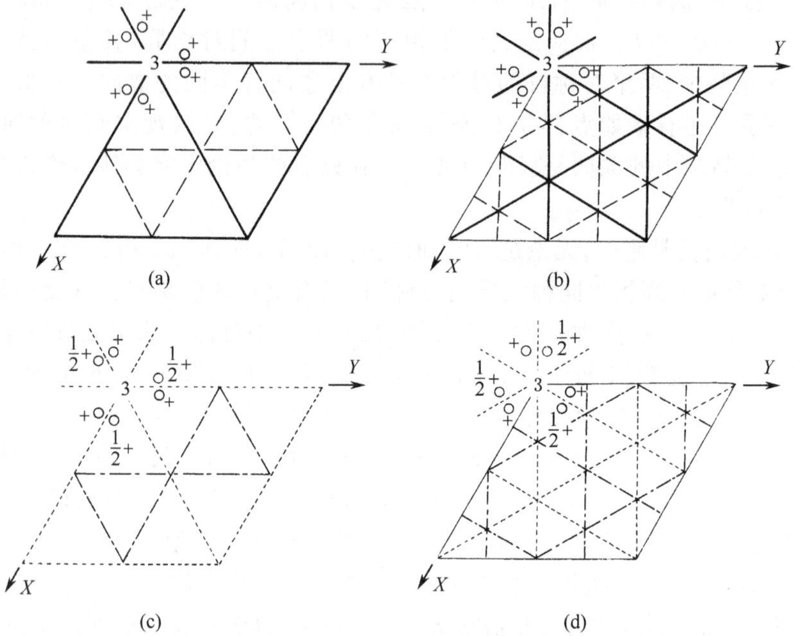

图 2-4-11　3 个对称面以 60°相交组合

(a)31m 组合;(b)3m1 组合;(c)31c 组合;(d)3c1 组合

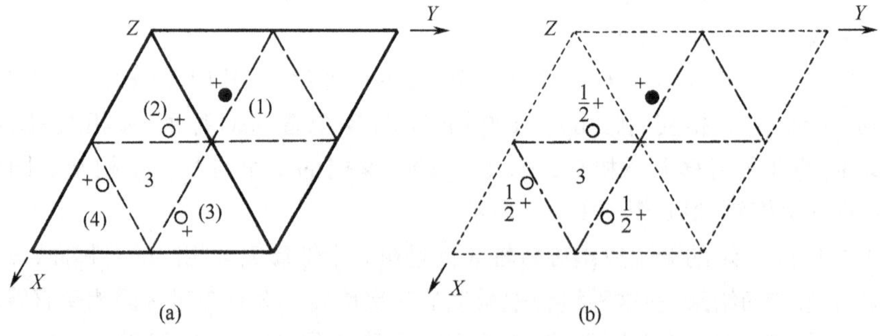

图 2-4-12　不同性质的对称面以 60°相交组合的两种例举

在 H 取向晶胞中滑移对称面 a 和 b 与普通对称面 m 共同以 60°相交于$(1/2\ 1/2\ z)$位置,如图 2-4-12(a)所示,以任意位置初始点 1(以小黑点表示)经普通对称面 m 的对称操作,其等效点在位置 2;初始点 1 经滑移面 $a(x\ 1/2\ z)$对称操作后，其等效点位于 3；初始点 1 经滑移面 $b(1/2\ y\ z)$对称操作，其等效点在位置 4。从图(a)中可见相交于$(1/2\ 1/2\ z)$直线上的 3 个对称面分别对初始点 1 给以对称操作后，所得的对称等效点分别处于位置 2，3，4。这 3 个等效点之间的相互位置表示派生的三次旋转轴 $3(2/3\ 1/3\ z)$是位于$(2/3\ 1/3\ z)$。由此可知，由于相交对称面所具有的垂直于轴方向的综合平移量，使派生的三次旋转轴 3 由相交线$(1/2\ 1/2\ z)$平移至$(2/3\ 1/3\ z)$位置。图 2-4-12(b)所示的相交组合与图 2-4-12(a)所讨论的情况十分相似，读者可以毫无困难地通过等效点的推导，推断出派生三次旋转轴从 3 个滑移面(2 个 n 与 1 个 c 滑移面)相交线位置$(1/2\ 1/2\ z)$平移至$(2/3\ 1/3\ z)$。当然，这里 H 取向晶胞中的三次旋转轴 $3(2/3\ 1/3\ z)$也可以通过图 2-4-11(a)，(b)中的三次旋转轴 $3(00z)$与周期平移 $\mathbf{t}_a$ 和 $\mathbf{t}_a+\mathbf{t}_b$ 同时组合推导出来，其结果与这里对称面组合的结果自然应该一致。

2.4.3.3 四个对称面以 45°相交

在几何晶体学宏观对称原理的有关讨论中已经证明：两个对称面以 45°相交必然导出全部 4 个对称面以 45°相交于一直线，而 4 个对称面以 45°相交于一直线也必然导出四次轴与相交直线重合。同理四次轴与 1 个对称面平行相交必然导出上述同样结果。

在四方晶系晶胞 $a=b\neq c, \alpha=\beta=\gamma=90°$中，平行于坐标轴 Z 的 4 个对称面也有两种互不等效的取向(请参阅第一篇第八章)。一种是[100]取向，两个完全等效的(晶系特征对称性所决定的等效关系)对称面分别垂直于晶棱[100]和[010]方向；另一种是[110]取向，两个等效的对称面分别垂直于晶棱[110]和$[\bar{1}10]$。两种取向的对称面相互交错，以 45°相交于与坐标轴 Z 平行(或重合)的直线。顺便指出，在四方晶胞中由于[110]取向具有复格子的性质(请参阅本篇第六章有关讨论)，所以在此取向上存在着对称元素派生共存现象。

4 个对称面在四方晶系晶胞中以 45°相交组合可以分为两种类型：

1. 4 个以 45°相交的对称面都没有垂直于轴线的平移操作性质　　这种类型的组合，其结果所派生的四次轴必然与对称面相交线重合，不发生垂直于轴线的水平方向平移。所派生四次轴的性质决定于上述两种取向的对称面沿轴方向的平移性质。具体说，相互交错的两种取向对称面都没有沿轴方向平移操作性质或者它们都同时具有沿轴方向平移操作性质，相交组合结果将派生四次旋转轴 4。如果其中一种取向的对称面没有，而另一种取向的对称面却具有沿轴方向平移操作性质，则所派生的将是四次螺旋轴 4_2。图 2-4-13 列出 3 种比较典型的组合，其中图(a)中[100]及[110]两种取向的对称面均为普通对称面 m；图(b)中[100]和[110]取向的均为滑移面 c；图(c)中[100]取向为普通对称面 m，而[110]取向为滑移面 c。

2. 4 个以 45°相交的对称面部分具有垂直于轴线方向平移操作性质　　这种

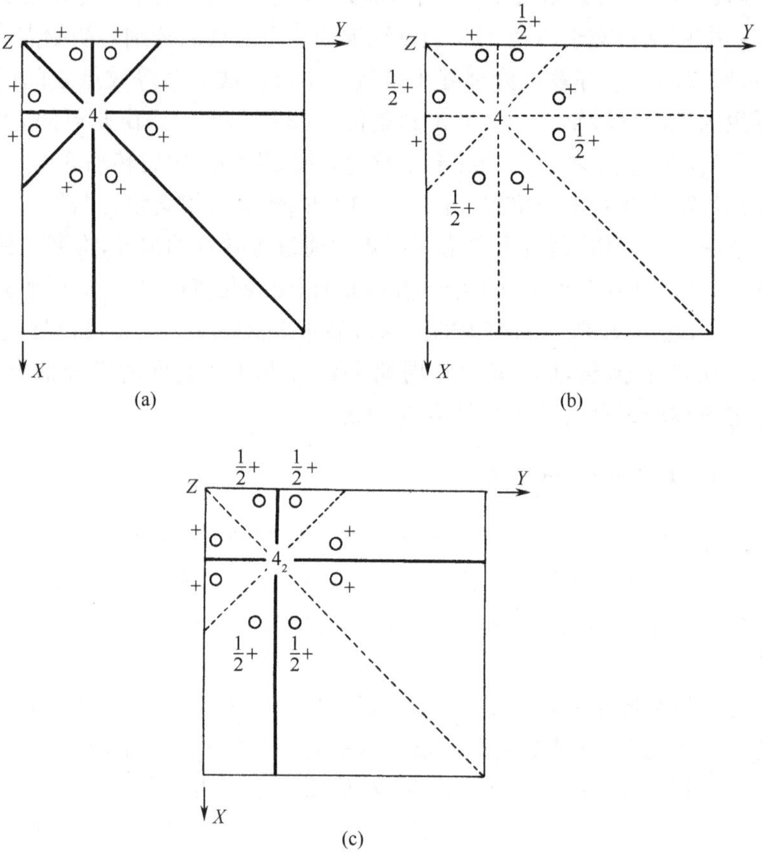

图 2-4-13　不具有垂直于轴方向平移操作性质的 4 个对称面以 45°相交组合例举

（a）*mm* 组合；（b）*cc* 组合；（c）*mc* 组合

类型组合，所派生的四次轴将不会与对称面相交直线重合。派生的四次轴离开相交线的平移方向及平移量将由初始对称面在垂直于轴的平移操作性质所决定。从派生四次轴离开相交线的平移方向分析，可以分为两种情况：一种是沿 $\mathbf{t}_a$（等效于沿 $\mathbf{t}_b$）平移；另一种是沿 $\mathbf{t}_a+\mathbf{t}_b$ 方向平移。它们的平移量都是以 1/4 周期离开对称面相交线。

(1)第一种情况。以 45°相交的 4 个对称面中，[100]取向的两个等效对称面都没有垂直于轴方向平移性质，而[110]取向的两个等效对称面都具有垂直于轴线方向平移性质。图 2-4-14 只给出图(a)的 *ma* 组合和图(b)的 *mn* 组合。其他诸如 *ca*(b)组合、*cn* 组合等就留给读者自己进行推演，在图 2-4-14 中不再列出了。图中以任意初始点(以小黑点表示)出发，经图中 4 个相交于(1/4 1/4 *z*)直线的 4 个对称面充分反复的对称操作后，可导出对称等效点在晶胞中如图 2-4-14 所示的排布。从对称等效点在晶胞中的位置关系，很容易推断，在图(a)的 *ma* 组合所派生的四次旋转轴 4 以 $\mathbf{t}_a/2$ 从对称面相交位置(1/4 1/4 *z*)平移到(3/4 1/4 *z*)位置。与此类似，图(b)的 *mn* 组合结果，四次螺旋轴 4_2 也同样从 4 个对称面相交位置(1/4 1/4 *z*)平移至(3/4 1/4 *z*)。

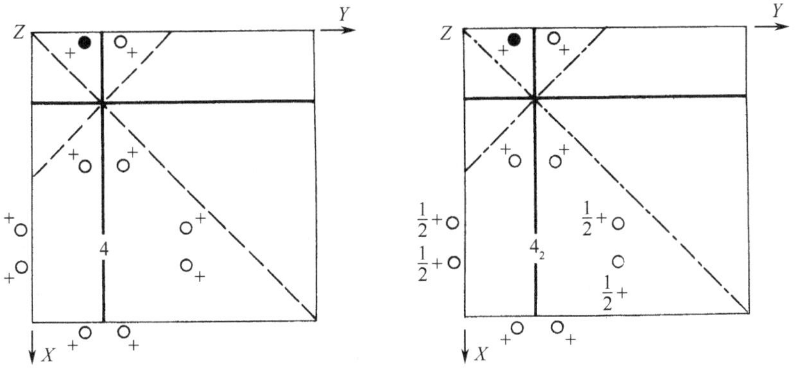

(a) (b)

图 2-4-14 具有垂直于轴和不具有垂直于轴方向平移性质的对称面以 45°相交组合例举

(a) *ma* 组合；(b) *mn* 组合

(2)第二种情况。以 45°相交的 4 个对称面中，[100]取向的两个等效对称面都具有垂直于轴线方向平移性质。但是[110]取向的两个对称面并非是性质相同的对称面，而是两个互为派生共存的对称面(在四方晶系晶胞中[110]取向具有复格子性质，因而两种对称面相隔 1/4 周期派生共存)。其中一个没有，而另一个却具有垂直于轴方向平移性质，如图 2-4-15 所给出的组合那样。图中任意初始点以小

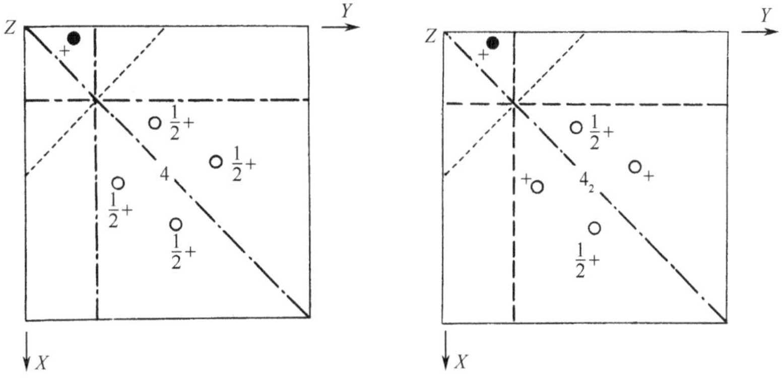

(a) (b)

图 2-4-15 具有垂直于轴方向平移性质的对称面以 45°相交组合例举

(a) *nc*(*n*)组合；(b) *bc*(*n*)组合

黑点表示,经 4 个以 45°相交对称面分别给以对称操作之后,所导出的 4 个对称等效点如图 2-4-15(a)和(b)所示。通过 4 个对称等效点在晶胞中的排布,十分直观地指出,所派生的四次旋转轴 4[图(a)的 $nc(n)$ 组合]和四次螺旋轴 4_2[图(b)的 $bc(n)$ 组合]都以($\mathbf{t}_a+\mathbf{t}_b$)/4 从对称面相交线位置(1/4 1/4 z)平移至(1/21/2z)位置。这种平移完全是由于 4 个初始对称面的垂直于轴方向平移操作性质所引起的综合结果。

2.4.3.4 6 个对称面以 30°相交

上面对于对称面以 90°,60°,45°相交组合已作详细讨论,其中许多原理是带有共同性的,对于以 30°相交组合也十分适用。

在 H 取向晶胞(六方晶系的单位晶胞)内,能够满足六次绕轴旋转对称操作的位置只有一个,这就是晶胞中与坐标轴 Z 重合的轴线(以及其周期平移位置),即(00z)位置。只有这一轴线才垂直于 6 个以 30°相交的等同周期,它们依次为 $\mathbf{t}_a$,$\mathbf{t}_a+\mathbf{t}_b$,$\mathbf{t}_b$,$-\mathbf{t}_a$,$-(\mathbf{t}_a+\mathbf{t}_b)$,$-\mathbf{t}_b$。只有六次反伸轴 $\bar{6}$,由于它是三次旋转轴 3 与对称面 m 的复合(垂直相交),也可以处于(2/3 1/3 z)或(1/3 2/3 z)位置。这是 H 取向晶胞的一个十分重要的特征。它对理解 H 取向晶胞中对称元素的分布规律和对称元素组合规律都是十分重要的。

6 个以 30°相交的对称面在 H 取向晶胞中分别属于[100]取向和[120]取向,两种取向各 3 个等效的对称面相互交错以 30°相交于轴线。虽然[100]取向和[120]取向在 H 取向晶胞中都存在着复格子性质的对称元素派生共存现象,但是对称面组合后所派生的六次轴都只能位于(00z)。所以,①以轴线(00z)为相交线的 6 个对称面均不可能有垂直于轴线的平移操作性质,否则组合后所派生的六次轴将会从相交线(00z)离开;②相交于其他位置(如(1/2 0 z),(0 1/2 z),(1/2 1/2 z)直线的 6 个对称面,它们之中必定有垂直于轴线方向的平移操作性质。正是由于它们这种平移操作的综合,才导致它们组合所派生的六次轴从对称面相交线平移至(00z),而不可能是别的结果。这样一来,我们只要考察第一种情况,即在(00z)位置上相交的情况,就基本可以了解全貌了。

图 2-4-16 分别列出 4 种典型的组合,相交于(00z)轴线上的 6 个对称面是由[100]取向的 3 个等效对称面与[120]取向的 3 个对称面相互交错,以 30°相交。以[100]和[120]取向的对称面的性质,亦即由两个相邻交错对称面的性质,决定了对称轴的性质。在图 2-4-16 中分别给出了 mm 组合、cc 组合、cm 组合和 mc 组合。前两种组合结果派生出六次旋转轴 6(00z),后两种组合结果派生出六次螺旋轴 6_3(00z),其推演的原理在前面已作了类似的讨论,在此不再赘述。

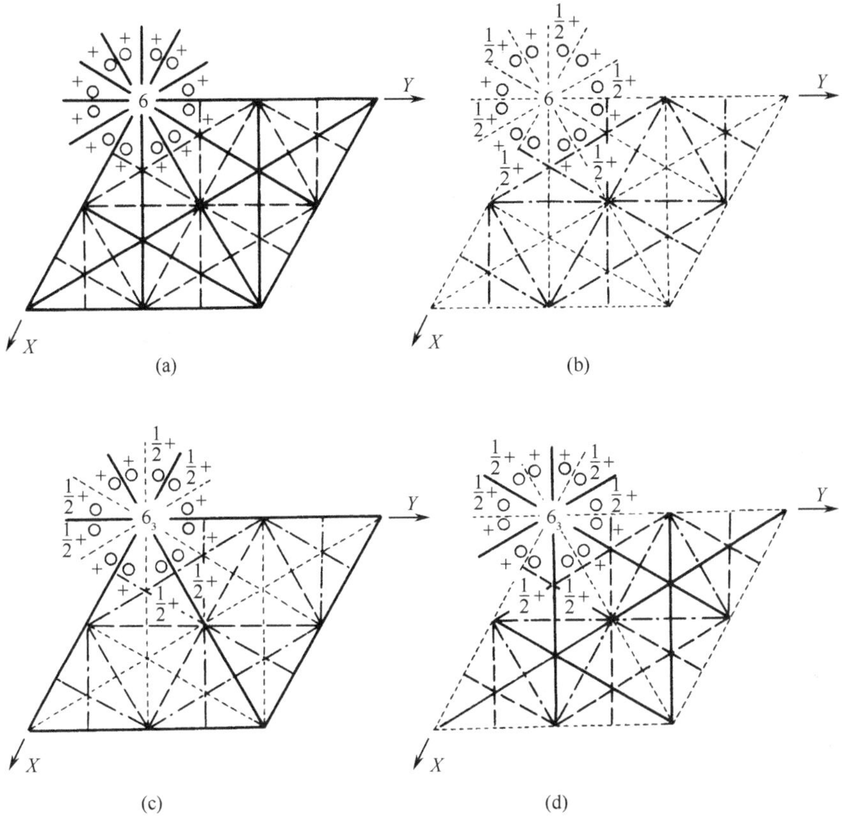

图 2-4-16　6 个对称面以 30°相交组合例举

(a) mm 组合；(b) cc 组合；(c) cm 组合；(d) mc 组合

2.4.4　二次轴与二次轴的组合

2.4.4.1　二次轴与二次轴组合的一般规律

几何晶体学有关宏观对称原理已经指出两个二次旋转轴以 ω 角相交，垂直于这两个二次旋转轴且通过其交点的轴线上将出现基转角为 $\alpha=2\omega$ 的 n 次（$n=360°/\alpha$）旋转轴，并且组合最终将导出全部 n 个二次旋转轴共平面地以 ω 角相交于 n 次旋转轴。另一个组合过程当然也成立，n 个二次旋转轴以 $\omega=360°/2n$ 共平面地相交于一点，垂直于此面且通过相交点必然派生 1 个 n 次旋转轴。同理，1 个 n 次旋转轴与 1 个二次旋转轴垂直相交组合，必然导出与上述相同的结果。

在晶体微观空间，对称元素是三维空间排布，不再相交于一点，对称轴既有旋转轴，又有螺旋轴，这就为对称轴的组合增添许多风采。虽然宏观晶体学所讨论的对称轴组合的基本规律并无改变，但参加组合的那些初始对称轴的性质，以及它们在空间排布的相互关系却决定着派生轴的性质和坐标位置。

首先，我们设想 n 个二次轴分别垂直相交于同一条轴线，它们沿轴线的投影是以 ω 角相交，它们可能是在轴上相交于一点，但也可以沿轴线相隔 t/u 周期，其中 t 是沿轴线的周期，而 u 是整数 1，2，…，12。如果引用 2.1.2 节中有关各轴次螺旋轴的国际符号通用表达 n_m（已指出 n 是轴次，m 是螺旋轴的右下标，表达 n 次螺旋轴的性质），那么这里的整数值 u 与 m 将有 $u=2n/m$ 的关系。不难理解，当 n 个二次轴以 $\omega=360°/2n$ 垂直相交于轴线的一点上，在轴线上将派生 n 次旋转轴。如果 n 个二次轴以 $\omega=360°/2n$ 并沿轴线依次相隔 t/u 垂直相交于轴线，那么在轴线上将派生 n 次螺旋轴 n_m，其中 $m=2n/u$。现以下面的例子讨论 $m=2n/u$ 的关系。

如果 4 个二次旋转轴沿坐标轴线（$00z$）相隔 $\mathbf{t}_c/8$ 周期交于轴线，并且沿轴线（$00z$）投影中 4 个二次旋转轴 2 是以 $\omega=45°$ 相交，如图 2-4-17 所示（图中初始的二次旋转轴以图形符号表示）。这里重复提醒一句，二次旋转轴 2 与沿轴线（$00z$）的周期平移 $\mathbf{t}_c$ 组合将在此周期方向相隔半周期位置上平行地派生出同样性质的二次旋转轴 2（请参阅 2.3.1 节），就如图 2-4-17 所示的二次旋转轴排布。此时，沿轴线（$00z$）的 1 个周期内不是有 4 个，而是共有 8 个二次旋转轴相隔 $\mathbf{t}_c/8$ 地螺旋排布。以任意位置初始点（1）（以小黑点表示）出发，按次序经过 8 个不同排布的二次旋转轴的对称操作得到等效点，依次为（2），（3），（4），（5），（6），（7），（8）。连同初始点（1）的 8 个等效分为两组：（1），（3），（5），（7）和（2），（4），（6），（8），每组内 4 个等效点之间的对称关系都指出在轴线上存在派生的四次螺旋轴 4_1（$00z$）（图中以国际符号 4_1 表示，以便区别）。在表达四次螺旋轴 4_1（$00z$）的两组一般位置等效点系中，这里以第一组等效点为例讨论。初始点（1）依次到等效点（3）时，必须经过点

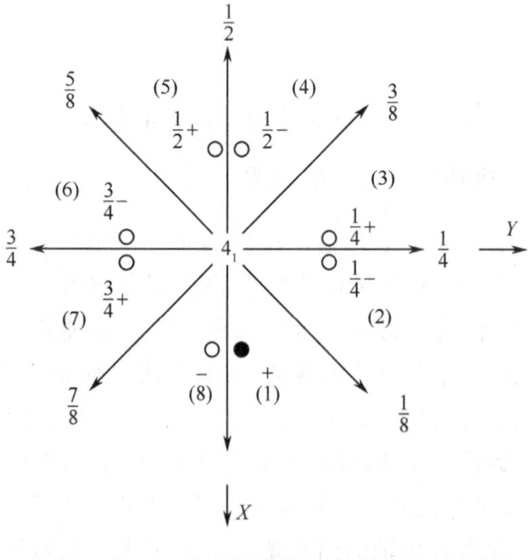

图 2-4-17　二次轴组合派生出高次轴示意图

(2)，从(3)到(5)中间必须经过(4)如此等等。很显然表达四次螺旋轴 $4_1(00z)$的一般位置等效点系中，依次两个等效点之间经过了相邻的两个二次旋转轴对称操作。从沿轴周期 $\mathbf{t}_c$ 考察，其结果，依次两等效点之间沿轴线方向的平移量显然是二次轴沿轴线相隔距离的两倍，即 $2\mathbf{t}_c/8$。这样的平移量恰好是四次螺旋轴 $4_1(00z)$复合操作中的平移操作。由此可知，如果 n 次螺旋轴的符号为 n_m，它的复合对称操作中的沿轴平移操作为 m/n 周期，而 n 个二次轴以 $1/u$ 周期相隔与螺旋轴 n_n 相交，那么将有如下关系表达式：

$$m/n = 2u \quad 或 \quad m = 2n/u \tag{2.4.1}$$

从式(2.4.1)很容易推断，二次轴与二次轴的各种不同的排布方式所导出派生轴将有不同的性质。

其次，参加组合的初始二次轴，既可以是没有沿轴平移操作性质的二次旋转轴，也可以是具有沿轴平移操作性质的二次螺旋轴。n 个二次轴按上述方式组合所派生 n 次轴的位置是由 n 个初始二次轴的性质所决定的，派生轴离开轴线的平移方向及平移量是由垂直于派生轴方向的综合平移量所决定的。由于滑移面复合对称操作中平移操作量是 1/2 周期(除滑移面 d 外)，而二次螺旋轴 2_1 也是具有 1/2 周期平移操作量，所以 2.4.3 节对称面与对称面相交组合中有关派生轴发生位置平移的规律，与这里二次轴组合的规律十分类似。因此，在下面的讨论中对于派生轴离开轴线的平移规律，只给予简单的叙述。

2.4.4.2 两个二次轴以 90°组合

正交坐标系的晶胞对于二次轴以 90°组合的讨论是有代表性的。在正交坐标系中无论初始的或派生的二次轴都将平行于坐标轴。在图 2-4-18 中列出了二次轴以 90°组合的四种典型情况，图中除了对称元素在晶胞中的排布和一般位置等效点系外，还附有一般位置等效点系坐标与二次轴组合的相互表达。在晶胞中初始二次轴以图形符号表示，而派生二次轴则以国际符号表示，以便区别。

图 2-4-18(a)是初始二次旋转轴 $2(x00)$与二次旋转轴 $2(0y0)$以 90°相交组合。由于它们沿轴线$(00z)$并没有相隔距离，即 $1/u=0$，所派生的轴自然是二次旋转轴 2，又由于初始的两个二次旋转轴并无沿轴方向平移操作量，所以派生的二次旋转轴与轴线$(00z)$重合，即 $2(00z)$。

图 2-4-18(b)中虽然初始的也是两个二次旋转轴，但它们并非相交于一点，而是沿轴线$(00z)$方向相隔 1/4 周期，即 $u=4$。从式(2.4.1)可知，所派生的是二次螺旋轴 2_1。同样由于初始轴并无沿轴平移操作性质，故所派生的二次螺旋轴与轴线重合，即 $2_1(00z)$。从图(b)亦可推知，$2_1(00z)$与 $2(x00)$的组合将会派生出 $2(0y\,1/4)$。如此等等。

图 2-4-18(c)中的组合是比较容易理解的，由于初始轴 $2_1(x\,1/4\,0)$和 $2_1(1/4\,y\,0)$相交于一点，派生的必然是二次旋转轴 2。由于两个初始的二次螺旋轴都具

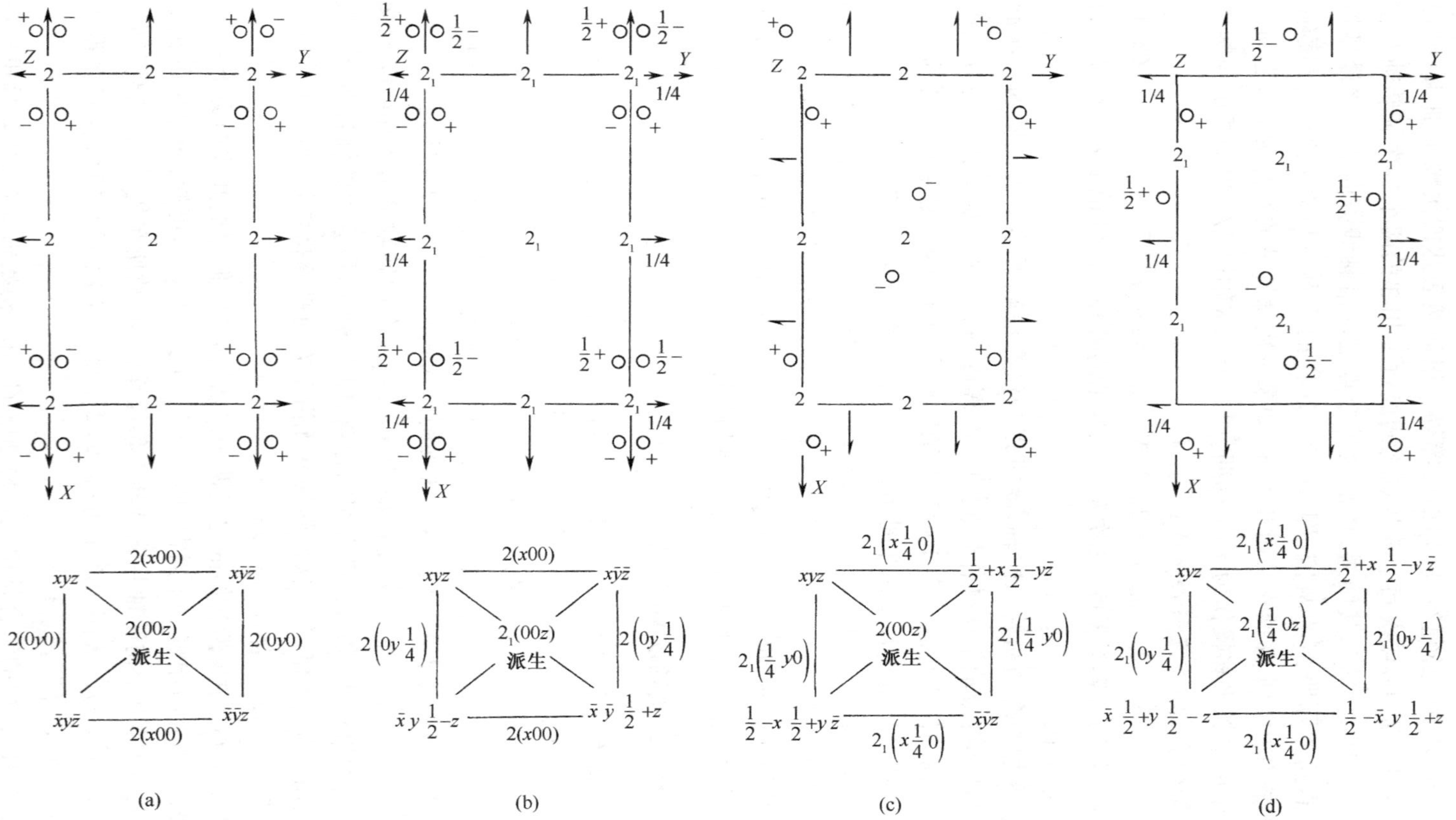

图 2-4-18　二次轴与二次轴以 90°组合例举

(a) $P222$ 组合；(b) $P222_1$ 组合；(c) $P2_12_12$ 组合；(d) $P2_12_12_1$ 组合

有沿轴平移操作性质，它们的综合平移量为 $\mathbf{t}_a/2+\mathbf{t}_b/2$，因而派生的二次旋转轴将从轴线位置($1/4\,1/4\,z$)以($\mathbf{t}_a/2+\mathbf{t}_b/2$)/2 矢量平移到($0\,0\,z$)位置。同理，在图(c)中三个以 90°组合的二次轴中，其中任何两个的组合都必然导出如图所示的结果。

图 2-4-18(d)中三个不同取向的二次螺旋轴 2_1(x 1/4 0)，2_1(0 y 1/4)，2_1(1/4 0 z)在晶胞中的排布十分有意思，它们以 90°组合但并不相交，它们恰到好处地相互之间相隔 1/4 周期，无论从哪一个坐标轴投影，对称轴的空间排布都完全一样。正因如此，上述 3 个中任何两个不同取向的二次螺旋轴的组合结果都将派生出第三个取向的二次螺旋轴。

2.4.4.3　3 个二次轴以 60°组合

如前所述，在 H 取向晶胞中垂直于坐标轴 Z 存在着两种不同取向，即[100]和

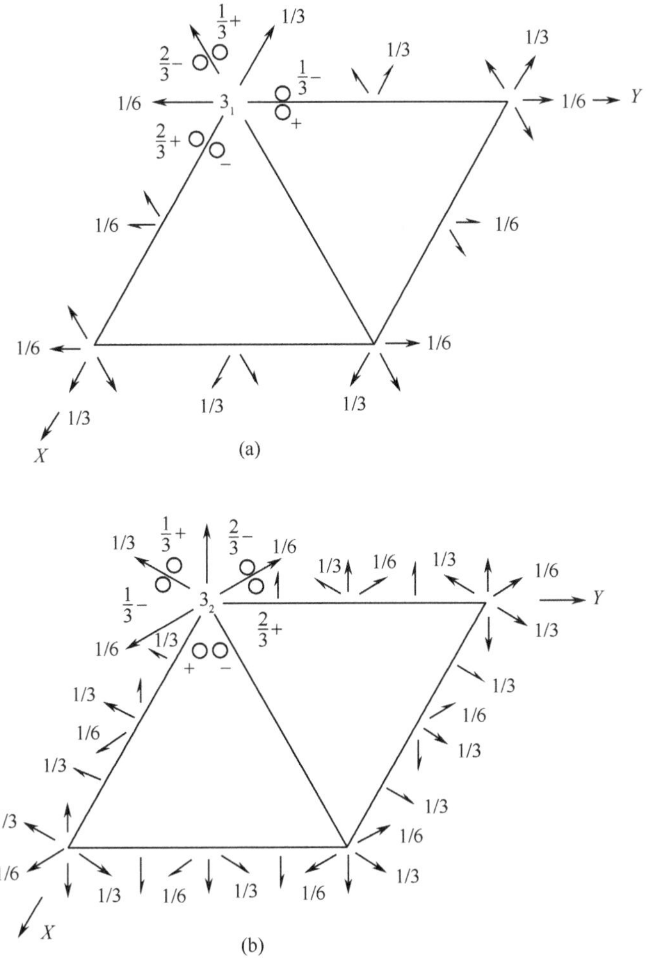

图 2-4-19　3 个二次轴以 60°组合例举

(a)$P3_121$;(b)3_212

[120]取向。3 个二次轴在[100]取向中分别平行(或重合)于晶棱方向[100],[110]和[010],它们之间将是等效的(即有其一必然有其他)。在[120]取向中 3 个等效的二次轴分别平行或重合于等效的晶棱方向[120]、[210]和[$\bar{1}$10]。此外,*H* 取向晶胞内,无论[100]取向或[120]取向,*H* 取向晶胞固有的非初基性质使此取向上的二次旋转轴与二次螺旋轴平行相隔 1/4 周期派生共存(请参阅 2.5.4.2 节)。

图 2-4-19 给出两个组合的例子,图(a)中[100]取向的 3 个旋转轴以 60°相交于轴线(00*z*)并沿轴线相隔 1/6 周期(以右手螺旋上升 $\mathbf{t}_c/6$)。在(00*z*)位置周围的等效点指出了派生三次螺旋轴 3_1(00*z*)的存在,而图(b)中参加组合的初始二次轴是属于[120]取向的 3 个等效的二次旋转轴。3 个初始二次旋转轴以 60°相交于轴线(00*z*),并沿轴线以右手螺旋方向相隔 1/3 周期上升(直观地看是以左手螺旋方向相隔 1/6 周期上升)。围绕(00*z*)位置的等效点指出派生三次螺旋轴 3_2(00*z*)。图(a)与(b)是两个比较有代表性的组合例子。还有许多组合,读者都可以用类似方式加以推导。

图 2-4-20 是以图 2-4-19(a)中与直线(1/2 1/2 *z*)位置组合的 3 个二次轴情况,对派生轴的位移进行讨论。图中,两个二次螺旋轴和一个二次旋转轴沿直线(1/2 1/2 *z*)相隔 1/6 周期以右手螺旋上升。沿直线(1/2 1/2 *z*)投影,3 个二次轴以 60°相交于直线。可以推断,由于两个初始的二次螺旋轴都具有沿轴平移操作性质,因而派生的三次轴将以它们综合的平移操作发生位置平移。此外,由 3 个初始二次轴的空间排布可以判断派生轴应为三次螺旋轴 3_1。图中以任意位置初始点(以小黑点表示)经 3 个初始的二次轴分别给予对称操作,从而得到如图所示的 3 个等效点(以小圆圈表示,以便区别),它们之间的对称等效关系指出了上述的推断是正确的,即派生轴为三次螺旋轴 3_1,并从(1/2 1/2 *z*)位置平移到(2/3 1/3 *z*)位置,如图 2-4-20 所示。其他情况的组合,可以同理类推。

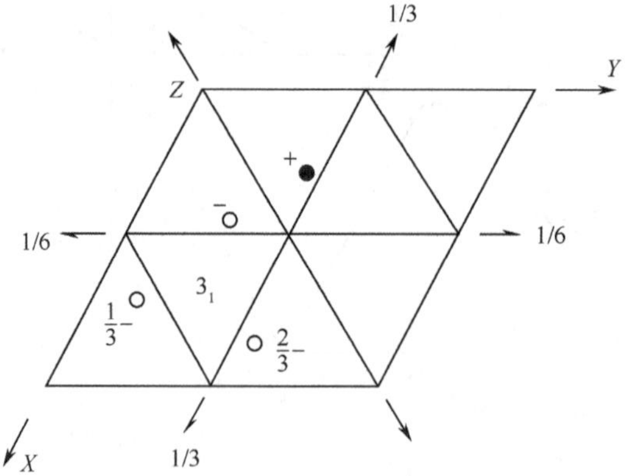

图 2-4-20　派生三次轴的位移

2.4.4.4 四个二次轴以 45°组合

与 2.4.3 节有关 4 个对称面以 45°相交组合的情况十分相似，组合结果必然导出一个与初始组合的 4 个二次轴相垂直的四次轴。派生四次轴的性质将由 4 个初始二次轴沿派生轴方向的空间排布所决定，而派生轴的位置则由初始组合的 4 个二次轴性质所决定。

在 2.4.4.1 节中，对二次轴与二次轴组合的一般规律所作的讨论是以派生四次轴为例(见图 2-4-17)，这里再列举几种组合情况，以加深理解。

图 2-4-21(a)、(b)及(c)的组合中，初始的二次轴均是二次旋转轴，即沿派生轴的垂直方向并无平移操作的性质，所派生的四次轴不会出现位置平移。图 2-4-21 中图(a)的 4 个二次轴沿派生轴轴线方向的排布是相隔 1/4 周期，即 $u=4$，由式(2.4.1)可以推知派生轴为四次螺旋轴 4_2。图(b)中 4 个初始二次轴相隔 3/8 周

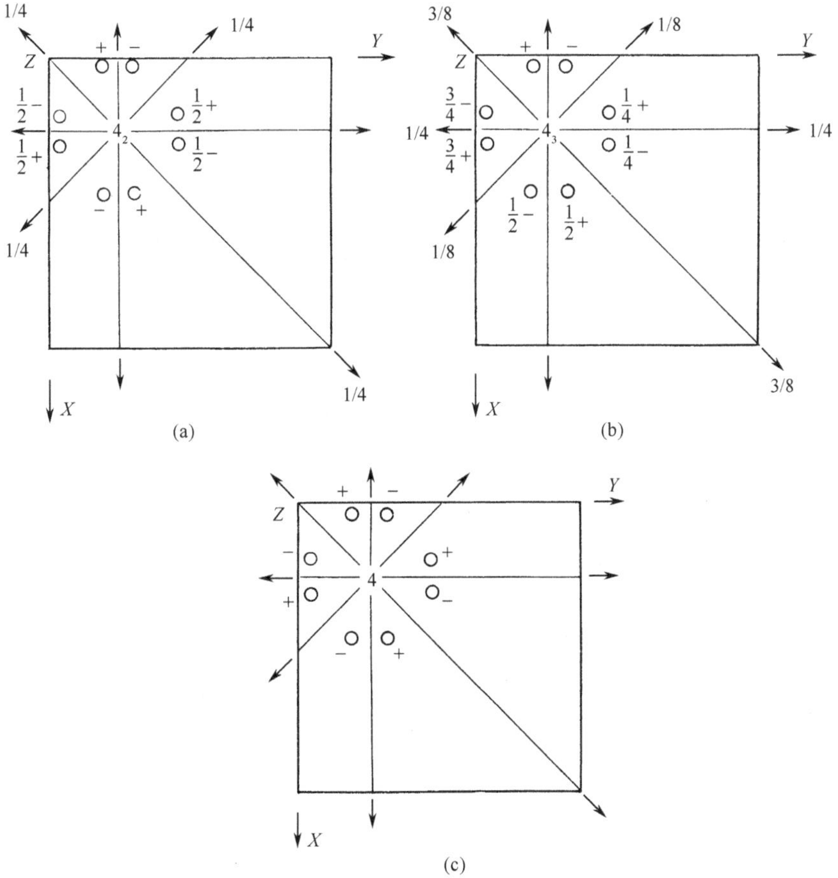

图 2-4-21　4 个二次旋转轴 2 以 45°组合例举

期以右手螺旋上升，即 $u=8/3$ 由式(2.4.1)可知派生轴为四次螺旋轴 4_3。不难理解，图(c)中 4 个初始轴相交于一点，所派生的应为四次旋转轴 4。当然，从图 2-4-21(a)，(b)，(c)中以初始二次轴所导出的 8 个对称等效点，也可以直观地指出派生轴的性质和位置。

上述四个以 45°组合的初始二次轴分别属于[100]取向和[110]取向，属于[100]取向的两个等效的二次轴分别平行于晶棱方向[100]和[010]，而属于[110]取向的两个等效的二次轴分别平行于晶棱方向[110]和[$\bar{1}$10]。在四方晶系的晶胞中每一种取向的两个二次轴相互等效，并以 90°相错；两种取向的二次轴又相互相错 45°。在[100]取向上的二次轴可以是二次旋转轴，也可以是二次螺旋轴，而在[110]取向上的二次轴却是二次旋转轴与二次螺旋轴同时平行共存，相隔 1/4 周期。这是由于[110]取向在四方晶系晶胞中具有复格子性质所引起的对称元素派生共存现象(请参阅 2.5.4.1 节)。由此可知，以 45°组合的二次轴中无论是哪一种取向的初始轴均可能是二次旋转轴，也可能是二次螺旋轴。在图 2-4-21 所示的组合中，初始轴均为二次旋转轴，派生的四次轴落在与初始轴相交的轴线上，并没有发生位置的平移。

让参加组合的 4 个初始二次轴中包含有二次螺旋轴。由于垂直于派生轴的方向(水平方向)具有二次螺旋轴的平移操作的综合平移量，不难推知，派生的四次轴将可能发生位置平移，位置平移的方向及平移量是由参加组合的初始二次轴平移操作性质综合结果所决定。图 2-4-22(a)及(b)给出两个比较典型的组合。图(a)及(b)的组合中，以任意初始点(以小黑点表示)出发，经 4 个初始二次轴分别进行对称操作后，导出 4 个一般位置等效点。由于初始的 4 个二次轴性质及其相错排布不同，图(a)中 4 个对称等效点指出所派生的是四次旋转轴 4，它从初始组合位置(1/4 1/4 z)沿着 $\mathbf{t}_a$ 方向平移 1/2 周期到达位置(3/4 1/4 z)，而图(b)中 4 个对

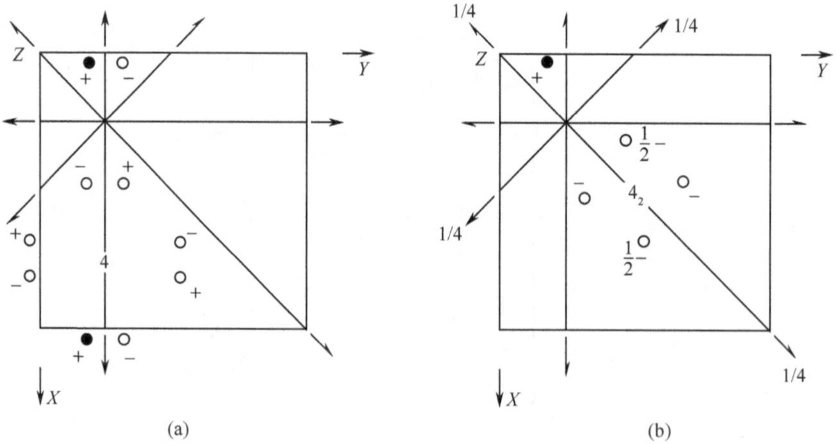

图 2-4-22　派生四次轴位置平移例举

称等效点指出所派生的是四次螺旋轴 4_2。它从组合位置(1/4 1/4 z)沿着 $\mathbf{t}_a+\mathbf{t}_b$ 方向平移 1/4 周期(即平移量为 $\mathbf{t}_a/4+\mathbf{t}_b/4$)到达(1/2 1/2 z)位置。在初始的组合位置(1/4 1/4 z)上并无派生的四次轴。其他情况的组合,读者可以按同样原理给予推导。

2.4.4.5　6 个二次轴以 30°组合

在 H 取向晶胞中 6 个初始组合的二次轴分别属于[100]取向及[120]取向。每一种取向中的 3 个等效二次轴以 60°相错相交于轴线,而两个不同取向的二次轴又以 30°相错并相交于同一轴钱上。在 H 取向晶胞中无论[100]取向或[120]取向上均含有复格子性质(见 2.5.4.2 节),所以它们都是二次旋转轴和二次螺旋轴派生共存。但是,如前面已指出,六次轴在 H 取向晶胞中只能在(00z)位置上,即与坐标 Z 轴重合。为此,与轴线(00z)相交的 6 个相错 30°的二次轴只能是二次旋转轴,这样才可以满足在轴线(00z)上所派生的六次轴不发生位置移动。读者在晶胞中可以发现,在平行于(00z)的其他位置直线上还有各种 6 个二次轴以 30°的组合,例如位于(1/2 0 z),(0 1/2 z),(1/2 1/2 z)等的直线上都将会有这样的二次轴以 30°组合。但是,这些组合必然包含有二次螺旋轴,它们组合的结果所派生的六次轴必然平移到轴线(00z)位置,在性质上也一定与轴线(00z)上的六次轴性质完全相同。

派生六次轴的性质是决定于那些参加组合的初始二次轴沿轴线(00z)上的排布方式,它们毫无例外地遵循式(2.4.1)的原理。不言而喻当全部初始二次轴都相交于一点上,这样的组合所派生的六次轴将是六次旋转轴 6。如果初始二次轴沿轴线以 $1/u=1/12$ 或 1/6 或 1/4 或 1/3 或 5/12 按右手螺旋排布,所派生的六次轴将分别为六次螺旋轴 6_1,6_2,6_3,6_4 和 6_5。为了加深对组合的理解,在图 2-4-23(a)和(b)中给出两种不同的二次轴沿轴线排布方式,并以初始二次轴对称操作导出一般位置等效点系。从所导出的等效点之间的对称等效关系,读者自然理解组合所派生的六次轴分别为六次旋转轴 6(00z)和六次螺旋轴 6_1(00z)。图中的派生六次轴都以国际符号表示。至于 6 个二次轴沿轴线的其他排布方式,可以同理推导出来。

在图 2-4-23(a)及(b)中,除在上述位置(00z)轴线外,在与之平行相隔 $\mathbf{t}_a/2$ 或 $\mathbf{t}_b/2$ 或$(\mathbf{t}_a+\mathbf{t}_b)/2$ 位置上,即在(1/2 0 z),(0 1/2 z)及(1/2 1/2 z)位置上,都有 6 个二次轴与之相交。它们组合的结果将派生出与(00z)位置上性质相同的六次轴,而且由于参加组合的 6 个二次轴中包含有二次螺旋轴,组合结果所派生的六次轴将发生位移,从初始的直线位置平移到轴线(00z),即与在轴线(00z)上所组合派生的六次轴完全重合一致。

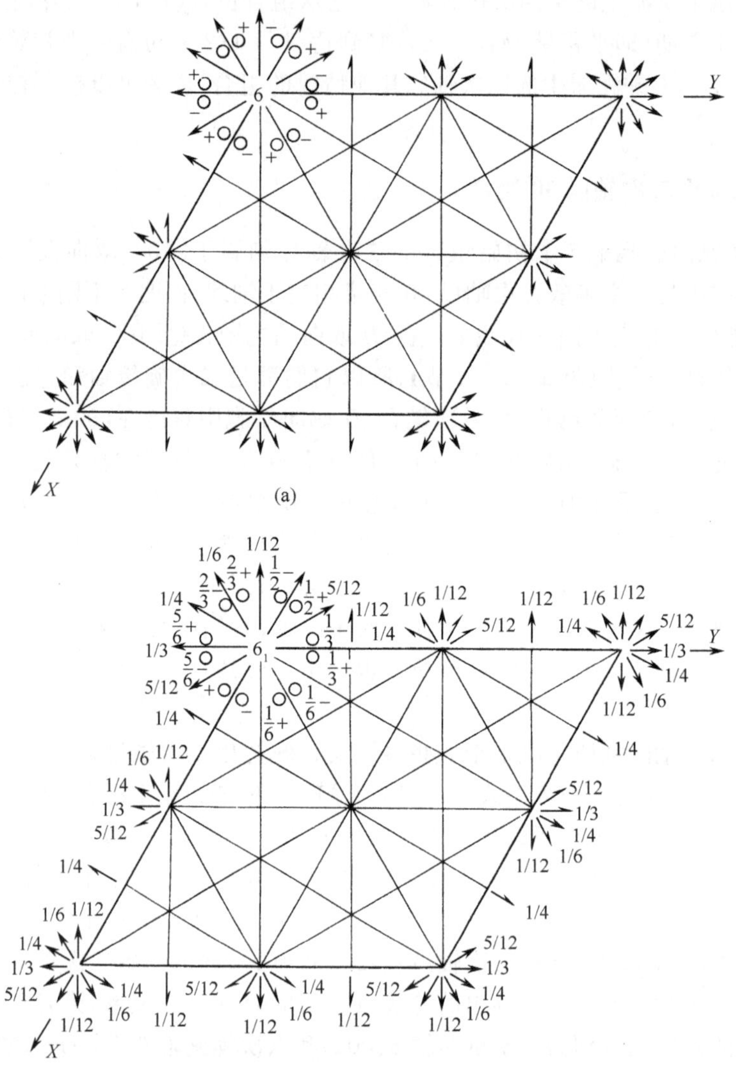

图 2-4-23　6 个二次轴以 30°组合例举

2.4.5　二次轴与对称面不垂直相交

2.4.5.1　组合的一般性质

几何晶体学在对称元素组合中已指出，二次轴与对称面不垂直相交组合后将派生 n 次反伸对称轴。基于同一原理，二次轴与对称面以 ω 角相交组合后，与对称面平行（或重合）且垂直于二次轴将出现以基转角为 $\alpha=2\omega$ 的 n 次反伸轴。派生的反伸轴是否发生位置平移，将由初始二次轴的性质以及初始对称面在水平方向（即垂直于派生的反伸轴线方向）的平移性质综合决定。这与 2.4.3 节及 2.4.4 节所论述的原理十分相似。

在宏观对称原理中，二次轴与对称面不垂直相交所派生的反伸轴并不发生位置平移，而且反伸轴的旋转反伸对称操作中，所凭借的反伸操作假想点一定是同二次轴与对称面的相交点重合。在微观空间对称原理中，由于对称中的平移操作，这里所讨论的反伸操作假想点不一定都与初始二次轴和对称面相交点重合，反伸操作假想点的位置将由初始对称面在垂直方向（即沿派生反伸轴的轴线方向）的对称操作性质所决定。具体说，当参加组合的初始对称面具有沿反伸轴方向的平移操作性质时，派生反伸轴的反伸操作假想点将从初始二次轴与对称面相交点，沿反伸轴方向出现位置平移。

必须指出，按照国际习惯的规则，这种对称组合类型，n 次反伸对称轴的反伸操作假想点都应选择在坐标系的原点上，或落在与反伸轴所垂直的坐标轴平面上。换句话说，反伸操作假想点应尽量使之落在与反伸轴平行的坐标轴（通常是 Z 轴）的零高度上（即 $z=0$）。如果假想点在反伸轴上离坐标系原点的距离不为零或半周期，那么在图中应标出它的高度。

就如本章前面各节的情况一样，这类组合的另一过程也是成立的，即以初始的 n 次反伸轴与一个二次轴（二次旋转轴或二次螺旋轴）以垂直方向（相交或不相交）组合，或者 n 次反伸轴与一个对称面（普通对称面或滑移面）以平行方向（相交或不相交）组合，最终必然导出这一类组合的同样结果。

2.4.5.2 派生四次反伸轴的情况

四次反伸轴只能存在于四方晶系和立方晶系之中。在四方晶系晶胞中垂直于坐标系 Z 轴（即四次轴方向）存在着两种不同的取向，即[100]取向和[110]取向。[100]取向中[100]与[010]是完全等效的。[110]取向中[110]与[$\bar{1}$10]也是等效的。两种取向的晶棱方向相互交错 45°。此外，在[110]取向上由于它具有复格子性质，因而出现对称元素派生共存。具体说二次旋转轴与二次螺旋轴相隔 1/4 周期互为派生共存，对称面 m 与 b 以及 c 与 n 也以平行相隔 1/4 周期互为派生共存（请参阅本篇第六章有关讨论）。

宏观对称原理曾经指出，二次轴与对称面以 45°相交将派生出四次反伸轴。对于微观空间的情况，在四方晶系晶胞中有两种不同的组合，一种组合是二次轴以[100]取向，此时对称面只能以[110]取向；另一种组合是二次轴以[110]取向，此时对称面只能是[100]取向。这两种组合的宏观对称原理并无差异，而在这里微观空间对称元素组合中却是两种不同的组合，并导出完全不同的结果。图 2-4-24(a)及(b)都是二次旋转轴 2 与普通对称面 m 以 45°相交的组合，它们在宏观对称原理中属于同一种对称组合，属于同一对称类型（点群）$\bar{4}m2$。在微观空间对称中，图

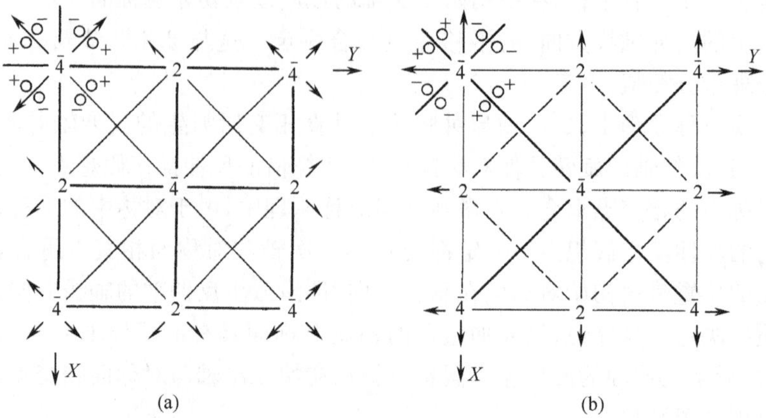

图 2-4-24　不同取向的二次旋转轴与对称面以 45°相交的两种组合例举

(a) $P\bar{4}m2$；(b) $P\bar{4}2m$

(a)的普通对称面 m 是以[100]取向，即对称面的法线与[100]方向重合，此时二次旋转轴 2 就以[110]取向，即二次轴与[110]方向重合，这种组合是 $P\bar{4}m2$ 对称类型(空间群)。图(b)中普通对称面 m 是以[110]取向，而二次旋转轴以[100]取向，这种组合是 $P\bar{4}2m$ 对称类型(空间群)。从图(a)及(b)可以肯定，这两种对称组合是完全不同的类型。图中从任意点出发，经初始二次旋转轴和普通对称面的对称操作后导出 8 个等效点，从等效点之间的对称等效关系指出派生四次反伸轴的坐标位置 $\bar{4}(00z)$及其反伸操作假想点坐标位置(000)。

图 2-4-25(a)：$P\bar{4}c2$ 组合中，在位于轴线$(00z)$上，以[100]取向的两个滑移面 c(它们的面法线分别与[100]及[010]重合)与两个以[110]取向的旋转轴(分别与

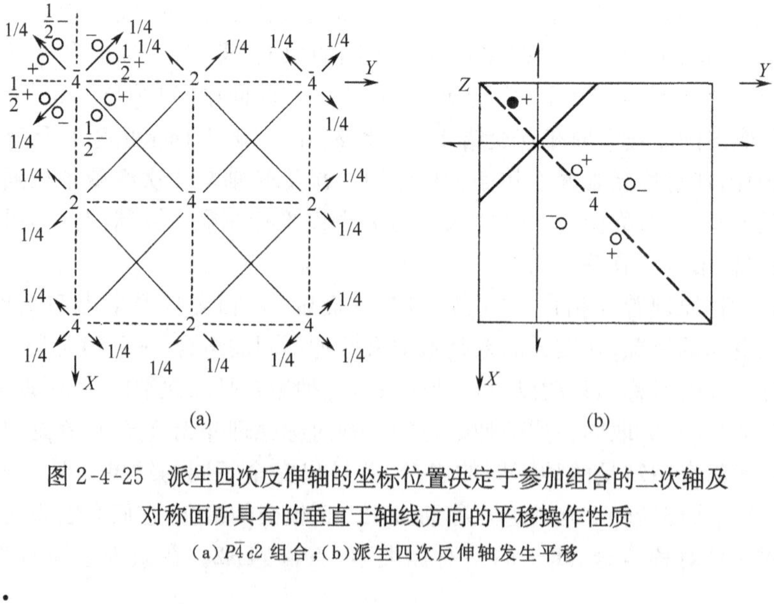

图 2-4-25　派生四次反伸轴的坐标位置决定于参加组合的二次轴及对称面所具有的垂直于轴线方向的平移操作性质

(a) $P\bar{4}c2$ 组合；(b)派生四次反伸轴发生平移

[110]及[$\bar{1}$10]重合)相交,由于滑移对称面 c 具有沿派生轴方向的平移操作性质,导致派生的四次反伸轴 $\bar{4}(00z)$所凭借的反伸操作假想点,离开了二次旋转轴 2 与滑移面 c 的相交点,沿着派生四次反伸轴方向平移 1/4 周期。如果让坐标系原点沿坐标轴 Z 方向平移 1/4 周期,使之与反伸假想点重合,就如图(a)所示,初始二次轴离开了坐标轴 X,Y 平面,与原点相隔 1/4 周期。经坐标系原点移动后,从任意点出发,经初始二次轴和对称面操作后的等效点,不但指出派生四次反伸轴的位置是 $\bar{4}(00z)$,而且也指明反伸操作假想点符合国际惯例,落在 $z=0$ 位置。

图 2-4-25(b)给出组合后所派生的四次反伸轴发生位置平移的示例。以[110]取向的普通对称面 m 和以[$\bar{1}$10]取向的滑移面 b 相交于轴线(1/4 1/4 z)。以[100]和[010]取向的两个二次螺旋轴在 $z=0$ 高度上与上述对称面以 45°相交(自然,它们亦与轴线相交于 $z=0$ 上),这样的二次轴与对称面相交组合如图(b)中所示。从任意点(以小黑点表示)出发,经过上述参加组合的初始二次螺旋轴及对称面 m、滑移面 b 的对称操作,分别得到对称等效点如图所示(以小圆圈表示)。所导出的 4 个等效点之间的对称等效关系表明,组合后所派生四次反伸轴位于 $\bar{4}$(1/2 1/2 z),它从轴线位置(1/4 1/4 z)以(t_a+t_b)/4 平移至(1/2 1/2 z)位置。很显然,引起派生四次反伸轴平移的因素在于初始二次轴及对称面中具有水平方向(即垂直于轴线方向)的平移操作性质,它们平移操作性质的综合决定了派生轴的平移方向和平移量。有关派生轴平移的特性在 2.4.3 节及 2.4.4 节已作过类似的讨论,其他类型的派生轴平移可以由此类推。

2.4.5.3　派生三次反伸轴的情况

几何晶体学中指出,二次轴以 30°与对称面相交将导出三次反伸轴(它等同于六次旋转反映轴)。

在三方晶系 H 取向晶胞内,垂直于 Z 轴方向上有两种不同的取向,即[100]取向和[120]取向。在[100]取向中,3 个方向[100],[110],[010]是互为等效的取向,它们以 60°相交。以此取向的二次轴和以此取向的对称面刚好相交 30°,换句话说,以此取向的对称面的面法线将与以此取向中的一个二次轴相重合,如图 2-4-26所示。同样道理,在[120]取向中 3 个等效的取向[120]、[210],[$\bar{1}$10]也是如此。因而这里所讨论的二次轴以 30°与对称面相交组合的时候,只要指出对称面的取向就可以,而二次轴必然与对称面的面法线重合,即二次轴与对称面在这里的 H 取向晶胞中具有同一种取向,不必再指出它的取向。

再一次说明,H 取向晶胞中无论[100]取向或[120]取向都具有复格子 C 的性质,以此取向的对称面和二次轴均存在对称元素派生共存现象。即对称面 m 与 b,c 与 n,二次轴 2 与 2_1 互为派生共存(请参阅 2.5.4 节,2.6.2 节和 2.6.4 节)。

图 2-4-26 中只列举普通对称面 m 以[120]取向(以 30°相交的二次轴也当然以同样的[120]取向)的组合结果(见图(a))和滑移面 c 以[100]取向(以 30°相交的

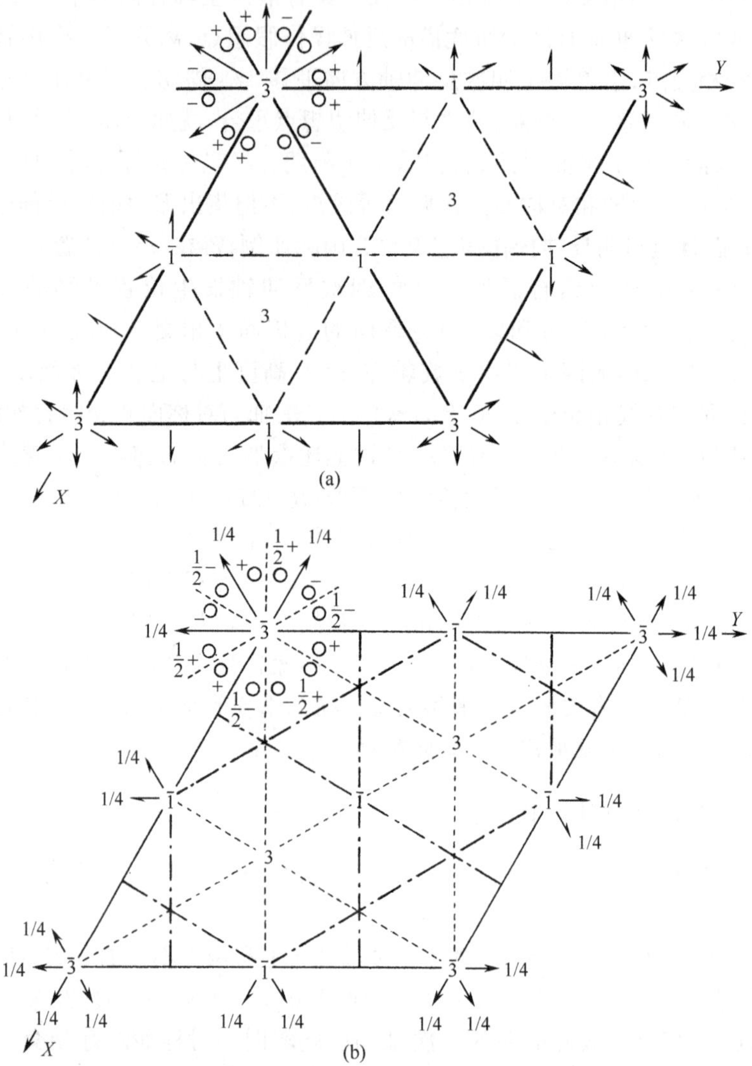

图 2-4-26　不同取向的二次轴与对称面以 30°相交的两种组合例举

(a) $P\bar{3}1m$ 组合；(b) $P\bar{3}c1$ 组合

二次轴也以[100]取向）的组合结果（见图（b））。

如上所述，二次轴与对称面以 30°相交的组合，实质上是 3 对相互垂直的二次轴与对称面同时相交于同一轴线上，3 对之间相互以 60°相错，不难推知派生的对称轴上应具有对称中心。事实上，派生的三次反伸轴 $\bar{3}$ 是具有对称中心的对称复合操作的，$\bar{3}=3+\bar{1}$。遵照国际习惯，在这类组合中派生三次反伸轴上的对称中心应选在坐标系的原点上。图 2-4-26 中所示的组合图形是经过坐标系平移，使坐标原点与派生三次反伸轴上的对称中心重合后的结果。

由于三次反伸轴 $\bar{3}$ 具有三次旋转轴 3 和对称中心 $\bar{1}$ 的复合对称性质，图 2-4-26 (a)及(b)中所出现的三次旋转轴 3(2/3 1/3 z)和 3(1/3 2/3 z)既可以从派生三次反伸轴 $\bar{3}$(00z)与两个平移周期的组合中导出(参阅第三章)，也可以从图中 3 个相交于一直线的对称面组合中导出(参阅 2.4.3 节)。同理，图中的对称中心 $\bar{1}$(1/2 0 0)，1(0 1/2 0)，$\bar{1}$(1/2 1/2 0)等可以从派生三次反伸轴上的对称中心与单独一个平移周期组合导出，也可以直接从图中适当的二次轴与对称面垂直相交中导出。

2.4.5.4 派生六次反伸轴的情况

几何晶体学已经指出，二次轴与对称面以 60°相交将导出六次反伸轴(它等同

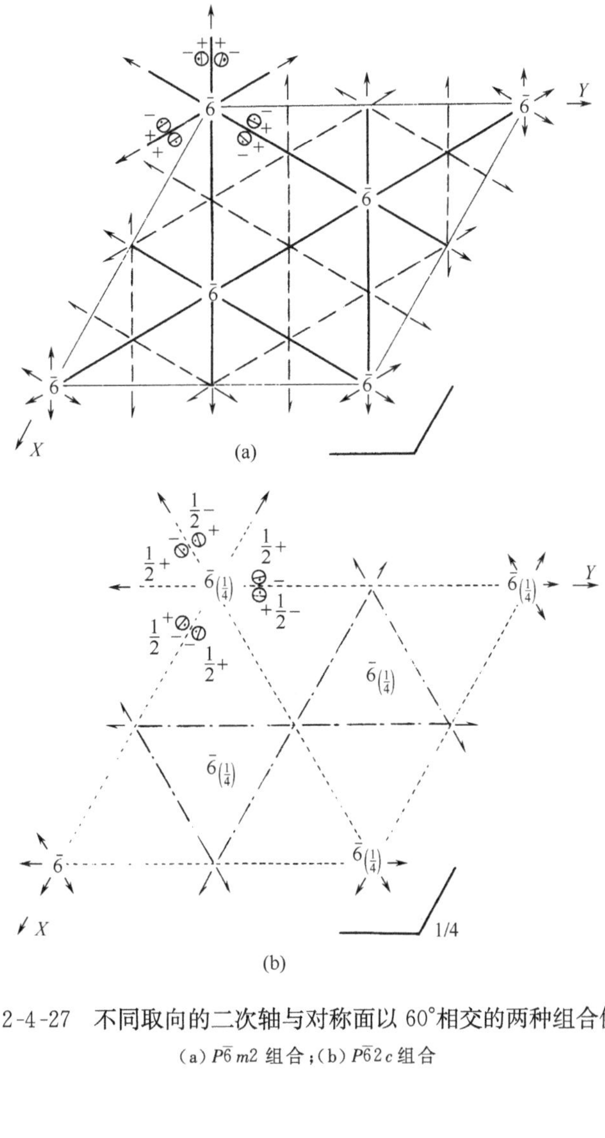

图 2-4-27 不同取向的二次轴与对称面以 60°相交的两种组合例举

(a) $P\bar{6}m2$ 组合；(b) $P\bar{6}2c$ 组合

于三次旋转反映轴)，六次反伸轴 $\bar{6}$ 是具有三次旋转轴和与之垂直相交对称面 m 的一种复合对称元素。

在二次轴与对称面以 60°相交组合里，如果二次轴以[100]取向，那么对称面将必然是以[120]取向，如果二次轴以[120]取向，那么对称面将是以[100]取向。在 H 取向晶胞内，这两种取向不同的组合，其结果完全不同。

图 2-4-27 只列举对称面 m 以[100]取向，而二次轴 2 以[120]取向的组合(图 a)，以及滑移面 c 以[120]取向，而二次轴 2 以[100]取向的组合(图 b)。在图(b)中由于初始的滑移面 c 具有沿派生六次反伸轴方向的平移操作，它们的组合导致派生六次反伸轴的反伸操作假想点发生平移，它从二次旋转轴与滑移面 c 相交点沿派生轴的轴线平移 1/4 周期。其他类型的组合可以同理类推。

第五章　14 种布拉维格子

2.5.1　单位格子的选择、初基格子与非初基格子

2.5.1.1　单位格子的选择原则

晶体的空间点阵是晶体内部结构中物质点三维周期排布的一种几何抽象，晶体内部结构可以分割为无限多个平行六面体——单位晶胞。单位晶胞是晶体内部结构的最小单位，它的结构内容和特性充分代表了晶体内部结构。晶体的空间点阵也可以分割为无限多个与上述单位晶胞相对应的平行六面体——单位格子。单位格子是由晶体点阵的阵点组成。单位格子的形状大小（它们的三对边长 a_0，b_0，c_0 及它们之间的夹角 α, β, γ），以及阵点在单位格子中的排布都充分代表了晶体点阵的特征。单位格子是晶体点阵的最小单位，也是组成晶体点阵的基本单元，也可以看作是单位晶胞的一种几何抽象。关于晶体内结构、晶体空间点阵、单位晶胞和单位格子的论述，请参阅本篇 2.1.1 节周期平移及在几何晶体学（第一篇）中的有关讨论。

不难理解，对于一个三维的晶体点阵，分割单位格子的方式将有无穷多种，因而在晶体点阵中正确地选择（分割）单位格子将是一个十分重要的课题。在晶体学中我们选择晶体点阵的单位格子是遵循布拉维（O. Bravais）1895 年提出的原则，其主要内容是：

（1）所选择的平行六面体的特征必须与整个晶体点阵的晶系特征（六参数和晶系特征对称）完全一致。

（2）所选择的平行六面体中各棱之间的直角数目最多，不为直角者应尽量接近于直角。

（3）满足上述条件时，所选择的平行六面体的体积应该最小。

布拉维运用数学方法，在 1895 年证明晶体学中可以存在着 14 种不同的晶体点阵类型，称为布拉维点阵，并且运用上述选择原则，正确地确定了这 14 种晶体点阵的每一种晶体点阵中的最小体积单元——平行六面体，称为 14 种布拉维格子。后继的 X 射线晶体学研究充分证实了布拉维的研究成就。

如果不考虑格子的几何形状（即 a_0，b_0，c_0，α, β, γ 6 个参数），而只考察格子中阵点的排布方式，可以将 14 种布拉维格子分为两大类：第一类是初基格子；第二类是非初基格子。

2.5.1.2 初基格子

初基格子又称为简单格子，以英文大写字母 P 表示，所以人们也叫这类格子为 P 格子。

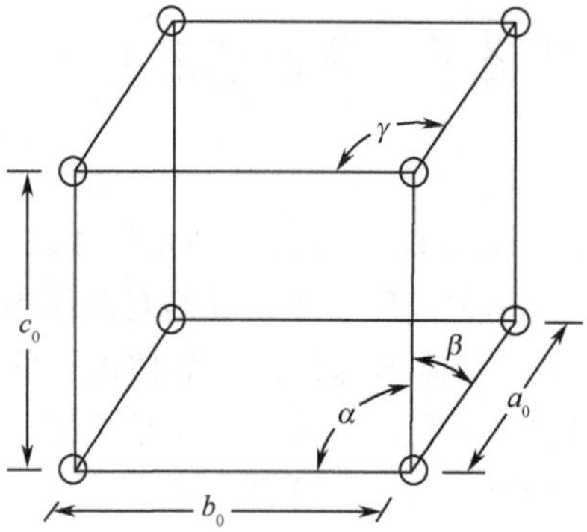

图 2-5-1 初基 P 格子，$n=1$

初基格子的特点如图 2-5-1 所示，在这平行六面体中除了作为格子最基本骨架的 8 个顶角上的阵点之外，并没有任何附加阵点。每一个顶角上的阵点在晶体点阵中为相邻的 8 个等同的六面体(格子)所共有，所以每一个格子对于顶角上的阵点只占有 1/8。因此可知，初基格子在晶体点阵中具有阵点数目为 $n=1$(8 个顶角阵点的八分之一)。

初基格子中，阵点与阵点之间具有点阵周期的平移关系，表达格子形状和大小的 6 个参数称为点阵六参数。其中 a_0，b_0 和 c_0 是格子的 3 个基本周期长度，也是周期平移矢量 $\mathbf{t}_a$，$\mathbf{t}_b$ 和 $\mathbf{t}_c$ 的基本单位。初基格子中的周期平移矢量称为“初基平移矢量”。

2.5.1.3 非初基格子

非初基格子亦称为复格子。非初基格子的平行六面体中，8 个顶角上具有阵点，就如初基格子一样，它们之间表达了整个晶体点阵的周期平移关系。这 8 个初基性质的基本阵点所构成的格子，其形状和大小也是以 a_0，b_0，c_0，α，β 和 γ 6 个参数表达，它们也称此为非初基点阵(复点阵)六参数。以 a_0，b_0 和 c_0 作为基本单位的 $\mathbf{t}_a$，$\mathbf{t}_b$ 和 $\mathbf{t}_c$ 也自然是此非初基格子和非初基点阵的周期平移矢量。这里我们把 $\mathbf{t}_a$，$\mathbf{t}_b$，$\mathbf{t}_c$ 叫做非初基格子的初基平移矢量。

非初基格子的特征是，除了 8 个顶角上的阵点之外，在格子的平行六面体中还存在着“附加阵点”，亦称“非初基阵点”。非初基阵点可以出现在平行六面体中 1 对平行平面的面中心，也可以在平行六面体中 3 对平行平面的面中心同时存在附加阵点。此外，也可以在平行六面体的体中心(即体对角线中点)具有附加的非初基阵点。

(1)侧面心格子(或底面心格子)，分别以英文大写字母 A，B 和 C 表示三种不同的侧面心类型。

侧面心格子的特点：平行六面体中除了 8 个顶点上的初基阵点之外，在 3 对平行平面中的 1 对平行面的面中心位置，具有附加的非初基阵点。每个平面面中心的阵点同属于相邻格子所共有，各占 1/2 个阵点，因此，侧面心格子中所含有阵点

数 $n=2$，其中一个是初基阵点，另一个是附加的非初基阵点，如图 2-5-2 所示。

A 格子：附加的非初基阵点位于与晶体学 *a* 轴（坐标轴 *X*）垂直的平面中心。在 *A* 格子中，附加阵点以非初基平移矢量 $(\mathbf{t}_b+\mathbf{t}_c)/2$ 与初基阵点存在平移等效关系。

B 格子：附加的非初基阵点在格子中位于与晶体学 *b* 轴（即坐标轴 *Y*）垂直的平面中心。在 *B* 格子中，附加阵点以非初基平移矢量 $(\mathbf{t}_a+\mathbf{t}_c)/2$ 与初基阵点存在平移等效关系。

C 格子：附加的非初基阵点在格子中位于与晶体学 *c* 轴（即坐标轴 *Z*）垂直的平面中心。在 *C* 格子中，附加阵点以非初基平移矢量 $(\mathbf{t}_a+\mathbf{t}_b)/2$ 与初基阵点存在平移等效关系。

(2)体心格子，以英文大写字母 *I* 表示体心格子，故亦简称 *I* 格子。

体心格子的特点：平行六面体中除了 8 个顶点上的初基阵点外，在格子的体中心（即体对角线中点）上具有附加的非初基阵点，如图 2-5-3 所示。

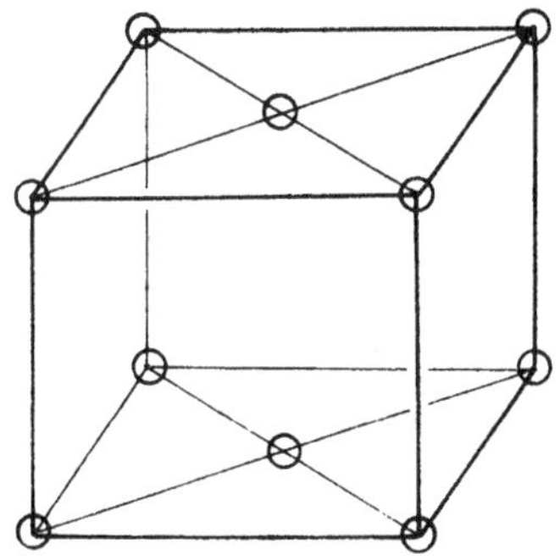

图2-5-2　侧面心 *A*, *B*, *C* 格子，$n=2$

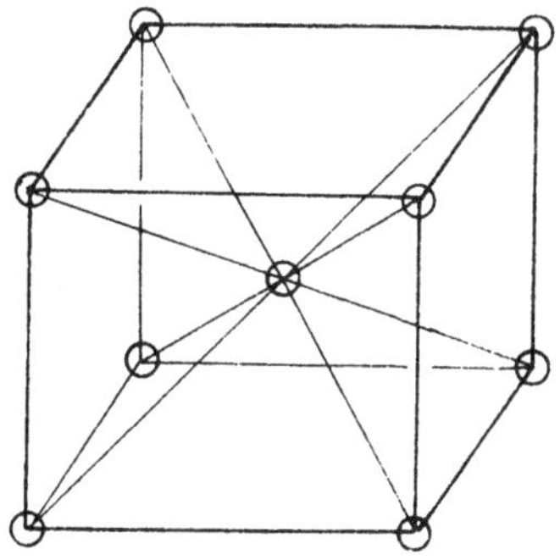

图 2-5-3　体心 *I* 格子，$n=2$

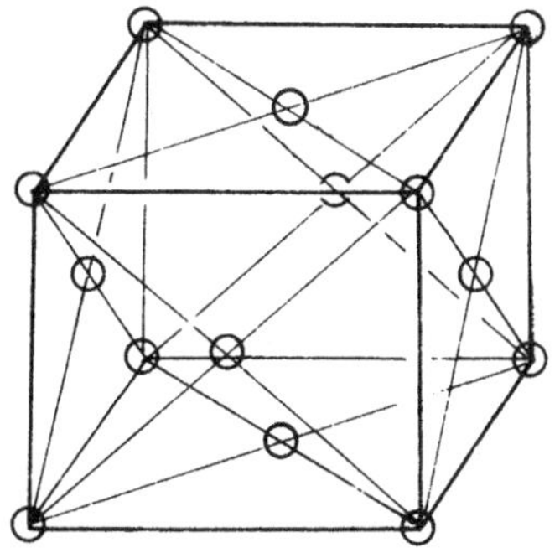

图 2-5-4　面心 *F* 格子，$n=4$

体心格子中包含着阵点数目 $n=2$，其中一个是初基阵点，另一个是非初基阵点。非初基阵点与初基阵点以非初基平移矢量($\mathbf{t}_a+\mathbf{t}_b+\mathbf{t}_c$)/2 互为平移等效。

(3)面心格子,或称全面心格子,以英文大写字母 F 表示面心格子,故亦简称 F 格子。

面心格子的特点:平行六面体中除了 8 个顶角上具有初基阵点之外,全部 3 对平行平面的面中心位置上都存在附加的非初基阵点(见图 2-5-4)。

每一平面面中心的附加阵点在晶体点阵中为两个相邻的单位格子所共有,每一格子只占其中的半个阵点。因此,面心格子中全部阵点数目 $n=4$,其中 1 个是初基阵点,其余 3 个是非初基阵点。3 个非初基阵点分别以下面 3 个非初基平移矢量与初基阵点互为平移等效:$(\mathbf{t}_a+\mathbf{t}_b)/2$;$(\mathbf{t}_a+\mathbf{t}_c)/2$;$(\mathbf{t}_b+\mathbf{t}_c)/2$

2.5.2 14 种布拉维格子

按照布拉维所提出的选择原则,每一晶系都肯定有一种初基点阵以及从它正确选取的初基格子。但是并非每一晶系都具有上述各种非初基格子和相应的非初基点阵,下面以晶系分别给以考察。

2.5.2.1 三斜晶系的布拉维格子

三斜晶系的六参数特征是 $a_0\neq b_0\neq c_0$,$\alpha\neq\beta\neq\gamma\neq 90°$。晶系的特征对称元素是对称自身和对称中心两种,因而它们对六参数并无任何特殊要求。

除了初基 P 格子外,其他任何非初基格子都可以通过重新选择单位格子的基本矢量 $\mathbf{t}_a$,$\mathbf{t}_b$ 和 $\mathbf{t}_c$ 使之变换为初基格子,并满足晶系对称,因而任何非初基格子都不是布拉维格子。

晶系对称及参数特征使三斜晶系所属的只有一种点阵,即初基点阵,并从中正确选取的初基格子(图 2-5-5)。

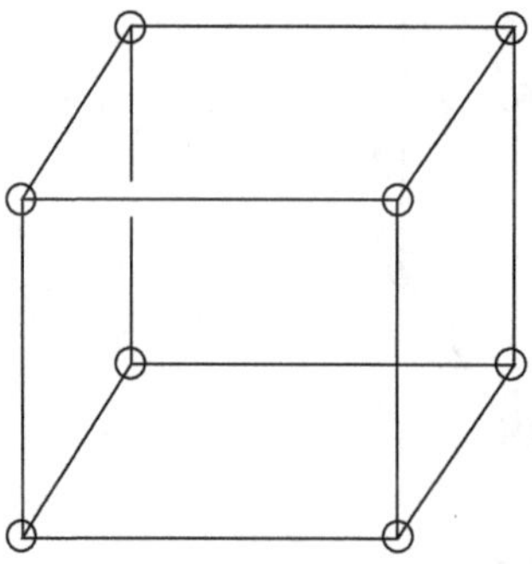

图 2-5-5 三斜晶系初基 P 格子

2.5.2.2 单斜晶系的布拉维格子

单斜晶系的六参数特征是 $a_0\neq b_0\neq c_0$,$\alpha=\gamma=90°$,$\beta>90°$。晶系的特征对称元素是与晶体学 b 轴(即坐标轴 Y)平行的二次轴,或者平行于晶体学 a,c 轴平面(即坐标轴 XZ 平面)的对称面。

单斜晶系中,除了初基 P 格子并由它构成的初基点阵之外,还可以存在侧面心 A 或 C 格子。A 格子与 C 格子可以通过坐标轴 X 与 Z 对换而互换,因而在这个意义上两者是等同的。侧面心 A(或

C)格子不可能通过单位格子基本矢量 $\mathbf{t}_a$,$\mathbf{t}_b$ 和 $\mathbf{t}_c$ 的重新选择而变换为初基 P 格子,因为这样变换后所得到的初基 P 格子将不满足单斜晶系的晶系特征对称。所以单斜晶系中应拥有非初基 A(或 C)格子(图 2-5-6),并由它所构成的点阵。

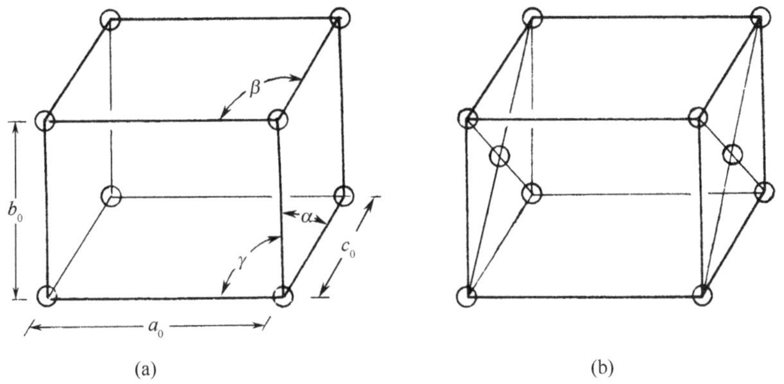

图 2-5-6 单斜晶系
(a)初基 P 格子;(b)侧面心 C 格子

底心 B 格子通过变换 $\mathbf{t}'_a=\mathbf{t}_a$,$\mathbf{t}'_c=(\mathbf{t}_a+\mathbf{t}_c)/2$,$\mathbf{t}'_b=\mathbf{t}_b$,重新选择单位格子基本平移矢量 $\mathbf{t}'_a$,$\mathbf{t}'_b$,$\mathbf{t}'_c$ 后,将可变换为初基 P 格子。变换后的初基 P 格子完全符合单斜晶系的特征对称,因而底心 B 格子并不是单斜晶系特有的布拉维格子。

体心 I 格子可以通过变换 $\mathbf{t}'_a=\mathbf{t}_a$,$\mathbf{t}'_c=\mathbf{t}_a+\mathbf{t}_c$,$\mathbf{t}'_b=\mathbf{t}_b$,改变为侧面心 A(或 C)格子,并满足晶系特征对称,因而单斜晶系中体心 I 格子也不是一种特有的布拉维格子。

面心 F 格子通过变换 $\mathbf{t}'_a=\mathbf{t}_a$,$\mathbf{t}'_c=(\mathbf{t}_a+\mathbf{t}_c)/2$,$\mathbf{t}'_b=\mathbf{t}_b$,可以改变为侧面心 A(或 C)格子。经过变换,重新选择单位格子的基本平移矢量,所确定的侧面心格子符合单斜晶系的特征对称。

很显然,上述侧面心 A(或 C)格子、底面心 B 格子,体心 I 格子和面心 F 格子实际上都同属于一种单斜晶系的侧面心点阵。在这侧面心点阵中,由于格子选取方式不同而得到上述不同的格子。对这一非初基复点阵只有侧面心 A(或 C)格子的选取才是正确的,其他的选取方式都不正确,必须重新选择单位格子的基本平移矢量,从而获得正确的布拉维格子。所以,单斜晶系中只有初基 P 格子和侧面心 A(或 C)格子(图 2-5-6),并由它们分别构成的初基 P 点阵和非初基 A(或 C)点阵。

2.5.2.3 正交晶系的布拉维格子

正交晶系的六参数特征是 $a_0\neq b_0\neq c_0$,$\alpha=\beta=\gamma=90°$。晶系的特征对称元素是与晶体学 a,b 和 c 轴(即坐标轴 X,Y 和 Z)平行的二次轴或者与之垂直的对称面,亦即 3 个二次轴或两个对称面或 3 个对称面相互垂直。

正交晶系中,包括初基 P 格子及各种非初基格子,包括侧面心 A(或 B 或 C)格子、体心 I 格子和面心 F 格子都应存在。对这些非初基格子给以任何变换,都必将破坏晶系特征对称。此外,由于正交晶系六参数的特征,通过坐标轴的对换或轮换,侧面心(或底心)A,B,C 格子之间是可以互换的,即同属于一种侧面心布拉维格子,同属一种侧面心布拉维点阵。正交晶系应拥有 4 种布拉维点阵,并从中正确选取的 4 种布拉维格子,见图 2-5-7。

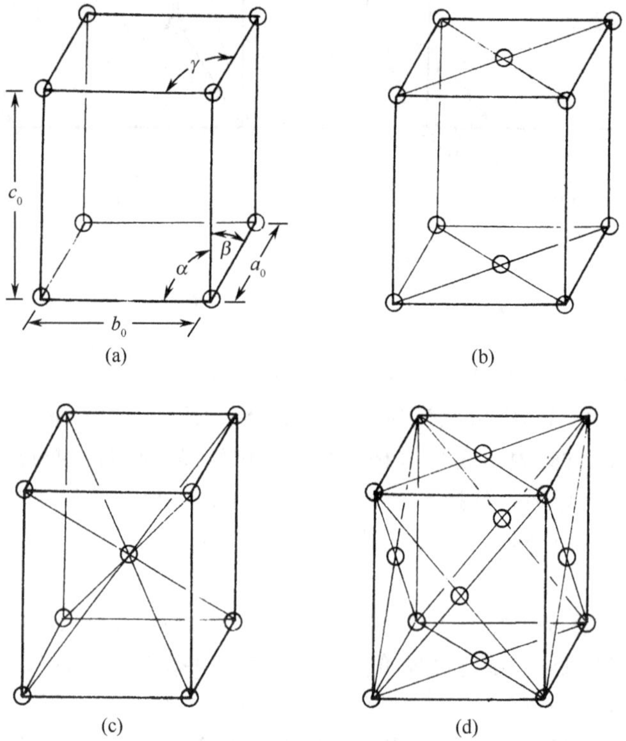

图 2-5-7 正交晶系

(a)初基 P 格子;(b)侧面心 C 格子;(c)体心 I 格子;(d)面心 F 格子

2.5.2.4 三方晶系的布拉维格子

三方晶系中有两类布拉维点阵和从中正确选取的两种布拉维格子。

一种是与六方晶系中六方柱(C 格子)以 H 取向的初基 P 格子完全一样,这一种布拉维格子将在下面六方晶系的布拉维格子中给予讨论,它们同属于一种布拉维点阵,同属一种布拉维格子。

另一种是三方晶系特有的布拉维格子,这就是图 2-5-8 所示的菱面体 R 格子，由它构成了 R 点阵。

三方晶系菱面体的六参数特征是 $a_0=b_0=c_0$，$\alpha=\beta=\gamma\neq 90^\circ$。其特征对称元素三次轴与通过菱面体坐标原点的体对角线相平行。

这里所讨论的菱面体，如图 2-5-8 所示，是三方晶系所特有的一种初基 R 格子，由这种初基 R 格子所构成的 R 点阵是三方晶系所特有的一种布拉维点阵。对于这样一种 R 点阵，在实际工作中由于选取方式(我们称之为取向，亦可以说是晶体学轴的取向)不同，可以得到不同的单位格子。通常遇到的有如下几种选取方式：

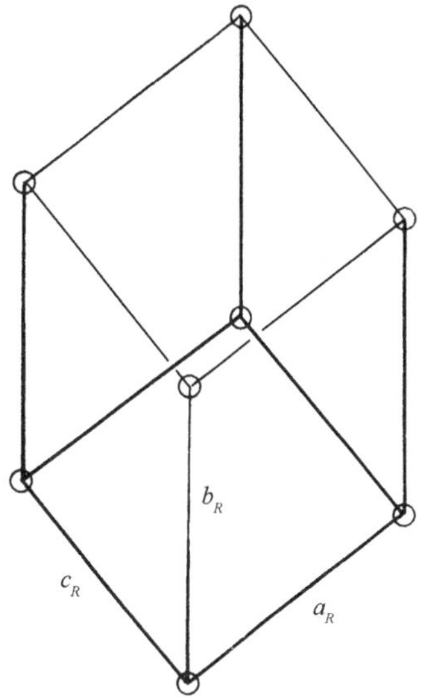

图 2-5-8　三方晶系的 R 格子

(1)初基 R 格子——R 取向格子，它所包含的阵点数目 $n=1$，格子的六参数特征是 $a_R=b_R=c_R$，$\alpha_R=\beta_R=\gamma_R\neq 90^\circ$，特征三次轴与通过坐标原点的体对角线相平行(重合)，如图 2-5-8 所示的布拉维格子。

(2)体心 R' 格子——R' 取向格子，其阵点数目 $n=2$，六参数特征是 $a_{R'}=b_{R'}=c_{R'}$，$\alpha_{R'}=\beta_{R'}=\gamma_{R'}\neq 90^\circ$，特征三次轴与通过坐标原点的体对角线方向平行。

(3)非初基 H 格子——H 取向格子，其阵点数目 $n=3$，六参数特征是 $a_H=b_H\neq c_H$，$\alpha_H=\beta_H=90^\circ$，$\gamma_H=120^\circ$。它与六方晶系的 H 取向初基 P 格子的形状相同，但所包含的阵点数目及其排布却不同。特征三次轴与晶体学 c_H 轴平行。

(4)非初基 O 格子——O 取向格子，其阵点数目 $n=6$，六参数特征 $a_0\neq b_0\neq c_0$，$\alpha_0=\beta_0=\gamma_0=90^\circ$。这是一种正交取向的格子，特征三次轴与 c_0 平行。

上述是三方晶系 R 点阵常见的 4 种单位格子选取，它们同属于 R 点阵。按照布拉维所提出的原则，正确选取的应是初基 R 格子，即 R 取向格子。其余 3 种取向格子只是由于实际工作需要，可以从 R 取向格子通过基本平移矢量的变换而获得。上述 4 种取向格子之间的变换、基本平移矢量之间的关系等，将在 2.5.3 节中作详细讨论。

2.5.2.5　六方晶系的布拉维格子

六方晶系的晶体点阵只有一种，称为 H 点阵，它与三方晶系中第一种 H 取向初基 P 格子所属的晶体点阵完全一样。六方晶系的六参数特征是，$a_0=b_0\neq c_0$，$\alpha=\beta=90^\circ$，$\gamma=120^\circ$，晶系特征对称元素六次轴与晶体学 c 轴(亦即坐标轴 Z)平行。

满足六方晶系(也可满足三方晶系)特征对称的格子只能是具有底面心阵点的六方柱格子。这种六方柱格子称为面心 C 格子(见图 2-5-9)。从六方晶系 H 点阵选取这种六方柱格子，我们称为 H 取向面心 C 格子。H 取向面心 C 格子中包含阵点数目为 $n=3$。不难看出，H 取向面心格子中实际上包含着 3 个完全等同的平行六面体。每一个平行六面体是初基 P 格子，它只包含着一个阵点 $n=1$。我们将平行六面体称为 H 取向初基 P 格子。准确地说，通常所指的 H 取向格子就是 H 取向初基 P 格子，它是按照布拉维选择原则在六方晶系的 H 点阵中正确选取的单位格子。自然，它是一种布拉维格子。而 H 取向面心 C 格子是这种布拉维格子的复合格子。

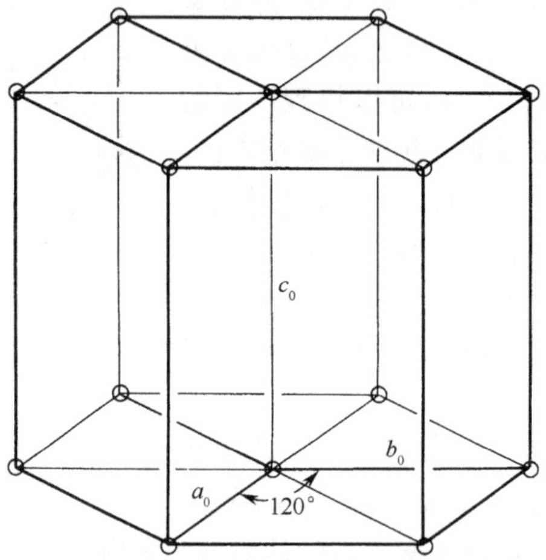

图 2-5-9　六方晶系 H 点阵中的初基 C 格子

虽然六方晶系 H 点阵(以及与此完全相同的一种三方晶系晶体点阵)的 H 取向格子是一种初基 P 格子，然而它却具有底面心 C 格子特征，在微观空间对称组合中将表现出这种 C 格子的特点。在下面 2.5.3 节中将对此进行一些讨论。

2.5.2.6　四方晶系的布拉维格子

四方晶系六参数特征是 $a_0=b_0\neq c_0$，$\alpha=\beta=\gamma=90°$，特征对称元素四次轴与晶体学 c 轴(坐标轴 Z)的方向相平行。

四方晶系中，由初基 P 格子所构成的初基 P 点阵是肯定存在的。除此之外，还应该有由非初基的体心 I 格子所构成的一种非初基布拉维点阵。体心 I 格子不可能通过基本平移矢量的变换而变换成初基 P 格子并保持晶系特征。换句话说，从体心 I 点阵中不可能选取出符合晶系特征的初基 P 格子。图 2-5-10(a)及(b)给出了四方晶系的两种布拉维格子。

四方晶系的底心 C 格子是从初基 P 点阵中一种不符合布拉维选择原则所选取的格子。可以通过下列基本平移矢量变换，将底心 C 格子改变为初基 P 格子：

$$\mathbf{t}'_a=(\mathbf{t}_a+\mathbf{t}_b)/2$$

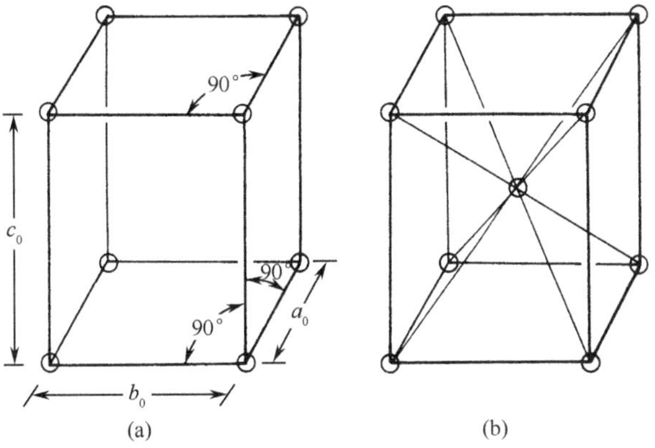

图 2-5-10　四方晶系的两种布拉维格子

(a)初基 P 格子；(b)体心 I 格子

$$\mathbf{t}'_b = (\mathbf{t}_b - \mathbf{t}_a)/2 \tag{2.5.1}$$
$$\mathbf{t}'_c = \mathbf{t}_c$$

四方晶系中侧面心 A 或 B 格子都不能满足晶系特征对称(参数中 $a_0 = b_0$，特征对称元素四次轴)，因而根本不可能存在。

双侧面心($A+B$)格子表面上好像满足了四方晶系的特征对称，但实际上双侧面心($A+B$)格子无论在哪一个晶系中都不可能存在，因为 A 格子性质的附加阵点并不满足 B 格子性质的非初基平移矢量$(\mathbf{t}_a+\mathbf{t}_c)/2$。具体说，在单位格子中 A 格子性质的附加阵点处于坐标位置为(0 1/2 1/2)，如果以此附加阵点为初始阵点，在单位格子中按 B 格子性质的非初基平移矢量$(\mathbf{t}_a+\mathbf{t}_c)/2$ 进行平移，那么应该在坐标(1/2 1/2 0)位置上找到它的等效阵点。而事实上双侧面心($A+B$)格子中在坐标(1/2 1/2 0)位置上并不存在阵点。同样，由于在双侧面心($A+B$)格子中缺少在坐标(1/2 1/2 0)位置上的阵点，B 格子性质的附加阵点，其坐标为(1/2 0 1/2)，也并不满足 A 格子性质的非初基平移矢量$(\mathbf{t}_b+\mathbf{t}_c)/2$ 的平移等效关系。很显然，在单位格子中位于坐标(1/2 1/2 0)位置上的阵点是底面心 C 格子性质的附加点阵。由此可知，包括四方晶系在内的任何晶系中不可能存在双侧面心($A+B$)的布拉维格子和由它构成的布拉维点阵。当然，全面心($A+B+C$)格子在许多晶系中确实存在，而它就是面心 F 格子。面心 F 格子中各附加的非初基阵点和初基阵点构成一个完善的整体，它们相互呼应，相互满足。

四方晶系中不应该有面心 F 的布拉维格子。面心 F 格子可以通过式(2.5.1)所列的基本周期平移矢量的变换，重新选择为体心 I 格子。换句话说，在四方晶系中面心 F 格子是体心 I 点阵中不符合布拉维选择原则所割取的一种单位格子，它并不是一种布拉维格子。

2.5.2.7 立方晶系的布拉维格子

立方晶系的六参数特征是 $a_0=b_0=c_0$，$\alpha=\beta=\gamma=90°$，晶系特征对称元素是分别与单位格子的 4 个体对角线平行的 4 个三次轴。

立方晶系中，任何一种侧面心(或 A，或 B，或 C)格子都不能满足立方晶系的晶系特征对称。这样，在立方晶系中应有 3 种布拉维格子，如图 2-5-11 所示，初基 P 格子、体心 I 格子及面心 F 格子分别构成的 3 种布拉维点阵。体心 I 格子和面心 F 格子不能再加以变换，否则就要破坏晶系特征对称。

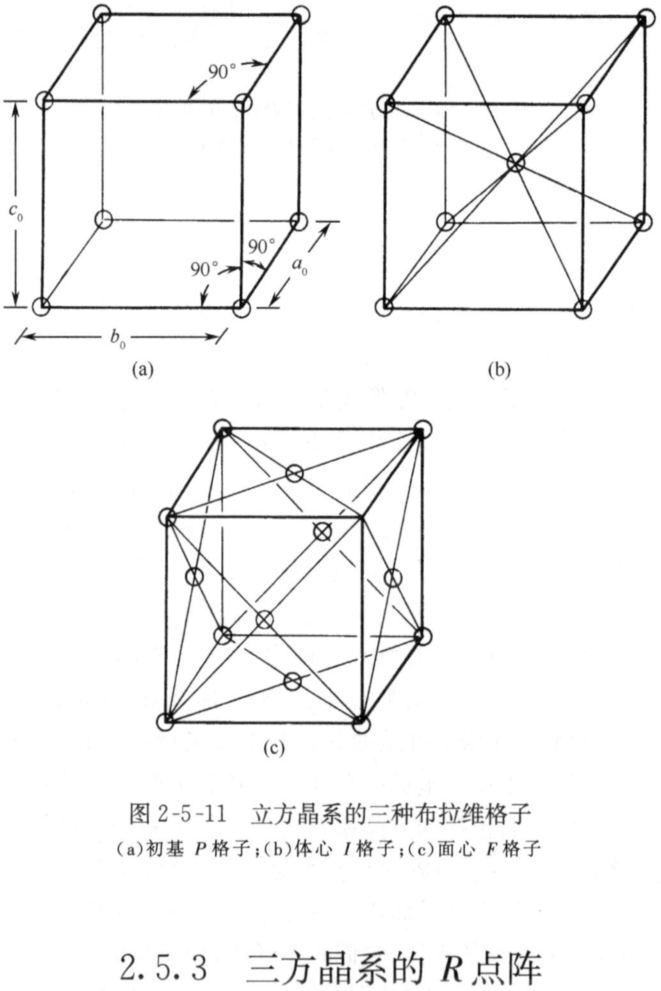

图 2-5-11　立方晶系的三种布拉维格子

(a)初基 P 格子；(b)体心 I 格子；(c)面心 F 格子

2.5.3　三方晶系的 R 点阵

在 2.5.2.4 节中已经指出，三方晶系实际存在着两种不同类型的布拉维点阵：一种是与六方晶系的情况完全一样，是由 H 取向初基 P 格子(由 3 个初基 P 格子构成六方柱形的 H 取向 C 格子)所构成的六方晶系唯一的一种布拉维点阵——H 点阵。H 点阵及按布拉维选择原则正确地选取的 H 取向初基 P 格子(如图 2-5-9 所示)既能满足六方晶系的晶系特征对称,也能满足三方晶系的特征对称,因而可以出现在三方晶系中。在晶体点阵类型上,它同属于一种布拉维点阵。H 点阵和从中选取的 H 取向初基 P 格子比较简单,也比较易于理解,这里不再做过多的分析。在这一节里,我们集中讨论三方晶系的另一种布拉维点阵。

2.5.3.1 R点阵中几种选取单位格子的方式——取向

三方晶系的另一种布拉维点阵是 R点阵,它是由如图 2-5-8 所示的菱面体 R 格子所构成的,是三方晶系所特有的晶体点阵。图 2-5-12 给出了 R点阵的一部分,以及在 R点阵中以 R 取向的初基 R 格子。在 R点阵中以 R 取向所选取的初基 R 格子是依照布拉维选择原则,正确地选取的布拉维格子。初基 R格子的六参数特征是 $a_R=b_R=c_R$,$\alpha=\beta=\gamma\neq90°$。晶系的特征三次对称轴在此初基 R取向格子中位于[111]取向上,即 3 个坐标轴的中分线上。此方向正好是下述 H 取向格子中的[001]取向。

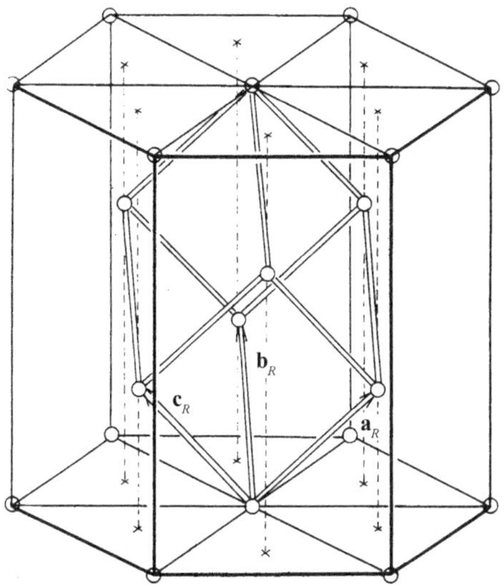

图 2-5-12　三方晶系的 R点阵和 R取向的初基 R格子

在三方晶系的 R点阵中第二种选取单位格子的方式是以 H 取向选取的 H 格子。显然,H 格子并不是三方晶系 R 点阵的布拉维格子,然而在实际工作中,对 R 点阵往往采用 H 取向格子。从三方晶系 R点阵(图 2-5-12)割取下来的一个 H 取向格子,如图 2-5-13 所示,它在格子形状上与六方晶系的特征布拉维格子——H 点阵的 H 取向初基 P 格子(见图 2-5-9)完全一样,即格子六参数特征一样。$a_H=b_H\neq c_H$,$\alpha=\beta=90°$,$\gamma=120°$。但是格子中的阵点数目以及阵点在单位格子中的排布却很不相同。三方晶系 R 点阵的 H 取向格子(图 2-5-13)中,除了格子平行六面体的 8 个顶角上占有阵点——初基阵点之外,单位格子内还有另外两个附加阵点,全部阵点数目 $n=3$,因而 R 点阵 H 取向格子是一种非初基格子。在下面的讨论中还将会指出,在 R 点阵中有两种不同的 H 取向格子。在图 2-5-13 所给出的其中一种 H 取向格子中,两个附加的非初基阵点分别占据坐标为(1/3 2/3 1/3)和(2/3 1/3 2/3)的位置上。

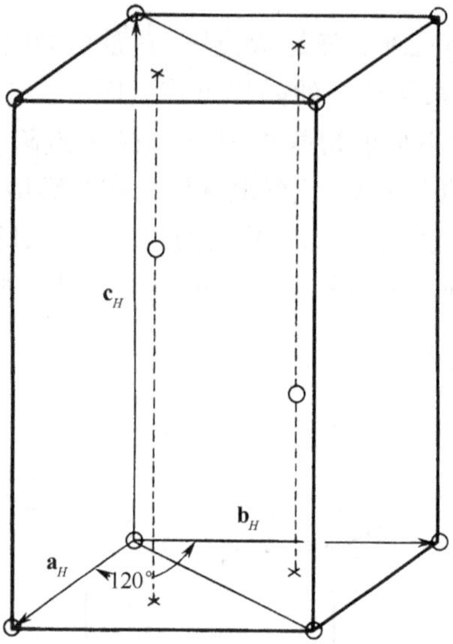

图 2-5-13　三方晶系 R 点阵中以 H 取向的 H 格子

在三方晶系 R 点阵中第三种选取单位格子的方式是 R'取向,所选取的是体心 R'格子,如图 2-5-14 所示。体心 R'格子与初基 R 格子一样都是菱面体格子,六参数特征是 $a_{R'}=b_{R'}=c_{R'}$,$\alpha_{R'}=\beta_{R'}=\gamma_{R'}\neq 90°$。由于格子六参数的绝对值不同,在同一个 R 点阵中体心 R'格子与初基 R 格子的形状和大小并不相同。如图 2-5-14 所示,体心 R'格子除初基阵点外,在格子的体心位置具有附加非初基阵点,全部阵点数 $n=2$。

2.5.3.2　R 点阵中几种取向的相互关系

为了进一步考察三方晶系 R 点阵中三种不同取向(R 取向、H 取向、R'取向)之间的关系,我们将 R 点阵沿特征对称元素三次轴投影表示于图 2-5-15。图中,三种不同取向的基本周期平移矢量均落在同一的坐标原点上,即以 H 取向时正六方柱的底面心阵点作为共同原点。图 2-5-15 的点阵投影图中,各阵点沿晶系特征三次轴方向(即垂直于投影面方向)的相对周期高度,除零高度(即整数周期)位置

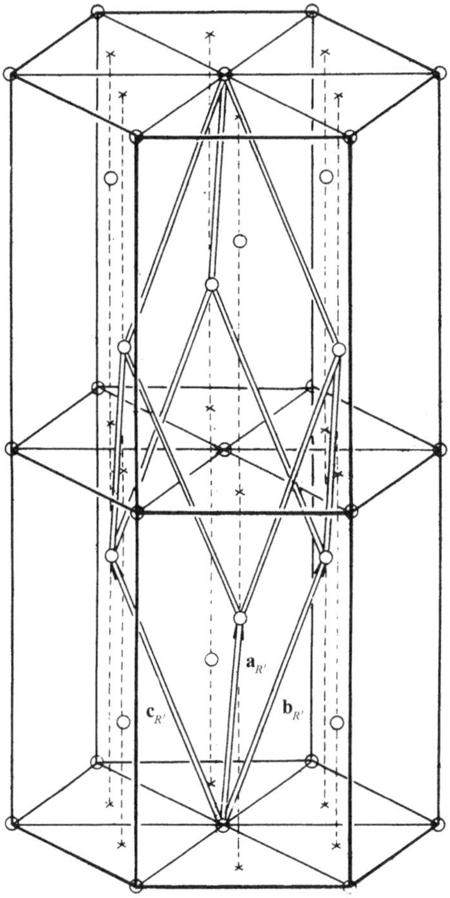

图 2-5-14　三方晶系 R 点阵中以 R' 取向的体心 R' 格子

外,均用分数表示。图 2-5-15 所示意的方向位置是与图 2-5-12、2-5-13 和2-5-14 相一致的,可以看作上述三个图沿晶系特征的三次轴投影,并以共原点叠合在一起。

如图 2-5-12,这里图 2-5-15 中所投影的六方柱,从外形上与图 2-5-9 六方晶系 H 点阵底心 C 格子十分相似。然而这里的三方晶系 R 点阵以 H 取向的底心 C 格子内却具有 6 个额外的附加阵点,其中 3 个高度为 1/3,而另外 3 个为 2/3,它们绕着通过共同原点的特征三次轴以 60°相隔相错排布。在 R 点阵中,如图 2-5-15 所示,菱面体初基 R 格子是以其中 3 个高度为 1/3 的附加阵点作为格子的基本周期平移,而菱面体心 R' 格子却是以另外 3 个高度为 2/3 的附加阵点作为格子的基本周期平移。从图中可以清楚知道,R 点阵中 H 取向格子的 3 个基本周期平移,在取向上与六方晶系 H 点阵的 H 取向初基 P 格子是一样的,只是在 R 点阵的 H

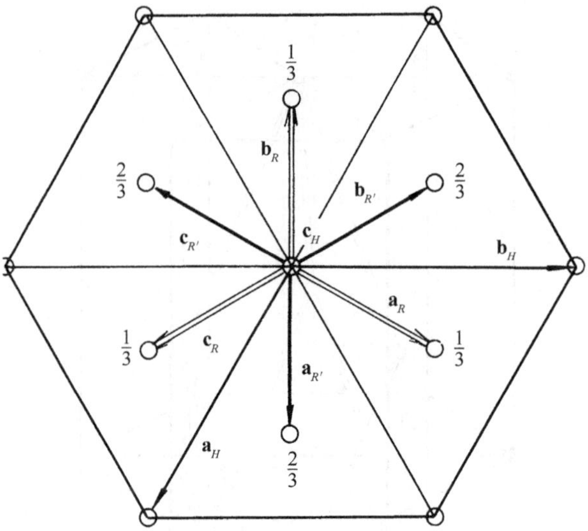

图 2-5-15　三方晶系 R 点阵中 R 取向格子、R' 取向格子和 H 取向格子的基本周期平移矢量及其相互关系

取向的格子中增加了两个附加阵点。通过图 2-5-15 我们可以了解 R 点阵的特殊性，可以掌握 R 取向格子、R' 取向格子和 H 取向格子的基本周期平移的取向特点，以及它们之间的关系。通过图 2-5-15 的表达，读者可推导出各种格子（基本周期平移矢量 $\mathbf{a},\mathbf{b},\mathbf{c}$）之间的变换关系（矢量变换矩阵）。

显然，从图 2-5-15 可以看出，菱面体初基 R 取向格子中的 3 个基本周期平移 $\mathbf{a}_R$，$\mathbf{b}_R$ 和 $\mathbf{c}_R$ 之间，就像体心 R' 取向格子的 $\mathbf{a}_{R'}$，$\mathbf{b}_{R'}$ 和 $\mathbf{c}_{R'}$ 之间，可以保持右手规则给以轮换，而 H 取向格子的 $\mathbf{a}_H$，$\mathbf{b}_H$ 在六方柱中也有多种不同的取向。因而图 2-5-15只是给出上述 3 种格子基本周期平移之间的一种关系，它们之间的相对关系将随着坐标轴轮换及取向的不同而有所变化。但不论变化如何，图 2-5-15 所示的仍然是一种基本的排布关系，差别只是矢量的标记可能改变而已。

2.5.3.3　*R* 点阵中两种不同的 *H* 取向

如上所述，三方晶系中以 H 取向的 H 复格子中除平行六面体 8 个顶角的初基阵点之外，格子内还有两个附加阵点。图 2-5-13 与图 2-5-15 所示的 H 复格子内，附加阵点分别占据坐标为（2/3 1/3 2/3）和（1/3 2/3 1/3）位置。从图 2-5-12 和图 2-5-15 不难看出，在三方晶系 R 点阵中（这里以 R 点阵的一个相对独立部分——六方柱点阵进行讨论）存在着两种不同的选取 H 复格子的方式，即有两种不同的 H 取向。在 R 点阵中两种不同的 H 取向所选取的 H 复格子，在形状和大小上完全一样，但两个附加阵点在格子中的排布却完全不同。在图 2-5-16 中给出

了两种不同的 H 取向，即 H 和 H' 取向。在 H 和 H' 取向中，两者的基本周期平移 $\mathbf{c}_H$ 和 $\mathbf{c}_{H'}$ 是完全重合，而 $\mathbf{a}_H$、$\mathbf{b}_H$ 与 $\mathbf{a}_{H'}$、$\mathbf{b}_{H'}$ 绕着 $\mathbf{c}_H$ 相错 60°。换句话说，两种不同的 H 取向，其差别就只在于 $\mathbf{a}_H$（或 $\mathbf{b}_H$）与 $\mathbf{a}_{H'}$（或 $\mathbf{b}_{H'}$）在取向上相差 60°，如图 2-5-16所示。

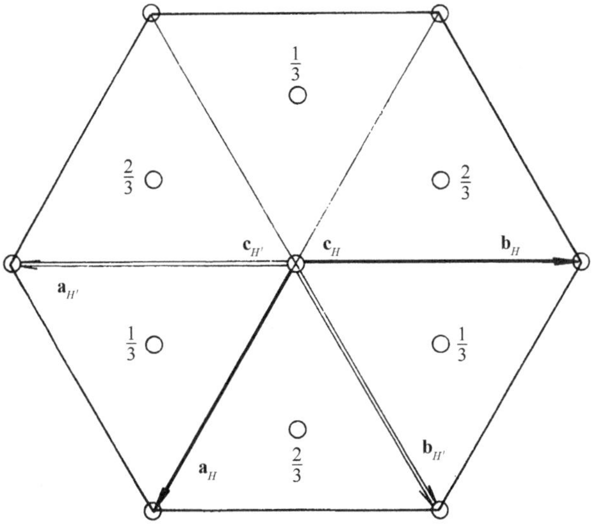

图 2-5-16　三方晶系 R 点阵中两种不同的 H 取向

不难看出，两个附加阵点在 H 取向格子和 H' 取向格子内的排布完全不相同，所以它们是 R 点阵中两种不同的 H 取向格子。图 2-5-16 所标记的基本周期平移给出两种相差 60°取向的格子。在 H 取向的复格子中如图 2-5-13 一样，两个附加阵点分别位于坐标为(2/3 1/3 2/3)及(1/3 2/3 1/3)位置上。而在 H' 取向的复格子中，两个附加阵点却占据着坐标为(2/3 1/3 1/3)及(1/3 2/3 2/3)位置。无论 H 取向格子或 H' 取向格子，绕着 $\mathbf{c}_H$（$=\mathbf{c}_{H'}$）轴旋转 120°，其结果相同。

这里强调指出，在具有 R 点阵的三方晶系晶体结构研究中，两种不同的 H 取向将给出两种不同的结构排布，必须经过坐标变换才能相互一致，读者在实际工作中必须对此给以足够的注意。

两种不同的 H 取向之间及其与 R 取向和 R' 取向之间的变换，可以通过基本周期平移之间的特定关系给出相应的变换矩阵，在此不一一列出。

2.5.3.4　R 点阵中的 O 取向

对于三方晶系的 R 点阵还有另一种选取单位格子的取向方式，这是一种正交取向，称之为 O 取向。O 取向格子的六参数特征是 $a_O \neq b_O \neq c_O$，$\alpha=\beta=\gamma=90°$。正交 O 取向格子是十分庞大的复格子，在实际工作中很少使用，只是在特殊情况下，诸如在衍射仪上对晶体衍射数据的收集或晶体的相对吸收校正等偶尔会碰到。在此,我们只作一些简单的介绍。

图 2-5-17 给出了正交 O 取向的基本周期与 H 取向的关系。通过它们之间的关系及所导出的变换,不难推知正交 O 取向与其他取向的关系和变换。从图 2-5-17可以了解,正交 O 取向的非初基格子中全部阵点数目 $n=6$。

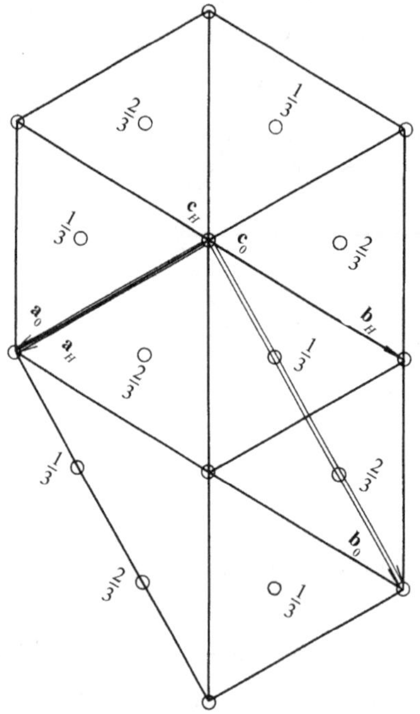

图 2-5-17　三方晶系 R 点阵中正交 O 取向与 H 取向的相互关系

不难理解,相对于图中的 H 取向格子,正交 O 取向还有其他割切格子的方式,但是在单位格子六参数之间的关系上,$\mathbf{c}_0$ 总是选择与 $\mathbf{c}_H$ 重合,$\mathbf{a}_0$(或 $\mathbf{b}_0$)选择与 $\mathbf{a}_H$ 或 $\mathbf{b}_H$ 重合。

正如体心 R' 取向格子和 H 取向的复格子一样,正交 O 取向复格子也不是布拉维格子,它只是三方晶系 R 点阵在实际工作中可能遇到的其中一种选取单位格子方式。

2.5.3.5　R 点阵中的三次轴

在布拉维点阵中,三方晶系 R 点阵是一种十分复杂的点阵,其复杂性就在于非初基阵点的附加和它们在空间相对排布的特殊。只要仔细分析图 2-5-12、图 2-5-14 和图 2-5-15 以不同角度所给出的部分 R 点阵,通过阵点在空间排布的关系,不难发现,在 R 点阵中平行于晶系特征三次轴的方向上(即 $\mathbf{c}_H$ 方向上)同时存在着三次旋转轴 3 和三次螺旋轴 3_1 及 3_2。这是 R 点阵在此取向上的非初基平移所引起的对称元素派生共存现象。图 2-5-18 给出了作为部分 R 点阵的正六方柱 C 格子内,各种三次轴 3,3_1 和 3_2 的排布。这里的六方柱格子是与上述各图所示的、包含着非初基阵点的六方柱 C 格子相对应的。图 2-5-18 所给出的每一个三次轴,无论哪一个旋转轴或螺旋轴都满足整个点阵全部阵点之间的对称等效的排布关系,也就是说它们反映着点阵本身阵点空间排布的对称性。它们是三方晶系 R 点阵本身固有的特征对称性,并不是外加组合而派生的对称元素。

由此可以推知,具有三方晶系 R 点阵的晶体,其内部结构都必然同时存在着这三类三次轴(3,3_1 及 3_2),并且它们在点阵中的排布如图 2-5-18 所示。通过将上述各示意图与图 2-5-18 叠合,读者可以指出在上述每一种取向的单位格子中这

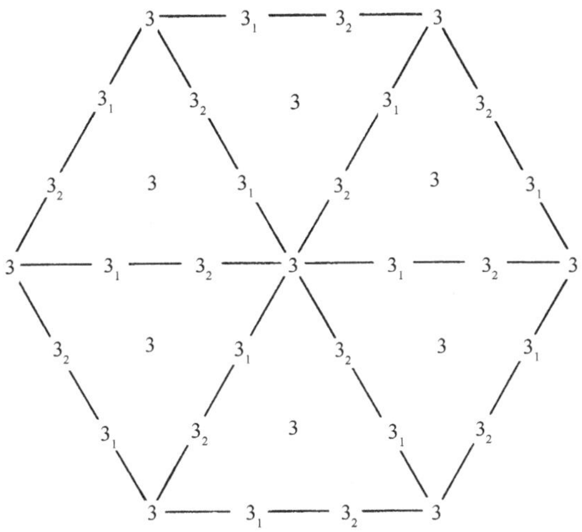

图 2-5-18 三方晶系 R 点阵中固有的各类三次轴及其在点阵中排布

些三次轴(3,3_1 和 3_2)的特定排布,在此不再赘述。

2.5.3.6 *R* 点阵中二次轴及对称面的可能取向

通过仔细分析图 2-5-12、图 2-5-14 和图 2-5-15 以不同角度所给出的阵点在空间排布的关系,不难推知,在三方晶系 R 点阵中如果存在着与晶系特征三次轴相垂直的二次轴,那么二次轴只能与在两个附加阵点之间通过的方向相平行(或重合)。这样,二次轴的方向在 H 取向格子中就是[100]取向(即[100],[110]和[010]三个等效的取向),而在 R 取向格子中就是[$1\bar{1}0$]取向(即[$1\bar{1}0$]、[$01\bar{1}$]和[$\bar{1}01$]三个等效的取向)。除此之外,二次轴不再可能有像在 H 点阵 H 取向 P 格子中的另一种[120]取向。同样的道理,如果在 R 点阵中存在着与特征三次轴相平行的对称面,从点阵排布的特征可以推知,对称面只能与通过坐标系原点阵点和附加阵点的阵点平面相平行(或重合)。这样的对称面取向(面法线方向)就如上述的二次轴取向一样,即在 R 取向格子中只能以[$1\bar{1}0$]取向,而在 H 取向格子中就是[100]取向。

2.5.4 四方晶系布拉维格子中的[110]取向和六方晶系布拉维格子中的[100]及[120]取向

2.5.4.1 四方晶系布拉维格子中的[110]取向

满足六参数中具有特征为 $a_0=b_0$,$\alpha=\beta=\gamma=90°$的单位格子将是四方晶系的两种布拉维格子和立方晶系的3种布拉维格子。立方晶系的布拉维格子的参数特征除 $a_0=b_0$ 外,还有 $a_0=c_0$, $b_0=c_0$。这里只讨论 $a_0=b_0$ 的情况,其余的情况读者可以由此类推。

具有 $a_0=b_0$, $\alpha=\beta=\gamma=90°$参数特征的布拉维格子,由于两个周期平移 $\mathbf{t}_a$ 与 $\mathbf{t}_b$ 相互以90°相交且相互等效,因而[100]取向(即晶棱方向)与[010]取向是相互等效的取向。同理,[110]取向与[1$\bar{1}$0]取向也是等效共存的取向。在这些布拉维格子中,[110]取向(等效共存的[1$\bar{1}$0]取向)将具有特殊性质,下面对3种布拉维格子分别给予讨论:

1.初基 P 格子中的[110]取向　　具有上述参数特征的初基 P 点阵的一部分点阵(由4个布拉维 P 格子组成)沿四次轴(即周期平移 $\mathbf{t}_c$)方向投影示意于图2-5-19。如果以这一个初基布拉维 P 格子中的[110]取向及其等效共存的[1$\bar{1}$0]取向作为基本周期平移方向,在这一初基 P 点阵中重新选取单位格子,也可以说,是以初基布拉维 P 格子中的平移矢量 $\mathbf{t}_a+\mathbf{t}_b$ 和 $\mathbf{t}_a-\mathbf{t}_b$ 代替基本周期平移 $\mathbf{t}_a$ 和 $\mathbf{t}_b$,在这初基 P 点阵中重新选择单位格子,那么这重新选取的单位格子实质上就是初基 P 点阵的[110]取向格子,在图2-5-19中以粗线表示。从图中不难看出,这一[110]取向格子是底心 C 格子。由此可推知,在四方晶系和立方晶系中初基布拉维 P 格子中,[110]取向(和它等效共存在[1$\bar{1}$0]取向)上具有底心 C 格子的性质。我们也可这样理解,在初基 P 格子中的[110]方向是在重新选取的底心 C 格子中的[100]方向。因此,在下一章有关对称元素与非初基平移组合的讨论中,四方晶系和立方晶系的初基布拉维格子内,位于[110](和[1$\bar{1}$0])取向上的对称元素应遵循与底心 C 格子的[100]取向一样的非初基平移组合规律,出现对称元素派生共存。

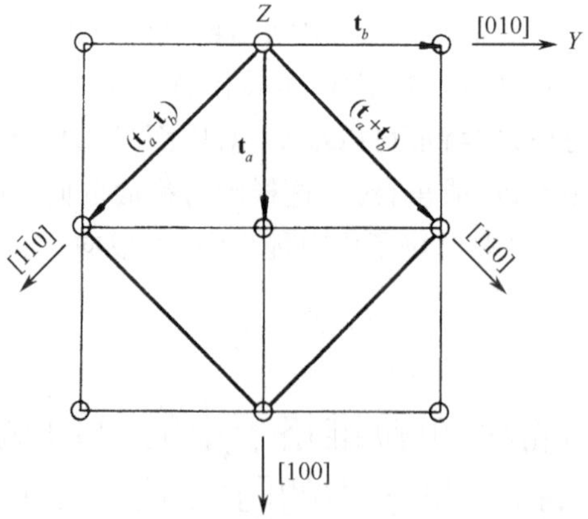

图2-5-19　四方晶系和立方晶系初基 P 格子中的[110]取向具有非初基底心 C 格子[100]取向的性质

2.体心 I 格子中的[110]取向　　四方晶系和立方晶系的体心布拉维 I 点阵，遵照布拉维选择原则所选取的布拉维格子应是体心 I 格子。图 2-5-20 给出由 4 个体心 I 格子组成的部分点阵，并沿周期平移 $\mathbf{t}_c$ 方向投影示意。以体心 I 格子中的[110]取向（和等效的[1$\bar{1}$0]取向）在布拉维体心 I 点阵中重新选取的格子（图中以粗线表示）是一个非初基的面心 F 格子。在体心 I 格子中的[110]和[1$\bar{1}$0]方向在重新选取的 F 格子中是位于[100]和[010]方位。由此可以推知，四方晶系和立方晶系的体心 I 格子中，[110]取向具有面心格子的[100]取向性质。在此方向上的对称元素应看作面心 F 格子[100]取向上的对称元素，并遵循与面心 F 格子的非初基平移组合规律，导出其派生共存的对称元素。

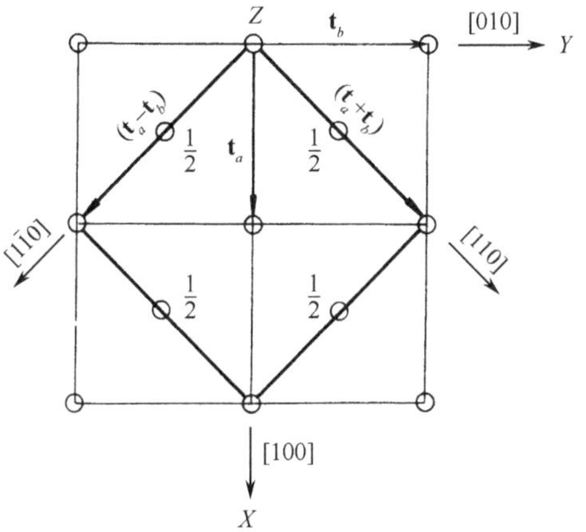

图 2-5-20　四方晶系和立方晶系体心 I 格子中的[110]取向具有非初基面心 F 格子[100]取向的性质

3.面心 F 格子中的[110]取向　　图 2-5-21 给出立方晶系 4 个面心布拉维 F 格子所组成的部分布拉维 F 点阵。从图中可以知道，面心 F 格子的两个基本周期平移标记为 $\mathbf{t}_a$ 及 $\mathbf{t}_b$。如果以 $(\mathbf{t}_a+\mathbf{t}_b)/2$ 和 $(\mathbf{t}_a-\mathbf{t}_b)/2$ 作为基本周期平移，在面心 F 点阵中重新选取单位格子，其结果如图所示的体心 I 格子（以粗线表示）。由此可以推知，在立方晶系面心 F 格子中，在[110]（和[1$\bar{1}$0]）取向上具有非初基体心 I 格子的[100]取向性质。在此方向上的对称元素应遵循体心 I 格子[100]取向所表现的对称元素派生共存规律。

立方晶系的参数特征是 $a_0=b_0=c_0$，$\alpha=\beta=\gamma=90°$，因而，在立方晶系的布拉维格子中，[011]取向和[101]取向将与[110]取向一样具有上述讨论的特点。这 3 个不同的取向，在立方晶系的布拉维格子中是相互等效的。

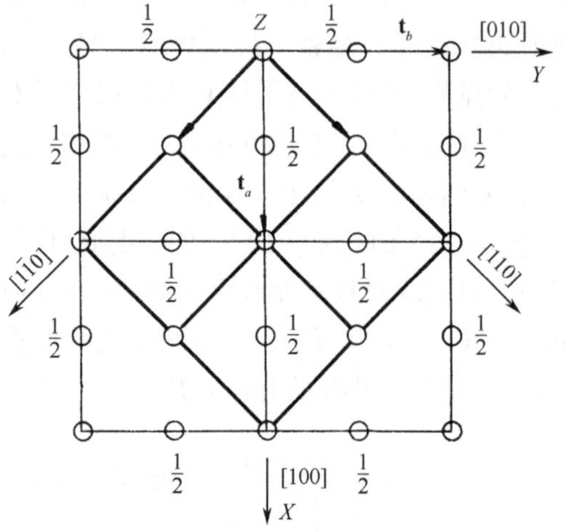

图 2-5-21　立方晶系面心 F 格子中的[110]取向具有非初基体心 I 格子[100]取向的性质

2.5.4.2　六方晶系布拉维格子中的[100]取向和[120]取向

六方晶系的布拉维点阵只有一种,这就是我们通常说的六方晶系 H 点阵,它是由 H 取向初基 P 格子所构成。H 取向初基 P 格子是从 H 点阵正确选取的布拉维格子,它的参数特征是 $a_H=b_H\neq c_H$,$\alpha=\beta=90°$,$\gamma=120°$。由 3 个初基 P 格子构成底心的六方柱格子,称为 H 取向底心 C 格子,它实际上是一个复合格子。可把 H 取向底心 C 格子看作是具有代表性的部分 H 点阵。

在六方晶系 H 取向初基 P 格子中,有两个取向对于微观空间对称原理是十分重要的,这就是[100]取向和[120]取向。由于晶系特征对称,H 取向格子中[100]取向是包含着 3 个相互等效的取向,即[100],[110]和[010]取向都是相互等效的。同样,在[120]取向中[120],[210]和[1$\bar{1}$0]也是相互等效。所包含的 3 个相互等效取向中,有其一必有其他两个。图 2-5-22 给出这两类不同的取向,这两类取向相互之间刚好以 30°相错组合在一起。通常,我们以[100]取向和[120]取向代表这两类不同的取向。从图 2-5-22 可以知道,这两类取向的平移周期显然不相同,性质也不同。

有必要提醒一下,我们在所有场合下所提到的取向都是以晶带轴(类似于晶棱)指数表示。如几何晶体学中所论述的那样,带方括弧的晶带轴(或晶棱)指数在晶体学中是表示着某一特定方向,这种取向表示方式在微观空间自然也是适用。此外,在几何晶体学中带圆括弧的晶面指数在微观空间中是表示着特定阵点面族的方向。有关这些论述请读者参阅第一篇几何晶体学的有关章节,这里只作为

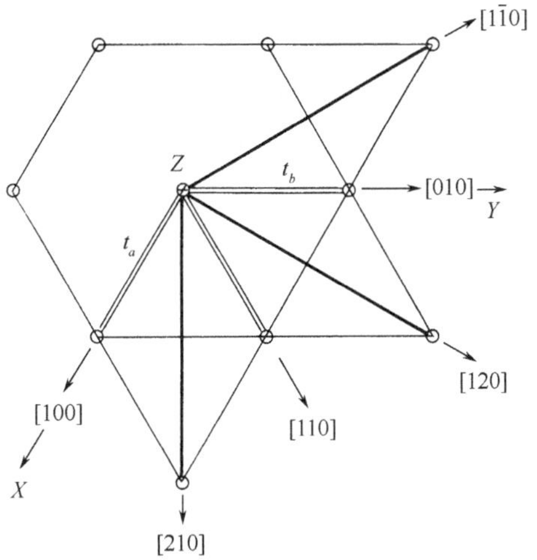

图 2-5-22　六方晶系 *H* 点阵 *H* 取向初基 *P* 格子中，[100]取向（以双线表示）和 [120]取向（以粗线表示）以及它们的等效取向示意图

提示。

如果在六方晶系 *H* 点阵中以初基 *P* 格子的[100]取向和[120]取向（或者以[110]和[1$\bar{1}$0]，或者以[010]与[210]取向）重新选取单位格子，其结果如图 2-5-23 所示，所选取的格子将是非初基的底面心 *C* 格子，参数具有正交晶系的特征 $a \neq b \neq c, \alpha = \beta = \gamma = 90°$。很显然，六方晶系初基 *P* 格子中的两类主要取向，[100]取向和[120]取向都具有底面心 *C* 格子的[100]取向性质。在这些方向上的对称元素应与在正交晶系底面心 *C* 格子[100]取向或[010]取向上的一样，存在着非初基平

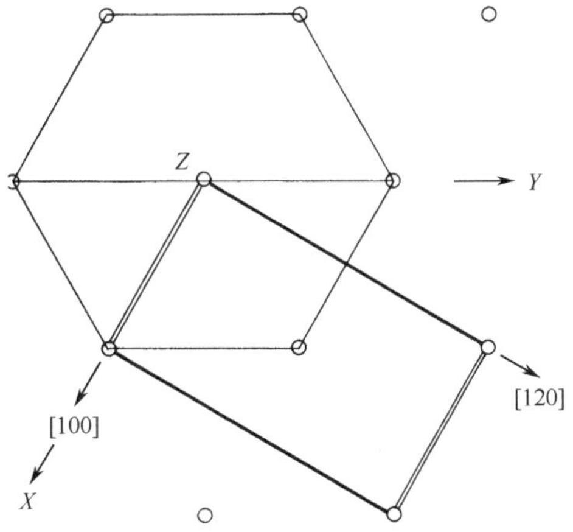

图 2-5-23　在六方晶体以 *H* 取向初基 *P* 格子中，[100]取向和[120]取向具有正交晶系底面心 *C* 格子[100]取向和[010]取向的性质

移组合所表现的对称元素派生共存现象。

不言而喻，三方晶系 R 点阵以 H 取向的非初基 H 格子，它的[100]取向和[120]取向也同样具有正交晶系底面 C 格子[100]（或[010]）取向的性质，在这些方向上的对称元素同样应该存在 C 格子非初基那样的对称元素派生共存。此外，既然三方晶系的 H 点阵与六方晶系 H 的点阵完全相同，上述取向的性质自然也一样。

第六章　微观对称元素与非初基平移的组合

2.6.1　对称中心与非初基平移组合

2.6.1.1　侧面心格子

位于坐标原点(000)的对称中心 $\bar{1}$(000)的一般位置等效点系是 x、y、z;$\bar{x}$、$\bar{y}$、$\bar{z}$。侧面心 C 格子的非初基平移矢量为($\mathbf{t}_a+\mathbf{t}_b$)/2,它使一般位置等效点系衍生出另外的两个等效点 $1/2+x, 1/2+y, z; 1/2-x, 1/2-y, \bar{z}$,从而由 4 个等效点组成一般位置等效点系。而此 4 个等效点之间,x, y, z 与 $1/2-x, 1/2-y, z$;$\bar{x}, \bar{y}, \bar{z}$ 与 $1/2+x, 1/2+y, z$ 之间表明存在着派生的对称中心 $\bar{1}$(1/4 1/4 0),如图 2-6-1 所示。

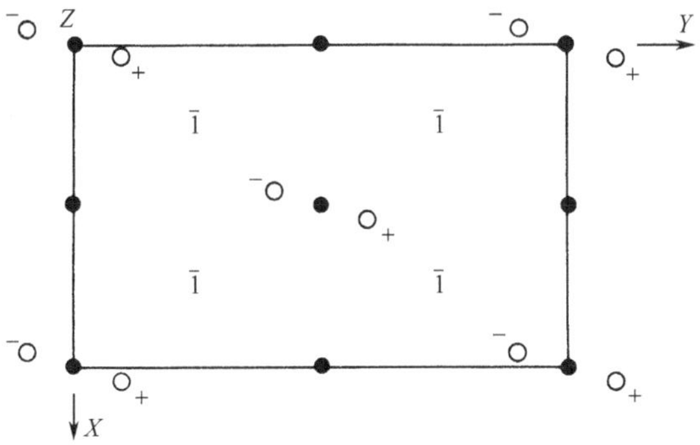

图 2-6-1　侧面心 C 格子中对称中心的派生及其排布示意图,其中派生的对称中心以国际符号 $\bar{1}$ 表示,而初基的对称中心以图形(小黑点)表示,小圆圈是一般位置等效点

同样道理,对于侧面心 A 及 B 格子,位于坐标原点的对称中心 $\bar{1}$(000)与非初基平移($\mathbf{t}_b+\mathbf{t}_c$)/2 或($\mathbf{t}_a+\mathbf{t}_c$)/2 组合后将派生新的对称中心 $\bar{1}$(0 1/4 1/4)或 $\bar{1}$(1/4 0 1/4)。

2.6.1.2　体心格子

位于坐标原点的对称中心 $\bar{1}$(000)的两个一般位置等效点 x, y, z;$\bar{x}, \bar{y}, \bar{z}$ 与体心格子非初基平移($\mathbf{t}_a+\mathbf{t}_b+\mathbf{t}_c$)/2 组合后将衍生出另外两个等效点 $1/2+x, 1/2+y, 1/2+z; 1/2-x, 1/2-y, 1/2-z$。不难看出由此 4 个等效点所组成的一般位置

等效点系中，等效点之间的等效关系除表明初始的对称中心 $\bar{1}(000)$外，还由于体心格子非初基平移组合后所派生的新的对称中心 $\bar{1}(1/4\ 1/4\ 1/4)$的存在，如图 2-6-2所示。

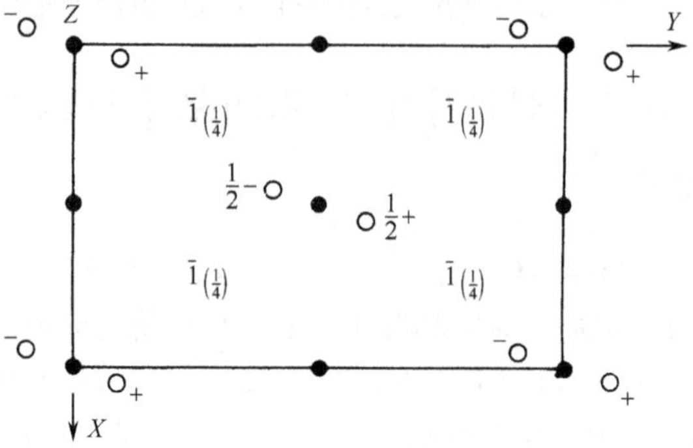

图 2-6-2 体心 I格子中对称中心的派生及其排布示意图，其中派生的对称中心以 $\bar{I}$表示(括号内指出它的坐标高度)，而初基的对称中心以小黑点表示，小圆圈是一般位置等效点

在图 2-6-1 和图 2-6-2 中以小圆圈表示一般位置等效点，初始的对称中心以小黑点表示，而组合后所派生的对称中心以国际符号 $\bar{1}$ 表示，以加区别。

2.6.1.3 面心格子

位于坐标系原点的对称中心 $\bar{1}(000)$，它的一般位置等效点系两个等效点 $x, y, z; \bar{x}, \bar{y}, \bar{z}$ 与面心 F 格子的非初基平移$(\mathbf{t}_b+\mathbf{t}_c)/2, (\mathbf{t}_a+\mathbf{t}_c)/2, (\mathbf{t}_a+\mathbf{t}_b)/2$ 组合之后将衍生另外的 3 对等效点：$x, 1/2+y, 1/2+z; \bar{x}, 1/2-y, 1/2-z; 1/2+x, y, 1/2+z; 1/2-x, \bar{y}, 1/2-z; 1/2+x, 1/2+y, z; 1/2-x, 1/2-y, \bar{z}$。连同初始两个等效点，一共 8 个等效点构成了组合后的一般位置等效点系。8 个等效点之间的对称等效关系既表明初始的，亦即初基的对称中心 $\bar{1}(000)$，也表明由于非初基面心 F格子所引起派生的新的对称中心 $\bar{1}(0\ 1/4\ 1/4)$，$\bar{1}(1/4\ 0\ 1/4)$，$\bar{1}(1/4\ 1/4\ 0)$存在于格子中，如图 2-6-3 所示。

2.6.1.4 对称中心与非初基平移组合小结

位于坐标系原点(000)的初基的对称中心 $\bar{1}(000)$在各种非初基格子中将派生出如下表所列的对称中心。

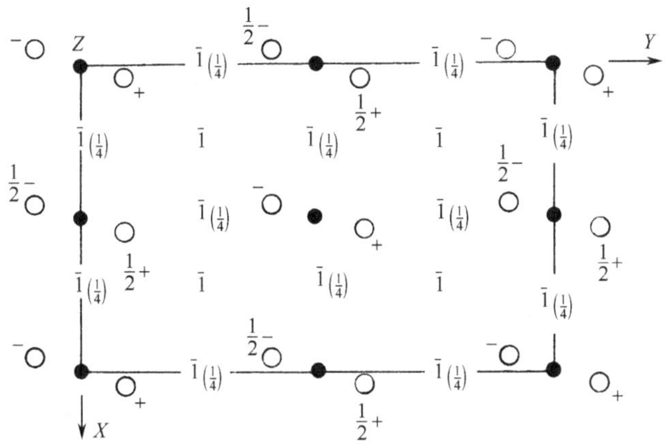

图 2-6-3 面心 F 格子中对称中心的派生(以 $\bar{1}$ 表示)及其空间排布示意图,小圆圈表示一般位置等效点

格子类型	非初基平移	派生的对称中心
A	$(\mathbf{t}_b+\mathbf{t}_c)/2$	$\bar{1}(0\ 1/4\ 1/4)$
B	$(\mathbf{t}_a+\mathbf{t}_c)/2$	$\bar{1}(1/4\ 0\ 1/4)$
C	$(\mathbf{t}_a+\mathbf{t}_b)/2$	$\bar{1}(1/4\ 1/4\ 0)$
I	$(\mathbf{t}_a+\mathbf{t}_b+\mathbf{t}_c)/2$	$\bar{1}(1/4\ 1/4\ 1/4)$
F	$(\mathbf{t}_b+\mathbf{t}_c)/2$	$\bar{1}(0\ 1/4\ 1/4)$
	$(\mathbf{t}_a+\mathbf{t}_c)/2$	$\bar{1}(1/4\ 0\ 1/4)$
	$(\mathbf{t}_a+\mathbf{t}_b)/2$	$\bar{1}(1/4\ 1/4\ 0)$

2.6.2 对称面与非初基平移组合

非初基格子的类型可以是 A,B,C,I,F。对称面的性质可以是反映对称面 m、滑移对称面 a,b,c,n 和 d,它们之间的组合十分繁多。它们组合结果将列于本节最后的小结之中,以供读者参考。为便于了解组合的原理及掌握组合的基本方法,下面分别以不同类型的非初基格子选择比较典型的组合进行讨论,其余的情况由此类推,或者有些组合情况仅是坐标轴变换的结果。

d 滑移面具有特殊性,它在非初基格子中的情况将单独在 2.6.3 节中讨论。

2.6.2.1 侧面心格子

1.在侧面心 A 格子中的反映对称面 $m(0yz)$　　作为初基对称面通过坐标系

原点且垂直于 X 轴的对称面 $m(0yz)$，它的一般位置等效点为 $x,y,z;\bar{x},y,z$，它们与侧面心 A 格子的非初基平移 $(\mathbf{t}_b+\mathbf{t}_c)/2$ 组合所导出的派生等效点为 $x,1/2+y,1/2+z;\bar{x},1/2+y,1/2+z$。由初始的及派生的 4 个等效点构成一般位置等效点系。从等效点之间的对称等效关系，除了初始作为初基对称面 $m(0yz)$ 之外，等效点 x,y,z 与 $\bar{x},1/2+y,1/2+z$，以及 $\bar{x},y,z$ 与 $x,1/2+y,1/2+z$ 之间的对称关系都表明在此侧面心 A 格子中存在派生的滑移对称面 $n(0yz)$。换句话说，反映对称面 $m(0yz)$ 与侧面心 A 格子的非初基平移组合后将派生一个滑移面 $n(0yz)$。从坐标可知，初始的与派生的对称面是重合的，如图 2-6-4 所示。

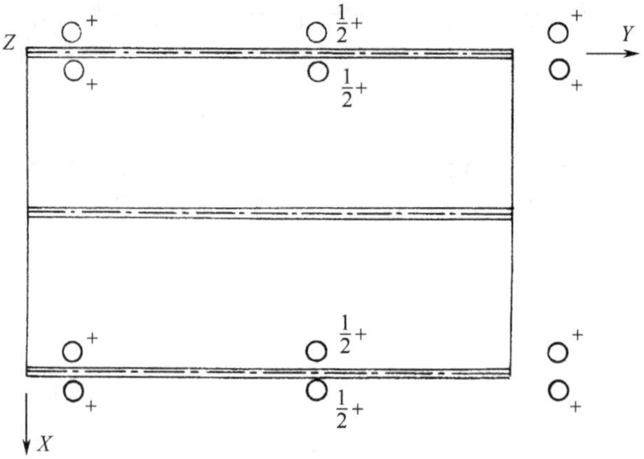

图 2-6-4　在侧面心 A 格子中垂直于坐标轴 X 方向的对称面 m 与 n 派生共存，它们相互重合

不难理解，如果以滑移面 $n(0yz)$ 作为初始的初基对称面，与侧面心 A 格子非初基平移组合，其结果将完全一样。

2. *在侧面心 B 格子中的反映对称面 $m(0yz)$*　　与上述一样，作为初基对称的反映对称面 $m(0yz)$ 应有一般位置等效点 x,y,z 和 $\bar{x},y,z$。它们与侧面心 B 格子的非初基平移 $(\mathbf{t}_a+\mathbf{t}_c)/2$ 组合将派生出等效点 $1/2+x,y,1/2+z$ 和 $1/2-x,y,1/2+z$。由初始的和派生的 4 个等效点组成一般位置等效点系。从等效点之间的对称等效关系看，除了表明初始作为初基对称面 $m(0yz)$ 的存在之外，等效点 x,y,z 与 $1/2-x,y,1/2+z$，以及 $\bar{x},y,z$ 与 $1/2+x,y,1/2+z$ 之间的对称等效关系表明在此侧面心 B 格子中存在着派生的滑移对称面 $c(1/4\ y\ z)$。换句话说，反映对称面 $m(0yz)$ 与侧面心 B 格子的非初基平移组合，其结果将派生滑移面 $c(1/4yz)$。从坐标可知，初始的与派生的对称面是相互平行地垂直于 X 轴，而且沿 X 轴相互相隔 1/4 周期，如图 2-6-5 所示。

不难理解，如果以滑移面 $c(0yz)$ 作为初始的初基对称面，与侧面心 B 非初基平移组合，肯定会派生出反映对称面 $m(1/4yz)$。很显然，此结果只需将坐标系原

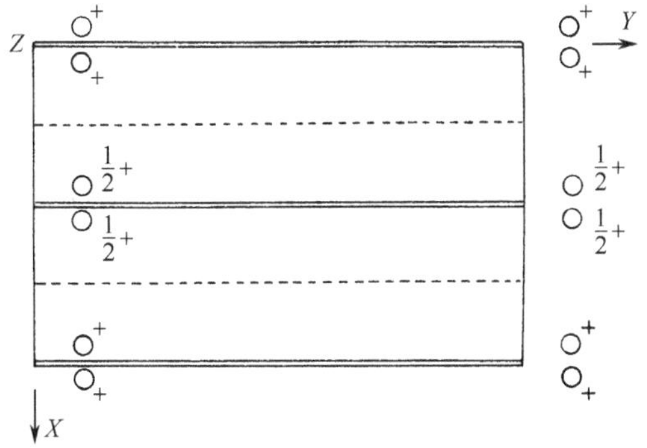

图 2-6-5　侧面心 B 格子中垂直于坐标轴 X 方向的对称面 m 与 c 派生共存

点沿 X 轴移动 1/4 周期后,就与图 2-6-5 完全相同。所以反映对称面 $m(0yz)$ 与滑移面 $c(1/4yz)$ 在 B 格子中是派生共存在的。

3.侧面心 C 格子中的反映对称面 $m(0yz)$　　作为初始的反映对称面 $m(0yz)$ 应有一般位置等效点 x,y,z 和 $\bar{x},y,z$。经侧面心 C 格子的非初基平移 $(\mathbf{t}_a+\mathbf{t}_b)/2$ 组合将派生等效点 $1/2+x,1/2+y,z$ 和 $1/2-x,1/2+y,z$。由初始的及派生的 4 个等效点所组成的一般位置等效点系表明,既存在反映对称面 $m(0yz)$,也存在着派生的滑移面 $b(1/4yz)$。初始的与派生的对称面互相平行相隔 1/4 周期。

由此我们可以肯定,在侧面心 C 格子中垂直于 X 轴的反映对称面 m 与滑移面 b 以 1/4 周期相隔互为派生共存,如图 2-6-6 所示。

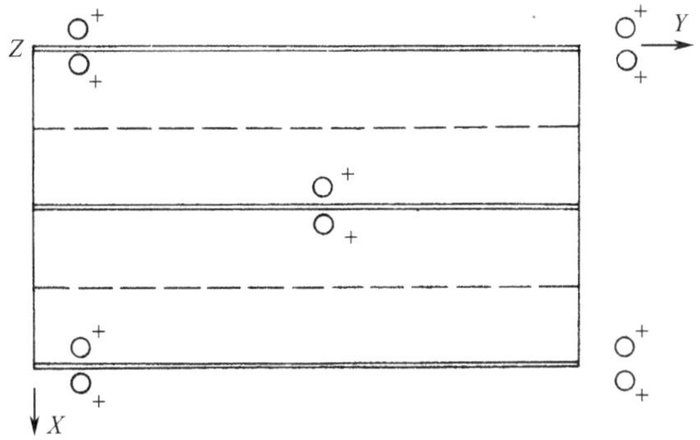

图 2-6-6　侧面心 C 格子中垂直于坐标轴 X 方向的对称面 m 与 b 派生共存

4.在侧面心 B 格子中的滑移面 $n(0yz)$　　作为初始的滑移面 $n(0yz)$ 应有一般位置等效点 x,y,z 和 $\bar{x},1/2+y,1/2+z$。它们与侧面心 B 格子的非初基平移

$(\mathbf{t}_a+\mathbf{t}_c)/2$ 组合应派生等效点 $1/2+x, y, 1/2+z$ 和 $1/2-x, 1/2+y, z$。全部 4 个等效点所组成的一般位置等效点系表明存在派生的滑移面 $b(1/4yz)$，它与初始的滑移面 $n(0yz)$ 平行相隔 $\mathbf{t}_a/4$，它们在侧面心 B 格子中派生共存，如图 2-6-7 所示。

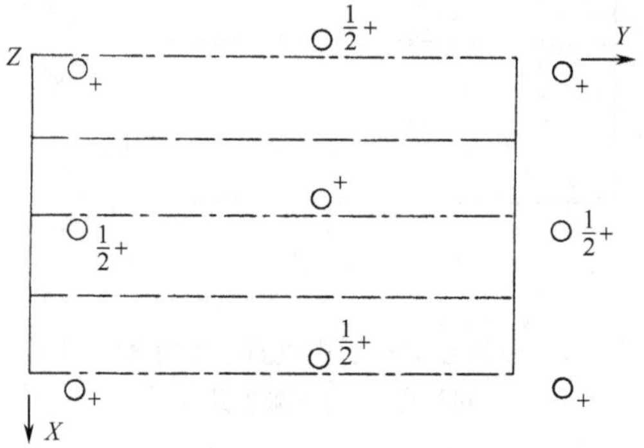

图 2-6-7　侧面心 B 格子中垂直于坐标轴 X 方向的滑移面 n 与 b 派生共存

5.在侧面心 C 格子中的滑移面 $n(0yz)$　作为初始对称面，滑移面 $n(0yz)$ 应有两个一般位置等效点 x, y, z 和 $\bar{x}, 1/2+y, 1/2+z$。它们与侧面心 C 格子的非初基平移 $(\mathbf{t}_a+\mathbf{t}_b)/2$ 组合应派生出等效点 $1/2+x, 1/2+y, z$ 和 $1/2-x, y, 1/2+z$。初始的和派生的 4 个等效点组成一般位置等效点系。此等效点系各等效点之间的对称关系指明存在着派生的滑移面 $c(1/4yz)$，它与初始的滑移面 $n(0yz)$ 平行相隔 $\mathbf{t}_a/4$，如图 2-6-8 所示。很显然，在侧面心 C 格子中垂直于 X 轴的滑移面 n 与滑移面 c 平行相隔 1/4 周期互为派生共存。

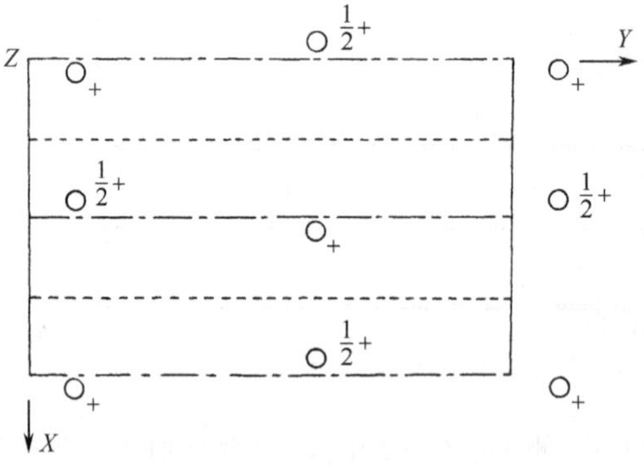

图 2-6-8　在侧面心 C 格子中垂直于坐标轴 X 方向的滑移面 n 与 c 派生共存

6.在侧面心 A 格子中的滑移面 $b(0yz)$ 作为初始对称面、滑移面 $b(0yz)$ 应有两个一般位置等效点 x,y,z 和 $\bar{x},1/2+y,z$。它们与侧面心 A 格子的非初基平移 $(\mathbf{t}_b+\mathbf{t}_c)/2$ 组合应派生出等效点 $x,1/2+y,,1/2+z$ 和 $\bar{x},y,1/2+z$。由初始的及派生的 4 个等效点组成一般位置等效点系。此等效点系表明存在着派生的滑移面 $c(0yz)$。从坐标可以知道,初始的和派生的滑移面是完全重合在一起的,如图 2-6-9 所示。由此推导可得如下结论:在侧面心 A 格子中垂直于 X 坐标轴方向的滑移面 b 与滑移面 c 是相互重合地派生共存。

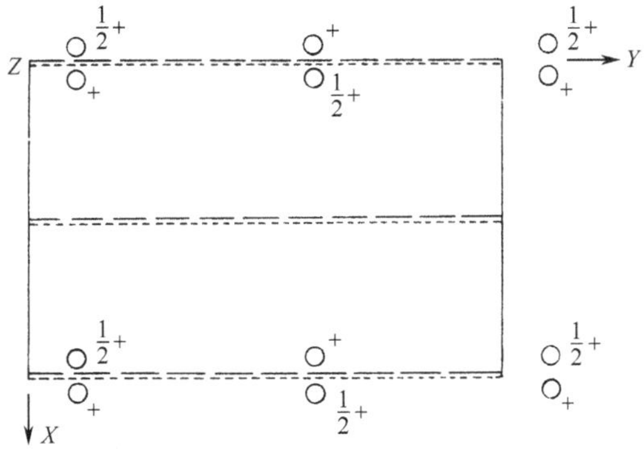

图 2-6-9 在侧面心 A 格子中垂直于坐标轴 X 方向的滑移面 b 与 c 派生共存

上述 6 种组合已经基本概括了各种性质对称面与侧面心平移的组合。虽然上述情况中各种性质的对称面均垂直于坐标轴 X 的方向,但对于其他与坐标轴 Y 或 Z 方向垂直的对称面情况,只需要进行坐标轴对换或轮换就可以获得与上述情况类似的结果。在后面有关空间群推导的章节(2.7.4 节)中将会讨论到坐标轴对换及轮换与对称面符号及其坐标位置的相应变换,读者可以参考。

2.6.2.2 体心格子

1.在体心 I 格子中的反映对称面 $m(0yz)$ 与坐标轴 X 垂直的反映对称面 $m(0yz)$ 作为初始的初基格子中的对称面应有两个一般位置等效点 x,y,z 和 $\bar{x},y,z$。它们与体心 I 格子非初基平移 $(\mathbf{t}_a+\mathbf{t}_b+\mathbf{t}_c)/2$ 组合之后,应派生出两个等效点:$1/2+x,1/2+y,1/2+z$ 和 $1/2-x,1/2+y,1/2+z$。由初始的及派生的 4 个等效点所组成的一般位置等效点系,如图 2-6-10 所示,表明在此体心 I 格子内同时存在着派生的滑移面 $n(1/4yz)$,它与初始的 $m(0yz)$ 平行相隔 $\mathbf{t}_a/4$ 互为派生共存。如果以垂直 X 轴的滑移面 n 作为初始的对称面,组合后的结果必然与上述结果(图 2-6-10)一样。坐标原点是否沿 X 轴移动 1/4 周期,这决定于初始对称面在 X 轴上的初始坐标位置。

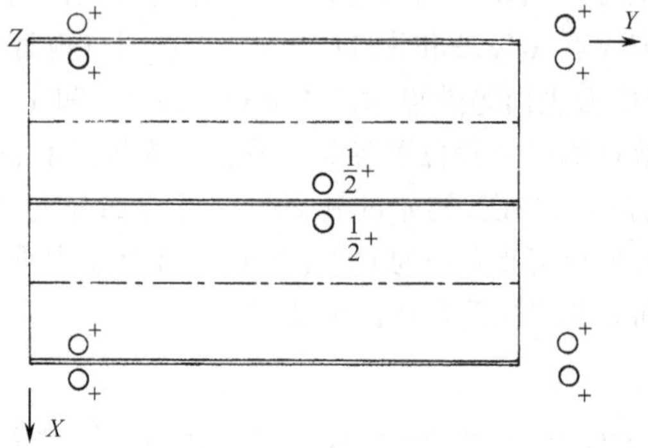

图 2-6-10　在体心 I 格子中垂直于坐标轴 X 方向的对称面 m 与 n 派生共存

2.在体心 I 格子中的滑移面 $b(0yz)$　与 X 轴垂直的滑移面 $b(0yz)$ 应有两个一般位置等效点 x,y,z 和 $\bar{x},1/2+y,z$。它们与体心 I 格子非初基平移($\mathbf{t}_a+\mathbf{t}_b+\mathbf{t}_c$)/2 组合应派生出两个等效点 $1/2+x,1/2+y,1/2+z$ 和 $1/2-x,y,1/2+z$。由初始的及派生的 4 个等效点所组成的一般位置等效点系(见图 2-6-11)。等效点之间的对称等效关系表明在此体心 I 格子中确实存在着派生的滑移面 $c(1/4yz)$。由此可知,在体心 I 格子中,垂直于 X 轴的滑移面 b 与 c 是平行相隔 1/4 周期地互为派生共存。

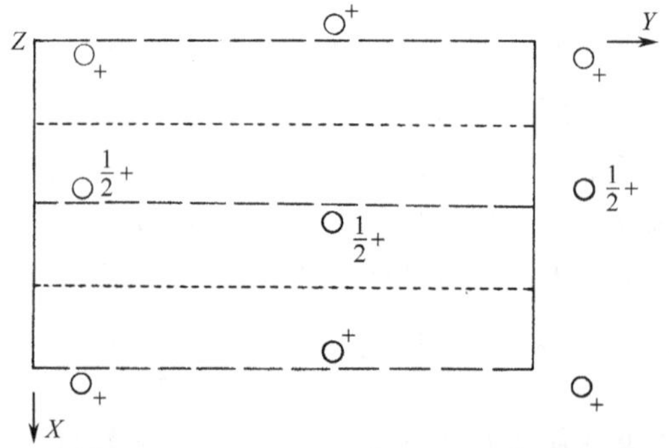

图 2-6-11　在体心 I 格子中垂直于坐标轴 X 方向的滑移面 b 与 c 派生共存

在体心 I 格子内,位于体心位置的附加阵点对于格子的坐标轴并没有方向性,因而上述所讨论的两种派生共存情况也必然适用于垂直于 Y 轴或 Z 轴的对称面,它们的结果应该相同,只是滑移面的平移操作所沿着的坐标轴不同,滑移面的符号应作相应的改变。这也正是由于坐标轴的变换(轮换成对换),引起滑移面符号相应变化。

2.6.2.3 面心格子

在面心 F 格子中,作为初基格子的反映对称面 $m(0yz)$是垂直于坐标轴 X 方向且通过坐标系原点,它应有两个一般位置等效点 x,y,z 和 $\bar{x},y,z$。它们与面心 F 格子非初基平移$(\mathbf{t}_a+\mathbf{t}_b)/2$,$(\mathbf{t}_a+\mathbf{t}_c)/2$,$(\mathbf{t}_b+\mathbf{t}_c)/2$ 分别进行组合,应派生出 6 个等效点:$1/2+x,1/2+y,z$;$1/2-x,1/2+y,z$;$1/2+x,y,1/2+z$;$1/2-x,y,1/2+z$;$x,1/2+y,1/2+z$;$\bar{x},1/2+y,1/2+z$。由初始的两个等效点和派生的 6 个等效点一共 8 个等效点组成的一般位置等效点系,它除了表明初始的反映对称面之外,8 个等效点之间的对称关系都分别说明存在着 3 个派生的滑移面,即 $n(0yz)$,$b(1/4yz)$和 $c(1/4yz)$。等效点系及全部初始的及派生的对称面均示意于图 2-6-12。下面的图表是指出这一般位置等效点系中 8 个等效点之间的对称等效关系,从而导出派生的滑移面 $n(0yz)$,$b\left(\frac{1}{4}yz\right)$和 $c\left(\frac{1}{4}yz\right)$。

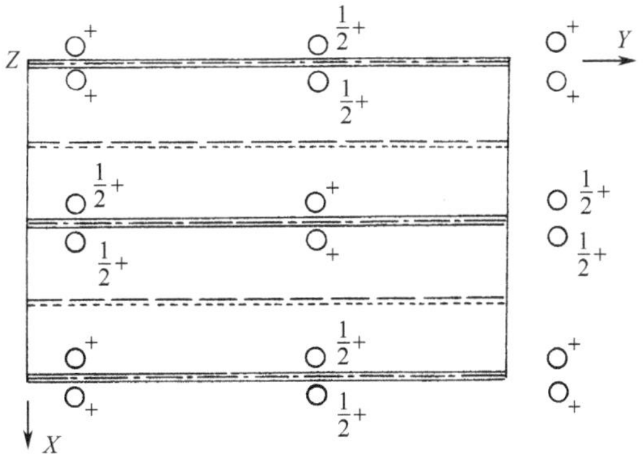

图 2-6-12 在面心 F 格子中垂直于 X 轴的对称面 m,n,b 及 c 派生共存及其一般位置等效点系

$$x,y,z \xrightarrow{n(0yz)} \bar{x},1/2+y,1/2+z$$
$$1/2+x,1/2+y,z \longrightarrow 1/2-x,y,1/2+z$$
$$1/2+x,y,1/2+z \longrightarrow 1/2-x,1/2+y,z$$
$$x,1/2+y,1/2+z \longrightarrow \bar{x},y,z$$

$$x,y,z \xrightarrow{b(1/4yz)} 1/2-x,1/2+y,z$$
$$1/2+x,1/2+y,z \longrightarrow \bar{x},y,z$$
$$1/2+x,y,1/2+z \longrightarrow \bar{x},1/2+y,1/2+z$$
$$x,1/2+y,1/2+z \longrightarrow 1/2-x,y,1/2+z$$

$$x,y,z \xrightarrow{c(1/4yz)} 1/2-x,y,1/2+z$$

$$1/2+x,1/2+y,z \longrightarrow \bar{x},1/2+y,1/2+z$$

$$1/2+x,y,1/2+z \longrightarrow \bar{x},y,z$$

$$x,1/2+y,1/2+z \longrightarrow 1/2-x,1/2+y,z$$

从初始的和派生的 4 个对称面的坐标位置可知，反映对称面 m 与滑移面 n 相互重合，滑移面 b 与 c 相互重合，而这两对重合的对称面之间平行地相隔 $\mathbf{t}_a/4$。显然，无论以 4 个对称面中任何一个对称面作为初始的初基格子的对称面与面心 F 格子非初基平移组合，其结果都将与图 2-6-12 所示一样，只是坐标系原点可能在 X 轴上移动 1/4 周期。由此可以确定，在面心 F 格子中上述 4 个对称面 $m(n)$，$b(c)$是互为派生共存的。

面心 F 格子中 3 个附加阵点位于平行六面体的面中心，它们对于格子中的坐标轴并没有方向性。因此，垂直于 Y 轴或 Z 轴的对称面情况将与上述垂直于 X 轴的对称面情况完全一样，只是那些滑移面如 b 及 c 在符号上将要作相应的改变。

2.6.2.4 对称面与非初基平移组合小结

通过这一节的讨论，对于在各种非初基格子中不同性质对称面与非初基平移的组合，从原理上和推导的基本方法上都作了较详细的阐述。虽然所讨论的情况都是与坐标轴 X 方向垂直的对称面，但与坐标轴 Y 及 Z 方向垂直的亦不难以同样方法推导出对称面的派生共存规律。为了读者查阅方便，表 2-6-1 将不同取向(与坐标轴方向)的各种性质对称面在各类非初基格子中的派生共存规律全部列出。

表 2-6-1 在非初基格子的[100]，[010]和[001]取向上对称面的派生共存规律

晶面取向	A	B	C	I	F
x [100]	$m(n)$ $b(c)$	$m\longleftrightarrow c$ $b\longleftrightarrow n$	$m\longleftrightarrow b$ $c\longleftrightarrow n$	$m\longleftrightarrow n$ $b\longleftrightarrow c$	$m(n)\longleftrightarrow b(c)$
y [010]	$m\longleftrightarrow c$ $a\longleftrightarrow n$	$m(n)$ $a(c)$	$m\longleftrightarrow a$ $c\longleftrightarrow n$	$m\longleftrightarrow n$ $a\longleftrightarrow c$	$m(n)\longleftrightarrow a(c)$
z [001]	$m\longleftrightarrow b$ $a\longleftrightarrow n$	$m\longleftrightarrow a$ $b\longleftrightarrow n$	$m(n)$ $a(b)$	$m\longleftrightarrow n$ $a\longleftrightarrow b$	$m(n)\longleftrightarrow b(a)$

注：表中$\longleftrightarrow$表示两对称面之间以平行相隔 1/4 周期派生共存。( )表示两对称面相互重合派生共存。

关于晶面的取向以及晶棱符号，我们在第一篇“几何晶体学”中已作详细讨论，晶棱符号表示一个方向。在微观空间中对称面是与点阵中的阵点平面相一致的，因而与宏观晶面也当然相一致，这里我们仍然沿用晶棱符号(以方括弧中 3 个指数)来表示一个方向。在微观空间点阵中晶棱符号是表示了一个阵点列的方向，而且它必定与宏观晶体中的一个可能的或真实的晶棱方向相一致。这就是为什么我们可以沿用晶棱符号[mnp]来表示微观空间中对称面和对称轴的取向。对称面的取向是指对称面的面法线方向与特定方向的一致，而对称轴的取向是指对称轴本身的方向与特定方向相一致。

显然，与坐标轴 X 重合的阵点列，其方向必定与晶棱[100]相一致，同理与坐标轴 Y 与 Z 相一致的方向应是[010]和[001]。表 2-6-1 中所列的对称面取向是指对称面的面法线方向，亦即是对称面所垂直的方向。

表 2-6-1 所列对称面的派生共存规律，当然适合于低级晶系，诸如单斜晶系及正交晶系，在这些晶系中对称面都是与坐标轴垂直的，这些晶系的非初基格子的非初基平移与对称面的组合自然符合表 2-6-1 所列的规律。表 2-6-1 所列的规律也适合于中级晶系和高级晶系，因为表中所列的规律并没有晶系的限制，也没有坐标系性质的限制。此外，参加组合的初始对称面，只要它的取向(面法线方向)是具有非初基格子[100]或[001]取向的性质，那么也必定符合表 2-6-1 所列的规律。所以，对于所有各种晶系中各种取向的对称面，只要它们的取向具有相应的非初基性质，就都符合表中所列的对称面派生共存规律。

例如，四方晶系中的初基 P 格子，在[100](和[010])取向上当然是属于初基性质的格子。但是，在[110](和[$\bar{1}$10])取向上却是具有底心 C 格子的[100](和[010])取向的性质，因而位于[110](也必然同时位于[$\bar{1}$10])取向的对称面就应遵循表 2-6-1 中底心 C 格子[100](和[010])取向的非初基平移组合规律。同理，在四方晶系的体心格子中，[100](和[010])取向上当然是体心 I 格子性质，而在[110](和[$\bar{1}$10])取向上的对称面，应遵循与面心 F 格子的[100]取向与非初基平移组合规律。同样原理也适合于立方晶系、六方晶系及三方晶系，详见 2.5.4 节的讨论。有关各种晶系的各种取向以及它们在格子中的性质，在第 1 篇几何晶体学基本原理第八章以及本篇第四章中都作了详细讨论。

2.6.3 在非初基格子中的 d 滑移对称面

2.6.3.1 d 滑移面的特殊性质

在 2.2.2 节中我们已经对 d 滑移面的特点作过一些介绍。与 n 滑移面显然不同，d 滑移面的复合对称操作中所具有的平移操作是沿着对称面上对角线方向的 1/4 周期作平移的(亦即在对称面上的两个相互垂直的基本周期分别平移 1/4 周期)。这样的对称操作将使对称等效点的分布具有明显的方向性(见图 2.2.4)。如果在晶胞中只有一个这样的 d 滑移面，那么它的对称操作所引起的等效点排布必然破坏了晶体内部结构的三维周期性。换句话说，晶体点阵的周期性质是不容许单独出现一个 d 滑移面。如果平移操作方向相反的两个 d 滑移面平行地相隔 1/4 周期，成双成对地出现，那么两个方向相反的 d 滑移面的平移操作将可相互补充、抵偿，对称等效点排布的单向性将可避免。图 2-6-13(a)表达了在单位格子内,平移操作方向相反的 d 滑移面平行相隔 1/4 周期成双成对地排布,这一排布方式是 d 滑移面在微观空间对称性中所特有的空间排布。平移操作方向相同的 d 滑移面仍然以 1/2 周期相隔并周期地重复。图 2-6-13(b)是在图(a)的 d 滑移面排布的基础上,以任意位置的初始点(以小黑点表示)出发,经过单位格子内全部 d 滑移面充分的对称操作后,导出的一般位置等效点系(以小圆圈表示)。所导出的一般位置等效点系当然表达了这些 d 滑移面的性质及其空间排布的特征。很显然,从图 2-6-13(b)中一般位置等效点的空间排布,不难直观地看出等效点之间存在着一种非初基的平移关系。准确地说,图(b)中的一般位置等效点系的等效点之间的空间排布准确地表达着非初基面心 F 格子的非初基平移。下面我们进一步用等效点坐标的推导来证明这一关系。

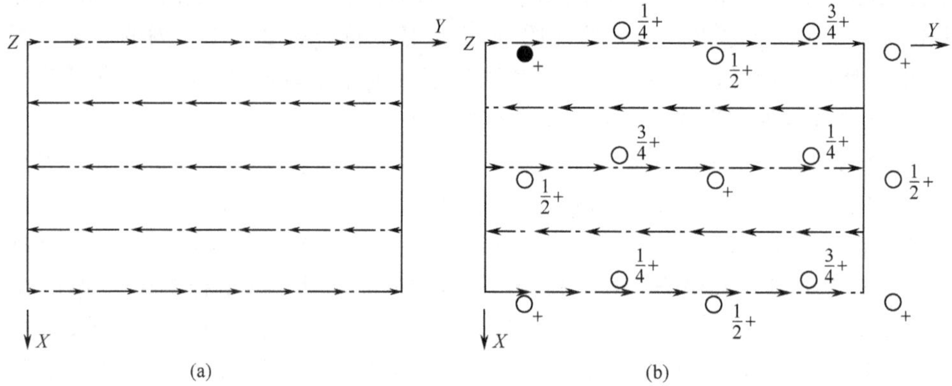

图 2-6-13　d 滑移面与非初基面心 F 格子性质的关系

(a)在单位格子内平移操作方向相反的 d 滑移面成双成对地出现的必然排布;(b)以任意位置初始点(小黑点)出发,经图(a)中 d 滑移面充分操作后所导出的一般位置等效点系。一般位置等效点系的等效点排布表明单位格子具有非初基的面心 F 格子性质

这里我们首先以 d 标记平移操作方向设定为正方向的 d 滑移面,而以 d^* 标记在单位格子中平移操作方向为反方向(与 d 的平移操作相反)的 d 滑移面。前面指出滑移面 d 与滑移面 d^* 是平行相隔 1/4 周期成双成对地出现。如图 2-6-13(a)所示,单位格子中 d 及 d^* 滑移面均与坐标轴 X 垂直并相隔 $\mathbf{t}_a/4$,它们的坐标位置为 $d(0yz)$ 和 $d^*(1/4yz)$。以任意坐标 x,y,z 作为初始点,经滑移面 $d(0yz)$ 的对称操作应导出全部 4 个等效点:x,y,z;$\bar{x},1/4+y,1/4+z$;$x,1/2+y,1/2+z$;$\bar{x},3/4+y3/4+z$(请参阅 2.2.2 节有关讨论)。以上述 4 个等效点作为初始点,经 $d^*(1/4yz)$ 滑移面的对称操作也应导出另外 4 个等效点:$1/2-x,1/4+y,3/4+z$;$1/2+x,1/2+y,z$;$1/2-x,3/4+y,1/4+z$;$1/2+x,y,1/2+z$。由此,以任意点 x,y,z 为初始点经滑移面 $d(0yz)$ 和 $d^*(1/4yz)$ 充分的对称操作后将导出全部 8 个对称等效点,它们组成了此单位格子内的一般位置等效点系。从这一般位置等

效点系中各等效点之间的空间坐标关系可以确知，它们都分别满足面心 F 格子的非初基平移。表 2-6-2 是将 8 个等效点按照面心 F 格子的 3 个非初基平移分别给予组合。

表 2-6-2　两个平移方向相反的 d 滑移面 $d(0yz)$ 和 d^* $(1/4yz)$ 的对称等效点系具有面心 F 格子的非初基平移性质

$(\mathbf{t}_b+\mathbf{t}_c)/2$	$x, y, z \rightarrowtail x, y+1/2, z+1/2$
	$x+1/2, y+1/2, z \rightarrowtail x+1/2, y, z+1/2$
	$\bar{x}, y+1/4, z+1/4 \rightarrowtail \bar{x}, y+3/4, z+3/4$
	$\bar{x}+1/2, y+1/4, z+3/4 \rightarrowtail \bar{x}+1/2, y+3/4, z+1/4$
$(\mathbf{t}_a+\mathbf{t}_c)/2$	$x, y, z \rightarrowtail x+1/2, y, z+1/2$
	$x, y+1/2, z+1/2 \rightarrowtail x+1/2, y+1/2, z$
	$\bar{x}, y+1/4, z+1/4 \rightarrowtail \bar{x}+1/2, y+1/4, z+3/4$
	$\bar{x}, y+3/4, z+3/4 \rightarrowtail \bar{x}+1/2, y+3/4, z+1/4$
$(\mathbf{t}_a+\mathbf{t}_b)/2$	$x, y, z \rightarrowtail x+1/2, y+1/2, z$
	$x, y+1/2, z+1/2 \rightarrowtail x+1/2, y, z+1/2$
	$\bar{x}, y+1/4, z+1/4 \rightarrowtail \bar{x}+1/2, y+3/4, z+1/4$
	$\bar{x}, y+3/4, z+3/4 \rightarrowtail \bar{x}+1/2, y+1/4, z+3/4$

上述讨论已很清楚地说明，平移操作方向相反的两个滑移面 d 及 d^* 以 1/4 周期平行相隔，成双成对地周期排布，它们本身的对称操作的复合就包含着面心 F 格子的性质。简单地说，d 与 d^* 滑称面的复合对称操作本身就包含着面心 F 格子的非初基平移的性质。因此，上述 d 与 d^* 滑称面成对的周期排布与面心 F 格子密切相关。d 与 d^* 滑移面相隔 1/4 周期成对地周期排列必然出现面心 F 格子的非初基平移，它们只能存在于面心 F 格子之中或者出现在具有面心 F 格子性质的取向上，诸如四方晶系(还有立方晶系)体心 I 格子中的[110](包括[110])取向。有关四方晶系和立方晶系中[110]和[$\bar{1}$10]取向的性质请参阅第五章第 2.5.4 的讨论。

2.6.3.2　单独一个 d 滑移面与面心 F 格子非初基平移的组合

上面的讨论中曾提醒过，如果晶胞中只有一个滑移面 d 或 d^*，那么，它的对称操作与晶体内部结构的周期性是不协调的。换句话说，单独一个 d 或 d^* 滑移面是不可能存在于简单的初基格子中的。此外，单独一个 d 或 d^* 滑移面也不可能存在于非初基格子中。从上一节的讨论可以推知，单独一个 d 或 d^* 滑移面在面心 F 格子中的[100]和[010]取向上或其他格子中具有面心 F 格子性质的取向上，这一单独的 d 或 d^* 滑移面与面心 F 格子非初基平移进行组合，其结果必然导出另一个 d 或 d^* 滑移面。此派生的 d 或 d^* 滑移面将与初始的 d 或 d^* 滑移面平行相隔 1/4 周期，而且在平移操作方向上将与初始的相反。换句话说，单独一个 d 或 d^* 滑移面与 F 格子非初基平移组合结果将导出与上述图 2-6-13 相同的结果。下面我们用等效点的坐标进行推导。

以任意位置 x,y,z 作为初始点，经过一个单独的滑移面 $d(0yz)$ 的对称操之后，应导出全部 4 个等效点，x,y,z；$\bar{x},1/4+y,1/4+z$；$x,1/2+y,1/2+z$；$\bar{x},3/4+y,3/4+z$。不难看出此 4 个等效点之间是存在着一种非初基的平移关系 $(\mathbf{t}_b+\mathbf{t}_c)/2$，这是面心 F 格子非初基平移中的一部分。上述 4 个等效点与面心 F 格子非初基平移 $(\mathbf{t}_b+\mathbf{t}_c)/2$，$(\mathbf{t}_a+\mathbf{t}_c)/2$，$(\mathbf{t}_a+\mathbf{t}_b)/2$ 进行充分组合后将导出全部 8 个等效点（按组合原理，应导出 16 个等效点，但其中一半等效点的坐标是相互重合的，所以全部独立的等效点只有 8 个），它们的坐标如下：

初始滑移面 $d(0yz)$ 的对称等效点 x,y,z；$\bar{x},1/4+y,1/4+z$；$x,1/2+y,1/2+z$；$\bar{x},3/4+y,3/4+z$ 与 F 格子非初基平移中的一个 $(\mathbf{t}_a+\mathbf{t}_b)/2$ 平移矢量组合派生出等效点 $1/2+x,1/2+y,z$；$1/2-x,3/4+y,1/4+z$；$1/2+x,y,1/2+z$；$1/2-x,1/4+y,3/4+z$。不难看出，由这 8 个等效点所组成的一般位置等效点系实际上是与表 2-6-2 所列的完全一样。此外，分析一下上面的等效点，只要稍加调整就可以组合成为两组：

第一组：x,y,z；$1/2-x,1/4+y,3/4+z$；$x,1/2+y,1/2+z$；$1/2-x,3/4+y,1/4+z$。

第二组：$\bar{x},1/4+y,1/4+z$；$1/2+x,1/2+y,z$；$\bar{x},3/4+y,3/4+z$；$1/2+x,y,1/2+z$。

不难发现第一组内 4 个等效之间的坐标关系，以及第二组内 4 个等效点之间都分别符合另一派生的滑移面 $d^*(1/4yz)$ 的对称操作。派生的 d^* 滑移面的平移操作方向与初始的 d 滑移面的方向正好相反，而且它们平行地相隔 $\mathbf{t}_a/4$。

上述讨论再次表明，d 或 d^* 滑移面不可能一个单独存在，它的出现必然是成双成对。

2.6.3.3 与 *d* 滑移面垂直相交组合的只可能是 *d* 滑移面

从图 2-6-13 以及有关讨论中指出，在某一取向上，如图 2-6-13 所示在[100]取向上存在着 d 滑移面，它的对称操作导致一般位置等效点系具有面心 F 格子的非初基平移，而且也导致平移操作方向相反的 d 和 d^* 滑移面成双成对地周期排布。现在，如果在与上述 d 滑移面所处的[100]取向相垂直的[010]取向上给以新的对称面参加组合，从图 2-6-13 所示的一般位置等效点系的等效点之间关系不难直观地看出，参加组合的[010]取向的对称面只能是 d 滑移面。其他性质的对称面（诸如反映对称面 m 或滑移面 a,c,n）与原有[100]取向的 d 滑移面进行反复充分组合后都必将导出无穷对称。换句话说它们组合结果将不可能是一种有限的对称，无穷对称的组合结果说明这类组合是在晶体学客观上不存在的组合。只有 d

滑移面与 d 滑移面相互组合是可能的，这是 d 滑移面特殊性质所决定的。图 2-6-14 是正交晶系中位于[100]取向和[010]取向上的 d 滑移面组合，它们的组合是一种有限的组合，组合结果所导出的一般位置等效点系仍然具有面心 F 格子的非初基平移。

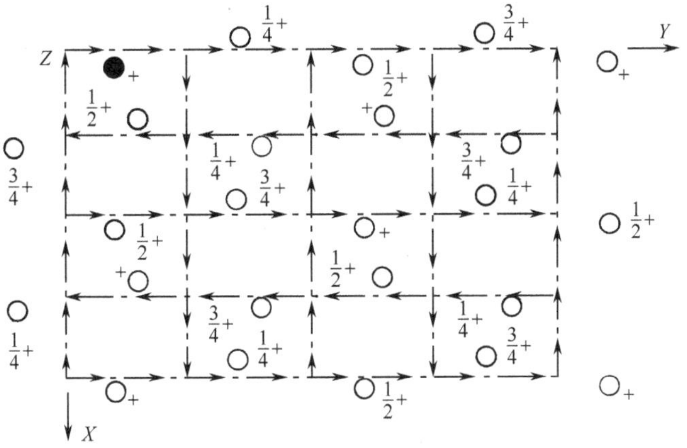

图 2-6-14　正交晶系[100]及[010]取向的 d 滑移面相互组合及其一般位置等效点系，初始点以小黑点表示

2.6.3.4　可以出现 d 滑移面的布拉维格子及其在单位格子中的取向

在第五章"14 种布拉维格子"的讨论中已经证明只有正交晶系和立方晶系的格子可以具有面心 F 格子。这两种面心 F 格子都是直角坐标系。立方晶系中[100]取向是与[010]和[001]取向完全等效的，在[100]取向上出现 d 滑移面，那么在[010]和[001]取向上也必然存在 d 滑移面。这样一来在立方晶系的面心 F 格子中 3 个相互垂直的取向上全部都是 d 滑移面，它们本身及其组合当然是十分符合面心 F 格子非初基平移的要求，空间群 $Fd3$，$Fd3m$，$Fd3c$ 等就属于这种组合类型。

正交晶系属于低级晶系，在正交晶系中[100]取向，[010]取向和[001]取向之间虽然是相互垂直，但是它们之间并非等效的取向。它们各自是独立取向的，正交晶系中点群 mm 和 mmm 就是在这 3 个取向上分别存在两个或 3 个对称面组合的对称类型。在面心 F 格子中两个(或 3 个)在取向上相互垂直的对称面，只要在其中一个取向上的对称面是 d 滑移面，那么其余一个(或两个)方向上参加组合的对称面也只能是 d 滑移面，而不可能再是其他性质的对称面。这种特性是由于 d 滑移面的特殊性质所决定的，正交晶系也必然要遵循这一规律，空间群 Fdd，$Fddd$ 就属于这种组合类型。

另外一种情况是四方晶系和立方晶系的体心 I 格子中的[110]取向。四方晶系中[110]取向与[$\bar{1}$10]取向是相互垂直且完全等效的。在四方晶系体心 I 格子中[110]与[$\bar{1}$10]取向具有面心 F 格子[100]和[010]取向的性质(参阅 2.5.4 节)。

在这些取向上自然可以存在 d 滑移面，而且只要在[110]取向上出现 d 滑移面，那么，在与之垂直且等效的[$\bar{1}$10]取向上也必然存在 d 滑移面。它们本身及其组合当然符合四方晶系体心 I 格中[110]和[$\bar{1}$10]取向所具有的面心 F 格子[100]和[010]取向性质。空间群 $I\bar{4}2d$, $I4_1md$, $I4_1cd$, $I4_1/amd$ 和 $I4_1/acd$ 等都是属于这种组合类型的。

立方晶系的情况与四方晶系十分类似。在立方晶系中[110]取向不是代表两个而是代表着 3 对共 6 个完全等效的取向，这是由于立方晶系的晶系特征对称(4 个三次对称轴)所引起的等效。每对的两个取向是相互垂直的，它们分别是[110]与[$\bar{1}$10]，[101]与[$\bar{1}$01]，[011]与[0$\bar{1}$1]。在立方晶系体心 I 格子中，这些取向都具有面心 F 格子[100]，[010]和[001]取向的性质，因而都可存在 d 滑移面。由于此 6 个取向相互等效而且以[110]取向作为代表，所以，只要在[110]取向出现 d 滑移面，那么其他 5 个取向也同时存在 d 滑移面。空间群 $I\bar{4}3d$, $Ia\bar{3}d$，就属于这种组合类型。

2.6.3.5　d 滑移面与 d 滑移面垂直相交组合

已经知道，两个以 90°相交的对称面必定会派生出二次轴。所派生二次轴的性质及其位置是由参加组合的初始对称面的性质来决定的(请参阅 2.4.3 节)。由于 d 滑移面所具有的特殊的平移操作，它们组合的结果(见图 2-6-15)既有二次对称轴 2，也同时派生出二次螺旋轴 2_1，而且它们是相间排布。它们组合派生二次轴的规律虽然稍为复杂，但仍然是遵循着 2.4.3 节所讨论过的原理。由于 d 滑移面只具有 1/4周期的平移操作，所以派生二次轴的位置从对称面相交线上沿水平方向只平移1/8周期。在所派生二次轴的性质上，如果参加组合的两个 d 滑移面沿相交线方向的平移操作是同一方向的，那么两个正的或负的 1/4 周期平移量的结果都将使派生的二次轴没有沿轴方向的平移性质，即派生二次对称轴 2。如果相反的话，那么两个 d 滑移面沿轴的平移复合的结果，所派生的二次轴将是二次螺旋轴 2_1。只要认真分析图 2-6-14 和图 2-6-15，读者就可以得到结论。

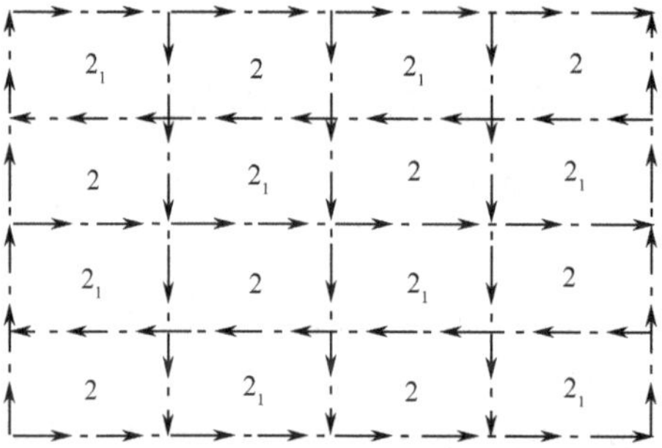

图 2-6-15　垂直相交的 d 滑移面组合所派生二次轴的性质及其位置

2.6.4　二次轴与非初基平移组合

2.6.4.1　在侧面心 A 格子中的二次轴

作为初始的二次旋转轴 2(00z)，它与坐标轴 Z 重合。这一初始的二次旋转轴

$2(00z)$应有两个一般位置等效点 $x,y,z;\bar{x},\bar{y},z$。它们与侧面心 A 格子非初基平移$(\mathbf{t}_b+\mathbf{t}_c)/2$ 组合应有两个派生的等效点 $x,1/2+y,1/2+z;\bar{x},1/2-y,1/2+z$，如图 2-6-16 所示。由初始的及派生的共 4 个等效点所组成的一般位置等效点系中，等效点之间的对称等效关系说明格子内除了初始的二次旋转轴之外，还有派生的二次螺旋轴 $2_1(0\ 1/4\ z)$，它与初始的二次旋转轴 $2(00z)$在坐标轴 Y 上平行相隔 $\mathbf{t}_b/4$(见图 2-6-16)。如果以同样取向的二次螺旋轴 2_1 作为初始二次轴，其组合结果也是一样。可以确定，在侧面心 A 格子中与坐标轴 Z 平行(即[001]取向)的二次旋转轴 2 和二次螺旋轴 2_1 是平行相隔 $\mathbf{t}_b/2$ 互为派生共存的。图 2-6-16 中派生的二次螺旋轴以国际记号 2_1 表示。

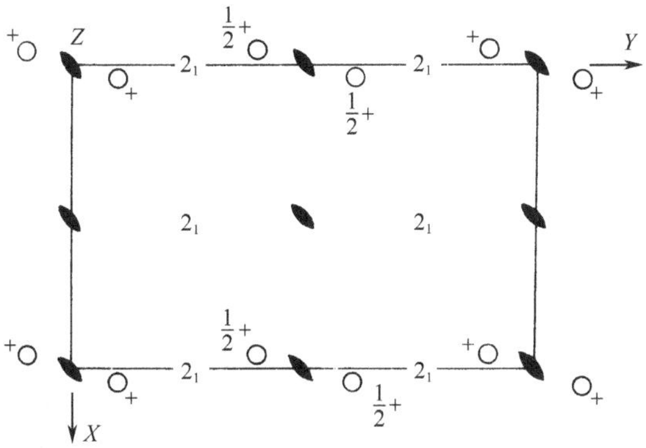

图 2-6-16　平行于 Z 轴的二次旋转轴 2 与二次螺旋轴 2_1 在侧面心 A 格子中的派生共存

同理，以同样的二次旋转轴 $2(00z)$作为初始二次轴，与侧面心 B 格子非初基平移$(\mathbf{t}_a+\mathbf{t}_c)/2$ 组合，将可以导出派生的二次螺旋轴 $2_1(1/4 0 z)$，从而确定在侧面心 B 格子中与坐标轴 Z 平行的二次旋转轴 2 与二次螺旋轴 2_1 平行相隔 $\mathbf{t}_a/4$ 互为派生共存。同样都是与 Z 轴平行的二次轴，只要经过坐标轴 X 与 Y 之间的坐标对换，也可以从上述侧面心 A 格子的结果推导出侧面心 B 格子的结果。

2.6.4.2　在侧面心 C 格子中的二次轴

以同样的二次旋转轴 $2(00z)$作为初始的二次轴，它的两个一般位置等效点 x,y,z 和 $\bar{x},\bar{y},z$ 分别与侧面心 C 格子非初基平移$(\mathbf{t}_a+\mathbf{t}_b)/2$ 组合，应派生等效点 $1/2+x,1/2+y,z$ 和 $1/2-x,1/2-y,z$。在此 4 个等效点所组成的一般位置等效点系中(见图 2-6-17)，等效点 x,y,z 与 $1/2-x,1/2-y,z$，以及 $\bar{x},\bar{y},z$ 与$1/2+x,1/2+y,z$ 之间说明格子中应存在派生的二次旋转轴 $2(1/4\ 1/4\ z)$。初始的与派生的二次旋转轴平行相隔$(\mathbf{t}_a+\mathbf{t}_b)/4$ 互为派生共存，如图 2-6-17 所示。图中初始的二次旋转轴以国际图形表示，而派生的以国际记号 2 标记，以便区别。

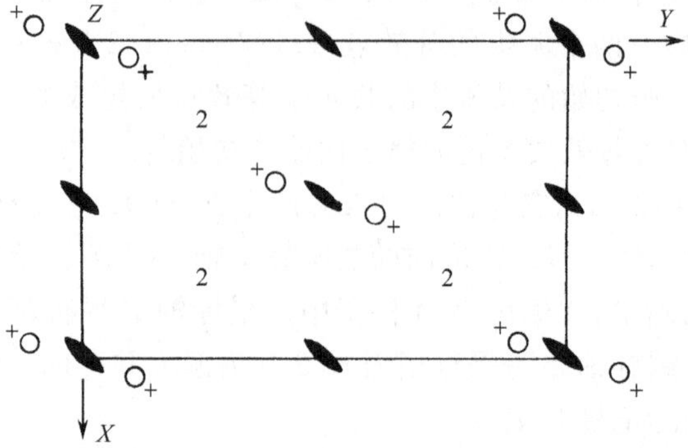

图 2-6-17　在侧面 C 格子中与 Z 轴平行的二次旋转轴派生共存

如果以二次螺旋轴 $2_1(00z)$作为初始二次轴与侧面心 C 格子非初基平移组合,其结果将得出派生的二次螺旋轴 $2_1(1/4\ 1/4\ z)$,其道理是浅而易见的。

2.6.4.3　在体心 I 格子中的二次轴

以二次旋转轴 $2(00z)$作为在单位格子中的初始二次轴,并以国际惯用图形标记于图 2-6-18。它应有一般位置等效点为 $x,y,z;\bar{x},\bar{y},z$。这两个初始的等效点与体心 I 格子非初基平移$(\mathbf{t}_a+\mathbf{t}_b+\mathbf{t}_c)/2$ 组合后将导出派生的等效点 $1/2+x$, $1/2+y$, $1/2+z$; $1/2-x$, $1/2-y$, $1/2+z$。初始的和派生的共 4 个等效点组成的一般位置等效点系表达了此非初基格子的全部对称性和非初基平移特征。显然,等效点之间,x,y,z 与 $1/2-x$, $1/2-y$, $1/2+z$,以及 $\bar{x},\bar{y},z$ 与 $1/2+x$, $1/2+y$, $1/2+z$之间的对称等效关系,表示在此格子内存在着派生的二次螺旋轴 $2_1(1/4\ 1/4\ z)$,在图 2-6-18 中以国际符号 2_1标记,以便区别。如果以二次螺旋轴 2_1作为

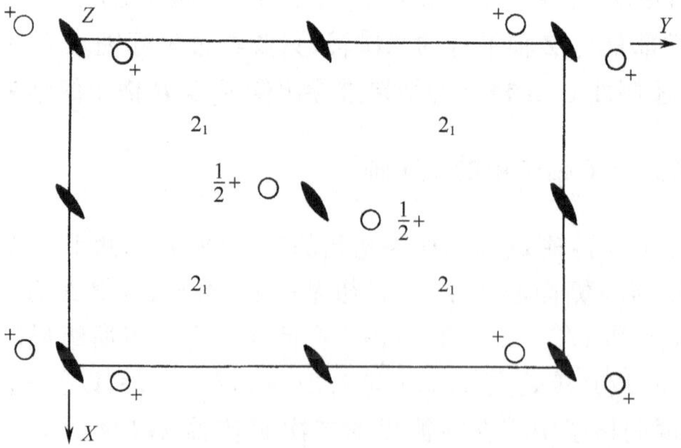

图 2-6-18　在体心 I 格子中与坐标轴平行的二次旋转轴和二次螺旋轴派生共存

初始二次轴，组合结果将导出派生的二次旋转轴 2，其中坐标原点可能与图 2-6-18 相差$(\mathbf{t}_a+\mathbf{t}_b)/4$。由此可确定，在体心 I 格子中二次旋转轴 2 与二次螺旋轴 2_1 以平行相隔面对角线 1/4 周期互为派生共存。由于体心 I 格子并无方向性，因此与坐标轴 X 或 Y 或 Z 相平行的二次轴，其派生共存规律一样。

2.6.4.4 在面心 F 格子中的二次轴

以二次旋转轴 $2(00z)$作为在单位格子中的初始二次轴，在图 2-6-19 中以国际惯用图形标记。它的一般位置等效点是 $x,y,z;\bar{x},\bar{y},z$。这两个初始的等效点分别与面心 F 格子非初基平移$(\mathbf{t}_b+\mathbf{t}_c)/2$，$(\mathbf{t}_a+\mathbf{t}_c)/2$，$(\mathbf{t}_a+\mathbf{t}_b)/2$ 组合后应导出 6 个派生的等效点，它们是 $x,1/2+y,1/2+z;\bar{x},1/2-y,1/2+z;1/2+x,y,1/2+z;1/2-x,\bar{y},1/2+z;1/2+x,1/2+y,z;1/2-x,1/2-y,z$。初始的和派生的全部共 8 个等效点所组成的一般位置等效点系应表达此非初基格子中全部的对称性和非初基平移。在此一般位置等效点系内等效点之间的对称等效关系，除了表明存在原有初始二次旋转轴 $2(00z)$之外，还指出了这非初基格子内存在着派生的二次旋转轴 $2(1/4\,1/4\,z)$和派生的二次螺旋轴 $2_1(1/4\ 0\ z)$及 $2_1(0\ 1/4\ z)$。表 2-6-3 给出这一非初基格子中各个二次轴(初始的和派生的)的性质及坐标位置，以及等效点之间的对称等效关系。如果以表 2-6-3 中 4 个派生共存的二次轴中任意一个作为初始二次轴，它与面心 F 格子非初基平移组合，其结果将是一样的。如果存在差别，那么就是坐标系原点的平移，而它们之间在空间的相互排布不会改变。

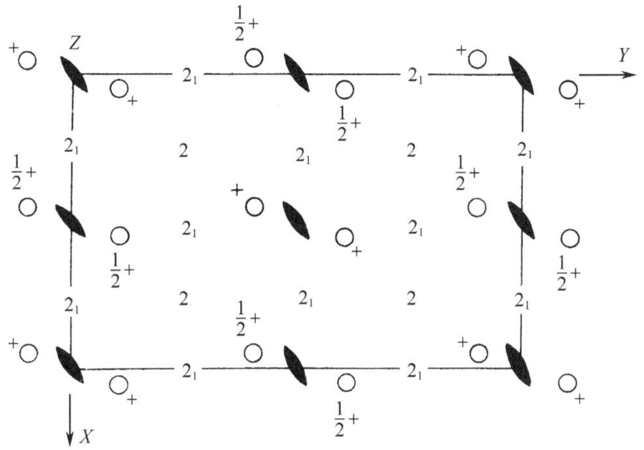

图 2-6-19 在面心 F 格子中与坐标轴平行的二次旋转轴和二次螺旋轴的派生共存

表 2-6-3 面心 F 格子中平行 Z 轴派生共存的二次轴与其他的一般位置等效点对

2(00z)	$x,y,z \rightarrow \bar{x},\bar{y},z$ $x,1/2+y,1/2+z \rightarrow \bar{x},1/2-y,1/2+z$ $1/2+x,y,1/2+z \rightarrow 1/2-x,\bar{y},1/2+z$ $1/2+x,1/2+y,z \rightarrow 1/2-x,1/2-y,z$
2(1/41/4z)	$x,y,z \rightarrow 1/2-x,1/2-y,z$ $x,1/2+y,1/2+z \rightarrow 1/2-x,\bar{y},1/2+z$ $1/2+x,y,1/2+z \rightarrow \bar{x},1/2-y,1/2+z$ $1/2+x,1/2+y,z \rightarrow \bar{x},\bar{y},z$
2_1(1/40z)	$x,y,z \rightarrow 1/2-x,\bar{y},1/2+z$ $x,1/2+y,1/2+z \rightarrow 1/2-x,1/2-y,z$ $1/2+x,y,1/2+z \rightarrow \bar{x},\bar{y},z$ $1/2+x,1/2+y,z \rightarrow \bar{x},1/2-y,1/2+z$
2_1(01/4z)	$x,y,z \rightarrow \bar{x},1/2-y,1/2+z$ $x,1/2+y,1/2+z \rightarrow \bar{x},\bar{y},z$ $1/2+x,y,1/2+z \rightarrow 1/2-x,1/2-y,z$ $1/2+x,1/2+y,z \rightarrow 1/2-x,\bar{y},1/2+z$

面心 F 格子的非初基平移对于坐标轴变换并没有影响,因此,与坐标轴 X 或 Y,或 Z 平行的二次轴,其派生共存规律一样。

2.6.4.5 二次轴与非初基平移组合小结

2.6.4 节的讨论对于在各种类型的非初基格子中二次轴与非初基平移组合的方法和特点均作了较详细的阐述,并且基本涉及各种可能的组合类型。它们对于各种晶系的非初基格子都是一样的。为了方便读者在实际工作中查阅,在表 2-6-4中列出了几种基本取向(与坐标轴同方向)上的二次轴在各种类型的非初基格子中派生共存规律。

表 2-6-4 在非初基格子的[100],[010]和[001]取向上二次轴的派生共存规律

	X[100]	Y[010]	Z[001]
A	$2 \xrightarrow{(\mathbf{t}_b+\mathbf{t}_c)/4} 2$ $2_1 \xrightarrow{(\mathbf{t}_b+\mathbf{t}_c)/4} 2_1$	$2 \xrightarrow{\mathbf{t}_c/4} 2_1$	$2 \xrightarrow{\mathbf{t}_b/4} 2_1$
B	$2 \xrightarrow{\mathbf{t}_c/4} 2_1$	$2 \xrightarrow{(\mathbf{t}_a+\mathbf{t}_c)/4} 2$ $2_1 \xrightarrow{(\mathbf{t}_a+\mathbf{t}_c)/4} 2_1$	$2 \xrightarrow{\mathbf{t}_a/4} 2_1$
C	$2 \xrightarrow{\mathbf{t}_b/4} 2_1$	$2 \xrightarrow{\mathbf{t}_a/4} 2_1$	$2 \xrightarrow{(\mathbf{t}_a+\mathbf{t}_b)/4} 2$ $2_1 \xrightarrow{(\mathbf{t}_a+\mathbf{t}_b)/4} 2_1$
I	$2 \xrightarrow{(\mathbf{t}_b+\mathbf{t}_c)/4} 2_1$	$2 \xrightarrow{(\mathbf{t}_a+\mathbf{t}_c)/4} 2_1$	$2 \xrightarrow{(\mathbf{t}_a+\mathbf{t}_b)/4} 2_1$
F	$2 \xrightarrow{(\mathbf{t}_b+\mathbf{t}_c)/4} 2$ $2 \xrightarrow{\mathbf{t}_b/4;\mathbf{t}_c/4} 2_1$ $2_1 \xrightarrow{(\mathbf{t}_b+\mathbf{t}_c)/4} 2_1$	$2 \xrightarrow{(\mathbf{t}_a+\mathbf{t}_c)/4} 2$ $2 \xrightarrow{\mathbf{t}_a/4;\mathbf{t}_c/4} 2_1$ $2_1 \xrightarrow{(\mathbf{t}_a+\mathbf{t}_c)/4} 2_1$	$2 \xrightarrow{(\mathbf{t}_a+\mathbf{t}_b)/4} 2$ $2 \xrightarrow{\mathbf{t}_a/4;\mathbf{t}_b/4} 2_1$ $2_1 \xrightarrow{(\mathbf{t}_a+\mathbf{t}_b)/4} 2_1$

注:表中 $\rightarrow$ 表示两个二次轴沿标明的平移周期方向相隔 1/4 周期,平行地互为派生共存。

这里需要指出，对称轴的取向是指对称轴的轴线与特定方向的一致。例如表 2-6-4中[100]取向的二次轴，是指这个二次轴的轴线与[100]取向(即坐标 X 轴方向)一致。

2.6.5 四次对称轴与非初基平移组合

可以存在四次轴的非初基格子只能是四方晶系体心 I 格子和立方晶系的体心 I 格子和面心 F 格子。在立方晶系的格子中四次轴是与坐标轴 X 或 Y，或 Z 平行，即[100]或[010]或[001]取向，而四方晶系中四次轴只有与坐标轴 Z 平行，即只有[001]取向。

2.6.5.1 四次旋转轴 4(00z)在体心 I 格子

以四次旋转轴 4(00z)作为四方晶系单位格子中初始的四次轴。从任意点出发，这初始四次旋转轴应有 4 个一般位置等效点：x,y,z；$\bar{y},x,z$；$\bar{x},\bar{y},z$；$y,\bar{x},z$(有关四次轴的对称等效点推导，请参阅第一篇几何晶体学中有关宏观对称元素的讨论)。初始的 4 个等效点与体心 I 格子非初基平移($\mathbf{t}_a+\mathbf{t}_b+\mathbf{t}_c$)/2 分别组合将导出 4 个派生的等效点 $1/2+x,1/2+y,1/2+z$；$1/2-y,1/2+x,1/2+z$；$1/2-x,1/2-y,1/2+z$；$1/2+y,1/2-x,1/2+z$。由初始的和派生的共 8 个等效点所组成的一般位置等效点系应该完整地表达着这一体心 I 格子的全部对称性和格子的非初基平移特征(图 2-6-20)。通过等效点坐标之间的对称等效关系，可以确知这一体心格子内存在着派生的四次螺旋轴。

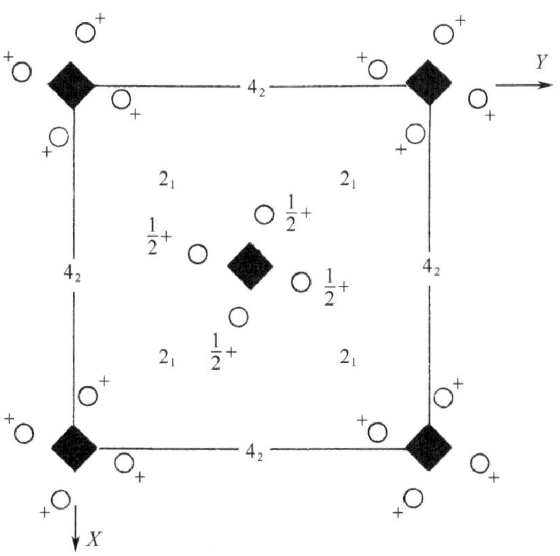

图 2-6-20 四方晶系体心 I 格子中四次旋转轴 4 与四次螺旋轴 4_2 派生共存

等效点 $x,y,z;1/2-y,1/2+x,1/2+z;\bar{x},\bar{y},z;1/2+y,1/2-x,1/2+z$ 之间的对称关系，以及另一组等效点 $\bar{y},x,z;1/2-x,1/2-y,1/2+z;y,\bar{x},z;1/2+x,1/2+y,1/2+z$ 之间对称关系都表明格子内存在着派生的四次螺旋轴 $4_2(0\ 1/2\ z)$。

当然，派生的四次螺旋轴 $4_2(0\ 1/2\ z)$ 和另一派生的四次螺旋 $4_2(1/2\ 0\ z)$ 是相互等效的，它们由初始的四次旋转轴 $4(00z)$ 对称联系（等效）。所以，派生的四次螺旋轴可选择其中一个作为代表，通过四次旋转轴的对称操作将推导出另一个及其他两个（这里未讨论）。

此外，这一般位置等效点系中等效点之间的关系：x,y,z 与 $1/2-x,1/2-y,1/2+z$；$\bar{y},x,z$ 与 $1/2+y,1/2-x,1/2+z$；$\bar{x},\bar{y},z$ 与 $1/2+x,1/2+y,1/2+z$；$y,\bar{x},z$ 与 $1/2-y,1/2+x,1/2+z$ 都指出这一体心格子中还存在着派生的二次螺旋轴 $2_1(1/4\ 1/4\ z)$。同一道理，在单位格子中应有 4 个二次螺旋轴，但是它们都是互相等效的。

图 2-6-20 给出了这一体心 I 格子全部对称元素和一般位置等效点系。其中初始的四次旋转轴以国际图形符号表示，而派生的四次螺旋轴和二次螺旋轴则以国际符号 4_2 和 2_1 表示，以示区别。

2.6.5.2 四次螺旋轴 $4_1(00z)$ 在体心 I 格子

以四次螺旋轴 $4_1(00z)$ 作为格子中初始的四次轴，它的一般位置等效点共 4 个：$x,y,z;\bar{y},x,1/4+z;\bar{x},\bar{y},1/2+z;y,\bar{x},3/4+z$。这初始的 4 个等效点与体心 I 格子非初基平移 $(\mathbf{t}_a+\mathbf{t}_b+\mathbf{t}_c)/2$ 组合将导出 4 个派生的等效点：$1/2+x,1/2+y,1/2+z;1/2-y,1/2+x,3/4+z;1/2-x,1/2-y,z;1/2+y,1/2-x,1/4+z$。由初始的和派生的共 8 个等效点所组成的一般位置等效点系表明此体心格子中存在着派生的四次螺旋轴 $4_3(0\ 1/2\ z)$[当然也包括 $4_3(1/2\ 0\ z)$]。这一般位置等效点系中等效点 $x,y,z;1/2-y,1/2+x,3/4+z;\bar{x},\bar{y},1/2+z;1/2+y,1/2-x,1/4+z$ 之间的等效关系，以及等效点 $1/2+x,1/2+y,1/2+z;\bar{y},x,1/4+z;1/2-x,1/2-y,z;y,\bar{x},3/4+z$ 之间的等效关系都证明此派生的 $4_3(1/2\ 0\ z)$。图 2-6-21 给出了这一体心 I 格子的初始四次螺旋轴 4_1（以图形符号表示）和派生的四次螺旋轴 4_3（以国际记号 4_3 表示），以及它们的一般位置等效点系。可以确知在体心 I 格子中四次螺旋轴 4_1 与 4_3 沿基本周期 $\mathbf{t}_a$ 或 $\mathbf{t}_b$ 方向平行相隔半周期互为派生共存。

在这一组合类型中还派生出二次旋转轴 $2(1/4\ 1/4\ z)$，如图 2-6-21 所示。

2.6.5.3 四次反伸轴 $\bar{4}(00z)$ 在体心 I 格子

初始的四次反伸轴 $\bar{4}(00z)$ 的 4 个一般位置等效点 $x,y,z;\bar{y},x,\bar{z};\bar{x},\bar{y},z;y,\bar{x},\bar{z}$ 与体心格子非初基平移 $(\mathbf{t}_a+\mathbf{t}_b+\mathbf{t}_c)/2$ 组合将导出派生的等效点 $1/2+x,1/2+y,1/2+z;1/2-y,1/2+x,1/2-z;1/2-x,1/2-y,1/2+z;1/2+y,1/2-x,1/2-z$。由初始的和派生的共 8 个等效点所组成的一般位置等效点系表达了

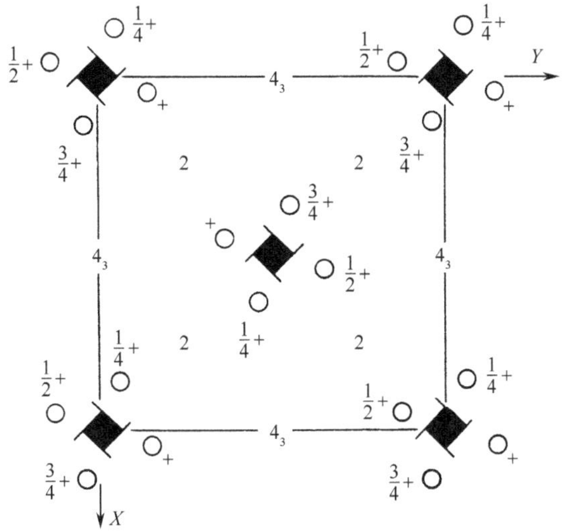

图 2-6-21　四方晶系体心 I 格子中四次螺旋轴 4_1 与 4_3 互为派生共存

这一体心格子的全部对称和非初基平移。等效点：x,y,z；$1/2-y,1/2+x,1/2-z$；$\bar{x},\bar{y},z$；$1/2+y,1/2-x,1/2-z$ 之间等效关系以及等效点：$1/2+x,1/2+y,1/2+z$；$\bar{y},x,\bar{z}$；$1/2-x,1/2-y,1/2+z$；$y,\bar{x},\bar{z}$ 之间的等效关系均指出此体心格子内存在着派生的四次反伸轴 $\bar{4}_{(1/4)}(0\ 1/2\ z)$，这里 $\bar{4}_{(1/4)}$ 的右下注脚是标记此四次反伸轴的假想反伸点在轴上的周期高度。如果没有注脚就表示假想反伸点位于坐标系的零高度(当然 1/2 周期高度与零高度是等效的)。注脚(1/4)表示假想点在轴上的 1/4 周期高度(当然 3/4 周期高度存在着等效的假想反伸点，这是对称元素与周期平移组合的结果)。此外，在格子中还有存在着派生的二次螺旋轴 $2_1(1/4\ 1/4\ z)$，详见图 2-6-22。

2.6.5.4　四次旋转轴 4(00z)在面心 F 格子

以重合于坐标轴 Z 的四次旋转轴 $4(00z)$ 作为初始的四次轴，在图 2-6-23 中以图形符号表示，它的一般位置等效点应有 4 个，x,y,z；$\bar{y},x,z$；$\bar{x},\bar{y},z$；$y,\bar{x},z$。它们与面心 F 格子非初基平移 $(\mathbf{t}_b+\mathbf{t}_c)/2$、$(\mathbf{t}_a+\mathbf{t}_c)/2$、$(\mathbf{t}_a+\mathbf{t}_b)/2$ 分别组合后将派生出 12 个等效点 $x,1/2+y,1/2+z$；$\bar{y},1/2+x,1/2+z$；$\bar{x},1/2-y,1/2+z$；$y,1/2-x,1/2+z$；$1/2+x,y,1/2+z$；$1/2-y,x,1/2+z$；$1/2-x,\bar{y},1/2+z$；$1/2+y,\bar{x},1/2+z$；$1/2+x,1/2+y,z$；$1/2-y,1/2+x,z$；$1/2-x,1/2-y,z$；$1/2+y,1/2-x,z$。由初始的和派生的共 16 个等效点组成了这面心格子的一般位置等效点系，如图 2-6-23 所示，它表达了这一格子内全部对称性和非初基平移。从等效点 x,y,z；$1/2-y,x,1/2+z$；$1/2-x,1/2-y,z$；$y,1/2-x,1/2+z$ 之间的等效关

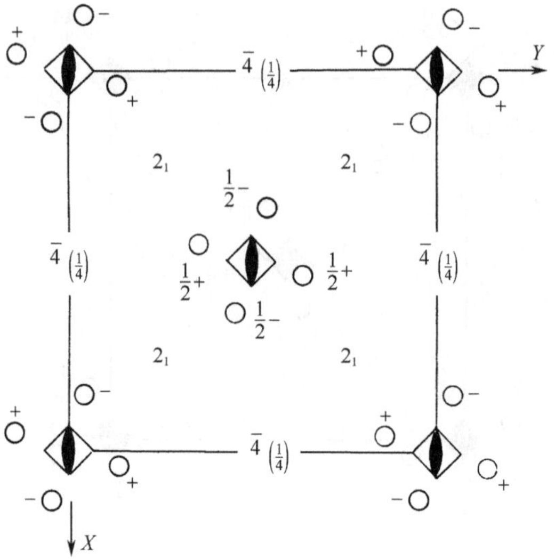

图 2-6-22　四次反伸轴 $\bar{4}$ 与体心 I 格子非初基平移组合结果导出另一派生四次反伸轴 $\bar{4}_{(1/4)}$，其中括号指出假想反伸点位于 1/4 周期高度

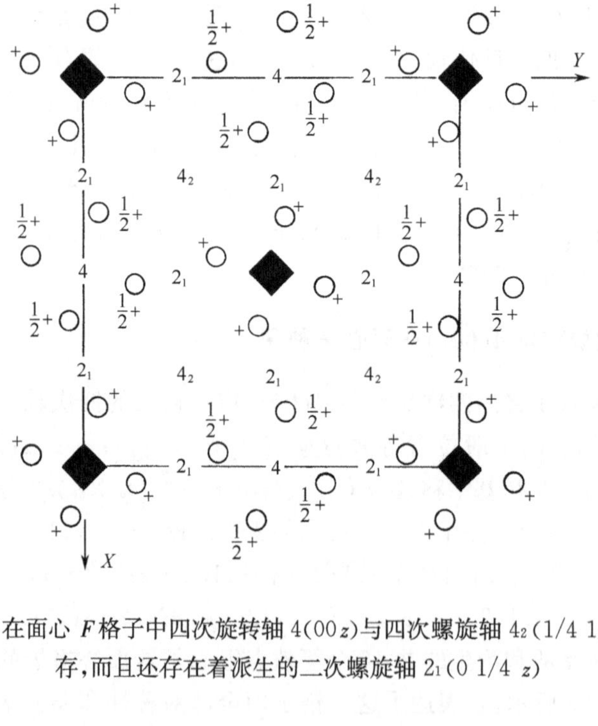

图 2-6-23　在面心 F 格子中四次旋转轴 4(00z)与四次螺旋轴 4_2(1/4 1/4 z)派生共存，而且还存在着派生的二次螺旋轴 2_1(0 1/4 z)

系，等效点 $\bar{y},x,z$；$1/2-x,\bar{y},1/2+z$；$1/2+y,1/2-x,z$；$x,1/2+y,1/2+z$ 之间的等效关系，等效点 $\bar{x},\bar{y},z$；$1/2+y$；$\bar{x},1/2+z$；$1/2+x,1/2+y,z$；$\bar{y},1/2+x,1/2+z$之间的等效关系，$y,\bar{x},z$；$1/2+x,y,1/2+z$；$1/2-y,1/2+x,z$；$\bar{x},1/2-y,1/2+z$ 之间的等效关系都同时表明此面心 F 格子内存在着派生的四次螺旋轴 $4_2(1/4\ 1/4\ z)$。此外，只要认真分析此一般位置等效点系中等效点之间的对称等效关系，不难发现它还表达着派生的四次旋转轴 $4(1/2\ 0\ z)$和 $4(0\ 1/2\ z)$，派生的四次螺旋轴，$4_2(1/4\ 3/4\ z)$和 $4_2(3/4\ 1/4\ z)$以及派生的二次螺旋轴 $2_1(0\ 1/4\ z)$ 等。它们都是可以从 16 个等效点之间的对称等效关系推导出来。然而，在面心 F 格子中[001]取向上，最基本的是 $4(00z)$与 $4_2(1/4\ 1/4\ z)$派生共存，其余均是对称等效的。

2.6.5.5 四次螺旋轴 $4_1(00z)$在面心 F 格子

以重合于坐标轴 Z 的四次螺旋轴 $4_1(00z)$作为格子中的初始四次轴，然后以任意位置点 x,y,z 出发导出它的 4 个等效点，以及它们在格子中的周期等效点，如图 2-6-24 所示。以面心 F 格子的初基平移$(\mathbf{t}_b+\mathbf{t}_c)/2$，$(\mathbf{t}_a+\mathbf{t}_c)/2$，$(\mathbf{t}_a+\mathbf{t}_b)/2$ 与上述 4 个初始等效点组合，导出 12 个非初基平移等效点并将它们标定在图上。这样，格子中由初始的以及派生的共 16 个等效点组成了表达这些面心格子的一般位置等效点系，如图 2-6-24 所示，它表达着此面心格子的全部对称和非初基平移。从图中的等效点之间的对称等效关系，只要等效点的位置在图中标记得很准确，不

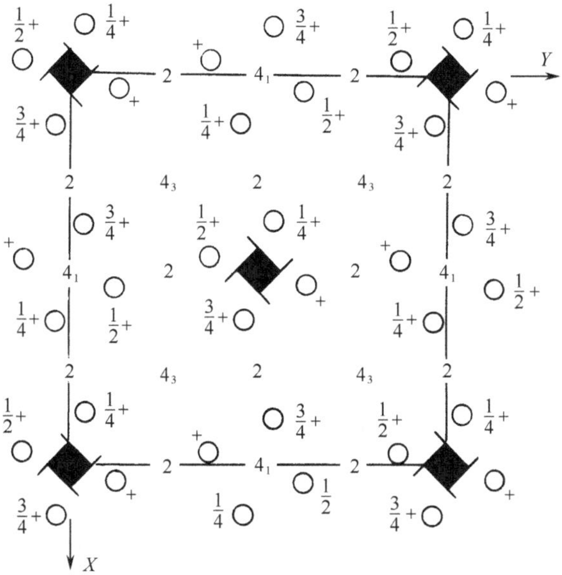

图 2-6-24　在面心 F 格子中四次螺旋轴 $4_1(00z)$与 $4_3(1/4\ 1/4\ z)$派生共存，而且还存在派生的二次旋转轴 $2(01/4z)$

难直观判断出在此面心 F 格子中存在着派生的四次螺旋轴 $4_3(1/4\ 1/4\ z)$，以及它等效的 $4_3(1/4\ 3/4\ z)$和 $4_3(3/4\ 1/4\ z)$。此外，还有派生的四次螺旋轴 $4_1(1/2\ 0\ z)$以及它等效的 $4_1(0\ 1/2\ z)$，最后还有二次旋转轴 $2(0\ 1/4\ z)$等。从图中以国际符号标出全部派生的对称元素，可以确定，在面心 F 格子中平行于坐标轴的四次螺旋轴 4_1 和 4_3 沿面对角线方向相隔 1/4 周期平行地互为派生共存，并有派生的二次旋转轴 2，如图 2-6-24 所示。

2.6.5.6 四次反伸轴 $\bar{4}(00z)$在面心 F 格子

与上述同样的道理和方法，以重合于坐标轴 Z 的四次反伸轴 $\bar{4}(00z)$为初始四次轴，它与面心 F 格子非初基平移组合的结果如图 2-6-25 所示。从图中所示的推导结果，可以确定四次反伸轴 $\bar{4}$ 和 $\bar{4}_{(1/4)}$ 沿面对角线 1/4 周期的相隔，互为派生共存，并有派生的二次螺旋轴 2_1。这里再次指出四次反伸轴的右下注脚是标记反伸轴上的假想反伸点在坐标系中的高度，没有注脚的表示假想反伸点高度为零(及 1/2)。

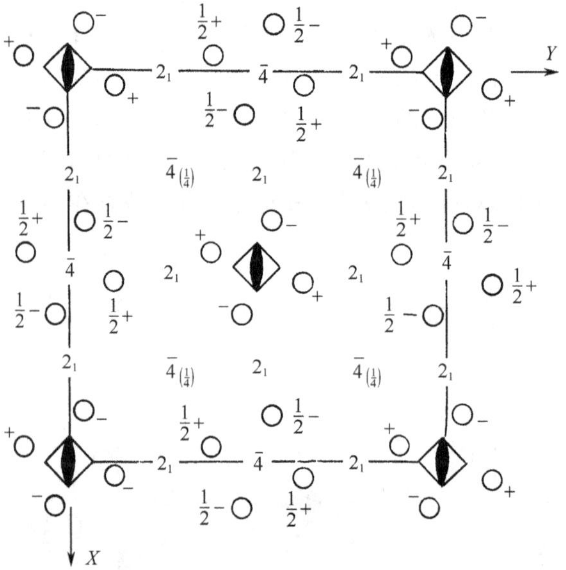

图 2-6-25 在面心 F 格子中四次反伸轴 $\bar{4}(00z)$与 $\bar{4}_{(1/4)}(1/4\ 1/4\ z)$互为派生共存，并且存在派生的二次螺旋轴 $2_1(0\ 1/4\ z)$

2.6.6 在立方晶系中的三次对称轴

立方晶系的晶系参数特征是 $a_0=b_0=c_0$，$\alpha=\beta=\gamma=90°$。立方晶系的特征对称元素是与立方体中 4 个体对角线方向平行的 4 个三次轴。如果考察一下三方晶系所特有的布拉维格子——R 格子，它的六参数特征是 $a_R=b_R=c_R$，$\alpha=\beta=\gamma\neq 90°$（请参阅 2.5.2 节 “14 种布拉维格子”），不难发现，立方格子与 R 格子十分相似，重要的差别是在单位周期之间的夹角（$\alpha=\beta=\gamma$），立方格子中都是直角 90°，而 R 格子中却是任意角度。正因如此，R 格子中只可能在 a，b，c 的分角线方向上存在三次轴，而立方格子中这样的方向却有 4 个，而且它们是相互等效的。R 格子的 $\alpha=\beta=\gamma$ 是任意值，如果这任意值的取值非常特殊，是 90°，则 R 格子将具有立方格子的参数。在这一意义上我们不妨把立方格子看作是三方 R 格子的一种特例。如果我们只是单独考察立方格子中 4 个等效的三次轴中的一个，那么我们完全可以将这一被考察的立方格子看作是三方 R 格子。至于其余 3 个方向上的三次轴自然可以等效类推。由此可知，立方格子中的三次轴与格子的各种关系，包括它与格子的周期平移组合，以及非初基平移组合等关系都将遵循三方 R 格子中三次轴与格子平移组合的规律。

在 2.5.3 节“三方晶系的 R 点阵”中，对于 R 点阵中各种单位格子的割取，以及它们之间的取向关系已作过详细的论述。如果从上述考察方式出发，将立方点阵亦看作是三方 R 点阵的一种特例，那么单位格子的割取及其取向关系也可以沿用 2.5.3 节所讨论的规律。

2.6.6.1 初基 *P* 格子的[111]取向上三次轴的派生共存

如果将立方格子看作是三方 R 格子的一种特例，那么简单初基的立方格子就是初基的 R 格子。事实上，如果只单独考察格子中的一个三次轴的方向，立方格子确实是一个 R 格子，确切地说它是一个 $\alpha=\beta=\gamma=90°$ 的 R 格子。在此直角的 R 格子中沿着被考察的三次轴方向，它的阵点分布就如图 2-5-12 和图 2-5-16 所示。这样的阵点排布方式必然导致图 2-5-18 所示的结果，即在考察的三次轴方向上平行地存在着三次旋转轴 3 和三次螺旋轴 3_1 及 3_2，它们之间的排布就像图 2-5-18 所示意的一样。由此可以确定，初基立方格子中在[111]取向上（在立方晶系中 [111]，[$\bar{1}$11]，[1$\bar{1}$1]，[11$\bar{1}$]4 个取向是相互等效的，请参阅第一篇“几何晶体学基本原理”中图 1-8-3 及有关论述）三次旋转轴 3 和三次螺旋轴 3_1 及 3_2 是互为派生共存的。

2.6.6.2 体心 *I* 格子的[111]取向上三次轴的派生共存

同样的道理，立方晶系的体心 I 格子也同样可以看作是三方 R 点阵中 R' 割取方式的体心格子的特例。当然此立方体心格子中 $\alpha=\beta=\gamma=90°$，是一种直角的 R' 格子。此直角的 R' 格子是与图 2-5-14 所表示的三方 R' 格子（$\alpha=\beta=\gamma\neq 90°$）的样子很不相同，但是阵点的排布方式却是完全一样的。三方 R 格子和 R' 格子都是在同一种 R 点阵中分别以 R 取向和 R' 取向所割取的单位格子。同样的 R 点阵中应具有同样的阵点排布并由此导致同样的各种三次轴的排布。由此可知，三方体心

R'格子中在三次轴方向上也同样是三次旋转轴 3 和三次螺旋轴 3_1 及 3_2 平行地共存于格子中，它们之间的排布与 R 格子中的一样，但是，由于两种格子取向不同，因而三次旋转轴 3 和三次螺旋轴 3_1 和 3_2 在 R' 格子中与坐标轴（X，Y 和 Z）的相对位置就必然与在 R 格子中的相对位置有所差别。有关三方 R 点阵中 R 取向与 R' 取向之间的相互关系请参阅图 2-5-15。由此可以确定，立方的体心 I 格子中在[111]取向上也是三次螺旋转轴 3 和三次螺旋轴 3_1 及 3_2 互为派生共存。

2.6.6.3 面心 *F* 格子的[111]取向上三次轴的派生共存

面心 F 立方格子虽然是一种最高对称的格子，对称元素的组合非常复杂繁多，但就[111]取向上三次轴的派生共存规律却仍然是比较容易理解的。图 2-6-26给出了一个面心 F 立方格子，以单线表示，其六参数特征是 $a_0=b_0=c_0$，$\alpha=\beta=\gamma=90°$，格子的单位周期平移为 $\mathbf{a}_0$，$\mathbf{b}_0$ 和 $\mathbf{c}_0$。图中沿着[111]方向，选取从坐标原点到 3 个相邻格子面中心的附加非初基平移阵点作为新的格子单位周期平移 $\mathbf{a}'_0$，$\mathbf{b}'_0$ 和 $\mathbf{c}'_0$，在图 2-6-26 的图(a)中以双线表示。其中 $\mathbf{a}'_0=(\mathbf{a}_0+\mathbf{b}_0)/2$，$\mathbf{b}'_0=(\mathbf{b}_0+\mathbf{c}_0)/2$，$\mathbf{c}'_0=(\mathbf{c}_0+\mathbf{a}_0)/2$。显然，新选取的 R 格子是一种典型的初基三方 R 格子，阵点分布与图 2-5-16 所示的 R 点阵完全一样，因而在特征对称元素三次轴方向上三次旋转轴 3 和三次螺旋轴 3_1 及 3_2 派生共存规律将与图 2-5-18 所示一样。通过图 2-6-26 所表示的两种格子割取方向和取向关系，不难导出面心 F 立方格子中沿[111]取向上所包含的各种三次轴及其排布规律。显然面心 F 立方格子比

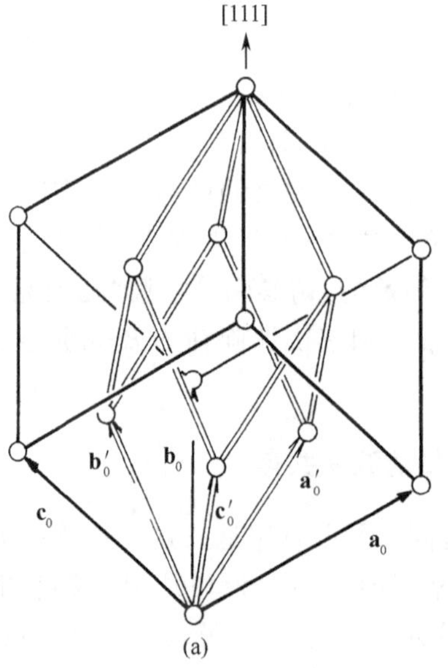

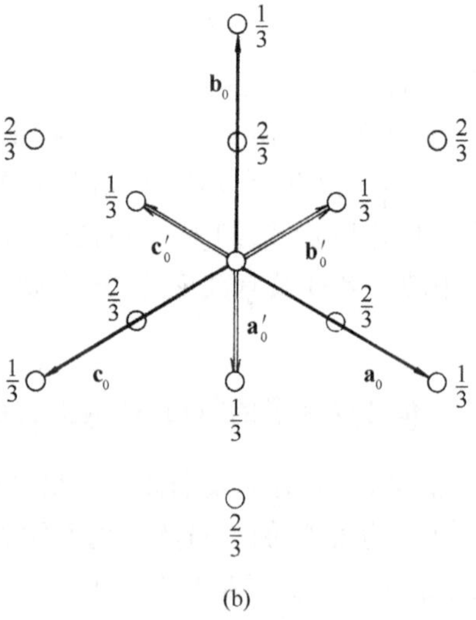

图 2-6-26 (a)面心 F 立方格子($\mathbf{a}_0$，$\mathbf{b}_0$，$\mathbf{c}_0$)和重新选取的一种典型的初基 R 格子($\mathbf{a}'_0$，$\mathbf{b}'_0$，$\mathbf{c}'_0$)；(b)沿立方格子[图(a)][111]取向投影的示意图，表明阵点的排布和两种格子取向的关系

新选取的简单初基 R 格子的体积大，所包含的各种三次轴的数目也多，在排布上显然也繁杂一些。然而可以确定，面心 F 的立方格子中在[111]（当然包括[$\bar{1}$11]，[1$\bar{1}$1]，[11$\bar{1}$]）取向上三次旋转轴 3 与三次螺旋轴 3_1 及 3_2 也同样是互为派生共存的。

第七章　空间对称群的推导

2.7.1　坐标系原点的选择原则

以前已经作过多次阐述，一个单位晶胞内的结构已充分表达了由此单胞三维无穷排列的整个晶体内部的结构，单位晶胞内的对称性和平移特征亦足以代表整个晶体内部结构的对称和平移特征。这与单位格子和整个晶体内部三维点阵的关系一样。因而对空间对称类型（简称空间群）的研究可以一个单位晶胞内的对称性和平移作为代表，就如以单位格子代表整个点阵特征研究一样。这里的坐标系原点的选择是指单胞内各对称元素及平移等相互组合后，如何确定这一空间对称群的坐标系原点。从另一角度说，这就是从晶体内部结构中割取单位晶胞时应如何选择合适的坐标系原点。

过去已作过详细论述，晶体的取向，即晶体学轴（与坐标轴相对应）的选择是与晶体的对称性密切相关，晶体学轴总是与晶体中某些对称元素的取向相一致。坐标系的原点也是如此，它的位置选择也与晶体中的对称元素密切相关。在晶体内部结构中坐标轴的方向被确定之后，坐标系原点仍然可以发生平移。在割取单位晶胞时只有将坐标系原点确定之后，坐标轴才能完全被确定，以单位周期作为单胞的 3 个坐标轴 X，Y 和 Z 的单位，晶体内部结构中的一个完整的单位晶胞才可以分割出来。

一般说来，可以任意选择坐标系原点。坐标轴的方向已确定后，以三个单位周期作为单位，在晶体内部中以任意一点为原点所割取的单胞都是此晶体内部结构的单位晶胞，都能代表整个晶体结构的特征，它的三维空间周期堆积将仍构成完整的晶体内部结构。但是，这样的坐标系原点选择任意性除了给计算上带来麻烦之外，晶体学者之间的相互沟通也会带来极大困难。为了对空间对称群及对晶体结构的描述在国际上相互一致，晶体学者相互约定，对坐标系原点的选择必须遵守下列的规则：

（1）如果空间群中存在着对称中心，应将坐标系原点选择在对称中心上。如果存在着几种位于对称程度不同的对称中心，例如位于 mmm 交点上、$2/m$ 交点上、$\bar{1}$ 等的对称中心，应优先选择位于高对称点上的对称中心，依次优先选择例如 $4/mmm$，mmm，$4/m$，$2/m$，$\bar{1}$ 等位置上的对称中心。

（2）如果空间群中不存在对称中心，坐标系原点应选择在高次旋转轴上。如果坐标系原点只能选择在唯一的高次反伸轴上，那么应与反伸轴上的假想反伸点重合。

(3)如果空间群中既无对称中心,又没有高次旋转轴和高次反伸轴,则坐标原点应选择在高次螺旋轴上。

(4)如果在空间群中上述对称元素都不存在,则坐标系原点应选在二次旋转轴上。在此情况下,坐标系原点应优先选择在高对称的 mm 交线上的二次旋转轴上。

(5)如果空间群中不存在上述各种对称元素,则坐标系原点将选在反映对称面 m 上。

(6)上述对称元素都不存在,坐标系原点将选择在二次螺旋轴上。

(7)如果空间群中只有滑移对称面,坐标系原点就只好选在滑移对称面上。

如果空间群中除了对称自身之外再没有任何对称元素,坐标原点的选择将是任意的了。一般来说,如果坐标系原点的选择具有三维方向上任意性,或在对称面上二维方向上任意性,或在对称轴上的一维方向上任意性,那么总是在结构中选定某一特征点,例如某一特征原子的中心,或某两个特征原子连线上的中分点等作为坐标系原点予以标记,并且应在文中给予指明。

如果由于某种特殊原因,在实际工作中并没有遵守上述坐标系原点选择规则,那么必须给予明确的说明,指出特殊选择的坐标系原点处于什么位置。

国际上一般都遵循着上述的选择规则,但亦有极少数比较复杂的情况例外。例如空间群 $P2_12_12_1$ 中的坐标系原点并非选择在二次螺旋轴上,而是选择在与三个取向([100],[010],[001])的二次螺旋轴都相距 1/4 周期的共同点上。这样选择的坐标系原点恰好是空间群 $P2_12_12_1$ 的全对称型空间群 $Pbca$ 中的对称中心位置。全对称型空间群 $Pbca$ 中包含着空间群 $P2_12_12_1$ 的对称性。

2.7.2 空间对称群的国际符号

空间对称群是晶体学微观空间对称元素及平移群(包括周期平移与非初基平移)的组合。从微观空间对称原理上,这种组合的最终结果是一种微观空间对称(组合)类型,它是一些对称元素在特定空间中的一种集合,称为空间对称群或简称为空间群。

空间群的国际符号由两部分组成:第一部分是空间群的国际符号中前头第一个大写的英文字母,它表示该空间群的平移群,即布拉维格子的符号。具体说,如果该空间群的单位格子中除了周期平移外没有附加的非初基平移,那么它的平移群符号就是初基的布拉维格子,以英文大写字母 P 表示。如果该空间群的单位格子中除了周期平移外还存在着附加的非初基平移,那么按其不同性质的非初基平移,平移群的符号就分别以非初基的侧面心格子 A, B, C 或体心格子 I 或面心格子 F 的英文大写字母表示。显然,平移群符号是表达此空间群的单位格子的平移性质,表达格子中所包含的周期平移矢量和非初基平移矢量。第二部分是该空间群所具有的初始的也是最基本的对称元素。它就像宏观对称组合类型——点群的国际符号那样,用一个或 2 个或 3 个对称元素的符号表示该点群中最基本的对称元素,而点群中其他派生的对称元素均可通过这些最基本的初始对称元素之间的组合推导出来。空间群中的对称元素符号所表示的是该空间群中最基本的微观空间对称元素,其他派生的微观空间对称元素均可通过这些最基本的初始对称元素之间的组合,以及它们与平移群的周期平移和非初基平移的组合推导出来。

无论在宏观空间或在微观空间,对称元素的取向像对称元素的性质一样具有极重要的意义。对称元素的取向不但只表达它们与坐标系的关系,而且也表达它们之间在空间中的相互关系。派生的对称元素的性质及其空间位置完全决定于参加组合的初始对称元素的性质和相互之间的空间关系。在微观空间中参加组合的还包括周期平移和非初基平移,而平移本身就包含着平移的方向和平移量。所以空间群国际符号中的第二部分,无论是由一个或 2 个或 3 个对称元素符号组成,每一个符号所处的位置次序都有严格确定的取向。由于晶体的定向是与晶系对称密切相关,因此,对称元素符号所定义的取向在不同晶系中有所不同。在 1.8.2 节中,对于宏观对称组合类型——点群国际符号中的取向已作了详细的论述。在空间群中对称元素符号的取向与点群中的定义完全相同。

下面按晶系将空间群国际符号中的每一对称元素符号在该晶系的坐标系中的取向加以标明。如果对称元素符号是对称轴,那么此对称轴应与定义的取向相互平行;如果对称元素符号是对称面,则此对称面的面法线与定义的取向相平行,即此对称面与定义的取向相互垂直。

1.三斜晶系　三斜晶系所属的空间群,其国际符号以 *P*[000]表示。

三斜晶系只有一种初基 *P* 布拉维格子,而对称元素只有对称自身 1 和对称中心 $\bar{1}$ 两种,所以在国际符号中的对称元素符号只有一个,它的取向为[000],即位于坐标系的原点上。

2.单斜晶系　单斜晶系所属的空间群,其国际符号以□[010]表示。

单斜晶系的空间群符号中的对称元素符号只有一个位置,这位置所定义的取向是[010],即晶体学 *b* 轴方向(坐标系中的 *Y* 轴)。

3.正交晶系　正交晶系所属的空间群,其国际符号以□[100][010][001]表示。

正交晶系空间群国际符号中的第二部分由 3 个对称元素符号组成,它们所定义的取向分别依次是[100]取向、[010]取向和[001]取向,即分别是晶体学轴 *a*,*b*,*c*(坐标轴 *X*,*Y*,*Z*)的方向。

4.四方晶系　四方晶系所属空间群,其国际符号以□[001][100][110]表示。

四方晶系空间群符号中的第二部分由 3 个对称元素符号组成。第一个符号位置的取向是[001],即晶体学 *c* 轴的方向。第二个符号位置所定义的取向是[100]。在四方晶系中[100]取向和[010]取向(即晶体学 *a* 和 *b* 轴)是互为等效的。第三个符号位置所定义的取向是[110]，它与$[1\bar{1}0]$取向也是互为等效的。

5.*六方晶系*　　六方晶系所属空间群，其国际符号以 *P*[001][100][120]表示。

六方晶系只有一种 *H* 点阵，因而只有一种布拉维格子，这就是 *H* 取向的初基 *P* 格子。所以六方晶系空间群中表示平移群性质的第一部分就只有一种初基 *P* 格子平移。第二部分由 3 个对称元素符号组成，其中第一个符号位置的取向是[001]，即晶体学 *c* 轴的方向。在六方晶系中特征对称元素——六次轴的取向总是为[001]。第二个符号位置所定义的取向是[100]，在六方晶系中 3 个取向[100]，[010]和[110]是互为等效的。第三个符号位置是定义为[120]取向，而[120]，[210]和$[1\bar{1}0]$3 个取向也是互为等效的。

6.*三方晶系*　　三方晶系存在着两种点阵类型：一种是与六方晶系相同的 *H* 点阵；另一种是 *R* 点阵。具有 *H* 点阵的三方晶系所属空间群，其国际符号仍以 *P*[001][100][120]表示，它与六方晶系空间群符号的表达完全一样。

具有 *R* 点阵的三方晶系空间群符号以 *R*[111]$[1\bar{1}0]$表示。

虽然 *R* 点阵可以有各种取向（即割取格子方式）诸如 *R* 取向、*R′* 取向、*H* 取向、*O* 取向等等（有关 *R* 点阵的取向问题请参阅 2.5.3 节），但是在空间群国际符号中的第一部分有关平移群符号，是以 *R* 取向的格子表示的。*R* 点阵的 *R* 取向格子是一种布拉维格子，而且是一种简单初基性质的格子。*R* 格子是三方晶系所特有的一种布拉维格子。在空间群国际符号中的第二部分只由两个对称元素符号组成：第一个符号位置的取向是[111]，它是三个晶体学轴 *a*，*b*，*c* 的共分线方向。三方晶系的特征对称元素——三次轴的取向在 *R* 点阵的 *R* 取向格子中总是为[111]。第二个符号位置所定义的取向是$[1\bar{1}0]$。在三方晶系 *R* 点阵中垂直于[111]取向的 3 个取向$[1\bar{1}0]$，$[01\bar{1}]$及$[\bar{1}01]$之间是互为等效的。三方晶系 *R* 点阵的 *R* 取向格子中，与三次轴相垂直的二次轴或与三次轴平行的对称面都只可能以$[1\bar{1}0]$取向（请参阅 2.5.3 节）。

7.*立方晶系*　　立方晶系所属空间群的国际符号以□[001]3[110]表示。

立方晶系空间群符号中的第二部分由 3 个对称元素符号组成：第一个符号位置所定义的取向是[001]，在立方晶系中 3 个取向[100]，[010]和[001]（即 3 个晶体学轴 *a*，*b* 和 *c*）之间是互为等效的。第二个符号位置的取向是[111]，它是 3 个晶体学轴的共分线方向，即单位格子的体对角线方向。立方晶系中单位格子的 4 个体对角线方向，即[111]，$[\bar{1}11]$，$[1\bar{1}1]$和$[11\bar{1}]$4 个取向之间是相互等效的，而且它们恰好是立方晶系特征对称元素——4 个三次轴的取向，所以第二个符号位置直接以特征对称元素 3 表示（如果空间群内存在对称中心，三次轴将演变为三次反伸轴，以 $\bar{3}$ 表示）。它是立方晶系所属空间群的共同特征。第三个符号位置所定义的取向为[110]。在立方晶系中 6 个取向[110]，$[1\bar{1}0]$，[101]，$[10\bar{1}]$，[011]和$[01\bar{1}]$（请参阅图 1-8-3）是相互等效的。

2.7.3　230 个空间群的推导原则

空间群是晶体内部结构中可能存在的对称和平移组合，亦即微观空间对称元素及平移群的可能存在的组合类型。前人早已严格地证明，晶体内部结构中可以存在，也仅仅存在 230 种组合类型，称之为 230 个空间对称群，简称为 230 个空间群。

推导 230 个空间群的办法甚多，用群论的方法是很严谨的数学方式。我们是利用几何学的方法，运用上述各章节所阐述的概念和方法对 230 个空间群进行推导。本书所运用的这种阐述和推导方式，其目的在于使读者获得更为直观的空间概念，以利于理解、掌握和在实际工作中应用。推导 230 个空间群的步骤如下：

1.按晶系和每一个点群推导它所有可能存在的对称与平移组合(空间群)　此时应先将这一点群的国际符号中每一个符号的含义及其取向弄明白，并记住它应遵守的晶系对称(参阅 2.7.2 节)。

2.首先推导这一点群的初基空间群　每一点群的国际符号都标出了该点群中最基本的对称元素(宏观对称元素)，它们在点群符号中的位置次序及其相应的空间取向，是与 2.7.2 节所标明的空间群国际符号中第二部分的符号(对称元素符号部分)一一相对应的。由于所推导的是初基空间群，空间群国际符号中第一部分(即表示空间群的平移群)将以初基布拉维格子 P 表示。

将这一点群的每一个对称元素符号的全部可能的微观对称元素列出：例如，符号 m 所对应的微观对称元素就可能有 m，a，b，c，n，它们都适合于初基点阵；又例如，符号 4 所对应的微观对称元素，就可能有 4，4_1，4_2，4_3。然后，按这一点群中的几个对称元素符号之间进行微观对称元素符号的可能组合。如果此点群中具有 3 个对称元素符号，那么它们之间的微观对称元素符号组合的数量将会十分庞大。幸而它们组合的结果中相当一部分是相互重复的，还有一部分是不能存在的组合，具体说：

(1)由于坐标轴变换所引起的重复。例如在 mmm 点群中，空间群记号 $Pbcn$，$Pcan$，$Pnab$，$Pcnb$，$Pnca$，$Pbna$ 等实际上是同一个空间对称群，其差别只是坐标系中坐标轴的标定不同(它们都符合右手规则，而只是 X，Y，Z 的标定不同)，经过坐标轴的对换或轮换之后，它们都将变换成空间群 $Pbcn$。下一节将对坐标轴对换和轮换及其空间群符号变换关系进行讨论。

(2)由于中级及高级晶系中一些对称元素的取向为[100]，[110]，[120]等，而这些取向在简单格子中，实际上具有复格子的性质(参阅第五章有关论述)，对称元素将会出现派生共存，因而所推导的微观对称元素组合之间将可能相互重复。

(3)由于在初基点阵中不可能存在的组合。例如，d 滑移面只能出现在面心格子或具有面心格子性质的取向上。又例如点群 $4/m$ 中对于初基 P 格子，4_1 及 4_3 以

及滑移面 a,b,c 都不可能参加组合(请参阅第四章有关论述)。

(4)由于坐标轴方向致使某些具有平移操作性质的微观对称元素不能参加组合。例如垂直于 a 轴(即坐标系 X 轴)不可能存在 a 滑移面。同理垂直于 b 轴(Y 轴)不存在 b 滑移面,垂直于 c 轴(Z 轴)不存在 c 滑移面。如此等等。

(5)由于破坏了初基点阵的原则,或破坏了晶系对称和高次轴对称等等,因而不能容许组合。

3.*在初基空间群的基础上,推导各种可能存在的非初基空间群* 由于非初基平移的参加组合,它与初基格子中对称元素的组合,导致格子中出现新的派生对称元素,即所谓“非初基格子中的对称元素派生共存”。在第六章对微观对称元素与非初基平移组合,以及其组合所导致对称元素派生共存的规律已作详细阐述。由于对称元素的派生共存,在初基空间群与非初基平移组合中将有大量组合是相互重复的,因而只存在有限个数的非初基空间群。如果该点群(或晶系)存在多种非初基布拉维格子,那么,依次逐个地将每种非初基平移与该点群初基空间群(初基格子中的微观对称元素组合类型)进行组合,可导出每种非初基布拉维格子的非初基空间群。

值得提醒的是 d 滑移面参加的组合。在面心 F 格子或具有面心 F 格子性质的取向上,d 滑移面应作为一种独立微观对称元素参加对称面的组合。由于在初基情况下,d 滑移面并没有(也不能)作为对称面的一个独立微观对称元素参加微观对称元素组合,因而以初基空间群为基础推导非初基空间群(非初基格子中微观对称元素组合类型)的时候,必须注意 d 滑移面的特性并让它参加组合。此外,在点群 $4/m$ 的初基空间群中,四次螺旋轴 $4_1,4_3$ 和滑移面 a,b 都不能参加组合,但是在非初基情况下,它们却是合适的。如此等等。

4.*凡是内容互相重复的空间群,一般以对称元素符号简单者作代表* 例如:以 $F222$ 代表此空间群在内容上相互重复的空间群记号 $F222$, $F2_12_12_1$, $F22_12_1$, $F2_122_1$, $F2_12_12$, $F222_1$, $F22_12$, $F2_122$ 等,此 8 个空间群记号在内容上完全相同,都表达同一个空间群。在此情况下以 $F222$ 表示。

2.7.4 坐标轴的对换及轮换与空间群符号的变换

空间群的国际符号由两部分组成:第一部分是表示单位格子的平移群性质;第二部分是表示单位格子中最基本的独立对称元素(性质)和它们在格子中的取向。如前面所述,第二部分是以 3 个符号(或者 2 个或一个符号,各个点群有所不同)表示。对于某一特定点群,每个符号所处的次序位置,它的取向(准确说,它在已确定的坐标系中的取向)已经严格地定义,在 2.7.2 节有关“空间对称群的国际符号”中已作详细讨论。所谓对称元素的取向是指该对称元素在特定坐标系中所处的方位。离开特定坐标系,取向就没有意义了。单位格子中对称元素的取向只能在单

位格子的坐标系 XYZ 确定(即晶体学坐标轴 a,b,c 被选定)之后才能确定。单位格子中坐标系 XYZ 发生变化(晶体学轴的选择发生改变),格子中对称元素原来的取向亦将发生相应改变,换句话说,单位格子中对称元素在原坐标系中的取向与在改变后的新坐标系中的取向将不相同,对称元素取向的变换决定于坐标系的变换。此外,具有平移操作性质的微观空间对称元素,例如滑移面 a,b,c 等,其符号往往与它们沿坐标轴(晶体学轴)平移操作特性相一致。坐标系的变换必定引起格子中对称元素取向的相应变换和对称元素(特别是滑移对称面)符号的相应改变。

通常格子中坐标系的任意变换所引起的对称元素取向的变换是十分复杂和繁琐的。而在实际工作中,遵循布拉维选择原则,在晶体点阵中准确地确定了布拉维格子的割取方式,坐标系亦同时将被确定。在此之后坐标系的任意变换是很少发生的。但是在实际工作中,坐标系中 3 个坐标轴之间的对换或轮换是难以避免的,特别是低级晶系中晶体学轴的选定具有较大的自由度,对于同一种点阵割取同一种布拉维格子,而所确定的坐标系可以多种多样,它们之间的差别就只在于坐标轴之间的对换或轮换,正交晶系的情况就是如此。三斜晶系和单斜晶系具有更大的单位格子选择自由度。特别是三斜晶系,对于同一点阵,遵循布拉维选择原则仍可能有多种单位格子割取方式,它们之间的坐标系变换比较复杂,必须弄清它们之间变换的准确关系。对结构分析工作来说,这种结构的坐标变换是十分繁杂的。但是由于这两个晶系(单斜和三斜晶系)所具有的对称元素组合类型比较简单,因而对于研究微观对称原理,特别是它们中对称元素取向的变换比较容易,不十分典型。下面以正交晶系的一个空间群为例,阐明它的符号如何随着坐标系中坐标轴之间的对换以及轮换而改变。这种变换规律不但只在实践工作中很有帮助,而且对下面有关空间群推导也十分必要。

在晶体学中,任何情况下坐标系中坐标轴之间的关系都必须遵循右手规则。正交晶系空间群 $Pbcn$ 在单位格子中各个对称元素对于特定坐标系 XYZ 的取向示意于图 2-7-1。对于如图 2-7-1 所示的特定坐标系中,图中参加组合的 3 个最基本的对称元素——3 个滑移对称面的取向分别是:b 滑移面的取向为[100](即面法线与[100]重合),c 滑移面的取向为[010],而 n 滑移面的取向是[001]。因而按照空间群国际符号定义,图 2-7-1 所示初基 P 格子中的微观对称元素组合类型,在图中所示的特定坐标系中应有空间群国际符号为 $Pbcn$。

如果图 2-7-1 所示初基 P 格子的对称元素组合类型完全不变,但给定的坐标系有所改变,即晶体学轴的选择有所改变,如图 2-7-2 所示。如果将图 2-7-1 的坐标系中三个坐标轴的次序表示为 XYZ,则图 2-7-2 中的三个坐标轴次序改变成 YXZ。二者之间差别就在于 X 轴与 Y 轴对换,即晶体学轴选择中 a 轴与 b 轴对换,此时的对称元素组合图形并无任何改变。按照空间群国际符号的定义,图 2-7-2 所示初基 P 格子中的对称元素组合类型,作为基本对称元素的 3 个滑移面,在此改变后的特定坐标系中分别重新具有自己的特有取向。此时位于[100]取向的

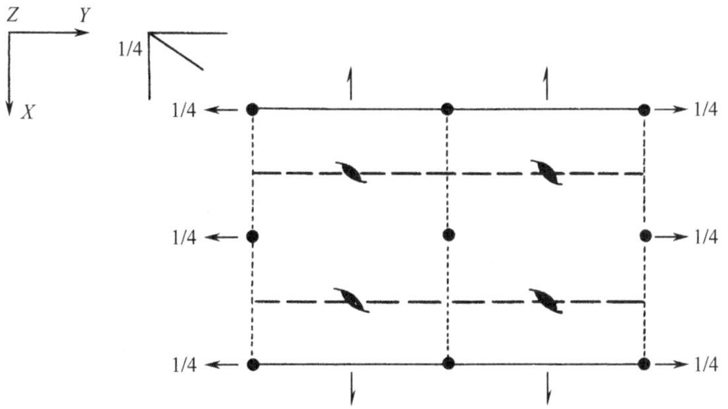

图 2-7-1　空间群 *Pbcn* 单位格子中各个对称元素对于坐标系 *XYZ* 的取向

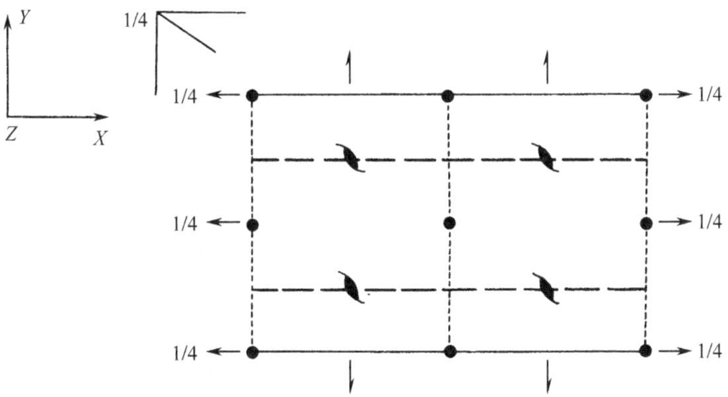

图 2-7-2　由于坐标系中 *X* 轴与 *Y* 轴对换，图 2-7-1 的空间群国际符号 *Pbcn* 相应改变为 *Pcan*

是 *c* 滑移面。位于[010]取向的是 *a* 滑移面，位于[001]取向的是 *n* 滑移面。因此可以确定，图 2-7-2 所示的对称组合类型在所给定的坐标系中，其空间群国际符号是 *Pcan*。比较图 2-7-1 及图 2-7-1 可以理解，同一布拉维格子中的同一个对称元素组合类型，在不同的坐标系中将推导出不同的空间群国际符号。

同样道理，在图 2-7-1 中，让对称组合类型保持不变，而将原有坐标系中 3 个坐标轴 *X*，*Y*，*Z* 的次序以 *X* 轴与 *Z* 轴对换，新的坐标系变换为 *ZYX*，并且使新的坐标系仍然保持右手规则，不难推导出此对称组合类型的空间群符号为 *Pnab*。同理，将图 2-7-1 的坐标系中 3 个坐标轴给以 *Y* 轴与 *Z* 轴对换，并且保持坐标系的右手规则，对于对换后新的坐标系，此对称组合类型应有空间群符号为 *Pcnb*。表 2-7-1 列出了由于坐标系中坐标轴对换后，此对称组合类型所具有相应的空间群符号，同时也将各种坐标系按右手规则要求，列出坐标轴的取向关系。

坐标轴的对换引起空间群符号变换的推导既可以按上述图形方法，也可以直接按下面两个步骤完成。

第一步：坐标轴对换之后，在空间群国际符号中相应对称面所处的位置次序也相应的对换。这里仍然以空间群 *Pbcn* 为例，此时坐标系应为 *XYZ*，那么

$$\begin{array}{cccc} XYZ & YXZ & ZYX & XZY \\ Pbcn & (Pcbn) & (Pncb) & (Pbnc) \end{array}$$

第二步：坐标轴对换的结果就是晶体学轴 *a*,*b*,*c* 的对换，因而具有沿轴方向平移操作性质的滑移对称面，它们的符号也将随着坐标轴的对换而改变，它们的规律是：如果 *X* 轴与 *Y* 轴对换，那么滑移面符号将是 *a* 与 *b* 对换；如果 *X* 轴与 *Z* 轴对换，那么滑移面符号将是 *a* 与 *c* 对换；如果 *Y* 轴与 *Z* 对换，那么滑移面符号将是 *b* 与 *c* 对换。运用这种变换规律将上述第一步所得到的结果(括弧中的符号)按坐标轴的对换对滑移面符号作相应的变换，那么可得如下结果：

$$\begin{array}{cccc} XYZ & YXZ & ZYX & XZY \\ Pbcn & Pcan & Pnab & Pcnb \end{array}$$

这样所导出的结果与表 2-7-1 所列的完全一样。

单位格子的坐标系中 3 个坐标轴的轮换引起格子中对称元素组合类型的空间群符号的变换，其关系比较复杂一些，但其道理及推导的方法与上述坐标轴对换情况类同。

如果图 2-7-1 中初基 *P* 格子所具有的微观对称元素组合类型的图形不变，而图中坐标系的 3 个坐标轴给以轮换，即以 *Y* 轴取代原有的 *X* 轴，*Z* 轴取代原有的 *Y* 轴，*X* 轴取代原有的 *Z* 轴，从而构成新的坐标系，其 3 个坐标轴之间关系是 *YZX*。对称组合类型的图形中，各基本对称元素——3 个滑移面在轮换后新的坐标系 *YZX* 中将有自身的取向和滑移面符号。按照空间群国际符号中各符号取向及次序定义，不难推导出此初基格子的对称组合类型在轮换后的新坐标系 *YZX* 中应有空间群符号为 *Pnca*。

同样道理，如果图 2-7-1 中对称组合类型的图形不变，原有的坐标系 *XYZ* 中 3 个坐标轴给以另一种轮换，即以 *Z* 轴取代原有的 *X* 轴，以 *X* 轴取代原有的 *Y* 轴，以 *Y* 轴取代原有的 *Z* 轴，从而构成新的坐标系 *ZXY*。对于这一轮换后的新的坐标系 *ZXY*，此对称组合类型将有空间群符号为 *Pbna*。坐标系中 3 个坐标轴轮换与对称组合类型的空间群符号之间的关系也列在表 2-7-1 中。

表 2-7-1　坐标轴的对换及轮换与空间群国际符号中滑移面符号的变换关系

		坐标轴对换			坐标轴轮换	
坐标轴变换	*XYZ*	*YXZ*	*ZYX*	*XZY*	*YZX*	*ZXY*
坐标轴取向	Z→Y, ↓X	↑Y, Z→X	↑Z, X→Y	Z—Y, ↓X	X→Z, ↓Y	Y→X, ↓Z
空间群符号	*Pbcn*	*Pcan*	*Pnab*	*Pcnb*	*Pnca*	*Pbna*

坐标轴的轮换引起空间群符号变换的推导，同样也可以按下面两个步骤完成。

第一步：坐标轴轮换之后，在空间群国际符号中相应对称面所处的位置次序也给以相应的轮换。这里仍然以空间群 $Pbcn$ 为例，此时坐标系应为 XYZ，那么

$$\begin{matrix} XYZ & YZX & ZXY \\ Pbcn & (Pnbc) & (Pcnb) \end{matrix}$$

第二步：坐标轴轮换的结果就是晶体学轴 a,b,c 的轮换，因而具有沿轴方向平移操作性质的滑移面，它们的符号也将随着坐标轴的轮换而改变。它们的规律是：①如果坐标系 XYZ 经轮换为坐标系 YZX，那么原来的滑移面符号应由 a 改变为 b；由 b 改变为 c；由 c 改变为 a；②如果坐标系 XYZ 经轮换为坐标系 ZXY，那么原来的滑移面符号应由 a 改变为 c；由 b 改变为 a；由 c 改变为 b。运用这种改变规律将上述第一步所得结果（括弧中的符号），按两种不同的坐标系轮换，对滑移面符号作相应的改变，可得如下结果：

$$\begin{matrix} XYZ & YZX & ZXY \\ Pbcn & Pnca & Pbna \end{matrix}$$

其实，坐标系 3 个坐标轴的轮换所引起的空间群符号的变换也可以通过两次坐标轴对换的变换来完成，这是比较简单的操作，在此不作讨论。

2.7.5 三斜晶系及单斜晶系的空间群

2.7.5.1 三斜晶系的空间群

三斜晶系所属只有两个点群，即点群 1 及点群 $\bar{1}$，而且只有初基 P 布拉维格子，因而只有两个空间群：$P1$，$P\bar{1}$。

2.7.5.2 单斜晶系的空间群

1.*点群 2*　　初基格子的情况：二次轴可以是二次旋转轴 2 也可以是二次螺旋轴 2_1，因而初基 P 格子的空间群只可能是：$P2$，$P2_1$。

非初基格子的情况：单斜晶系只有一种非初基布拉维格子，即侧面心 C 格子。在侧面心 C 格子中位于[010]取向的二次轴存在着二次旋转轴 2 与二次螺旋轴 2_1 互为派生共存（请参阅 2.6.4 节及表 2-6-4），所以非初基格子的空间群只有一个：$C2$。

2.*点群 m*　　初基格子的情况：对称面可以是 m，a，b，c，n。首先，取向为[010]的对称面不可能是 b 滑移面。此外，通过坐标轴 X 与 Z（即晶体学 a 轴与 c 轴）的对换，滑移面 a 将变换为 c 滑移面。最后，通过重新选取 $\mathbf{t}_a+\mathbf{t}_c$ 周期方向为 X 轴（即 a 轴），n 滑移面将变换为 c 滑移面，因而参加组合的只剩下反映对称面 m 和滑移面 c。初基 P 格子的空间群只可能是：Pm，Pc。

非初基格子的情况：在侧面心 C 格子中的[010]取向上，反映对称面 m 与滑移面 a 派生共存，滑移面 c 与 n 派生共存(请参阅表 2-6-1)。因而侧面心 C 格子的空间群可以有两个，即 Cm, Cc。

3. 点群 $2/m$　　初基格子的情况：参考上述点群 2 及点群 m 的情况，在初基格子的[010]取向上，参加组合的二次轴可以是旋转二次轴 2 及螺旋二次轴 2_1，而参加组合的对称面可以是反映对称面 m 及滑移面 c。这样一来，二次轴与对称面的可能组合只可能有 4 种，因而初基格子的空间群只可能有四个：$P2/m$, $P2_1/m$, $P2/c$, $P2_1/c$。

非初基格子的情况：参考上述点群 2 及点群 m 的情况，考虑到在侧面心 C 格子的[010]取向上，二次轴以及对称面的派生共存规律，这里参加组合的只能是旋转二次轴 2(包含着派生共存的螺旋二次轴 2_1)，反映对称面 m(包含着滑移面 a)和滑移面 c(包含着滑移面 n)。因而只可能有两种组合类型，即只能有两个侧面心 C 格子的空间群：$C2/m$, $C2/c$。

2.7.6　正交晶系的空间群

2.7.6.1　点群 222

1. 初基格子的情况　　二次对称轴可以是二次旋转轴 2 和二次螺旋轴 2_1。在取向[100]，[010]和[001]上的二次对称轴就应该有 8 种组合。但是如果考虑到坐标系中 3 个坐标轴 X, Y, Z 之间的对换和轮换，其中有一些组合实际是重复的。例如同一个空间群有 3 个空间群符号 $P2_12_12$, $P2_122_1$, $P22_12_1$。它们表达同一个初基格子的对称组合类型，其中的差别在于格子坐标轴取向的选择不同。通过坐标轴之间的变换，后面两个空间群的符号均可变换为 $P2_12_12$。因而初基格子的空间群只有 4 个：$P222$, $P222_1$, $P2_12_12$, $P2_12_12_1$。

2. 非初基格子的情况　　正交晶系有 3 种非初基布拉维格子：侧面心 C 格子、体心 I 格子和面心 F 格子。考虑到在所有非初基格子中，无论在[100]或[010]或[001]取向上，二次旋转轴 2 都与二次螺旋轴 2_1 互为派生共存。当然，在各种非初基格子中及不同取向上，它们派生共存在空间的相对位置关系并非一样，请参阅表 2-6-4。为此它们组合的数目极为有限。

侧面心 C 格子的空间群：$C222$, $C222_1$。

体心 I 格子的空间群：$I222$, $I2_12_12_1$。

面心 F 格子的空间群：$F222$。

这里，体心 I 格子有两个空间群而不是一个，这是在空间群推导中很值得注意的现象。很显然，在体心格子中二次旋转轴 2 与二次螺旋轴 2_1 的派生共存规律在[100]，[010]和[001]取向上都是一样的，并无任何差异。但值得注意的是，互为派生共存的二次轴 2 与 2_1 在上述 3 个不同取向上的空间配置存在着两种完全不同的方式，从而构成了两种完全不同的对称组合类型，如图 2-7-3 和图 2-7-4 所示。其实，这两种体心 I 格子的对称组合类型，可以通过初基格子空间群 $P222$ 和 $P2_12_12_1$ 分别与体心 I 格子非初基平移 $(\mathbf{t}_a+\mathbf{t}_b+\mathbf{t}_c)/2$ 的组合推导出来。初基格子空间群 $P222$ 与体心 I 格子非初基平移的组合结果，必然导出图 2-7-3 所示的对称元素组合类型，其中二次旋转轴 2 在[100]，[010]和[001]取向上的空间配置关系仍保留着在空间群 $P222$ 中的特征，3 个取向上的二次旋转轴相交于一点，而且派生的 3 个二次螺旋轴也相交于一点。正因如此，图 2-7-3 的对称组合类型的空间群符号为 $I222$。然而，由初基格子空间群 $P2_12_12_1$ 与体心 I 格子非初基平移组合所推导出的对称组合类型，如图 2-7-4 所示，保留着初基格子对称组合类型 $P2_12_12_1$ 的特征，不同取向上的 3 个二次螺旋轴相互以 1/4 周期配置，它们并不相交，所派生的 3 个二次旋转轴 2 也如此。自然，图 2-7-4所示的对称组合类型的空间群符号应为 $I2_12_12_1$。

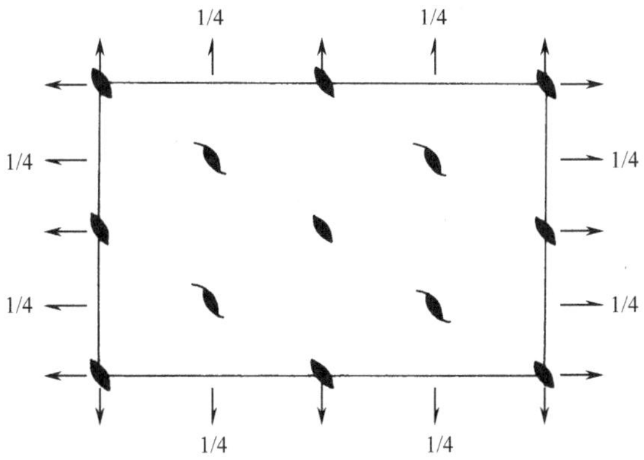

图 2-7-3　空间群 $I222$

2.7.6.2　点群 *mm*

1. 初基格子的情况　　对称面可以是 m, a, b, c, n。由于在[100]取向上不可能存在 a 滑移面的组合，在[010]取向上 b 滑移面也不可能参加组合，因而只有下列 16 种可能的组合方式：

mm	*ma*	*mc*	*mn*
bm	*ba*	*bc*	*bn*
cm	*ca*	*cc*	*cn*
nm	*na*	*nc*	*nn*

而这 16 种可能组合中，经坐标系的 X 轴与 Y 轴对换所引起对称面符号变换，其中部分组合是相互重复的，例如空间群符号 *Pma* 与 *Pbm*，*Pca* 与 *Pbc* 等，两个空

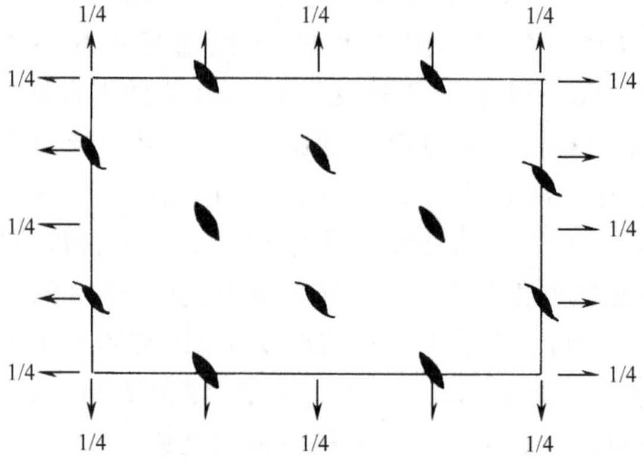

图 2-7-4　空间群 $I2_12_12_1$

间群符号都是同一个对称组合类型在不同坐标轴取向的结果，所以点群 *mm* 的初基空间群实际上只有 10 个：*Pmm*, *Pmn*, *Pma*, *Pmc*, *Pcc*, *Pca*, *Pnc*, *Pba*, *Pna*, *Pnn*。

2. 非初基格子的情况　　正交晶系具有 3 种非初基布拉维格子，侧面心格子、体心格子和面心格子。但是在这点群 *mm* 中，单位格子坐标系的 *X* 轴与 *Y* 轴可以互换，而 *Z* 轴则不可与 *X* 轴或 *Y* 轴互换，因而应有侧面心 *A* 格子和 *C* 格子，这两种侧面心格子不能互相变换。所以实际上这一点群具有 4 种非初基格子，其中[100]及[010]取向的对称面存在着各种不同类型的派生共存，其规律已列于表 2-6-1，请参阅 2.6.2 节对称面与非初基平移组合。以上述 10 种初基格子的对称组合类型为基础分别与 4 种非初基平移进行组合，考虑到对称面派生共存规律，其结果应有 11 种非初基格子的对称组合类型。此外，由于在面心 *F* 格子中 *d* 滑移面可以而且应该作为一种对称面参加组合（请参阅 2.6.3 节有关 *d* 滑移面的性质），所以点群 *mm* 的非初基空间群总共有 12 个。

侧面心 *A* 格子的空间群：*Amm*, *Abm*, *Ama*, *Aba*。

侧面心 *C* 格子的空间群：*Cmm*, *Ccc*, *Cmc*。

体心 *I* 格子的空间群：*Imm*, *Ima*, *Iba*。

面心 *F* 格子的空间群：*Fmm*, *Fdd*。

2.7.6.3　点群 *mmm*

1. 初基格子的情况　　对称面可以是 *m*, *a*, *b*, *c*, *n*。由于在[100]取向上不可能存在具有沿 *X* 轴（即晶体学 *a* 轴）方向平移操作的 *a* 滑移面，同理在[010]取向也不能存在 *b* 滑移面，在[001]取向上不能存在 *c* 滑移面，那么在 3 个不同取向上的对称面组合如表 2-7-2 所示，共 64 个组合。

表 2-7-2　在[100]，[010]和[001]取向上对称面的可能组合

mmm *mmn* *mma* *mmb*	*mnm* *mnn* *mna* *mnb*	*mam* *man* *maa* *mab*	*mcm* *mcn* *mca* *mcb*
nmm *nmn* *bmm*	*nnm* *nnn* *bnm*	*nam* *nan* *bam*	*ncm* *ncn* *bcm*
nma *nmb* *bmn* *bma* *bmb*	*nna* *nnb* *bnn* *bna* *bnb*	*naa* *nab* *ban* *baa* *bab*	*nca* *ncb* *bcn* *bca* *bcb*
cmm *cmn* *cma* *cmb*	*cnm* *cnn* *cna* *cnb*	*cam* *can* *caa* *cab*	*ccm* *ccn* *cca* *ccb*

这 64 个可能组合，经单位格子坐标系的 X 轴、Y 轴和 Z 轴之间的对换与轮换所引起对称面组合的符号交换，其中相当大部分组合符号将相互重复。表 2-7-3 列出了其中独立的对称面组合，以及经坐标轴之间对换或轮换后将与它们相重复的对称面组合。从表 2-7-3 可知，在 64 个可能组合中，真正独立的组合只有 16 个，其余 48 个组合经坐标轴的变换之后都分别与 16 个独立的组合相重复。不言而喻，点群 *mmm* 的初基格子空间群共有 16 个。

表 2-7-3　点群 *mmm* 中独立的对称面组合及其重复的组合符号

独立组合	经对称轴对换或轮换后将与独立组合相重复的组合				
XYZ	*YXZ*	*ZYX*	*XZY*	*YZX*	*ZXY*
mmm					
nnn					
ccm		*maa*	*bmb*		
ban		*ncb*	*cna*		
mma	*mmb*	*cmm*	*mam*	*bmm*	*mcm*
nna	*nnb*	*cnn*	*nan*	*bnn*	*ncn*
mna	*nmb*	*cnm*	*man*	*bmn*	*ncm*
cca	*ccb*	*caa*	*bab*	*baa*	*bcb*
bam		*mcb*	*cma*		
bcm	*cam*	*mab*	*cmb*	*maa*	*bma*
nnm		*mnn*	*nmn*		
mmn		*nmm*	*mnm*		
bcn	*can*	*nab*	*cnb*	*nca*	*bna*
bca	*cab*				
nma	*mnb*	*cmn*	*nam*	*bnm*	*mcn*
ccn		*naa*	*bab*		

初基格子的空间群应16个,它们是:

Pmmm	*Pnnn*	*Pccm*	*Pban*
Pmma	*Pnna*	*Pmna*	*Pcca*
Pbam	*Pbcm*	*Pnnm*	*Pmmn*
Pbcn	*Pbca*	*Pnma*	*Pccn*

2. 非初基格子的情况　　正交晶系具有3种非初基布拉维格子。这里不同于点群 *mm*,在点群 *mmm* 的格子中坐标系的 *X* 轴、*Y* 轴和 *Z* 轴之间都可以互相对换,或者说侧面心 *A* 格子和侧面心 *B* 格子都可以通过坐标轴的变换而变换为侧面心 *C* 格子,因而侧面心格子就只有一种。所以,点群 *mmm* 的非初基格子就只有3种,即侧面心 *C* 格子、体心 *I* 格子和面心 *F* 格子。

以表2-7-3所列的在3个不同取向上对称面组合中的16个独立组合为基础,或者说以16个初基格子的对称组合类型为基础,分别与上述3种非初基格子的非初基平移进行组合。对称面与非初基平移相组合的结果必定派生新的对称面,这种对称面派生共存规律对于不同的非初基格子和不同取向的对称面显然不同,在2.6.2节有关对称面与非初基平移组合中已作了十分详细的讨论,并列于表2-6-1。根据它们派生共存的规律,不难推导出3种非初基格子的对称组合类型(非初基空间群),如下所列,共11个。此外,我们没有忘记在面心格子中 *d* 滑移面应该作为一种对称面参加组合,而且在2.6.3节中已经详细论述,*d* 滑移面的组合一定成双成对地出现,并以90°相交。为此,在点群 *mmm* 的面心 *F* 格子中,*d* 滑移面的组合可以而且只能唯一地存在 *ddd* 组合。由此可知,点群 *mmm* 所属的非初基格子空间群应共有12个:

侧面心 *C* 格子的空间群:*Cmmm*, *Cmcm*, *Cmca*, *Cccm*, *Cmma*, *Ccca*。

体心 *I* 格子的空间群:*Immm*, *Ibam*, *Ibca*, *Imma*。

面心 *F* 格子的空间群:*Fmmm*, *Fddd*。

2.7.7　四方晶系的空间群

2.7.7.1　点群4

1.初基格子的情况　　四次对称轴可以是4,4_1,4_2和4_3。毫无疑问,它们作为四次轴都可以单独地在初基格子中存在。自然,初基格子空间群可以有4个,它们是:

$$P4, P4_1, P4_2, P4_3$$

2.非初基格子的情况　　四方晶系只有一种非初基布拉维格子,它是体心 *I* 格子。在2.6.5节有关四次对称轴与非初基平移组合的讨论中已经证实,在体心 *I* 格子中四次旋转轴4与四次螺旋轴4_2在[001]取向上互为派生共存,而四次螺旋轴4_1与4_3也互为派生共存(请参阅图2-6-20和图2-6-21)。显然,点群4的非初基格子的空间群就只有两个，它们是：

$$I4, I4_1$$

2.7.7.2 点群 $\bar{4}$

这里没有什么需要讨论的，直接可以导出唯一的一个初基格子的空间群 $P\bar{4}$，以及唯一的一个体心 I 格子的空间群 $I\bar{4}$。有关后者的推导请参阅图 2-6-22。

2.7.7.3 点群 $4/m$

1.初基格子的情况　虽然这里的四次轴可以是 $4, 4_1, 4_2$ 和 4_3，而对称面可以是 m, a, b, c, d。首先，具有沿 Z 轴方向平移操作性质的 c 滑移面不可能以[001]取向参加组合，所以 c 滑移面在此组合中应给以排除。此外，在 2.4.2 节有关四次轴与对称面垂直相交组合的讨论中已经证明，在初基格子中参加这种组合的四次轴只能是四次旋转轴 4 和四次螺旋轴 4_2，而对称面亦只能是反映对称面 m 和滑移面 n(见图 2-4-2，2-4-3，2-4-4 和 2-4-5)。因此，点群 $4/m$ 所属初基格子的对称组合类型只可能有 4 种，这 4 种初基格子空间群是：

$$P4/m, P4/n, P4_2/m, P4_2/n$$

2.非初基格子的情况　在上述初基格子的情况，四次螺旋轴 4_1 和 4_3，以及 a 滑移面和 b 滑移面不可能参加组合(其组合的结果将会使初基格子演变成非初基格子)，但是它们恰好适合于在非初基格子中的组合，在 2.4.2 节中对它们之间的组合曾作过十分详细的讨论，而且图 2-4-6 也表示了它们组合的结果。结果已证明，在体心 I 格子中这种组合是可以存在的，而且这种组合是四次螺旋轴 4_1 和 4_3(以及四次反伸轴 $\bar{4}$)必须互为派生共存，与它们垂直相交的 a 滑移面和 b 滑移面也必须派生共存。

以上述 4 种初基格子对称组合类型为基础，分别与体心 I 格子的非初基平移进行组合只能导出同一种非初基格子的对称组合类型，即 $I4/m$。因为，在体心 I 格子中以[001]取向的四次旋转轴 4 与四种螺旋轴 4_2 是互为派生共存的(见 2.6.5 节)，而以[001]取向的反映对称面 m 与滑移面 n 也是派生共存的(见表 2-6-1)。

由此可以推导出点群 $4/m$ 所属的非初基空间群共两个，它们是：

$$I4/m, I4_1/a$$

2.7.7.4 点群 42

点群 42 在几何晶体学中有时表示为 422，其中第二个二次轴的取向为[110]，可以从[001]取向的四次轴 4 和[100]取向的二次轴组合中导出，所以并非独立的对称元素。而且在微观空间对称中，以[110]取向的二次旋转轴 2 与二次螺旋轴 2_1 是互为派生共存的。因此，在空间群推导中点群符号以 42 表示更为确切。

1.初基格子的情况　四次轴可以是 $4, 4_1, 4_2, 4_3$，在这一对称组合中都可以作为四次轴参加组合。[100]取向的二次轴可以是二次旋转轴 2 和二次螺旋轴 2_1,它们都可以单独地参加这一种对称组合。因而不难推导出 8 个初基格子的对称组合类型,这 8 个初基格子空间群是:

$$P42, P42_1, P4_12, P4_12_1, P4_22, P4_22_1, P4_32, P4_32_1$$

2.非初基格子的情况　　以上述 8 个初基格子对称组合类型为基础分别与体心 I 格子非初基平移组合。考虑到体心 I 格子中以[001]取向的四次轴存在着四次旋转轴 4 与四次螺旋 4_2,以及四次螺旋轴 4_1 与 4_3 之间的派生共存。此外,以[100]取向的二次轴也存在二次旋转轴 2 和二次螺旋轴 2_1 的派生共存(详见 2.6.5 节和表 2-6-4)。因而这种对称组合的结果只能推导出两个非初基对称组合类型。这两个体心 I 格子空间群是:

$$I42, I4_12$$

2.7.7.5　点群 $\bar{4}2m$

在第一篇几何晶体学有关宏观对称元素组合中已经指出,这一点群的晶体可以有两种选择晶体学 a 轴和 b 轴的方式,第一种是以二次轴 2 为[100]取向,而以对称面 m 为[110]取向,点群符号标记为 $\bar{4}2m$;第二种是以对称面 m 为[100]取向,而以二次轴 2 为[110]取向,点群符号标记为 $\bar{4}m2$。在未知晶体内部点阵周期的情况下,对于点群 $\bar{4}2m$ 的晶体这两种取向方式都是正确的,而且亦不可能区分。但是在晶体内部微观空间里,考察晶体点阵及对称组合,这两种取向却完全不同。对于一个特定的晶体内部结构和点阵,只有其中一种取向才是正确的,才符合布拉维格子割取的原则。准确地说,在微观空间里,这两种取向不能互换。所以,在晶体学微观对称原理上,这两种不同取向的点群符号代表着同一个点群的两类不同的微观对称组合类型,在 2.4.5 节"二次轴与对称面不垂直相交"中已作比较详细的分析,请读者参阅。下面分别按两种不同取向方式进行讨论。

1.点群符号 $\bar{4}2m$

(1)初基格子的情况:显然,以[001]取向的只有四次反伸轴,再无其他可以参加组合的四次轴。以[100]取向的二次轴并无限制,可以是二次旋转轴 2 和二次螺旋轴 2_1。而在四方晶系的初基格子中,在[110]取向上具有侧面心 C 格子[100]取向的性质(请参阅 2.5.4 节中有关四方晶系初基 P 格子中的[110]取向及图 2-5-19),因而以[110]取向的对称面就必然遵循侧面心 C 格子中[100]取向(或[010]取向)的对称面派生共存规律(表 2-6-1),反映对称面 m 与滑移面 a 派生共存、滑移面 c 与 n 派生共存。所以,参加组合的对称面只能是反映对称面 m 和滑移面 c。这样,组合的结果只有 4 个对称组合类型,其初基格子空间群是:

$$P\bar{4}2m, P\bar{4}2c, P\bar{4}2_1m, P\bar{4}2_1c$$

(2)非初基格子的情况:四方晶系只有一种布拉维格子,它是体心 I 格子。体心 I 格子中以[100]取向的二次轴存在着二次旋转轴 2 和二次螺旋轴 2_1 派生共存。

体心 I 格子中的[110]取向上具有面心 F 格子性质(见 2.5.4 节有关论述),在此取向上的对称面必须遵循面心 F 格子中[100]取向(或[010]取向)的派生共存规律(见表 2-6-1)。此外,由于[110]取向上具有面心 F 格子中的[100]取向性质,而且四方晶系中[110]取向与[$1\bar{1}0$]取向是相互等效且相互垂直的,所以,在体心 I 格子中以[110]取向的 d 滑移面可以而且必须参加组合。由此可知,点群符号 $\bar{4}2m$ 所属的非初基对称组合类型共有两个,这两个体心 I 格子空间群是:

$$I\bar{4}2m, I\bar{4}2d$$

2.点群符号 $\bar{4}m2$

(1)初基格子的情况:在[100]取向上的对称面不可能是 a 滑移面,此外并无其他限制,因而对称面中 m, b, c, n 均可参加组合。而以[110]取向的二次轴,由于四方晶系初基格子的[110]取向具有侧面心 C 格子的[100]性质,二次旋转轴 2 与二次螺旋轴 2_1 派生共存。显然点群符号 $\bar{4}m2$ 所属的初基格子可以有 4 个对称组合类型,这 4 个初基格子空间群是:

$$P\bar{4}m2, P\bar{4}b2, P\bar{4}c2, P\bar{4}n2$$

(2)非初基格子的情况:体心 I 格子中以[100]取向的反映对称面 m 与滑移面 n 派生共存,滑移面 b 与 c 派生共存。具有面心 F 格子[100]取向性质的体心 I 格子[110]取向上二次旋转轴 2 与二次螺旋轴 2_1 互为派生共存。因而这里体心格子中只有两种组合类型,它们是:

$$I\bar{4}m2, I\bar{4}c2$$

2.7.7.6 点群 4*mm*

1.初基格子的情况　在 2.4.3.3 节中,详细分析了初基格子中两个对称面以 45°相交的组合,并且阐述了参加组合对称面的性质与推导出来的四次轴的性质(以及位置)所存在的密切关系。此外,在讨论中也论证了在初基格子的情况下,这种组合不可能导出四次螺旋轴 4_1 或 4_3。由此,点群 $4mm$ 的初基格子中以[001]取向的只可能是四次旋转轴 4 和四次螺旋轴 4_2,而且它们在组合中的出现决定于两个参加组合的独立对称面的性质,换句话说,它们在组合中可以不作为组合的独立要素,而可以看作是两个独立对称面组合的结果。这里以[100]取向的对称面,除具有沿 X 轴方向平移操作性质的 a 滑移面以外,其余 m, b, c, n 均可参加组合。由于初基格子中[110]取向具有侧面心 C 格子的[100]取向性质,反映对称面 m 与滑移面 b 派生共存,以及滑移面 c 与 n 互为派生共存,所以在[110]取向上只有对称面 m 及 c 参加组合。不难推导出,两个不同取向的对称面以 45°相交组合应有 8 个对称组合类型。在这 8 个对称组合类型中所导出的四次轴的性质,4 或 4_2,是由参加组合的两个独立对称面的性质所决定(参阅 2.4.3.3 节)。这 8 个初基格子空间群是:

$$P4mm, P4bm, P4cc, P4nc, P4_2mc, P4_2cm, P4_2bc, P4_2nm$$

2.非初基格子的情况　　四方晶系只有一种非初基布拉维格子，这就是体心I格子。在体心格子中以[001]取向的四次旋转轴4与四次螺旋轴4_2派生共存，四次螺旋轴4_1与4_3派生共存。以[100]取向的反映对称面m与滑移面n，以及滑移面c与b派生共存。体心格子[110]取向具有面心F格子[100]取向的性质，以此取向的对称面m,b,c,n共同互为派生共存。此外，在此取向上d滑移面可以而且必须参加组合。d滑移面所具有的特殊平移操作性质使它与其他对称面(如m或c等)以45°相交组合的结果同时导出(派生的)四次螺旋轴4_1和4_3，而对称面m,b,c,n的相交组合只能导出(派生的)四次旋转轴4和四次螺旋轴4_2。由此可以推导出4个体心格子空间群，它们是：

$$I4mm, I4cm, I4_1md, I4_1cd$$

2.7.7.7　点群 4/*mmm*

1.初基格子的情况　　虽然点群$4/mmm$中参加组合的独立对称元素比较多，但是每一取向上的对称元素在组合中应遵循的规律在上述各点群中已作过讨论，这里不必再重复。最简单的推导方法是以点群$4/m$所属的4个初基格子对称组合类型与点群$4mm$所属的8个对称组合类型进行组合，这样的组合将可以得到点群$4/mmm$初基格子的16个对称组合类型，这16个初基格子空间群是：

$$P4/mmm, P4/mbm, P4/mcc, P4/mnc,$$
$$P4/nmm, P4/nbm, P4/ncc, P4/nnc,$$
$$P4_2/mmc, P4_2/mcm, P4_2/mbc, P4_2/mnm,$$
$$P4_2/nmc, P4_2/ncm, P4_2/nbc, P4_2/nnm$$

2.非初基格子的情况　　与上述初基格子空间群的推导方法一样，可以由点群$4/m$所属非初基格子的对称组合类型和点群$4mm$所属的4个非初基对称组合类型进行组合，这样的组合结果表明点群$4/mmm$所属的非初基格子的对称组合类型只可能有4个，这4个体心I格子空间群是：

$$I4/mmm, I4/mcm, I4_1/amd, I4_1/acd$$

2.7.8　六方晶系的空间群

在2.5.4.2节中对六方晶系布拉维格子中[100]及[120]取向的特殊性已作了详细讨论。六方晶系只有一种H点阵，从H点阵中正确地选取的布拉维格子就是H取向的初基P格子，这种初基格子就是六方晶系唯一的一种布拉维格子。在这种初基格子中的[100]取向和[120]取向都具有正交坐标系侧面心C(或称底面心C)格子的[100]或[010]取向的性质(请参阅图2-5-23)，因而将遵循正交晶系中底面心C格子中[100]或[010]取向上的对称元素派生共存规律。具体说，反映对称面m与滑移面b(或a，确切地说具有沿垂直于六次轴方向平移操作性质的滑移面)派生共存,滑移面 c 与 n 派生共存,二次旋转轴 2 与二次螺旋轴 2_1 派生共存(请参阅表 2-6-1 及表 2-6-4)。下面将遵循这些规律按点群给予推导。

2.7.8.1 点群 6

由于没有其他对称元素在组合中给以限制,以[001]取向的六次轴可以是 6,6_1,6_2,6_3,6_4,6_5 共 6 种,由此导出点群 6 所属的 6 个空间群,它们是:

$$P6, P6_1, P6_2, P6_3, P6_4, P6_5$$

2.7.8.2 点群 $\bar{6}$

这一点群所属的空间群就只可能有一个,它是:

$$P\bar{6}$$

2.7.8.3 点群 6/*m*

在 2.4.2.3 节中有关六次轴与对称面垂直相交组合的讨论已经指出,参加这种组合的六次轴只能是六次旋转轴 6 和六次螺旋轴 6_3,而参加这种组合的对称面只能是反映对称面 m,因而这里只可能存在两种对称组合类型。点群 $6/m$ 所属的两个空间群是:

$$P6/m, P6_3/m$$

2.7.8.4 点群 622

在 2.4.4.5 节中有关 6 个二次轴以 30°相交组合的讨论中对这一类组合特点已作过论述。在这种组合中以[100]和[120]取向的二次旋转轴 2(以及派生共存的二次螺旋轴 2_1)之间沿[001]方向以不同的相隔距离组合将导出不同性质的六次轴。换句话说,从六次轴出发,在这种组合中以[001]取向的六次轴并无任何限制,它们可以是 6,6_1,6_2,6_3,6_4,6_5,只要与之相适应的两个取向([100]和[120]取向)的二次轴是沿[001]方向分别以 0,$\frac{\mathbf{t}_c}{12}$,$\frac{2\mathbf{t}_c}{12}$,$\frac{3\mathbf{t}_c}{12}$,$\frac{4\mathbf{t}_c}{12}$,$\frac{5\mathbf{t}_c}{12}$周期相隔参加组合。所以点群 622 所属空间群应共有 6 个,它们是:

$$P622, P6_122, P6_222, P6_322, P6_422, P6_522$$

2.7.8.5 点群 6*mm*

在 2.4.3.4 节中有关 6 个对称面以 30°相交组合的讨论中已经指出这种组合必然派生出六次轴,而六次轴的性质决定于参加组合的两个独立(以[100]及[120]取向)对称面的性质。讨论中阐述了这一派生六次轴性质的规律,并指明派生的六次轴只能是六次旋转轴 6 和具有沿轴平移操作为半周期性质的六次螺旋轴 6_3。如果考虑到在[100]及[110]取向上对称面派生共存规律,不难推导出这种组合只可能有 4 个对称组合类型。这 4 个空间群是：

$$P6mm, P6cc, P6_3cm, P6_3mc$$

2.7.8.6 点群 $\bar{6}2m$

与四方晶系点群 $\bar{4}2m$ 相类似，这一点群的晶体可以有两种不同的选择晶体学 a 轴与 b 轴的方式：一种是以两个相交 120°的二次轴方向作为 a 轴与 b 轴，六次轴为 c 轴，在这样的坐标系中二次轴的取向为[100]，而对称面的取向为[120]，这种情况以点群符号 $\bar{6}2m$ 表示；另一种是以两个以 120°相交的对称面面法线为晶体学 a 轴与 b 轴，六次轴仍为 c 轴，在这样的坐标系中二次轴的取向为[120]，而对称面的取向为[100]，这种情况以点群符号 $\bar{6}m2$ 表示。在宏观晶体学中，这两种选轴的方式都是正确的，也都是允许的方式。但在微观空间中它们却是两种完全不同的并且是不可互换的定向。考虑到在[100]和[120]取向的对称面以及二次轴的派生共存规律，点群符号 $\bar{6}2m$ 和点群符号 $\bar{6}m2$ 都可以分别推导出两个 H 取向初基 P 格子的对称组合类型。因而点群 $\bar{6}2m$（包括两种定向）所属空间群共 4 个，它们是：

$$P\bar{6}m2, P\bar{6}c2, P\bar{6}2m, P\bar{6}2c$$

2.7.8.7 点群 $6/mmm$

只要参考点群 $6/m$ 及点群 $6mm$ 的情况并将这两个点群所属的空间群进行组合，便可导出点群 $6/mmm$ 所属的空间群共 4 个，它们是：

$$P6/mmm, P6/mcc, P6_3/mcm, P6_3/mmc$$

2.7.9 三方晶系的空间群

在 2.5.2 节有关 14 种布拉维格子的推导中已经指出，三方晶系存在着两种不同点阵的布拉维格子：一种是与六方晶系相同的 H 点阵的 H 取向的初基 P 格子；另一种是三方晶系特有的 R 点阵的初基菱面体 R 格子。因而三方晶系各点群所属的空间群，必须分别推导这两种不同的格子中各类对称组合类型。在 2.5.3 节“三方晶系的 R 点阵”中对 R 点阵的特征以及各种单位格子的割取方式已作详细讨论，而在推导 R 格子的对称组合类型过程中值得注意的是，在 R 点阵中与晶系特征三次轴的方向上平行地存在着三次旋转轴 3 和三次螺旋轴 3_1 及 3_2（参阅图 2-5-18）。换句话说，在三方晶系 R 格子中在[111]取向上，三次旋转轴 3 和三次螺旋轴 3_1 及 3_2 是互为派生共存的，这是三方晶系 R 点阵固有的对称特征。因而下面按点群推导 R 格子的可能对称组合类型时，这种以[111]取向的三次轴派生共存规律就不再给以提示了。此外，在 R 格子中，二次轴和对称面都只能以[$1\bar{1}0$]取向(参阅 2.5.3.6 节)。

在 2.5.3 节中对 R 点阵割取单位格子的各种方式，以及各种单位格子取向相互关系进行了十分详细的阐述。通过参阅 2.5.3 节的讨论不难确定，在 R 点阵初基 R 格子中的[111]取向和[$1\bar{1}0$]取向是分别与 R 点阵 H 取向单位格子中的[001]和[100]取向相重合的。因而，在初基 R 格子中以[$1\bar{1}0$]取向的对称面和二次轴应遵循 H 取向格子中[100]取向的派生共存规律。

2.7.9.1 点群 3

1. H 点阵初基 P 格子的情况　以[001]取向的三次轴的性质并无任何限制因素，因而它们可以是 $3, 3_1, 3_2$。点群 3 的 H 点阵初基空间群只有 3 个，它们是：

$$P3, P3_1, P3_2$$

2. R 点阵初基 R 格子的情况　考虑到以[111]取向的三次轴所遵循的派生共存规律，那么 R 格子的空间群就只有一个，它就是：

$$R3$$

2.7.9.2 点群 $\bar{3}$

1. H 点阵初基 P 格子的情况　这种情况只有一个三次反伸轴，显然只可能有一个空间群，它是：

$$P\bar{3}$$

2. R 点阵初基 R 格子的情况　这种情况也只有一个三次反伸轴，也只可能有一个空间群，它是：

$$R\bar{3}$$

2.7.9.3 点群 32

1. H 点阵初基 P 格子的情况　与六方晶系的 H 点阵初基 P 格子的情况完全一样，点群 32 的二次轴在格子中可以有两种不同的取向，二次轴以[100]取向时，以点群符号 321 表示，当二次轴以[120]取向时，以点群符号 312 表示。无论是以哪种取向都存在二次旋转轴 2 与二次螺旋轴 2_1 派生共存。此外，二次轴对于垂直相交的三次轴并无约束，因而它可以是 $3, 3_1, 3_2$（请参阅 2.4.4.3 节中有关 3 个二次轴以 60°组合的阐述）。所以点群 32 在 H 点阵初基 P 格子中的对称组合类型应有 6 个。这 6 个空间群是：

$$P321, P3_121, P3_221, P312, P3_112, P3_212$$

2. R 点阵初基 R 格子的情况　考虑以[111]取向的三次轴所存在的派生共存规律，以[$1\bar{1}0$]取向的二次旋转轴 2 和二次螺旋轴 2_1 相互派生共存，因而在初基 R 格子只有一个对称组合类型，它是：

$$R32$$

2.7.9.4 点群 3*m*

1. *H* 点阵初基 *P* 格子的情况　2.4.3.2 节有关 3 个对称面以 60°相交组合的讨论已十分详细地分析了这种组合的规律，3 个对称面组合的结果只能派生三次旋转轴 3，因而在 *H* 点阵初基格子的[001]取向上只可能是三次旋转轴，而参加组合的对称面却可以[100]取向（以点群符号 3*ml* 表示），也可以[120]取向（以点群符号 31*m* 表示），如果考虑到它们的派生共存规律，不难推知在 *H* 点阵初基格子中可以有 4 个对称组合类型，这 4 个空间群是：

$$P3m1, P3c1, P31m, P31c$$

2. *R* 点阵初基 *R* 格子的情况　考虑到以[1$\bar{1}$0]取向对称面的派生共存规律，可以参加组合的对称面只是 *m* 与 *c*，因而在 *R* 点阵初基 *R* 格子中只可能有两个对称组合类型，它们是：

$$R3m, R3c$$

2.7.9.5 点群 $\bar{3}m$

1. *H* 点阵初基 *P* 格子的情况　如果读者参阅 2.4.5.3 节中有关二次轴以 30°与对称面相交组合推导出三次反伸轴的讨论，那么对这类组合的特点就十分明白。这种组合的规律与点群 3*m* 的情况基本相似，这里在格子中以[001]取向的只有一种三次反伸轴 $\bar{3}$。对称面同样可以[100]取向或者以[120]取向，而这两种不同的取向都具有相同的对称元素派生共存规律。与点群 3*m* 一样，在 *H* 点阵初基 *P* 格子中点群 $\bar{3}m$ 所属的对称组合类型也有 4 个，它们是：

$$P\bar{3}m1, P\bar{3}c1, P\bar{3}1m, P\bar{3}1c$$

2. *R* 点阵初基 *R* 格子的情况　与点群 3*m* 的原理及规律相类似，在 *R* 点阵的初基 *R* 格子中可以有两种对称组合类型，这两个空间群是：

$$R\bar{3}m, R\bar{3}c$$

2.7.10 立方晶系的空间群

立方晶系除了初基的布拉维格子外，还有两种非初基布拉维格子，它们是体心 *I* 格子和面心 *F* 格子。立方晶系的特征对称元素是 4 个三次轴，在立方晶系单位格子中以[111]取向（[111]，[$\bar{1}$11]，[1$\bar{1}$1]和[11$\bar{1}$]取向是相互等效的）的特征三次轴是三次旋转轴 3、三次螺旋轴 3_1 和 3_2 互为派生共存的（请参阅 2.6.6 节中“在立方晶系中的三次对称轴”的有关讨论），因而在立方晶系空间群符号中以[111]取向的三次轴 3 是作为特征固定不变的（当对称组合出现对称中心时，它将演变为三次对称反伸轴 $\bar{3}$）。

如果读者能够熟知本书第一篇几何晶体学基本原理，以及其中图 1-8-3 所示的立方晶系中一些主要棱指数，那么对于立方晶系复杂的对称组合就比较易于理解了。在立方晶系中[001]取向是与[100]取向和[010]取向相互等效的，正因如此，立方晶系又称等轴晶系。在单位格子中[001]取向的性质与四方晶系单位格子中的[001]取向十分类似，在非初基格子中对称元素(如四次轴、二次轴和对称面)的派生共存规律也十分类同。

如图 1-8-3 所示，在立方晶系中[110]取向代表着 6 个相互等效的取向，它们是[110]，[$\bar{1}$10]，[011]，[0$\bar{1}$1]，[101]和[$\bar{1}$01]。只要比较一下，不难发现立方晶系单位格子中[110]取向的性质与四方晶系单位格子中的[110]取向的性质也十分相似。例如在初基格子中[110]取向具有底面心 *C* 格子[100]取向的性质，在体心 *I* 格子中[110]取向具有面心 *F* 格子的[100]取向性质，如此等等。因而以[110]取向的对称元素(对称面或二次轴)可以遵循四方晶系相应格子中[110]取向的对称元素派生共存规律。

2.7.10.1 点群 23

1.*初基格子的情况* 以[001]取向的二次轴在组合中并不受其他因素的限制，二次旋转轴 2 和二次螺旋轴 2_1 都可以参加组合，因而在初基 *P* 格子中应有两个对称组合类型，这两个初基格子空间群是：

$$P23, P2_13$$

2.*非初基格子的情况* 立方晶系具有两种非初基的布拉维格子，它们是体心 *I* 格子和面心 *F* 格子。

(1)体心 *I* 格子的空间群。在体心 *I* 格子中以[001]取向(以及[100]和[010]取向)的二次轴存在着二次旋转轴 2 与二次螺旋轴 2_1 派生共存。它与正交晶系的体心格子所遵循的派生共存规律完全一样(见表 2-6-4)。如果将点群 23 中的四个特征三次轴暂时去掉，那么，点群 23 就将与正交晶系中的点群 222 几乎一样(除了等轴之外就完全一样了)。从 2.7.6.1 节有关点群 222 所属体心 *I* 格子空间群推导的讨论中，读者可以推想，立方晶系点群 23 所属体心 *I* 格子中以[001]取向的二次旋转轴 2 和二次螺旋轴 2_1(互为派生共存)亦将同样存在着两种不同的空间配置方式(见图 2-7-3，图 2-7-4)。由于派生共存的二次旋转轴 2 和二次螺旋轴 2_1 在体心 *I* 格子中有两种不同的空间排列方式，所以点群 23 在体心格子中应有两个不同的对称组合类型。如果我们将上述两个初基格子对称组合类型 $P23$ 及 $P2_13$ 分别与体心 *I* 格子非初基平移进行组合，亦可以推导出同样的结果——两个不同的体心 *I* 格子空间群，它们是：

$$I23, I2_13$$

(2)面心 *F* 格子空间群。如果参考一下正交晶系点群 222 所属面心 *F* 格子空间群的推导，以同样的原理和方法可以推导出，点群 23 所属的面心 *F* 格子的空间群只可能有一个，它是：

$$F23$$

2.7.10.2 点群 $m\bar{3}$

1.*初基格子的情况*　　对称面可以是 m,a,b,c,n，但是滑移面 a,b,c 将会分别同时出现在互相等效的[001]，[010]，[100]取向上，而且这 3 个取向是可以互相变换的，所以这三种滑移面以[001]取向的滑移面 a 作为代表参加组合。因而参加组合的对称面将只是 m,a,n，并从而导出 3 个初基格子的对称组合类型，这 3 个初基空间群是：

$$Pm\bar{3}, Pa\bar{3}, Pn\bar{3}$$

2.*体心 I 格子的空间群*　　对称面在[001]取向（以及等效的[010]，[100]取向）的派生共存规律与正交晶系体心格子的情况一样。以上述三个初基格子对称组合类型与体心 I 非初基平移进行组合将推导出两个体心格子对称组合类型，这两个空间群是：

$$Im\bar{3}, Ia\bar{3}$$

3.*面心 F 格子的空间群*　　与正交晶系面心格子的情况一样，以[001]取向的对称面 m,a,b,n 都互为派生共存，此外 d 滑移面将单独参加组合，所以面心 F 格子的对称组合类型共两个，它们是：

$$Fm\bar{3}, Fd\bar{3}$$

2.7.10.3 点群 432

1.*初基格子的情况*　　点群 432 全部是由对称轴组合，在初基格子中以[001]取向的四次轴并无什么限制，可以是四次旋转轴 4 和四次螺旋轴 4_1，4_2，4_3，而在[110]取向上的二次轴却是二次旋转轴 2 和二次螺旋轴 2_1 互为派生共存的。因而初基格子对称组合类型应有 4 个，这 4 个初基空间群是：

$$P432, P4_132, P4_232, P4_332$$

2.*体心 I 格子的空间群*　　考虑到在体心格子中[001]取向上四次旋转轴 4 与四次螺旋轴 4_2，以及四次螺旋轴 4_1 与 4_3 派生共存（见图 2-6-20 和图 2-6-21），在[110]取向上二次旋转轴 2 与二次螺旋轴 2_1 派生共存。如果以上述四个初基格子对称组合类型与体心格子非初基平移进行组合，则只可能推导出两个体心格子对称组合类型，这两个体心格子空间群是：

$$I432, I4_132$$

3.*面心 F 格子的空间群*　　在面心 F 格子中以[001]取向的四次旋转轴 4 与四次螺旋轴 4_2 互为派生共存（请参阅 2.6.5 节和图 2-6-23），四次螺旋轴 4_1 与 4_3 派生共存（见图 2-6-24）。在[110]取向上二次旋转轴 2 与二次螺旋轴 2_1 派生共存。因而点群 432 也有两个面心格子空间群，它们是：

$$F432, F4_132$$

2.7.10.4 点群 $\bar{4}3m$

1.*初基格子的情况* 与四方晶系十分相似，在初基格子中以[110]取向的反映对称面 m 与滑移面 b(或 a)，以及滑移对称面 n 与 c 派生共存。所以初基格子的对称组合类型共有两个，它们是：

$$P\bar{4}3m, P\bar{4}3n$$

2.*体心 I 格子的空间群* 与四方晶系的情况十分相似，在体心格子中的[110]取向具有面心 F 格子中的[100]取向性质，反映对称面 m 与滑移面 b(或 a)，n，c 同时互为派生共存。此外，在此取向的 d 滑移面可以而且必须作为一种独立的对称面参加组合。在体心格子中以[001]取向的四次反伸轴 $\bar{4}$ 只派生出四次反伸轴 $\bar{4}$(见图 2-6-22)。所以体心格子空间群只有两个，它们是：

$$I\bar{4}3m, I\bar{4}3d$$

3.*面心 F 格子的空间群* 在面心格子中的[110]取向具有体心格子中[100](或[010])取向的性质，在此取向上反映对称面 m 与滑移面 n，以及滑移面 c 与 b(或 a)派生共存。在面心格子中以[001]取向的四次反伸轴 $\bar{4}$ 也只能派生出四次反伸轴 $\bar{4}$(见图 2-6-25)。因而点群 $\bar{4}3m$ 所属面心格子空间群应共有两个，它们是：

$$F\bar{4}3m, F\bar{4}3c$$

2.7.10.5 点群 $m\bar{3}m$

1.*初基格子的情况* 参考上述点群 $m3$ 及点群 $\bar{4}3m$ 中的规律。此外，特别注意在[001]取向上的对称面是与四次轴垂直的，因为它与 2.7.7.3 节中四方晶系点群 $4/m$ 十分相似。在初基格子中满足与四次轴垂直相交的只可能是反映对称面 m 及滑移面 n。在初基格子中[110]取向具有底面心 C 格子的[100](或[010])取向性质，在此取向上反映面 m 与滑移面 b(或 a)，以及滑移面 n 与 c 派生共存。由此不难推知初基格子对称组合类型共 4 个，这 4 个初基格子空间群是：

$$Pm\bar{3}m, Pm\bar{3}n, Pn\bar{3}m, Pn\bar{3}n$$

2.*体心格子的空间群* 与四方晶系点群 $4/m$ 的情况相似(见 2.7.7.3 节)，在体心格子中以[001]取向的反映对称面 m 与滑移面 n 派生共存，而与它们垂直相交的将是互为派生共存的四次旋转轴 4 与四次螺旋轴 4_2(它们当然也是以[001]取向)。在体心格子中以[001]取向的还可以是互为派生共存的滑移面 a 与 b，与它们垂直相交的将是互为派生共存的四次螺旋轴 4_1 与 4_5。以[110]取向的对称面与四方晶系点群 $4mm$ 中的情况十分相似。在体心格子中[110]取向具有面心 F 格子[100](或[010])取向的性质，在此取向上的对称面 m，b(或 a)，c，n 互为派生共存，而且它们的相交组合只能导出四次旋转轴 4 及四次螺旋轴 4_2。换句话说，以[001]取向的四次旋转轴 4 和四次螺旋轴 4_2 只能与以[110]取向的对称面 m，b，

c,n进行组合。体心格子[110]取向具有面心 F 格子[100]取向性质,在此取向上 d 滑移面应该参加组合。在[110]取向上的 d 滑移面与在[100]取向上的滑移面 c(立方晶系中以[001]取向的 a 滑移面和在[100]取向上的 c 滑移面是互为等效的)以 45°相交组合将导出派生的四次螺旋轴 4_1 和 4_3。换句话说,在体心 I 格子中,只有在[001]取向上的四次螺旋轴 4_1 和 4_3 才能与[110]取向上的 d 滑移面相互组合。概括上述所讨论的相互匹配组合关系,点群 $m3m$ 所属体心格子的对称组合类型只可能有两个,这就是:

$$Im\bar{3}m,\ Ia\bar{3}d$$

3.面心格子的空间群　如果参考点群 $m\bar{3}$ 和点群 $\bar{4}3m$ 中的规律,或者将这两个点群的各自两个面心格子对称组合类型给以组合,不难推导出点群 $m\bar{3}m$ 所属的面心 F 格子对称组合类型应有 4 个,4 个面心 F 格子空间群是:

$$Fm\bar{3}m,\ Fm\bar{3}c,\ Fd\bar{3}m,\ Fd\bar{3}c$$

2.7.11　从空间群的国际符号推导等效点系

空间群国际符号由两部分组成,第一部分是表示空间群的平移群的性质,以布拉维格子符号表示。从平移群的性质可以确知空间群的格子所具有的平移矢量,包括周期平移和非初基平移。第二部分是微观空间对称元素组合类型,它是由单位格子中最基本的独立的微观对称元素组成,它们的数目可能是 1 个,或者 2 个,或者 3 个,而且在微观空间对称元素组合类型中,每个最基本的独立对称元素在单位格子中的取向都有严格的固定的定义。它们是与相应的宏观对称元素组合类型——点群的定义完全一致,差别只在于前者是微观对称元素,而后者却是宏观对称元素。由此很容易理解,空间对称群是格子的平移群与微观对称组合类型的复合(组合)。空间群国际符号已经给出了上述的全部信息,即格子的平移群和对称组合类型中最基本的微观对称元素,及其在单位格子坐标系中的取向。因此,依据点阵六参数($a,b,c,\alpha,\beta,\gamma$)确定了单位格子的大小及形状。在进一步确定了单位格子的坐标系(晶轴的选定)之后,按照对称组合类型中所给出的最基本的微观对称元素及其所定义的在格子坐标系中的取向,可以通过对称元素之间的组合推导出单位格子内此对称组合类型所具有的全部微观对称元素,以及它们在单位格子中的空间排布。最后将平移群的平移再与单位格子中的全部对称元素进行组合,将可导出全部派生的微观对称元素。初始的与派生的微观对称元素的综合就构成了这一空间群在单位格子内全部微观对称元素的空间排布。由此我们不难理解,空间对称群实质上是包括格子平移群性质在内的微观对称元素在单位格子中的空间组合类型。

宏观对称元素及宏观对称组合类型(点群)是晶体几何形貌中晶面与晶面之间,以及晶体多面体整个形貌对称性的表达。对称与晶体多面体中晶面之间的空间排布是融合在一起不可分割的客观实在。在宏观对称原理的阐述中(第一篇)已经指出,从晶体的晶面之间的排布将导出晶体中存在着的对称组合类型,它表达着晶体中晶面之间的对称排布特征。反之,从对称组合类型将可推导出理想晶体的各种可能的几何形貌(单形与复形)。有关宏观对称原理的论述请参阅本书第一篇。与此极其相似,微观对称元素及空间对称群是晶体内部结构中结构基元之间及整个晶体内部结构对称性的表达,二者是融合在一起不可分割的客观实在。从本篇上述各章的讨论中可知,从晶体内部结构——结构基元的空间排布规律将可推导出表达其对称的包括平移群性质在内的微观对称组合类型(空间群)。反之,从具有平移群性质的微观对称组合类型亦将可以推导出结构基元在晶体内部中的各种可能的空间排布。如果以几何点代表结构基元,那么上述的讨论就是一群几何点与对称组合类型的相互关系。这一群几何点的空间排布规律当然是与对称组合类型(包括平移性质)相一致的,点与点的空间相互关系是一种对称等效关系。这样的一群点的空间位置的表述就是这一空间对称群的等效点系。

如果这一群相互对称等效的点在空间群特定坐标系中处于任意位置坐标,就称之为一般位置等效点系;如果它们是与某一类或某一些对称元素位置相重合的,则称为特殊位置等效点系。与特殊位置等效系的等效点坐标位置相重合的对称元素只能是对称组合类型中不具有平移操作性质的微观对称元素。显然,只有与那些不具有平移操作性质的微观对称元素相重合的等效点系才具有特殊性。在特殊位置等效点系中,点与点的对称等效关系将失去对这些与等效点重合的对称元素的表达。

根据本篇各章中已讨论的知识及规律,一般来说我们已经可以依据空间群的国际符号,推导出该对称组合类型在单位格子中的全部所有对称元素及其在已确定的坐标系中的空间位置(坐标),而且还可以推导出该对称组合应有的一般位置等效点系和各种可能的特殊位置等效点系。当然对于高级晶系以及中级晶系中某些空间群,由于单位格子中对称元素的数量十分庞大,这一推导过程是十分繁琐的,但在原则上却又是可以做到的。在研究工作和学习中,我们可以借助于 X 射线晶体学国际手册,而这里的讨论,其目的在于帮助读者加深对晶体微观空间对称原理的理解,加强空间的概念,便于在学习和工作中灵活应用。下面以一个十分简单的空间群,正交晶系的 $Ama2$ 作为例子,以阐述这一推导过程的步骤及其要点。

步骤 1:根据空间群符号判断它的晶系及点群,并按照晶系的六参数($a, b, c, \alpha, \beta, \gamma$)的特征建立单位格子(它等同于单位晶胞)。我们总是沿格子中一个棱的方向将此单位格子平行六面体向纸面作投影,然后对这一单位格子平行六面体确定坐标系的坐标轴 X、Y、Z。

这里不妨赘述一下,我们很容易从一个空间群符号推导出它所属的点群,只要将空间群符号中全部的平移特性去掉就可以。具体说,首先将空间群符号中第一部分表达平移群特征的格子符号去掉,然后将第二部分表达对称元素组合的每一个对称元素中的平移操作性质去掉，即以宏观对称元素代替相应的微观空间对称元素。当然，此时所有的对称元素将是相互相交在一起的。至于从一个点群符号判断它所属的晶系，其关键就在于辨认晶系的特征对称元素或者连同晶胞六参数特征在内的晶系对称。

空间群 *Ama*2 属于正交晶系，点群 *mm*2。正交晶系的点阵参数特征为 $a\neq b\neq c, \alpha=\beta=\gamma=90°$。按此点阵参数特征，可建立 3 边不相等的单位晶胞平行六面体，并沿一个边投影于纸面，如图 2-7-5。以右手规则标定单位晶胞坐标系 *X* 轴、*Y* 轴及 *Z* 轴，如图 2-7-5 所示。

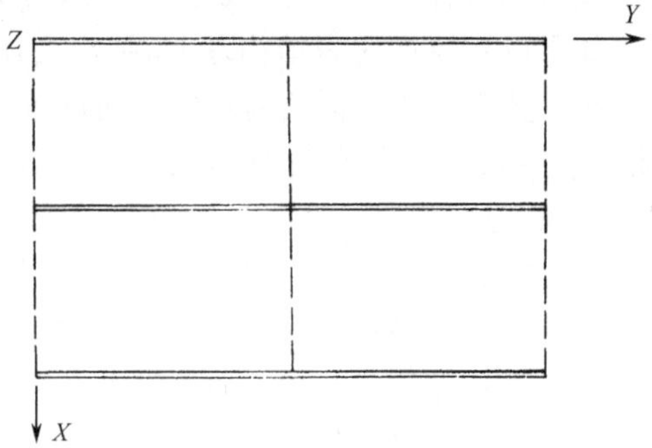

图 2-7-5　从空间群国际符号 *Ama*2 建立相应的单位晶胞投影的第一步骤

步骤 2：按照空间群国际符号第二部分，即微观对称组合类型中每个基本对称元素及其所定义的取向，写出对称元素在坐标系中的坐标(以圆括弧附于每个对称元素之后)。通常总是让对称元素通过坐标系原点。将每个基本对称元素在上述单位晶胞中以国际图形符号画出(请参阅 2.7.2 节以及本篇第二章有关微观对称元素在图形上的表示符号)，并且周期重复。

从 2.7.2 节可知正交晶系空间群国际符号中的对称元素在单位晶胞中的取向已被定义为□[100][010][001]，从而空间群 *Ama*2 中对称组合类型的两个基本对称元素——两个对称面在单位晶胞中的坐标应写成 $m(0yz)$和 $a(x0z)$。将此对称面按坐标画在图 2-7-5 的单位晶胞内并周期重复。

步骤 3：根据周期平移与晶胞中对称元素组合的规律(参阅第三章“微观空间对称元素与周期平移的组合”)推导出组合派生的对称元素及其坐标位置，并标于投影图中。

按照 2.3.1 节有关对称面与垂直于面方向的周期平移组合的规律，反映对称面 $m(0yz)$与周期平移 $\mathbf{t}_a$的组合将派生反映对称面 $m(1/2yz)$，滑移面 $a(x0z)$与周期平移 $\mathbf{t}_b$组合将派生出 $a(x1/2z)$。将派生的对称面画在图 2-7-5 的单位格子中。

步骤 4：根据对称元素之间的组合规律(见本篇第四章)将单位晶胞内所有对称元素进行反复充分的相互组合，从而推导出全部新的派生对称元素及其坐标，并将这些新的派生对称元素在单位晶胞中画出。

按照 2.4.3 节中有关对称面垂直相交组合的规律，将上述图 2-7-5 单位晶胞中的所有对称面进行反复充分组合，将导出新的派生二次旋转轴 2(1/4 0 z)，2(1/4 1/2 z)，2(3/4 0 z)，2(3/4 1/2 z)。将这些派生的二次旋转轴按其坐标位置在单位晶胞中画出，并周期重复，其结果如图 2-7-6 所示。

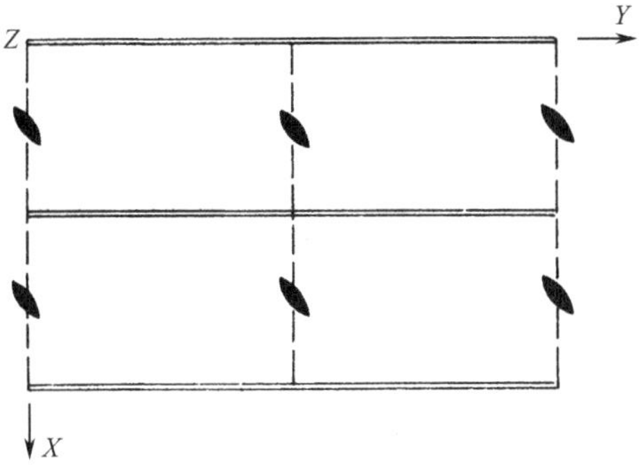

图 2-7-6　从空间群国际符号 $Ama2$ 建立相应的单位晶胞投影的第四步骤

步骤 5：根据空间群国际符号第一部分所给出的平移群确定单位格子的性质。如果所给定的是初基 P 格子，由于步骤 3 已进行了周期平移的组合，本步骤可以省略不必重复。如果所给定的是非初基格子，则依据 2.5.1 节将非初基格子附加阵点的非初基平移矢量标出，并将此非初基格子平移与单位晶胞中所有对称元素进行组合，推导出由于非初基平移所产生的新的派生对称元素及其坐标（见 2.6 章）。当然也可以按照第六章各节所总结的规律——在非初基格子中对称元素派生共存规律，直接推导出派生共存的对称元素及其坐标。将派生的对称元素在单位晶胞中画出并周期重复。

从所给定的空间群国际符号 $Ama2$ 中的平移群可以确定单位格子应为侧面心 A 格子。按照 2.5.1 节所指出的，侧面心 A 格子附加阵点的非初基平移矢量为 $(\mathbf{t}_b+\mathbf{t}_c)/2$。将此非初基平移与上述单位晶胞中全部对称元素分别进行组合，将可推导出由非初基平移参加组合而派生的对称元素及其坐标（参阅 2.6.2 节及 2.6.4 节有关论述）为：$n(x\ 1/4\ z)$，$n(x\ 3/4\ z)$，$n(0yz)$，$n(1/2\ y\ z)$，$2_1(1/4\ 1/4\ z)$，$2_1(3/4\ 1/4\ z)$，$2_1(1/4\ 3/4\ z)$，$2_1(3/4\ 3/4\ z)$。通过表 2-6-1 及表 2-6-4 有关在侧面心 A 格子中对称面，以及二次轴的派生共存规律也可以直接推导出相同的结果。将上述派生的对称元素按其坐标位置在图 2-7-6 所示的单位晶胞中画出，并作周期重复，其结果如图 2-7-7 所示。

步骤 6：将单位格子中全部对称元素重新进行充分的相互组合，以防止上述各步骤中所导出的派生对称元素之间可能未曾进行过的组合，以求获得该空间群在单位晶胞中的全部对称元素。

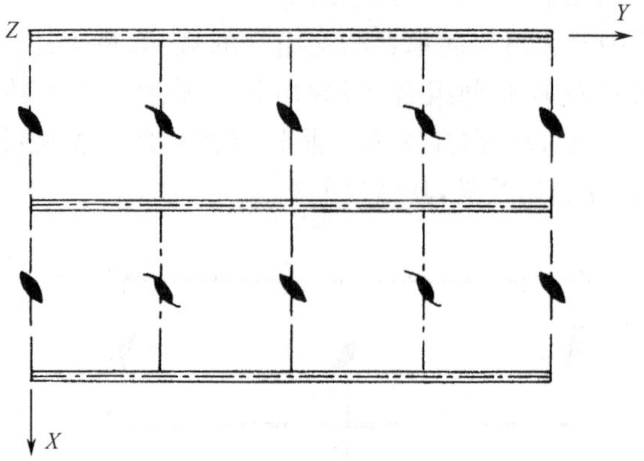

图 2-7-7　从空间群国际符号 $Ama2$ 建立相应的单位晶胞投影的第五步骤

图 2-7-7 所示单位晶胞中的对称元素重新组合后，并未出现新的对称元素，因而图 2-7-7 表达了空间群 $Ama2$ 的全部对称性。

步骤 7：根据 2.7.1 节所阐述的坐标系原点选择原则对上述单位晶胞的坐标系原点重新给予确定。按照新确定的坐标系原点，坐标轴经过必要的平移，重新将单位晶胞以及晶胞内全部对称元素画出。

按照 2.7.1 节所阐述的原则，图 2-7-7 所示的空间群 $Ama2$ 的单位晶胞，其坐标系原点应选择位于二次旋转轴 2 上。因而图 2-7-7 所示的单位晶胞的坐标系原点应沿 X 轴平移 1/4 周期(即 $\mathbf{t}_a/4$)。图 2-7-8 所示的单位晶胞是经坐标系原点平移后正确地表达空间群 $Ama2$ 对称性的单位晶胞投影图。

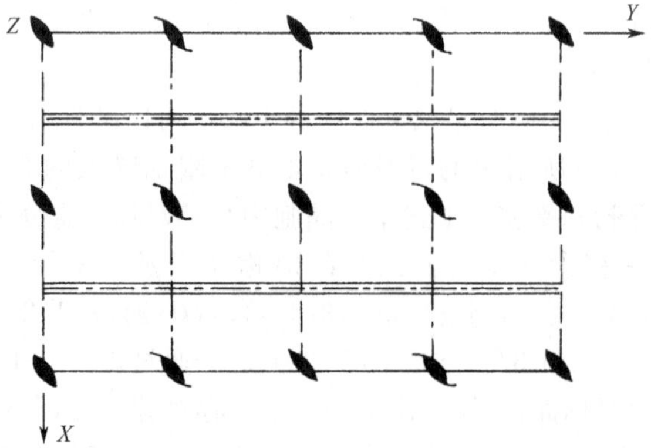

图 2-7-8　空间群 $Ama2$

步骤 8：根据空间群在单位晶胞中的正确表达，将单位晶胞中全部对称不等效的独立对称元素及其坐标一一列出。这里所指的“对称不等效”(意思是在对称上相互不等效)的概念与等效点之间的"对称等效"或"对称不等效"是一样的。在单位晶胞中如果两个对称元素之间不因晶胞中其他任何对称元素或对称元素组合的对称操作而使之发生对称等效关系,那么这两个对称元素在单位晶胞中就没有对称等效关系,这两个对称元素在单位晶胞中属于对称不等效的独立对称元素。

按照图 2-7-8 可以列出空间群 $Ama2$ 单位晶胞中所有对称不等效的独立对称元素及其坐标:$m(1/4\ y\ z)$,$n(1/4\ y\ z)$,$a(x0z)$,$n(x\ 1/4\ z)$,$2(00z)$,$2_1(0\ 1/4\ z)$。

步骤 9:根据第二章所阐述的微观对称元素对称操作及等效点推导的原理,以任意点坐标 x,y,z 出发,对步骤 8 中所列出的单位晶胞中对称不等效的独立对称元素进行反复充分的对称操作,将可推导出此空间群的一般位置等效点系。此外,在单位晶胞投影图上也可以从任意点出发,通过图形中对称元素的对称操作,标出一般位置等效点系中各等效点的位置。

按照 2.2.2 和 2.2.3 节所阐述的原理,以任意位置点 x,y,z 出发,通过上述步骤 8 所导出的独立对称元素的充分操作,可推导出如下由 8 个等效点所组成的一般位置等效点系,它就是空间群 $Ama2$ 的一般位置等效点系:x,y,z;$\bar{x},\vec{y},z$;$1/2-x,y,z$;$1/2+x,\vec{y},z$;$x,1/2+y,1/2+z$;$\bar{x},1/2-y,1/2+z$;$1/2-x,1/2+y,1/2+z$;$1/2+x,1/2-y,1/2+z$。

步骤 10:从上述步骤 8 中所推导出的,在单位格子中的对称不等效的独立对称元素里挑出那些不具有平移操作性质的对称元素(即与宏观对称元素一样的微观对称元素),分别以这些对称元素的坐标及其相交位置的坐标作为初始点的坐标,通过单位格子中各个独立对称元素(当然,初始点所在的对称元素除外)反复充分的对称操作,将推导出各个特殊位置等效点系。每个特殊位置等效点系中等效点所处位置的对称性就是等效点所在对称元素的对称性或对称元素相交位置的对称性。同一个空间群的单位晶胞内,一般位置等效点系的等效点数目最多。一般位置等效点系等效点的数目总是为特殊位置等效点系等效点数目的整数倍。特殊位置等效点系等效点所在的对称元素(或相交的对称元素)自身应具有的等效点数目就恰好是这一倍数。例如特殊位置等效点系等效点位于二次旋转轴与反映对称面垂直相交点上,显然此等效点具有的对称性为 $2/m$。而 $2/m$ 对称性的一般位置等效点数目为 4。由此可以推知,空间群中等效点位于 $2/m$ 相交点上的特殊位置等效点系的等效点数目必定是一般位置等效系等效点数目的 1/4。

我们可以通过更为简便的办法推导空间群的各个特殊位置等效点系。将上述已挑出的不具平移操作性质的对称元素坐标,以及这些对称元素相交位置的坐标,分别代入上述步骤 9 已导出的一般位置等效点系的等效点坐标中,从而推导出各个特殊位置等效点系。

对于空间群 $Ama2$ 例子,从步骤 8 所导出的独立对称元素中,不具备平移操作性质的对称元素有两个,它们是:$m(1/4yz)$;$2(00z)$。此外,并没有其他特殊的相交对称性。由此推知,空间群 $Ama2$ 应有两个特殊位置等效点系。

(1)以对称面 $m(1/4yz)$的坐标 $1/4, y, z$ 作为初始点，代入步骤 9 所推导出的空间群 $Ama2$ 一般等效点系的 8 个等效点坐标中，可以推导出由 4 个位于对称性为 m 的等效点所组成的特殊位置等效点系：$1/4, y, z$；$3/4, \bar{y}, z$；$1/4, 1/2+y, 1/2+z$；$3/4, 1/2-y, 1/2+z$。

(2)以二次旋转轴 $2(00z)$的坐标 $0, 0, z$ 分别代入一般位置等效点系的 8 个等效点坐标中，可推导出由 4 个位于对称性为 2 的等效点所组成的特殊位置等效点系：$0, 0, z$；$1/2, 0, z$；$0, 1/2, 1/2+z$，$1/2, 1/2, 1/2+z$。

第三篇

晶体 X 射线衍射基本原理

第一章　X射线的发生及其基本特性

3.1.1　X射线的发生

X射线是在1895年由伦琴发现的，亦称伦琴射线。它与可见光、无线电波一样，也是一种电磁波，其波长在0.01～100Å范围。在晶体结构分析中所用的X射线，其波长一般只在0.5～2.5Å。这个波长范围与晶体点阵的阵点平面间距大致相当，在此范围内晶体内部结构，原子(离子、分子)的三维周期排列正好作为光栅。波长太长(远远超过2.5Å)，除了样品和空气对X射线的吸收太大外，晶面之间的干涉难以发生；波长太短(远远小于0.5Å)，X射线经晶体内部结构所产生的干涉将集中在低角度区，干涉花纹相互重叠，不易分辨。

X射线晶体学研究中所使用的X射线，至今大多数都是来自传统的X射线发生仪。目前国际上只有少数国家拥有同步辐射所提供的X射线光源，我国在不久的将来也将拥有这种设施。经历了近百年的发展，传统的X射线发生器有了很大的改变，从古老的开放式发生器到封闭型的X射线管，以及近代高功率的转靶X射线发生仪。同步辐射设施给晶体学者提供了另一种类型的X射线光源，它所给出的X射线具有极好的单色性和很低的发散度，而且波长可以在一定范围内连续地进行调整。其中最大优越性之一是，它所给出的光强要比传统的X射线发生器所提供的高出6到8个数量极，比转靶X射线发生仪所给出光强要高出5到6个数量级。具有这些优良特性的X射线为X射线晶体学，当然也为固体物理、生物学、化学、医学、材料科学等各个学科中的许多重要领域提供了极其重要的研究手段。有关同步辐射设施的设计原理及X射线发生的机制等已有不少专著给以介绍。下面我们仅对目前仍然被广泛应用的传统X射线发生仪的最基本原理做一些一般性的简单介绍。

X射线晶体学研究中传统所用的X射线，通常是在真空度约为10^{-6}mmHg①的X射线管内，由约30～60kV的高压电子来轰击阳极靶面，使金属靶面原子的内层(一般是K层)电子打走，原子处于高能态，外层电子的补充使之能态下降的同时，发射出与此能级跃迁相适应的电磁波。不同的外层(如L、M层)电子向K层空轨道的跃迁，所发出的能量不同，其波长亦有差异。一般来说，这种跃迁是很复杂的，发出来的总是一束波长连续的电磁波，称为白色光。然而，几率最大的跃迁是L层电子往K层空轨道跃迁，其次是M层电子往K层跃迁。前者的波长为

---

① 1mmHg=133.322Pa。

K_{α_1}和 K_{α_2},二者波长相差甚少。后者给出的波长为 K_β,其波长较短,它的强度一般是 K_{α_1}与 K_{α_2}之和的 1/5 左右。K_{α_1},K_{α_2}及 K_β 称为该靶面金属原子的特征 X 射线。在 X 射线晶体学所使用的衍射方法中,除劳埃方法是使用白色光之外,其他方法都是使用特征波长的单色 X 射线。

由于各种金属的电子能态不相同,因而不同靶面所发出的特征 X 射线的波长也有所不同。这正是应用 X 射线光谱方法鉴定各种不同元素的主要依据。常用的几种作为阳靶材料的金属所发生的 X 射线特征波长列于表 3-1-1。

表 3-1-1　几种阳靶材料所发射的特征 X 射线波长及相应的滤波材料

靶材			靶面发射的 X 射线波长平均值				滤波材料		
原子序数 Z	元素	操作电压(kV)	K_α(Å)	K_{α_2}(Å)	K_{α_1}(Å)	K_β(Å)	原子序数 Z	元素	K 吸收限(Å)
24	Cr	30～40	2.2907	2.29361	2.28970	2.08487	23	V	2.2691
26	Fe	35～45	1.9373	1.93998	1.93604	1.75661	25	Mn	1.8964
27	Co	35～45	1.7903	1.79285	1.78897	1.62079	26	Fe	1.7435
28	Ni	35～45	1.6592	1.66175	1.65791	1.50014	27	Co	1.6081
29	Cu	35～45	1.5418	1.54439	1.54056	1.39222	28	Ni	1.4881
40	Zr	50～55	0.7874	0.79015	0.78593	0.70173	38	Sr	0.7697
42	Mo	50～55	0.7107	0.71359	0.70930	0.63229	40	Zr	0.6888
46	Ag	50～55	0.5607	0.56380	0.55941	0.49707	45	Rh	0.5339

注:本表数据引自“International Tables for X-Ray Crystallography” Vol.IV,Kynoch(1974)。

3.1.2　X 射线的一些基本特性

由于 L 和 M 等层内各电子轨道的能级有少许差别,K_α和 K_β等特征射线都不是单一波长,K_α是由 K_{α_1}和 K_{α_2}组成,如图 3-1-1 所示。而 K_β也是由几条波长极为接近的射线所组成,只有在高分辨率的光谱精细结构中方可辨别。在晶体衍射中,当衍射角 θ较小(分辨率较低)时,由 K_{α_1}和 K_{α_2}所给出的衍射也难以分开,此时就用 K_α(平均)表示,而 K_α的平均波长习惯用下式计算出:

$$\lambda(K_\alpha) = [2\lambda(K_{\alpha_1}) + \lambda(K_{\alpha_2})]/3 \tag{3.1.1}$$

在操作电压(见表 3-1-1)下,以 Cr,Fe,Co,Ni,Cu,Mo 等作为阳靶材料的 X 射线发生器,实际上只产生 K_α(包含 K_{α_1}和 K_{α_2}),K_β特征射线和很弱的连续光谱的 X 射线,如图 3-1-1 所示。此外,K_α射线又比 K_β射线强约 5 倍左右,其中 K_{α_1}与 K_{α_2}的强度比大约为 3∶2 左右。而在实际工作中总是选择 K_{α_1}和 K_{α_2}作为单色特征波长的射线光源。在一般分辨率并不十分高的情况下,就取 K_α作为工作的特征 X 射线使用,也以 K_α(平均)波长进行计算。

X 射线穿过物质时所发生的过程十分复杂,所伴随产生的现象也十分复杂。人们常常把它们归纳为两种现象,即吸收现象与散射现象。原始的 X 射线穿过物质时强度减弱，其原因一方面由于相干的和不相干的散射，另一方面则由于吸收的过程中有可能产生光电子和跟着发射出荧光光谱。和这种现象相对应的应有两个系数，即散射系数 δ 和吸收系数 τ。对于晶体结构分析工作实践来说，人们更为关心 X 射线穿过晶体物质时，原射束强度减弱的整体效果，即 X 射线强度减弱规律，因而以减弱系数 μ 表达上述散射系数 δ 和吸收系数 τ 之和。而且结构分析工作者，特别是蛋白质晶体学者往往把减弱系数 μ 当作吸收系数 τ，把晶体对 X 射线所发生的整体的减弱效应也称为吸收效应。在实践中，所谓“衍射强度的吸收校正”实质上是对晶体的散射与吸收效应的整体校正，而且往往只是一种相对的校正。这样简单化的替代，一般来说是可取的。这是因为只是含有短波长的白色(连续)波段的射线对物质的散射效应才会比吸收效应更为严重一些。随着波长的增大，吸收效应的增强比散射效应要快得多。当用单色特征射线(例如 Cu K_α)时，吸收效应占优势，散射效应可以忽略不计。

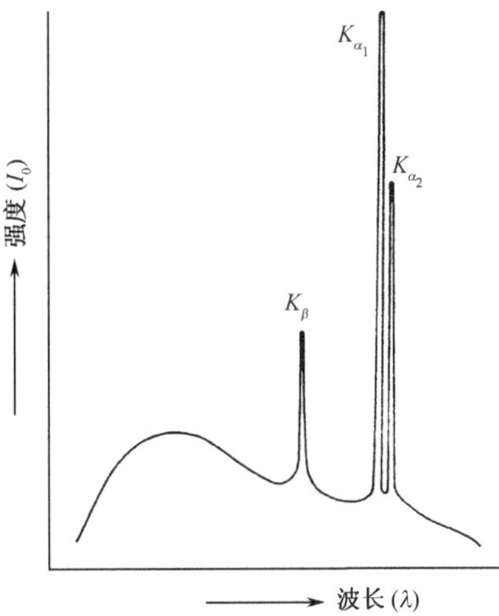

图 3-1-1　金属阳靶面给出的 X 射线光谱示意图

在导出 X 射线强度减弱规律时，给出一个假定：X 射线束通过很薄的一层物质时，光强的减弱与这一层物质的厚度 dx 及射线束强度 I 成正比：

$$dI = -\mu I dx \tag{3.1.2}$$

式中，负号表示强度是在减弱。比例系数 μ 表示射线束通过给定物质的减弱程度，即上述的减弱系数。如果将式(3.1.2)积分，就得到通过有限厚度的一层物质时的减弱规律：

$$I_x = I_0 e^{-\mu x} \tag{3.1.3}$$

式中，I_0 是入射 X 射线原束的强度，I_x 是入射束通过厚度为 x，减弱系数为 μ 的晶体物质之后的强度。如果以 1cm 厚度作为减弱系数的单位，那么可得：

$$\mu = \ln(I_0 / I_c) \tag{3.1.4}$$

由式(3.1.4)可见，减弱系数 μ 是射线通过 1cm 厚的物质时强度减弱程度，此时称 μ 为线减弱系数。

显然，射线的减弱(散射和吸收)是射线和原子的电子相互作用的结果，所以，通过特定厚度为 x 的物质后的强度 I_x[见式(3.1.3)]除了与物质层厚度 x 有关外，还决定于物质的性质(它的原子序数)和物质的密度(ρ)。从式(3.1.3)不难推知减弱系数 μ 与物质所包含元素的原子序数(Z)以及物质的密度(ρ)存在着正比例关系。物质中所包含元素的原子序数(Z)越大，对 X 射线减弱的程度越大，物质的密度(ρ)越大,对 X 射线减弱程度越大。

此外,对减弱系数 μ 有密切关系的重要因素是入射 X 射线的波长 λ。从整体来说,X 射线的波长越长,物质对它减弱的程度越大.它对物质的穿透能力越小,但是,这种关系并非线性的。正如上面指出减弱系数 μ 是散射系数 δ 与吸收系数 τ 之和。对于短波长,特别是对于常用阳靶金属材料(由 Cr 到 Mo)所给出的白色连续辐射波段,由轻的元素所组成的晶体物质所产生的散射效应将比吸收效应更为严重。随着构成晶体物质的元素,其原子序数的增加,特别是随着波长的增大,物质对入射光的吸收效应增强速度比散射效应的增强速度快得多。对于常用阳靶金属材料(由 Cr 到 Mo)所给出的特征 K_α 射线,即使在有机化合物(由较轻的 C,N,O 和 H 等元素所构成)的晶体中,吸收效应已占优势,在此时散射系数已可忽略不计了。因而在此时,物质的吸收系数 τ 更为接近于减弱系数 μ,并且经常以 μ 代替 τ。对于物质的吸收系数(严格说应该是质量吸收系数)和波长及吸收物质原子系数的关系,可以用下式给予很好的近似表达:

$$\tau = cZ^n\lambda^3 \tag{3.1.5}$$

式(3.1.5)中特定物质吸收系数 τ 与波长 λ 的关系可以由图 3-1-2 的曲线给予描述。在此曲线上一定波长位置上有一系列的断点,称为吸收极限。在不同的两个断点间的区域中,式(3.1.5)中的常数 c 和吸收物质原子序数 Z 的指数常数 n 具有不同的数值。K 吸收极限左边部分,$n\cong4.0$,而在 L 吸收带上 $n\cong4.3$。

特定物质对波长变化出现吸收极限,简单地说,是因为物质吸收 X 射线后将使物质中原子的某些电子改变其量子状态,当 X 射线波长加长,X 射线的光量子能量下降,当下降到某一临界数值时,光量子的能量不足以使电子的量子能态过渡,这个能量的量子便不能被吸收。此时,吸收系数就会突然下降,出现吸收极限。在图 3-1-2 的曲线第一个断点相当于击出 K 层电子的临界波长值,称为 K 吸收限(λ_k)。其次,1 组 3 个吸收断点是 L 层各分能级上电子跳动所引起的,至于 M 及 N 等能级电子层相应断点,在图中并未给出。

物质对 X 射线波长出现的吸收限的特性在 X 射线固体物理学上有着广泛的应用,包括反常散射效应等,在此不准备介绍了。下面只简单介绍一下如何利用物质对 X 射线波长的吸收限特性作为滤波材料,以获得单一波长的特征波长 X 射线。

为了获得晶体结构分析所需要的单一波长 X 射线,可以采用各种类型的单色器,其中一种传统简便的方法是选用合适的物质材料作为滤波器。这种滤波器主要是利用作为滤波器所具有的吸收极限的特定物质使 X 射线入射光中的白色连续光谱的强度得以极大的降低,同时也使特征波 K_α 射线从伴随着它的 K_β 射线分开。如果在阳靶发出的 X 射线入射途中放置一薄片的金属材料,此金属材料的原子的 K 吸收限刚好位于入射光波的 K_α 和 K_β 射线的波长之间。如图 3-1-3 所示,经过此金属薄片后的 K_β 射线强度比 K_α 射线减弱好几十倍,如果金属薄片的厚度

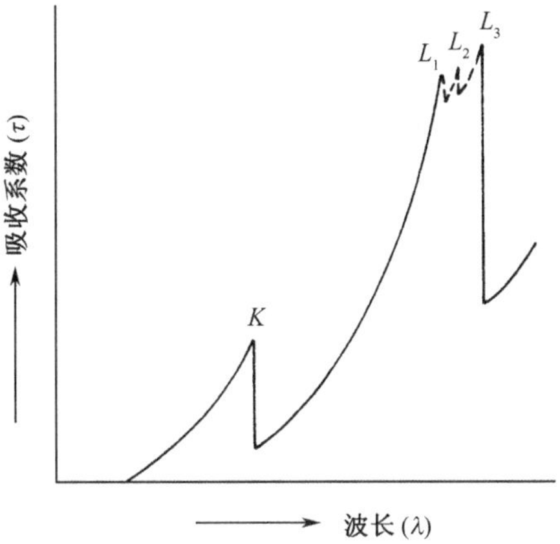

图 3-1-2 物质的吸收系数 τ 与波长 λ 的关系

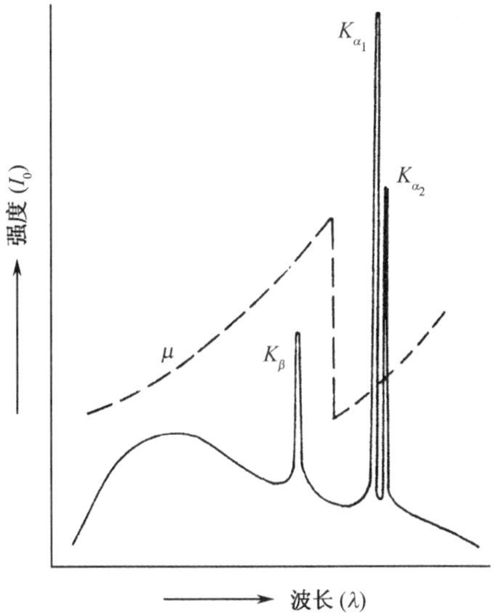

图 3-1-3 滤波材料的吸收限波长正位于 K_β 与 K_α 之间

选择恰到好处，K_β 射线的强度将可消减到为 K_α 射线强度的几百分之一，表 3-1-1 给出了对于不同阳靶材料应选用作为滤波器的金属材料。一般来说，滤波片的厚度应以 0.016～0.021mm 之间为宜。

当然，目前以收集衍射强度数据为目的的仪器设备和实验工作，人们早已用各种晶片单色器、双镜片单色器、毛细管单色器等兼有优良聚焦性能的单色器代替上述滤波片，以求获得真正单一特征波长 K_α(甚至只是 K_{α_1} 或只是 K_{α_2})的射线，读者可以从有关实验技术的论文和教材中了解这方面的原理和技术。

上述只能对 X 射线的最一般特性做一些十分简要的介绍。

在此值得提及的是安全防护问题。由于 X 射线对人体有害，无论是直接的辐射或漫散射的辐照，以及被激发游离于空气中的分子对人体都会产生不同程度的损害，特别是人的眼睛的聚焦效应，我们更应注意对眼睛的保护。总之，在实践中应严格遵守 X 射线实验操作规程和安全防护的规定。

第二章　晶体的点阵及其倒易点阵

3.2.1　倒易点阵的建立

首先我们必须知道，点阵是一种数学抽象，晶体点阵是晶体内部结构在三维空间周期平移这样一个客观实在的数学抽象。晶体内部结构基元在空间排布中具有严格的周期性是晶体最基本的，也是最本质的特征。反映晶体内部结构这一最重要特点的晶体点阵不但只是一种数学的表达，而且有着严格的物理概念。与晶格的概念一样，晶体点阵是对晶体内部结构这一物理实在的重要特性——周期性的一种描述，从而具有特定的物理意义。而倒易点阵是晶体点阵的倒易，它并不是一个客观实在，也没有特定的物理概念和意义，倒易点阵纯粹是一种数学模型。然而倒易点阵对我们描述和阐述晶体对 X 射线衍射的原理却是一种非常有力的工具。X 射线在晶体中的衍射与光学干涉和衍射十分类似。衍射过程中作为主体的光栅与作为客体的衍射像之间存在着一个傅里叶变换的关系。显然，晶体点阵及其倒易点阵之间也必然存在一个傅里叶变换的关系，在晶体结构分析中，通常我们把晶体内部结构称为正空间，而晶体对 X 射线的衍射被称为倒易空间。显而易见，倒易空间并不是一个客观实在的物理空间，而只是对一个物理空间的一种数学变换表达。同样，倒易点阵也仅是对晶体点阵的一种数学变换表达。

想像有那么一个倒易点阵，它是一个正点阵的倒易。如果这一正点阵是一个初基点阵，而且它的单位矢量为 **a**,**b** 和 **c**，那么其倒易点阵可以如下进行建立。

在正点阵中的几个最基本的点阵平面族，例如(100)，(010)，(001)，(110)，(101)，(011)，(111)等平面族的面族法线上，以坐标系原点为起始点截出法线的一段作为该面族的基本倒易矢量。所截出的长度应是该面族面间距离 d 的倒数，即 $1/d$。对于(100)，(010)及(001)面族而言，它们的基本倒易矢量就是倒易点阵的 3 个单位矢量 $\mathbf{a}^*$，$\mathbf{b}^*$ 和 $\mathbf{c}^*$。以这 3 个单位矢量不难建立一个初基的倒易点阵，以这 3 个单位矢量及其他数个基本倒易矢量，不难建立所有非初基倒易点阵。由此建立起来的空间点阵就是上述正点阵的倒易点阵。在此推导过程中两个点阵的坐标系的原点是重合的。从数学的概念出发，正点阵与倒易点阵是可以互易的，两个点阵中，其中一个为正点阵，另一个则是它的倒易点阵，反之亦然。然而在晶体学中二者具有特定的定义，就如晶体内部结构称为正空间，晶体对 X 射线的衍射是倒易空间一样，在这意义上二者是不可互易的，也是在这意义上晶体点阵与其倒易点阵的概念和数学上的正点阵与倒易点阵的概念并不完全相同。当然，在数学的表达上却是一样的。下面我们讨论的将只限于晶体点阵与其倒易点阵。

倒易点阵中任意一个阵点可由下面的方程式来表达：

$$\mathbf{H}_{hkl} = h\mathbf{a}^* + k\mathbf{b}^* + l\mathbf{c}^* \tag{3.2.1}$$

这里的 $\mathbf{H}$ 是该倒易阵点的矢量；h,k,l 是表示该倒易阵点在倒易点阵中的方位，它们分别都是整数，通常称 hkl 为该倒易阵点的“指数”或称之为“衍射指数”(或“衍射指标”)。这里的 $\mathbf{a}^*$，$\mathbf{b}^*$，$\mathbf{c}^*$ 是倒易点阵的 3 个最基本的单位矢量。

式(3.2.1)也可以改写成：

$$n\mathbf{H}_0 = n(h_0\mathbf{a}^* + k_0\mathbf{b}^* + l_0\mathbf{c}^*) \tag{3.2.2}$$

其中 n 为整数，而且

$$h = nh_0, \quad k = nk_0, \quad l = nl_0 \tag{3.2.3}$$

那么式(3.2.2)将有：

$$\mathbf{H}_0 = h_0\mathbf{a}^* + k_0\mathbf{b}^* + l_0\mathbf{c}^* \tag{3.2.4}$$

这里 h_0，k_0，l_0 是 3 个互相之间没有公约数的整数(互质整数)。$\mathbf{H}_0$ 是晶体(正)点阵中面族指数为($h_0\ k_0\ l_0$)的阵点面族的基本(单位)倒易矢量，也就是 X 射线对此面族一级衍射的表达。$\mathbf{H}_0$ 的模量就是这一面族的面间距离的倒数 $1/d_{h_0k_0l_0}$。

由此可知

$$1/d_{h_0k_0l_0} = |h_0\mathbf{a}^* + k_0\mathbf{b}^* + l_0\mathbf{c}^*| \tag{3.2.5}$$

$$|\mathbf{H}_0| = 1/d_{h_0k_0l_0} \tag{3.2.6}$$

其中 $d_{h_0k_0l_0}$ 是晶体点阵中面族指数为($h_0\ k_0\ l_0$)的阵点面族的面间距离。很显然，在晶体点阵中面族指数为(100)的阵点面族面间距为 d_{100}，面族指数为(010)的阵点面族面间距为 d_{010}，面族指数为(001)的阵点面族面间距为 d_{001}，如此等等。必须说明，我们这里对于晶体点阵的面族指数($h_0\ k_0\ l_0$)是与几何晶体学中晶体多面体的晶面指数是完全一致的。不难理解，晶体内部点阵中一族平行的阵点平面，其宏观的表现就是晶体多面体的一个晶面。几何晶体学中晶面指数既然是表达着该晶面在坐标系(亦即 3 个晶体学轴相一致的坐标轴)中的方向，它当然也表达着与此晶面相平行的晶体内部一族平行的阵点平面方向。几何晶体学的晶面指数是 3 个互相之间没有公约数的整数，与这里定义的阵点平面族指数 $h_0\ k_0\ l_0$ 完全一样。当然，这里的 $h_0\ k_0\ l_0$(以及 hkl)已被作为晶体对 X 射线衍射的一种特征指数——衍射指数，这与几何晶体学中作为晶面指数的含义已不相同，然而二者之间仍然有着非常密切的关系。

从式(3.2.6)可以推知，对于初基的晶体点阵，存在着如下的关系：

$$1/d_{100} = a^*, \quad 1/d_{010} = b^*, \quad 1/d_{001} = c^* \tag{3.2.7}$$

式(3.2.7)再一次指出了晶体点阵与其倒易点阵的一种基本关系。对于初基的晶体点阵，它的倒易点阵中 3 个最基本的单位矢量可以直接从晶体点阵中 3 个基本面族(100)，(010)和(001)分别推导出来。倒易点阵的 3 个单位矢量 $\mathbf{a}^*$，$\mathbf{b}^*$ 和 $\mathbf{c}^*$ 的方向分别是这 3 个基本面族的面法线方向，而 3 个倒易矢量的模量 a^*，b^*，c^* 就如式(3.2.7)所示，是 3 个基本面族面间距 d_{100}，d_{010} 和 d_{001} 的倒数。由此 3 个最基本的单位倒易矢量当然可以建立起一个与晶体点阵相对应的倒易点阵。对于初基点阵而言，以同样的原理和方法，从已确定的倒易点阵亦同样可以推导出晶体点阵的 3 个最基本的单位矢量 **a**,**b**,**c**，并从而建立相应的晶体点阵。从这一变换意义上说，晶体点阵与其倒易点阵之间的变换关系是与数学上的正点阵与倒易点阵变换是一样的道理。然而，再一次指出，晶体点阵与其倒易点阵在定义上是不可互易的(即晶体点阵不能定义为倒易点阵，晶体点阵的倒易点阵也不能定义为晶体点阵)，而数学上的正点阵与倒易点阵在定义上是可以互易的。

3.2.2 晶体点阵与倒易点阵的数学表达

已确定晶体点阵的单位矢量为 **a**,**b** 和 **c**，相应的点阵 6 参数是 a,b,c,α,β 和 γ。而此晶体点阵的倒易点阵所具有的 3 个单位倒易量为 $\mathbf{a}^*$,$\mathbf{b}^*$ 和 $\mathbf{c}^*$，相应的倒易点阵 6 参数是 $a^*,b^*,c^*,\alpha^*,\beta^*$ 和 γ^*。

晶体点阵的单位矢量与其倒易点阵的单位矢量之间有如下关系：

$$\mathbf{a}^* = \mathbf{b}\times\mathbf{c}/V,\quad \mathbf{a} = \mathbf{b}^*\times\mathbf{c}^*/V^*$$
$$\mathbf{b}^* = \mathbf{c}\times\mathbf{a}/V,\quad \mathbf{b} = \mathbf{c}^*\times\mathbf{a}^*/V^*$$
$$\mathbf{c}^* = \mathbf{a}\times\mathbf{b}/V,\quad \mathbf{c} = \mathbf{a}^*\times\mathbf{b}^*/V^* \tag{3.2.8}$$

这里，V 是晶体点阵的单位格子体积，V^* 是倒易点阵单位格子体积。从式(3.2.8)中按矢量"×"乘的右手定则，可知 $\mathbf{c}^*$ 是与 **a**,**b** 垂直的，$\mathbf{b}^*$ 与 **c** 及 **a** 垂直，如此等等。

晶体点阵的单位矢量与其倒易点阵的单位矢量之间的关系还可以用下列数学关系式表达：

$$\mathbf{a}^*\cdot\mathbf{a}=1,\quad \mathbf{a}^*\cdot\mathbf{b}=0,\quad \mathbf{a}^*\cdot\mathbf{c}=0$$
$$\mathbf{b}^*\cdot\mathbf{a}=0,\quad \mathbf{b}^*\cdot\mathbf{b}=1,\quad \mathbf{b}^*\cdot\mathbf{c}=0$$
$$\mathbf{c}^*\cdot\mathbf{a}=0,\quad \mathbf{c}^*\cdot\mathbf{b}=0,\quad \mathbf{c}^*\cdot\mathbf{c}=1 \tag{3.2.9}$$

式(3.2.9)是两个单位矢量点乘的表达式。

从点阵六参数(即 3 个单位矢量的模量表达)来看，晶体点阵参数与其倒易点阵参数之间有如下的关系：

$$\sin\alpha^*/\sin\alpha=\sin\beta^*/\sin\beta=\sin\gamma^*/\sin\gamma$$
$$\cos\alpha^*=(\cos\beta\cos\gamma-\cos\alpha)/\sin\beta\sin\gamma$$
$$\cos\beta^*=(\cos\gamma\cos\alpha-\cos\beta)/\sin\gamma\sin\alpha$$
$$\cos\gamma^*=(\cos\alpha\cos\beta-\cos\gamma)/\sin\alpha\sin\beta$$
$$a^*=bc\sin\alpha/V,\quad b^*=ca\sin\beta/V,\quad c^*=ab\sin\gamma/V,$$
$$V^*=1/V$$
$$V^*=a^*b^*c^*(1-\cos^2\alpha^*-\cos^2\beta^*-\cos^2\gamma^*+2\cos\alpha^*\cos\beta^*\cos\gamma^*)^{1/2}$$
$$V^*=a^*b^*c^*\sin\alpha\sin\beta^*\sin\gamma^*$$

$$= a^* b^* c^* \sin\alpha^* \sin\beta^* \sin\gamma$$
$$= a^* b^* c^* \sin\alpha^* \sin\beta\sin\gamma^*$$
$$\cos\alpha = (\cos\beta^* \cos\gamma^* - \cos\alpha^*)/\sin\beta^* \sin\gamma^*$$
$$\cos\beta = (\cos\gamma^* \cos\alpha^* - \cos\beta^*)/\sin\gamma^* \sin\alpha^*$$
$$\cos\gamma = (\cos\alpha^* \cos\beta^* - \cos\gamma^*)/\sin\alpha^* \sin\beta^*$$
$$a = b^* c^* \sin\alpha^* / V^*, \quad b = c^* a^* \sin\beta^* / V^*,$$
$$c = a^* b^* \sin\gamma^* / V^*, \quad V = 1/V^*$$
$$V = abc(1 - \cos^2\alpha - \cos^2\beta - \cos^2\gamma + 2\cos\alpha\cos\beta\cos\gamma)^{1/2}$$
$$V = abc\sin\alpha\sin\beta\sin\gamma^*$$
$$= abc\sin\alpha\sin\beta^* \sin\gamma$$
$$= abc\sin\alpha^* \sin\beta\sin\gamma$$

3.2.3 晶体点阵与其倒易点阵例举

首先以单斜晶系点阵中一个通过坐标系原点的主要阵点平面——ac 阵点平面为例。这是以两个基本单位矢量 **a** 和 **c** 建成的主要点阵平面。**a** 与 **c** 之间的夹角为 β。可以理解,所建立的主要阵点平面所具有的 3 个参数是:基本周期 a 及 c,基本周期之间的夹角 β。此阵点面在图 3-2-1 中以小圆圈表示阵点,而以实线使阵点之间形成单位格子平面。

以周期 c 的阵点列(族)相垂直的方向作为倒易阵点平面的基本单位倒易矢量

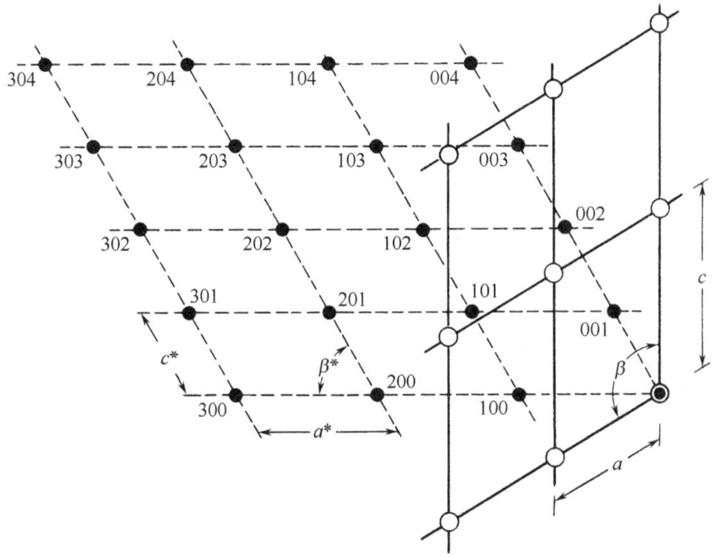

图 3-2-1　单斜晶系点阵的 ac 阵点平面(以小圆圈表示)与其倒易点阵的 $a^* c^*$ 阵点平面(以黑点表示)之间的倒易变换关系

$\mathbf{a}^*$ 的方向，而其模量 a^* 则取周期 c 阵点列族的列间距离倒数$(1/d_{100})$。同理，以周期 a 阵点列（族）相垂直的方向作为倒易阵点平面的另一个基本单位倒易矢量 $\mathbf{c}^*$ 的方向，其模量 c^* 则取周期 a 阵点列族的列间距倒数$(1/d_{001})$。由两个单位倒易矢量 $\mathbf{a}^*$ 和 $\mathbf{c}^*$ 所建立的倒易阵点平面应有 3 个参数：倒易阵点平面的基本周期 a^*，c^* 及其夹角 β^*，如图 3-2-1 所示。在倒易阵点平面中每个倒易阵点都标记有指数。一个倒易阵点平面可以看作是由通过坐标系原点的无穷多个倒易阵列所构成。每一条通过坐标系原点的倒易阵点列上的第一个倒易阵点，它的指数是没有公约数的互质整数，也就是晶体阵点平面中相应的阵点列族的指数。这一倒易阵点与坐标系原点所构成的倒易矢量与相应的晶体阵点列族垂直，倒易矢量的模量是此相应阵点列族中列间距离的倒数。由此可见，这一倒易阵点的矢量既表达了阵点列族在给定坐标系中的取向，同时也表达了此阵点列族中的列间距离。

图 3-2-1 所示的单斜平面点阵与其倒易平面点阵具有共同坐标系原点。在共同坐标系原点的基础上，两个平面点阵在数学上具有互为倒易的关系，即从一个平面点阵可以通过上述倒易关系推导出另一个平面点阵。既可以如上所讨论的，从单斜的阵点平面建立其倒易阵点平面，也可以从倒易阵点平面的两个基本单位倒易矢量 $\mathbf{a}^*$ 和 $\mathbf{c}^*$（或三个倒易阵点平面参数 a^*，c^* 和 β^*）建立起单斜阵点平面。这里再次指出，在晶体学中，上述两个平面的定义是不可互易的。具体说，上述单斜阵点平面是一种单斜晶体二维点阵，它表达着一个晶体内部相应的二维结构的周期排布特性。而其倒易阵点平面是这一单斜晶体二维点阵的二维倒易点阵，它只是一个数学模型，而并无任何物理学内容。在晶体学上我们不可能错误地将上述图 3-2-1 中的倒易阵点平面定义为单斜晶体二维点阵。在第一篇中已详细地阐述了晶体内部结构与晶体点阵以及单位晶胞与单位格子等等的相互关系。晶体点阵与晶格等在晶体学上是有着特定的含义和具体的内容，而倒易点阵则只是一种数学模型而已。在这意义上它们与数学上的正点阵与倒易点阵并不相同。

如果将图 3-2-1 中由小圆圈和实线所构成的单斜阵点平面看作是单斜晶体三维点阵沿晶体 b 轴的投影，显然基本单位矢量 $\mathbf{a}$ 与 $\mathbf{c}$ 同时垂直于 $\mathbf{b}$。倒易矢量 $\mathbf{a}^*$ 是这样决定的，它的矢量方向是与晶体点阵中(100)面族的面法线方向相同，矢量的单位长度 a^* 是晶体点阵中(100)面族的面间距离倒数，即$(1/d_{100})$。对于 c^* 也用完全一样的方法处理，方向是与(001)面族的面法线方向相同，矢量的单位长度 c^* 是晶体点阵(001)面族的面间距离倒数，即 $1/d_{001}$。倒易矢量 $\mathbf{a}^*$ 与 $\mathbf{c}^*$ 之间夹角为 β^*，而 $\beta^*=180°-\beta$，这里 β 是晶体点阵中两个基本单位矢量 $\mathbf{a}$ 和 $\mathbf{c}$ 之间的夹角。显然由两个基本单位倒易矢量 $\mathbf{a}^*$ 和 $\mathbf{c}^*$ 及其平移，从原来的坐标系原点出发将可获得图 3-2-1 中由小黑点与虚线所构成的倒易阵点平面。很清楚，此倒易阵点平面也是单斜的$(\beta^*\neq 90°)$，而且它也可以被看作是上述单斜晶体点阵的倒易点阵沿倒易矢量 $\mathbf{b}^*$ 的投影。

三维倒易点阵可以由上述讨论推广。如果将图 3-2-1 的单斜点阵的 ac 阵点平面看作是单斜的晶体三维点阵沿 b 轴的投影，b 轴分别与 a 轴和 c 轴垂直。那么，这一单斜晶体点阵的六参数将有如下特征：$a\neq b\neq c$，$\alpha=\gamma=90°$，$\beta\neq 90°$。从晶体点阵中的三个基本的点阵平面族，即(100)，(010)及(001)面族的面法线方向及面间距离倒数将可获得其倒易点阵的 3 个基本单位倒易矢量 $\mathbf{a}^*$，$\mathbf{b}^*$ 和 $\mathbf{c}^*$。其中 a^* 轴与 c^* 轴在图 3-2-1 中已经标出。而 b^* 轴必然分别与 a^* 轴和 c^* 轴垂直，且与晶体点阵 b 轴重合。由 3 个基本单位倒易矢量 $\mathbf{a}^*$，$\mathbf{b}^*$ 和 $\mathbf{c}^*$ 从晶体点阵的坐标系原点出发可以建立起相应的倒易点阵，此时图 3-2-1 所示的倒易点阵的 $\mathbf{a}^*$，$\mathbf{c}^*$ 阵点平面将被看作倒易点阵沿 $\mathbf{b}^*$ 投影。显然，图中单斜晶体点阵与其倒易点阵有着共同的坐标系原点，而且 b 轴与 $\mathbf{b}^*$ 轴重合。倒易点阵的六参数将有如下特征 $a^*\neq b^*\neq c^*$，$\alpha^*=\gamma^*=90°$，$\beta^*=180°-\beta$。

三维倒易点阵中任何一个倒易阵点(hkl)的位置，是由坐标系原点出发的矢量：

$$\mathbf{H}_{hkl}=h\mathbf{a}^*+k\mathbf{b}^*+l\mathbf{c}^* \tag{3.2.1}$$

所规定。三维倒易点阵可以看作是由通过坐标系原点的无穷多条倒易阵点列所构成。在每一条通过坐标系原点的倒易阵点列上第 n(n 是任意整数)个倒易阵点，它们的指数(hkl)将有如下关系：

$$h=nh_0,\quad k=nk_0,\quad l=nl_0 \tag{3.2.3}$$

它们的倒易矢量 $\mathbf{H}_{hkl}$ 将由此倒易阵点列的单位倒易矢量 $\mathbf{H}_{h_0k_0l_0}$ 与整数 n 来确定：

$$\mathbf{H}_{hkl}=nh_0\mathbf{a}^*+nk_0\mathbf{b}^*+nl_0\mathbf{c}^* \tag{3.2.10}$$

$$\mathbf{H}_{hkl}=n(h_0\mathbf{a}^*+k_0\mathbf{b}^*+l_0\mathbf{c}^*) \tag{3.2.11}$$

$$\mathbf{H}_{hkl}=n\mathbf{H}_{h_0k_0l_0} \tag{3.2.12}$$

而

$$\mathbf{H}_{h_0k_0l_0}=h_0\mathbf{a}^*+k_0\mathbf{b}^*+l_0\mathbf{c}^* \tag{3.2.13}$$

这里，$\mathbf{H}_{hkl}$ 是与 $\mathbf{H}$ 的定义一样，$\mathbf{H}_{h_0k_0l_0}$ 的定义与 $\mathbf{H}_0$ 相同。如果将 $\mathbf{H}_{hkl}$ 简写为 $\mathbf{H}$，将 $\mathbf{H}_{h_0k_0l_0}$ 简写为 $\mathbf{H}_0$，那么式(3.2.13)与(3.2.4)等将是完全相同的表达式。

从式(3.2.12)可知，通过原点的某一倒易阵点列上第 n 个倒易阵点 hkl 的倒易矢量 $\mathbf{H}_{hkl}$ 是此倒易阵点列上单位倒易矢量 $\mathbf{H}_{h_0k_0l_0}$ 的 n 倍。列上的全部倒易阵点的倒易矢量方向将由单位倒易矢量 $\mathbf{H}_{h_0k_0l_0}$ 决定。单位倒易矢量 $\mathbf{H}_{h_0k_0l_0}$ 就是此倒易阵点列上离原点最近的倒易点的矢量。3.2.1 节中已指出指数 h_0，k_0，l_0 是不存在公约数的整数，它们也是晶体点阵中相应阵点面族的面指数。显然，通过原点的倒易阵点列，其单位倒易矢量 $\mathbf{H}_{h_0k_0l_0}$ 是由晶体点阵中($h_0\,k_0\,l_0$)面族的面法线方向及面间距离倒数($1/d_{h_0k_0l_0}$)所确定。换句话说，$\mathbf{H}_{h_0k_0l_0}$ 表达着晶体点阵中($h_0\,k_0\,l_0$)面族在给定坐标系中的取向和面间距离。

在倒易点阵中通过坐标系原点的倒易阵点列，当其单位倒易矢量 $\mathbf{H}_{h_0k_0l_0}$ 一旦被确定，列上的 n 个倒易阵点(指数及矢量)将自然被确定。以后的章节中，在使用倒易点阵与反射球相互作用的数学模型来阐述晶体对 X 射线的衍射原理时，

$\mathbf{H}_{h_0k_0l_0}$在模型中将与晶体($h_0k_0l_0$)面族的一级衍射相关,而列上的 H_{hkl}将与同一面族($h_0k_0l_0$)的第 n级衍射相关。

与二维点阵所讨论的一样,从晶体的倒易点阵出发,以同样的数学方法可以通过逆过程推导出晶体三维点阵。在实际工作中,正是利用这一重要原理,从晶体对X 射线衍射的结果中获得了晶体倒易点阵的特征和参数,从而推导出晶体三维点阵的固有特征,这是 X 射线晶体学在实践中的重要任务之一。

3.2.4 晶体的单位格子及其倒易格子

一个初基的晶体点阵可以用 3 个单位矢量 **a**,**b** 和 **c**,或者以点阵六参数 a,b,c,α,β和 γ 分割为无数多个等同的单位格子。单位格子表达着晶体点阵的基本特征,而且单位格子的三维周期堆积将构成晶体点阵。同样,初基倒易点阵也可以用3 个基本单位倒易矢量 $\mathbf{a}^*$,$\mathbf{b}^*$,$\mathbf{c}^*$ 或者以倒易点阵六参数 $a^*,b^*,c^*,\alpha^*,\beta^*$ 和 γ^*分割为无穷多个等同的倒易单位格子。在简单初基的情况下,倒易单位格子代表着倒易点阵的特征,而且它们沿三维方向周期堆积亦可构成倒易点阵。如果初基的晶体点阵与初基的倒易点阵是相对应的(即符合正点阵与倒易点阵之间的相互关系),晶体点阵的基本单位矢量(或六参数)与倒易点阵的基本单位倒易矢量的确定也是相对应的,那么所分割的晶体的单位格子与其倒易单位格子之间的关系将完全代表着晶体点阵与其倒易点阵之间的关系。在这样的情况下,只要研究分析这两个具有共同坐标原点的单位格子(晶体的单位格子及其倒易单位格子)的相互关系,包括它们的基本单位矢量之间的相互变换就足以了解两个点阵之间的关系。

图 3-2-2 给出一个以 **a**,**b**,**c** 为基本单位矢量的菱面体单位格子,这是一个初基单位格子,示意图中以小圆圈和实线表示。这一菱面体单位格子的倒易单位格子,在图中是以 $\mathbf{a}^*$,$\mathbf{b}^*$ 和 $\mathbf{c}^*$ 为基本单位矢量的倒易单位格子,它也是一个菱面体,而且也是一个初基的单位格子,示意图中以小黑点和虚线表示。为了使两个单位格子和它们的基本单位矢量可以直观地相互变换,因而它们处于共同的坐标原点。显然按照 3.2.3 节的变换方程式和原理,根据图 3-2-2 以 **a**,**b** 和 **c** 为基本单位矢量的单位格子可以推导出 $\mathbf{a}^*$,$\mathbf{b}^*$ 和 $\mathbf{c}^*$ 和以它们为基本单位矢量的倒易单位格子。具体是 **bc** 平面的面族[即(100)面族]的面法线及面间距离倒数确定 $\mathbf{a}^*$ 矢量,分别以 **ac** 平面和 **ab** 平面的面族[即(010)和(001)面族]的面法线方向及面间距离倒数确定 $\mathbf{a}^*$ 和 $\mathbf{c}^*$ 矢量,并且让推导出来的倒易单位矢量 $\mathbf{a}^*$,$\mathbf{b}^*$ 和 $\mathbf{c}^*$,单位矢量 **a**,**b** 和 **c** 位于共同坐标原点。这样以 $\mathbf{a}^*$,$\mathbf{b}^*$ 和 $\mathbf{c}^*$ 为基本单位矢量的倒易格子将与晶体的单位格子处于共同原点上。同样方法,根据图 3-2-2 以 $\mathbf{a}^*$,$\mathbf{b}^*$ 和 $\mathbf{c}^*$ 为基本单位矢量的倒易单位格子也可以推导出单位矢量 **a**,**b** 和 **c**,并从而获得晶体的单位格子。

从图 3-2-2 所给出的菱面体单位格子及其倒易单位格子可以看到,晶体的单位格子是一个菱面体,由此推导出来的倒易单位格子也是一个菱面体。不难推知一个四方柱六面体的初基单位格子，其倒易单位格子也必将是一个四方柱六面体，如此等等。从晶体点阵与其倒易点阵的关系可以确知，晶体点阵 6 个参数的数值与其倒易点阵 6 个参数的数值完全不同，但是晶体点阵 6 个参数的特征与倒易点阵 6 个参数的特征却完全一样。换句话说，晶体点阵与其倒易点阵具有相同的晶系特征，因而它们的单位格子的特征也就完全一样。然而晶体点阵 6 个参数值与其倒易点阵 6 个参数的数值完全不同，因而单位格子与倒易单位格子的形状与大小并不相同。在格子的形状上，既然晶体的单位格子与其倒易单位格子在数学上是一种倒易关系，可以推知，如果晶体单位格子是一个扁宽的菱形六面体，那么它的倒易单位格子将是一个长条形的六面体，如图 3-2-2 所给出的一样；如果晶体单位格子是一个长条的四方柱六面体，那么其倒易单位格子必定是一个扁宽的四方柱六面体，如此等等。在格子的大小和体积上，晶体单位格子的尺寸是严格地由点阵六参数（亦即晶体的单位晶胞参数）确定的，基本单位矢量的模（即基本单位周期 a，b 和 c）是以物理量"埃（Å）"标定（其中 $1Å=1\times10^{-8}$ cm）。所以晶体单位格子的尺寸是以"埃"作为量衡单位的，其体积以"埃"的立方（$Å^3$）作为量衡单位。从格子的变换关系，不难推知，晶体的倒易单位格子应以"埃"的倒数（1/Å）作为倒易单位矢量模（即 a^*，b^* 和 c^*）的量衡单位，以"埃"的负三次方（$1/Å^3$）作为体积的量衡单位。在晶体学中并不存在"埃"倒数以及"埃"负三次方等这样的物理量，它们都不是物理意义上客观实体的量衡单位。从这意义上我们再一次指出，晶体学中所推导的倒易点阵和倒易格子都没有物理意义的内容，而只是一种数学上的模型和工具。也正因如此，我们不能将倒易点阵或倒易单位格子定义为晶体点阵或晶体的单位格子，或者将后者定义为前者；而在数学上的正点阵与倒易点阵在定义上却是可易的。

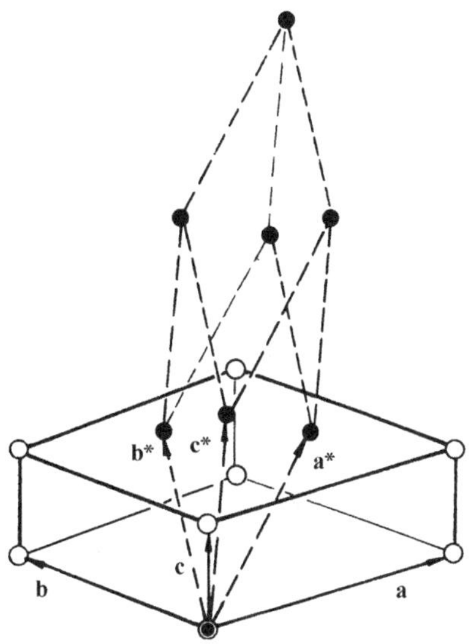

图 3-2-2　菱面体单位格子及其倒易单位格子示意图

既然"埃"倒数或"埃"负三次方等在晶体学中都是一些并非客观实在的物理量，那么倒易点阵（或倒易单位格子）的周期单位 a^*，b^* 和 c^* 都没有绝对的量衡意义，而只可能有相对量衡意义。换句话说，同一倒易点阵（或倒易格子）的 a^*，b^* 和 c^* 之间的比值是有意义的，或者它们与波长（λ）发生某种关系，由于波长的量衡从而赋予它们某种相对的量值。显然，在图 3-2-2 中 a^*，b^* 和 c^* 之间的比值是特定的（非任意的），但它们的绝对量值却是任意的。不同晶体的倒易单位格子之间的尺寸大小比较，其比值是有意义的，而单独一个晶体的单位格子的尺寸和体积与其倒易单位格子尺寸和体积的比较是没有意义的，其比值是任意的，如此等等。

上面的讨论曾指出，晶体的单位格子的特征代表着晶体点阵的特征，其倒易单位格子的特征也代表着整个倒易点阵的特征，而且倒易单位格子在三维方向上的周期堆积将可建立起相应的倒易点阵。此外，晶体单位格子与其倒易单位格子之间的关系将代表着晶体点阵与其倒易点阵之间的关系。这样的讨论与结论对于初基 P 点阵(以及初基 P 格子)来说是完全正确的，但是，这种讨论和结论对于非初基点阵和单位格子却是不完全甚至是不正确的。单纯从晶体点阵和单位格子角度看，无论是初基点阵或各种非初基点阵，任何晶体点阵都可以用 3 个单位矢量 $\mathbf{a}$,$\mathbf{b}$ 和 $\mathbf{c}$，或以点阵 6 参数 $a,b,c,\alpha,\beta,\gamma$ 分割为无穷多个等同的单位格子。单位格子的特征，包括参数特征和平移群特征都代表着整个晶体点阵的特征。单位格子的三维周期的堆积将建立晶体点阵。但是，非初基的倒易点阵却并非如此。由非初基的晶体点阵推导出来的非初基倒易点阵，以 3 个基本单位倒易矢量 $\mathbf{a}^*$,$\mathbf{b}^*$ 和 $\mathbf{c}^*$ 或以倒易点阵六参数 $a^*,b^*,c^*,\alpha^*,\beta^*,\gamma^*$，可以将此非初基倒易点阵分割为无穷多个体积相同的单位倒易格子。由此分割出来的无穷多个单位倒易格子，其体积虽然相同，但却有如下很值得注意的特征：①单位倒易格子是一个倒易阵点残缺不全的平行六面体，平行六面体的 8 个顶角并非都存在倒易阵点；②如果每个单位倒易格子的坐标取向，即 $\mathbf{a}^*$,$\mathbf{b}^*$ 和 $\mathbf{c}^*$ 的方向仍然保持着原有倒易点阵中倒易矢量的方向不变，那么所分割的单位倒易格子将不会是一样的。具体说，倒易阵点在已给定坐标的单位格子中所处的位置将有所不同；③以一个单位倒易格子沿三维方向周期地平移重复不可能建立起相应的倒易点阵；④不言而喻，一个单位倒易格子只在六参数特征上仍然保持着倒易点阵的特征，而在倒易阵点的排布，特别是平移群特征上却是面目全非。做成非初基倒易点阵及其单位格子这些特殊性质的原因在于非初基晶体点阵和格子中的非初基平移群。非初基平移群使单位格子(和晶体点阵)具有除了初基的周期平移之外还有附加的非初基平移。单位格子的平行六面体中除了 8 个顶角上具有阵点之外，在面的中心或平行六面体中心还可能有附加的非初基阵点。从这样的非初基晶体点阵(和非初基单位格子)推导出来的非初基倒易点阵，以及由此分割的倒易单位格子将具有与初基情况很不相同的特性。正因如此，我们在非初基情况下研究晶体点阵和单位格子与其倒易点阵和单位格子的相互关系，除了考察与 3 个基本单位矢量相关并反映 3 个周期平移特征的(100)，(010)和(001)基本面族之外，我们还必须运用直接与晶体点阵和格子中非初基平移(附加阵点)特征密切相关的(110)，(101)，(011)和(111)基本面族。直接以这 7 个(而不是 3 个)基本面族的取向(面法线)和面间距离倒数，推导出能够充分表达和规范其倒易点阵及其单位格子特征的 7 个单位倒易矢量。由这 7 个单位倒易矢量所确定的倒易点阵才能充分表达所推导的倒易点阵的非初基平移特征、倒易点阵与单位倒易格子之间的关系，以及它们与晶体点阵和格子的变换关系。在第三章中将对晶体点阵平移群与倒易点阵平移群的关系进行详细讨论。

第三章　晶体的非初基点阵与它们的倒易点阵

3.3.1　晶体的二维阵点平面与其倒易阵点平面

在 3.2.3 节中已经指出在初基的情况下，要建立二维倒易阵点平面只需要晶体阵点平面中两个最基本的阵点列族的取向和列间距离。在非初基的情况下，必须增加直接与非初基平移相关的另一基本阵点列族，这样才能充分反映晶体阵点平面的特征，包括周期参数特征和非初基平移特征，从而正确地建立一个与此晶体阵点平面相对应的倒易阵点平面。具体说，以两个最基本单位矢量 **a** 和 **b**，或者以阵点平面三参数 a，b 和 β 所构成的晶体阵点平面，应选取(10)，(01)和(11)3 个基本的阵点列族，从它们的垂直方向及其列间距离 d_{10}，d_{01} 和 d_{11} 推导出 3 个基本的单位倒易矢量，通过平移就可以完善地建立起一个相应的二维倒易阵点平面。

3.3.1.1　初基 *P* 的阵点平面

为了讨论方便，设我们所讨论的晶体阵点平面是正交的，即阵点平面 3 个参数有如下特征：$a \neq b$，$\gamma = 90°$，如图 3-3-1(a)以小圆圈表示阵点。从图(a)可以推知晶体的初基 P 阵点平面中 3 个基本阵点列族(10)，(01)和(11)的列间距离 d_{10}^P，d_{01}^P，d_{11}^P 与格子平面周期 a 和 b 有如下关系：

$$d_{10}^P = a, \quad d_{01}^P = b, \quad d_{11}^P = ab/(a^2 + b^2)^{1/2} \tag{3.3.1}$$

以上述(10)，(01)和(11)三个阵点列族的垂直方向以及 $1/d_{10}^P$，$1/d_{01}^P$，$1/d_{11}^P$ 的相对比例值在图 3-3-1(b)上建立三个基本单位倒易矢量 $\mathbf{H}_{10}$，$\mathbf{H}_{01}$ 和 $\mathbf{H}_{11}$，从而获得指数为 10，01 和 11 三个倒易阵点。它们连同位于坐标原点的 00 倒易阵点构成相应的倒易格子平面。显然，其中基本单位倒易矢量 $\mathbf{H}_{10} = \mathbf{a}^*$ 和 $\mathbf{H}_{01} = \mathbf{b}^*$。以这一倒易

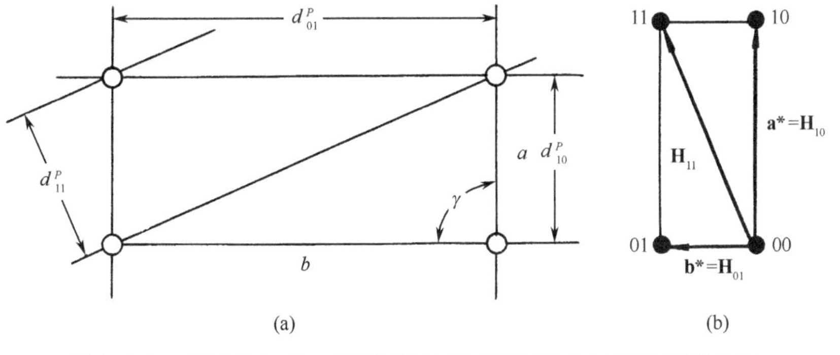

图 3-3-1　晶体的初基 *P* 格子平面(a)与其初基 *P* 倒易格子平面(b)

格子平面的二维平移将可获得二维的初基 P 倒易阵点平面。由上述可以确知，对于晶体初基 P 格子平面和初基 P 阵点平面，它们的倒易格子平面和倒易阵点平面也都是初基 P 的。

3.3.1.2 非初基的面心阵点平面

为了使问题的讨论便于与上述初基的情况作比较，设我们这里所讨论的晶体面心 C 阵点平面也是正交的，即 $a \neq b, \gamma = 90°$，而且这里的格子平面周期 a 和 b 与上述的初基 P 格子平面的大小值完全相同。换句话说，这里图 3-3-2(a)所示的晶体面心 C 格子平面与图 3-3-1(a)的晶体初基 P 格子平面具有相同的大小，只是在格子平面的中心具有一个附加阵点。也正因为在格子平面的中心具有添加的一个阵点，从图 3-3-2(a)可以看出晶体的面心 C 阵点平面中 3 个基本阵点列族(10)，(01)和(11)的列间距离 d_{10}^{C}，d_{01}^{C} 和 d_{11}^{C} 与格子平面周期 a 和 b 有如下关系：

$$d_{10}^{C} = a/2, d_{01}^{C} = b/2, d_{11}^{C} = ab/(a^2 + b^2)^{1/2} \tag{3.3.2}$$

既然已经确定，这里的面心 C 阵点平面的两个基本周期 a 和 b 是与上述初基 P 阵点平面的基本周期完全一样，而且都是垂直正交，即它们的夹角也是 $\gamma = 90°$，那么比较式(3.3.1)和式(3.3.2)，不难得知在面心 C 阵点平面和初基 P 阵点平面中 3 个基本阵点列族的列间距将有如下关系：

$$d_{10}^{C} = d_{10}^{P}/2, d_{01}^{C} = d_{01}^{P}/2, d_{11}^{C} = d_{11}^{P} \tag{3.3.3}$$

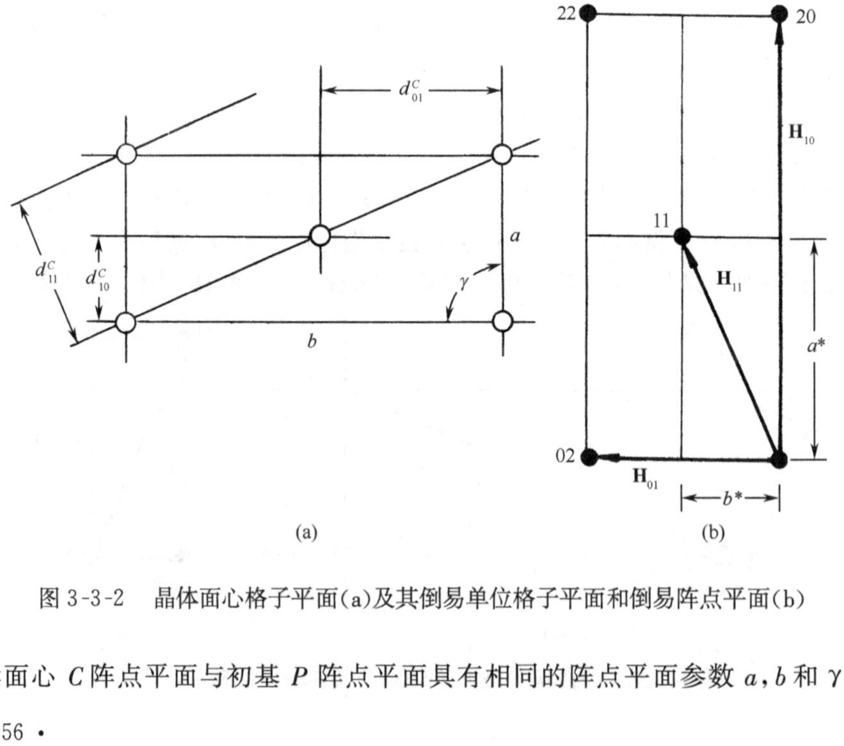

图 3-3-2　晶体面心格子平面(a)及其倒易单位格子平面和倒易阵点平面(b)

既然面心 C 阵点平面与初基 P 阵点平面具有相同的阵点平面参数 a，b 和 γ。按

3.2.2 节的表达式从晶体阵点平面参数可推导出其相应的倒易阵点平面三参数 a^*，b^* 和 γ^*。由于 a 和 b 正交垂直，即 $\gamma=90°$，所以：

$$a^* = 1/a, b^* = 1/b, \gamma^* = 180 - \gamma = 90° \qquad (3.3.4)$$

以上述(01)，(10)和(11)3 个阵点列族的垂直方向，以及 $1/d_{10}^C$，$1/d_{01}^C$ 和 $1/d_{11}^C$ 的相对比例值在图 3-3-2(b)中建立 3 个基本单位倒易矢量 $\mathbf{H}_{10}$，$\mathbf{H}_{01}$ 和 $\mathbf{H}_{11}$，并从而获得 3 个基本的倒易阵点。值得注意的是这 3 个基本倒易阵点的指数并不与初基情况的 10，01 和 11 相同，而是 20，02 和 11，这是因为倒易阵点平面上每个倒易阵点指数 hk 是由倒易阵点平面的平移周期参数 a^* 和 b^* 确定的。在面心 C 情况下，从式(3.3.2)及式(3.3.4)可以推知 3 个基本倒易矢量 $\mathbf{H}_{10}$、$\mathbf{H}_{01}$ 和 $\mathbf{H}_{11}$ 与倒易阵点平面参数 a^* 和 b^* 应有如下关系：

$$\mathbf{H}_{10} = 2\mathbf{a}^*, \mathbf{H}_{01} = 2\mathbf{b}^*, \mathbf{H}_{11} = \mathbf{a}^* + \mathbf{b}^* \qquad (3.3.5)$$

显然，在面心 C 的情况下，基本单位倒易矢量 $\mathbf{H}_{10}$ 的模量不再是一个 a^* 平移周期，而是两个 a^* 的平移周期，因而基本单位倒易矢量 $\mathbf{H}_{10}$ 所给出的倒易阵点应具有指数为 20，而不是像在初基情况中的 10。同样，基本单位倒易矢量 $\mathbf{H}_{01}$ 的模量是两个 b^* 平移周期，其倒易阵点的指数当然应该是 02，而不是像初基情况的 01。但是面心 C 情况的单位倒易矢量 $\mathbf{H}_{11}$ 的模量却是与初基的一样，因而它给出的倒易阵点应该具有指数仍然是 11。为了作比较，我们已经假定初基 P 阵点平面参数 a 和 b 与面心 C 情况一致，所以读者亦可直观地将图 3-3-2 与图 3-3-1 作比较。

通过上述的推导以及对图 3-3-1 和图 3-3-2 的比较，可获得如下一些初步的结论：

(1)纯粹从点阵的角度看，晶体初基 P 阵点平面的倒易是初基 P 倒易阵点平面，而晶体的面心阵点平面，它的倒易也是面心 C 倒易阵点平面。

(2)从点阵的单位格子角度看，晶体初基阵点平面的初基 P 单位格子平面，它所相应的倒易单位格子平面也是一个(完整的)初基 P 单位格子平面，由初基 P 倒易单位格子平面沿二维周期 a^* 和 b^* 的平移重复将可建立相应的倒易阵点平面。但是晶体面心 C 阵点平面中的面心 C 单位格子平面，它所相应的倒易单位格子平面(即由 a^*，b^* 和 γ^* 所分割的格子平面)既不是初基 P 单位格子平面，也不是面心 C 单位格子平面，而是如图 3-3-2(b)所示，不是由 4 个倒易阵点，而是只有两个倒易阵点组成的残缺不全的倒易单位格子平面。此外，由此残缺不全的倒易单位格子平面沿二维周期 a^* 和 b^* 的平移重复不可能构建相应的倒易阵点平面，而必须由 4 个不同取向的残缺不全的倒易单位格子平面组成如图 3-3-2(b)所示的面心 C 格子作为单元，才能沿二维周期 $2a^*$ 和 $2b^*$ 的平移重复建立起相应的倒易阵点平面。从另一角度说，与晶体面心 C 阵点平面相对应的倒易阵点平面，以二维倒易周期矢量 $\mathbf{a}^*$ 和 $\mathbf{b}^*$ 分割出来的无穷多个倒易单位格子平面，如果单位格子平面的坐标取向不变，那么它们并非均一等同，而是两类不同的残缺不同的倒易单位格子平面，就如图 3.3.2(b)所示，一类是由倒易阵点 00 和 11 或者由 11 和 22 所构成的倒易单位格子平面。另一类就是由 11 和 20 或者 11 和 02 两个倒易阵点所构成的倒易单位格子平面。这两类倒易单位格子平面是不一样的，其差别就在于它们在坐标系中的取向。

(3)从上述讨论得知，在初基的情况下，可以由晶体的单位格子平面直接推导出倒易单位格子平面，就如由晶体阵点平面推导出倒易阵点平面一样。其倒易过程也一样，在初基情况下，可以由倒易单位格子平面直接导出晶体的单位格子平面，并从而建立晶体阵点平面。而且在这些相互推导过程中只需要两个阵点平面的 3 个参数 a，b 和 γ，以及 a^*，b^* 和 γ^* 就足够了。所以在初基情况下，晶体单位格子平面的特征(特征 3 参数)及其与相应的倒易单位格子之间的关系，可以充分地表达晶体点阵平面与其倒易阵点平面的特征及它们之间的关系。但是，在面心 C 的情况下，晶体的单位格子平面仍然像初基情况那样，可以代表整个晶体点阵平面推导出整个相应的倒易阵点平面，并从中导出相应的倒易单位格子平面。可是在此推导过程中除了与周期平移 a 和 b 相关的(10)和(01)两个阵点列族外，还必须依赖于与面心 C 非初基平移密切相关的(11)阵点列族，从而获得 $\mathbf{H}_{10}$，$\mathbf{H}_{01}$ 和 $\mathbf{H}_{11}$ 3 个基本倒易矢量以及倒易平移周期 H_{10}，H_{01} 和 H_{11}。由于在面心 C 情况下，倒易单位格子平面并非是倒易点阵平面的独立单元，并不充分代表整个倒易阵点平面的特征，因而它不可能代表倒易阵点平面推导出晶体的单位格子平面或晶体的阵点平面。在非初基情况下，必须从倒易平移周期 a^* 和 b^*，以及倒易阵点平面中倒易阵点系统消失的规律才能推导出相应的晶体单位格子平面或晶体阵点平面。

(4)从上述晶体面心 C 阵点平面推导其倒易阵点平面的过程中，由晶体阵点平面的(10)和(01)阵点列族给出的单位倒易矢量 $\mathbf{H}_{10}$ 和 $\mathbf{H}_{01}$，它们所指示的倒易阵点所具有的指标不是 10 和 01，而是 20 和 02。它们二次周期的倒易阵点应有指标为 40 和 04，三次周期为 60 和 06，如此等等。从推导结果以及从原理上，根本就没有指示具有指标为 10 和 01 的倒易阵点的单位倒易矢量，当然也不可能有指示 30 和 03 等的倒易矢量。换句话说，晶体面心 C 阵点平面的倒易阵点平面上，在指数 hk 中 $h+k$ 为奇数的倒易阵点根本不存在。它们在倒易阵点平面中的消失并非个别或偶然，而是在整个倒易阵点平面中全部系统地消失。这种倒易阵点在整个倒易阵点平面中系统消失的规律恰好反映了晶体阵点平面的面心 C 非初基平移特征。

以上讨论虽然只针对晶体的二维阵点平面及其倒易阵点平面，然而这些讨论对于下面阐述的三维点阵仍然具有普遍意义。

3.3.2 晶体的初基点阵与其倒易点阵

如同上述二维阵点平面的讨论那样，在晶体三维点阵及其倒易点阵的阐述中也是以正交坐标系的三维点阵作为对象，具体的是以正交晶系的三维点阵作为讨论对象。这不但只在推导及讨论上比较方便，而且由于正交晶系的点阵是唯一拥有4种不同的布拉维点阵的晶系。此外，在全部14种布拉维点阵中，具有正交坐标系的点阵占9种，从而亦具有较普遍意义。

正交晶系的点阵参数有如下特征，即 $a\neq b\neq c, \alpha=\beta=\gamma=90°$。无论对于初基 P 点阵或各种非初基点阵，正交晶系的点阵参数 a,b,c,α,β 和 γ 与它们的倒易点阵的6个参数 a^*,b^*,c^* 和 $\alpha^*,\beta^*,\gamma^*$ 都有如下的关系：

$$a^* = 1/a,\quad b^* = 1/b,\quad c^* = 1/c,\quad \alpha^* = \beta^* = \gamma^* = 90° \tag{3.3.6}$$

对于初基的晶体点阵只要从式(3.3.6)中的变换关系，从晶体点阵六参数获得其倒易点阵六参数就可以正确地建立其相应的倒易点阵。但是为了以后的非初基点阵的讨论，我们除了与晶体点阵平移周期相关的(100)，(010)和(001)3个基本阵点面族之外，还将4个与各种非初基平移直接相交的(110)，(101)，(011)和(111)面族结合在一起作为倒易点阵的推导依据，从而可以充分表现倒易点阵的特征和它与晶体点阵的正确变换关系。

众所周知，晶体点阵无论是初基点阵或非初基点阵都可以用3个基本周期矢量 **a**,**b** 和 **c**，或6个点阵参数 a,b,c,α,β 和 γ 分割为无穷多个等同的单位格子，点阵的基本周期矢量 **a**,**b** 和 **c** 也就是每个单位格子的3个最基本的单位矢量，而点阵六参数也就是表达每一个单位格子平行六面体的6个最基本的参数。无论是初基点阵或非初基点阵，晶体点阵中任意一个单位格子的特征(包括平移群特征)都充分地表达了整个晶体点阵的特征，而且它的三维周期平移堆积将可构建正确的晶体点阵。然而，对于晶体点阵的倒易点阵，只有初基的晶体点阵的倒易点阵，它也是初基的，才具有上述所指出的点阵与单位格子之间的相互关系。

对于初基的晶体点阵，从7个基本阵点面族(100)，(010)，(001)，(110)，(101)，(011)和(111)的面族法线及其面间距离 $d_{100}^P, d_{010}^P, d_{001}^P, d_{110}^P, d_{101}^P, d_{011}^P$ 和 d_{111}^P，将可推导出相应倒易点阵的7个基本的单位倒易矢量 $\mathbf{H}_{100},\mathbf{H}_{010},\mathbf{H}_{001},\mathbf{H}_{110},\mathbf{H}_{101},\mathbf{H}_{011}$ 和 $\mathbf{H}_{111}$。这7个基本的单位倒易矢量的模量与上述相应的7个基本面族面间距离应有如下关系：

$$\mathbf{H}_{100} = 1/d_{100},\quad \mathbf{H}_{010} = 1/d_{010},\quad \mathbf{H}_{001} = 1/d_{001},\quad \mathbf{H}_{110} = 1/d_{110},$$
$$\mathbf{H}_{101} = 1/d_{101},\quad \mathbf{H}_{011} = 1/d_{011},\quad \mathbf{H}_{111} = 1/d_{111} \tag{3.3.7}$$

图3-3-3(a)是正交晶系点阵中的一个单位格子，它也代表着整个晶体点阵。显而易见，在初基的情况下，就如图3-3-3(a)所示，7个基本阵点面族的面间距离与点阵(或单位格子)的平移周期参数 a,b 和 c 应有如下的关系：

$$d_{100}^P = a,\quad d_{010}^P = b,\quad d_{001}^P = c$$
$$d_{110}^P = ab/(a^2+b^2)^{1/2},\quad d_{101}^P = ac/(a^2+b^2)^{1/2}$$
$$d_{011}^P = bc/(b^2+c^2)^{1/2}$$
$$d_{111}^P = abc/(a^2b^2+a^2c^2+b^2c^2)^{1/2} \tag{3.3.8}$$

按照式(3.3.7)以及面族法线方向可以在图3-3-3(b)中以相对比例值确定7个基本单位倒易矢量 $\mathbf{H}_{100}$，$\mathbf{H}_{010}$，$\mathbf{H}_{001}$，$\mathbf{H}_{110}$，$\mathbf{H}_{101}$，$\mathbf{H}_{011}$ 和 $\mathbf{H}_{111}$，以及它们给出的倒易阵点。所给出7个倒易阵点的指数应根据每个基本单位倒易矢量与倒易点阵三个基本平移周期之间的关系来确定，而不是直接地根据基本单位倒易矢量所相应的晶体阵点面族指数。在初基点阵情况下，由综合式(3.3.7)，(3.3.8)和(3.3.6)可知：

$$\mathbf{H}_{100} = a^*, \quad \mathbf{H}_{010} = b^*, \quad \mathbf{H}_{001} = c^* \tag{3.3.9}$$

因而可以确定由基本倒易矢量 $\mathbf{H}_{100}$，$\mathbf{H}_{010}$，$\mathbf{H}_{001}$，$\mathbf{H}_{110}$，$\mathbf{H}_{101}$，$\mathbf{H}_{011}$ 和 $\mathbf{H}_{111}$ 给出的倒易阵点应具有指数分别为：100，010，001，110，101，011和111，如图3-3-3(b)所示。显然，在初基点阵的情况下，相应的单位倒易格子充分代表着整个相应的倒易点阵，单位倒易格子在三维方向周期平移将完整地构建成倒易点阵。在初基情况下，由 **a**，**b** 和 **c** 构成的晶体单位格子及由 $\mathbf{a}^*$，$\mathbf{b}^*$ 和 $\mathbf{c}^*$ 构成的倒易单位格子之间的变换关系及其特征，可以充分表达晶体点阵及倒易点阵之间的变换关系及特征。

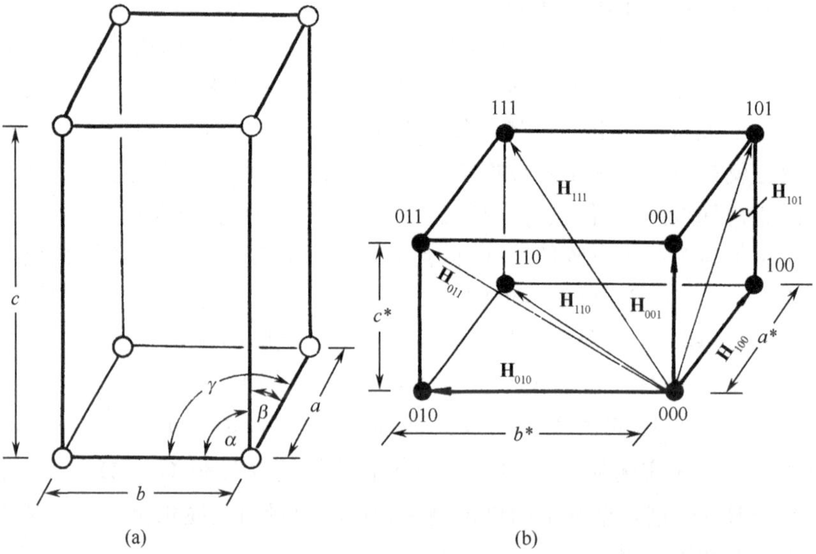

图3-3-3 (a)晶体的初基 P 点阵的单位格子及点阵六参数；(b)依据7个基本单位倒易矢量给出倒易阵点以及倒易点阵的3个基本平移周期 a^*，b^* 和 c^*，从而构成倒易单位格子

由上述的推导可以确定，初基 P 的晶体点阵，其倒易点阵也是初基 P 点阵。初基的晶体点阵中单位格子所相应的也是一个初基的倒易单位格子。

3.3.3 晶体的侧面心 C 点阵与其倒易点阵

为了在讨论上更直观的比较，使用与上述初基 P 晶体点阵参数 a，b，c，α，β 和

γ完全一样的点阵参数建立晶体的侧面心 C 点阵，其倒易点阵参数 a^*，b^*，c^*，α^*，β^* 和 γ^* 也必然与初基情况相同。

无论是初基或非初基的晶体点阵，对于正交晶系的情况、晶体点阵参数与其倒易点阵参数都有如下关系：

$$a^* = 1/a,\ b^* = 1/b,\ c^* = 1/c,$$
$$\alpha^* = \beta^* = \gamma^* = 90^\circ \qquad (3.3.6)$$

图 3-3-4(a)给出了代表整个侧面心 C 晶体点阵的一个侧面心 C 单位格子。在这一平行六面体单位格子中除了 8 个顶角具有阵点(图中以小圆圈表示)之外，在 ab 阵点平面的面中心还有一个非初基附加阵点，它的非初基平移为$(\mathbf{t}_a+\mathbf{t}_b)/2$。由于增添了非初基附加阵点，侧面心 C 点阵中 7 个基本面族的面间距离 d^c 与点阵的特征基本参数 a,b,c,α,β 和 γ(其中 $\alpha=\beta=\gamma=90^\circ$)将有如下的关系：

$$d^c_{100} = a/2,\ d^c_{010} = b/2,\ d^c_{001} = c,$$
$$d^c_{110} = ab/(a^2+b^2)^{1/2},\ d^c_{101} = ac/2(a^2+c^2)^{1/2}$$
$$d^c_{011} = bc/2(b^2+c^2)^{1/2}$$
$$d^c_{111} = abc/(a^2b^2+a^2c^2+b^2c^2)^{1/2} \qquad (3.3.10)$$

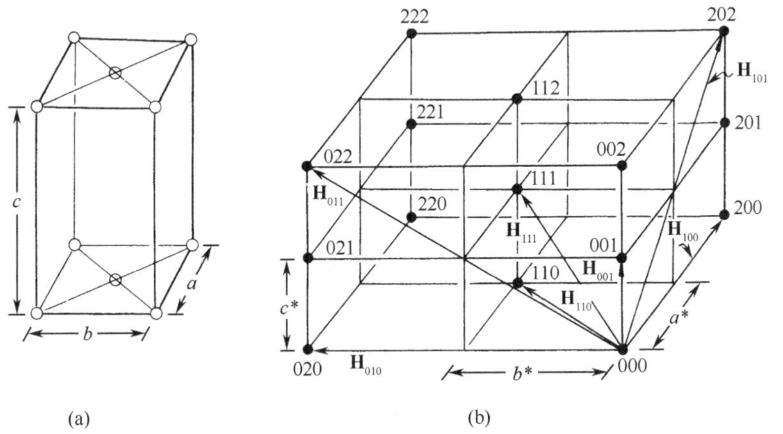

图 3-3-4　(a)晶体的侧面心 C 点阵中的单位格子；(b)相应的倒易点阵中由 4 个残缺不全的倒易单位格子所构成的“倒易点阵单元”，它也是一个侧面心的。图中示意了沿 c^* 轴周期平移的两个“倒易点阵单元”

由上述晶体点阵的 7 个基本面族的面间距离 d^c[见式(3.3.10)]相对比例值，并根据面族面法线方向可以确定相应的 7 个基本单位倒易矢量 $\mathbf{H}^c_{100}$，$\mathbf{H}^c_{010}$，$\mathbf{H}^c_{001}$，$\mathbf{H}^c_{110}$，$\mathbf{H}^c_{101}$，$\mathbf{H}^c_{011}$ 和 $\mathbf{H}^c_{111}$ 以及由它们给出的 7 个基本的倒易阵点。这 7 个基本的倒易阵点，它们的指数是由其倒易矢量的模值与倒易点阵平移周期 a^*，b^* 和 c^* 的比例来确定的，而不是直接与其基本单位倒易矢量相关的面族指数相同(请注意，在初基情况里，基本倒易阵点的指数是与相应的基本面族的指数相同）。图 3-3-4(b)给出了 7 个基本的单位倒易矢量和基本的倒易阵点。

可以通过式(3.3.10)和式(3.3.6)推导出 7 个基本单位倒易矢量的模值与倒易点阵平移周期的关系，从而确定基本倒易阵点的指数。也可以通过与初基 P 点阵的比较，用较为简便的方法推导倒易阵点的指数。由于在上述讨论之前已经指定，非初基面心 C 的晶体点阵具有与初基 P 的晶体点阵完全一样的点阵参数，从式(3.3.6)可知，它们相应的倒易点阵也应具有完全一样的倒易点阵参数 a^*，b^*，c^*，α^*，β^* 和 γ^*，以及体积和形状也完全一样的倒易单位格子。由此，比较式(3.3.10)及式(3.3.8)可知：

$$d^c_{100} = d^p_{100}/2,\ d^c_{010} = d^p_{010}/2,\ d^c_{001} = d^p_{001},\ d^c_{110} = d^p_{110}$$

$$d^c_{101} = d^p_{101}/2,\ d^c_{011} = d^p_{011}/2,\ d^c_{111} = d^p_{111}, \tag{3.3.11}$$

从式(3.3.11)与式(3.3.7)可以推知两个倒易点阵中基本的单位倒易矢量之间的关系：

$$\mathbf{H}^c_{100} = 2\mathbf{H}^p_{100},\ \mathbf{H}^c_{010} = 2\mathbf{H}^p_{010},\ \mathbf{H}^c_{001} = \mathbf{H}^p_{001},\ \mathbf{H}^c_{110} = \mathbf{H}^p_{110},$$

$$\mathbf{H}^c_{101} = 2\mathbf{H}^p_{101},\ \mathbf{H}^c_{011} = 2\mathbf{H}^p_{011},\ \mathbf{H}^c_{111} = \mathbf{H}^p_{111} \tag{3.3.12}$$

由式(3.3.12)不难得知侧面心 C 晶体点阵的倒易点阵中，由基本的单位矢量 $\mathbf{H}^c_{001}$，$\mathbf{H}^c_{110}$ 和 $\mathbf{H}^c_{111}$ 所给定的基本倒易阵点应具有的指数分别为 001，110 和 111，它们与初基的情况一样，而由单位倒易矢量 $\mathbf{H}^c_{100}$，$\mathbf{H}^c_{010}$，$\mathbf{H}^c_{101}$ 和 $\mathbf{H}^c_{011}$ 所给定的基本倒易阵点应具有的指数分别为 200，020，202 和 022。换句话说在侧面心 C 晶体点阵的倒易点阵中指数为 100，010，101 和 011 的基本倒易阵点根本不可能出现。其实还可以由此推知整个倒易点阵中其他许多倒易阵点也将系统地有规律地消失。直接从图 3-3-4(b)中根据上述 7 个基本单位倒易矢量在以 $\mathbf{a}^*$，$\mathbf{b}^*$ 和 $\mathbf{c}^*$ 所构建的三维格子中的取向位置，也可以确定它们所给定的倒易阵点应具有的指数，并从而推知倒易点阵内哪些阵点将会系统地消失。

从上述讨论以及图 3-3-4(b)可以得知，与晶体侧面心 C 单位格子相对应的倒易单位格子是一个只有 4 个倒易阵点组成的残缺不全的平行六面体。由这样一个残缺不全的倒易单位格子沿三维方向周期地平移并不能构建成完整的相应的倒易点阵，因而它并不是倒易点阵的基本单元。只有 4 个不同取向的残缺不全的倒易单位格子拼在一起，并构成一个以 $2a^*$，$2b^*$ 和 c^* 为边长的“倒易点阵单元”，它也是一个侧面心 C 格子。由这样一个侧面心 C 格子的“倒易点阵单元”沿三维方向平移才可以构建成完整的相应的倒易点阵，它必然也是一个侧面心 C 倒易点阵。所以从点阵的角度来看，侧面心 C 晶体点阵的倒易点阵也是个侧面心 C 点阵。

3.3.4 晶体的体心 I 点阵与其倒易点阵

同样道理，仍然以上述初基 P 晶体点阵参数 a, b, c, α, β 和 γ 相同的参数建立

晶体的体心 I 点阵，那么其倒易点阵的参数 a^*，b^*，c^*，α^*，β^* 和 γ^* 也必然与初基情况相同。

图 3-3-5(a)给出了代表整个体心 I 晶体点阵的一个单位格子。在这平行六面体中除了 8 个顶角上具有阵点之外，在单位格子的体中心还有一个非初基附加阵点，它的非初基平移为$(\mathbf{t}_a+\mathbf{t}_b+\mathbf{t}_c)/2$。这一单位格子自然也是一个体心 I 格子。由于增添了非初基附加阵点，体心 I 点阵中 7 个基本面族的面间距离 d^I 与点阵的 6 个基本特征参数 a,b,c,α,β和 γ(其中 $\alpha=\beta=\gamma=90°$)将有如下关系：

$$d_{100}^I = a/2,\ d_{010}^I = b/2,\ d_{001}^I = c/2$$
$$d_{110}^I = ab/(a^2+b^2)^{1/2},\ d_{101}^I = ac/(a^2+c^2)^{1/2}$$
$$d_{011}^I = bc/(b^2+c^2)^{1/2},\ d_{111}^I = abc/2(a^2b^2+a^2c^2+b^2c^2)^{1/2} \quad (3.3.13)$$

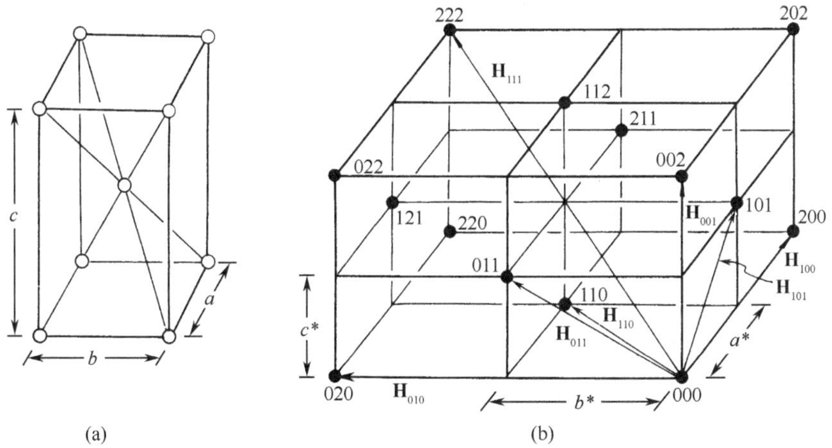

图 3-3-5 (a)晶体的体心 I 点阵中的单位格子；(b)相应的倒易点阵中由 8 个残缺不全的倒易单位格子所构成的“倒易点阵单元”；“倒易点阵单元”及其所构建的倒易点阵都是面心 F 的

由式(3.3.13)7 个基本面族的面间距离 d^I 的相对比值及面族面法线方向，可以确定相应的 7 个基本单位倒易矢量 $\mathbf{H}^I$，以及由它们给出的 7 个基本倒易阵点，如图 3-3-5(b)所示。基本倒易阵点的指数可以由单位倒易矢量 $\mathbf{H}^I$ 的模值与倒易点阵平移周期 a^*，b^* 和 c^* 的关系来确定，也可以如 3.3.3 节那样，通过与初基 P 点阵的比较推导非初基情况的基本倒易阵点的指数。

由于已经指定非初基体心 I 的晶体点阵具有与初基 P 的晶体点阵完全一样的点阵参数，由式(3.3.6)可知它们相应的倒易点阵也应具有完全相同的倒易点阵参数 a^*，b^*，c^*，α^*，β^* 和 γ^*，以及体积和参数完全相同的倒易单位格子。比较式(3.3.13)和式(3.3.8)可知：

$$d_{100}^I = d_{100}^P/2,\ d_{010}^I = d_{010}^P/2,\ d_{011}^I = d_{011}^P/2, d_{110}^I = d_{110}^P$$
$$d_{101}^I = d_{101}^P,\ d_{011}^I = d_{011}^P,\ d_{111}^I = d_{111}^P/2 \quad (3.3.14)$$

从式(3.3.14)与式(3.3.7)可以推知两个倒易点阵中基本的单位倒易矢量之间的关系：

$$\mathbf{H}^{I}_{100} = 2\mathbf{H}^{P}_{100},\ \mathbf{H}^{I}_{010} = 2\mathbf{H}^{P}_{010},\ \mathbf{H}^{I}_{001} = 2\mathbf{H}^{P}_{001},\ \mathbf{H}^{I}_{110} = \mathbf{H}^{P}_{110}$$

$$\mathbf{H}^{I}_{101} = \mathbf{H}^{P}_{101},\ \mathbf{H}^{I}_{011} = \mathbf{H}^{P}_{011},\ \mathbf{H}^{I}_{111} = 2\mathbf{H}^{P}_{111} \tag{3.3.15}$$

由式(3.3.15)可以得知，体心 I 晶体点阵的倒易点阵中由单位倒易矢量 $\mathbf{H}^{I}_{110}$，$\mathbf{H}^{I}_{101}$ 和 $\mathbf{H}^{I}_{011}$ 所给定的倒易阵点应具有的指数分别为 110，101 和 011，它们与初基的情况一样。由单位倒易矢量 $\mathbf{H}^{I}_{100}$，$\mathbf{H}^{I}_{010}$，$\mathbf{H}^{I}_{001}$，$\mathbf{H}^{I}_{111}$ 所给定的基本倒易阵点应具有的指数为 200，020，002 和 222。由此可知，在体心 I 晶体点阵的倒易点阵中，指数为 100，010，001 和 111 的基本倒易阵点根本不存在，由此可以推知整个倒易点阵中其他许多倒易阵点也将有规律地系统地消失。在图 3-3-5(b)中，根据上述 7 个基本的单位倒易矢量在以 $\mathbf{a}^*$，$\mathbf{b}^*$ 和 $\mathbf{c}^*$ 所构建的三维格子中的取向位置，也同样可以直接地确定它们所给定的倒易阵点应有的指数，并且从中推知倒易点阵中一些阵点消失的规律。

从图 3-3-5(b)以及有关讨论中可以获知，与晶体体心 I 单位格子相对应的由 a^*，b^* 和 c^* 所给出的倒易单位格子是一个只有 4 个倒易阵点组成的残缺不全的平行六面体。它并不是倒易点阵的基本单元。由这样一个残缺不全的倒易单位格子沿三维方向周期地平移不能构建成一个完整的相应的倒易点阵。只有 8 个不同取向的残缺不全的倒易单位格子拼在一起，才能构成一个如图 3-3-5(b)所示的以 $2a^*$，$2b^*$ 和 $2c^*$ 为边长的“倒易点阵单元”，它是一个面心 F 格子。由这样一个面心 F 格子的“倒易点阵单元”沿三维方向平移才能构建成完整的相应的倒易点阵，它自然也是一个面心 F 点阵。纯粹从点阵的性质来看，晶体的体心 I 点阵，其倒易点阵是一个面心 F 点阵。

3.3.5 晶体的面心 F 点阵与其倒易点阵

同样道理，仍然以初基 P 晶体点阵参数，$a, b, c, \alpha, \beta, \gamma$ 相同的参数建立晶体的面心 F 点阵，那么其倒易点阵的参数 a^*，b^*，c^*，α^*，β^*，γ^* 也必然与初基情况相同。

图 3-3-6(a)给出了代表整个面心 F 晶体点阵的一个单位格子。在这一平行六面体中，除了 8 个顶角上具有阵点之外，在 ab 平面、bc 平面和 ac 平面的面中心都有附加的非初基阵点，它们的非初基平移分别为$(\mathbf{t}_a+\mathbf{t}_b)/2$，$(\mathbf{t}_b+\mathbf{t}_c)/2$ 和$(\mathbf{t}_a+\mathbf{t}_c)/2$。这一平行六面体自然也是一个面心 F 的单位格子。由于增添了 3 个非初基附加阵点，面心 F 点阵中 7 个基本面族的面间距离 d^F 与点阵的 6 个基本特征参数 $a, b, c, \alpha, \beta, \gamma$(其中 $\alpha=\beta=\gamma=90°$)将有如下关系：

$$d^{F}_{100} = a/2,\ d^{F}_{010} = b/2,\ d^{F}_{001} = c/2$$

$$d^F_{110} = ab/2(a^2 + b^2)^{1/2},\ d^F_{101} = ac/2(a^2 + c^2)^{1/2}$$
$$d^F_{011} = bc/2(b^2 + c^2)^{1/2}$$
$$d^F_{111} = abc/(a^2b^2 + a^2c^2 + b^2c^2)^{1/2} \tag{3.3.16}$$

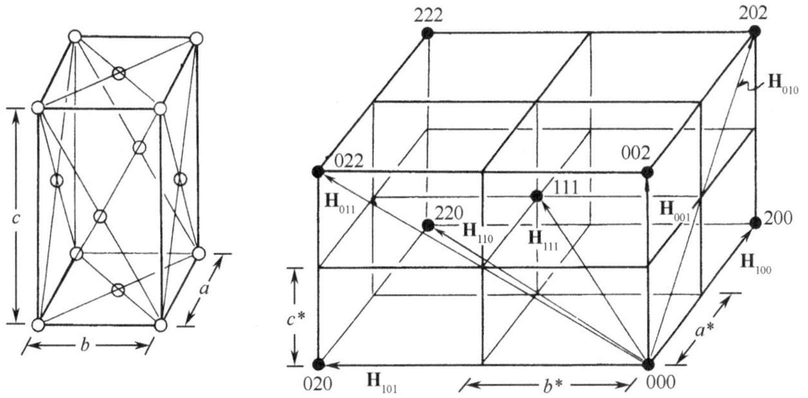

(a) (b)

图 3-3-6 (a)晶体的面心 F 点阵中的单位格子;(b)相应的倒易点阵中由 8 个残缺不全的倒易单位格子所构成的“倒易点阵单元”,“倒易点阵单元”及其所构建的倒易点阵都是体心 I 的

由式(3.3.16)7 个基本面族的面间距离 d^F 的相对比值及面族的面法线方向可以确定相应的 7 个基本单位倒易矢量 $\mathbf{H}^F$,以及它们给出的 7 个基本倒易阵点,如图 3-3-6(b)所示。基本倒易阵点的指数可以通过单位倒易矢量 $\mathbf{H}^F$ 的模值与倒易点阵平移周期 a^*,b^*,c^* 的关系来确定,也可以如第 3.3.3 和 3.3.4 节那样,通过与初基 P 点阵的比较,推导出非初基情况的基本倒易阵点的指数。

由于已经指定非初基面心 F 的晶体点阵具有与初基 P 的晶体点阵一样的点阵参数,由式(3.3.6)可知它们相应的倒易点阵也应具有相同的倒易点阵参数 a^*,b^*,c^*,α^*,β^* 和 γ^*,而且倒易单位格子的体积和参数也应相同。比较式(3.3.16)和式(3.3.8)可知:

$$d^F_{100} = d^P_{100}/2,\ d^F_{010} = d^P_{010}/2,\ d^F_{001} = d^P_{001}/2,\ d^F_{110} = d^P_{110}/2$$
$$d^F_{101} = d^P_{101}/2,\ d^F_{011} = d^P_{011}/2,\ d^F_{111} = d^P_{111} \tag{3.3.17}$$

从式(3.3.17)与式(3.3.7)可以推知两个倒易点阵中基本的单位倒易矢量之间的关系:

$$\mathbf{H}^F_{100} = 2\mathbf{H}^P_{100},\ \mathbf{H}^F_{010} = 2\mathbf{H}^P_{010},\ \mathbf{H}^F_{001} = 2\mathbf{H}^P_{001},\ \mathbf{H}^F_{110} = 2\mathbf{H}^P_{110}$$
$$\mathbf{H}^F_{101} = 2\mathbf{H}^P_{101},\ \mathbf{H}^F_{011} = 2\mathbf{H}^P_{011},\ \mathbf{H}^F_{111} = \mathbf{H}^P_{111} \tag{3.3.18}$$

由式(3.3.18)可以得知面心 F 晶体点阵的倒易点阵中,由基本的单位倒易矢量 $\mathbf{H}^F_{111}$ 所给定的倒易阵点应有指数为 111,它与初基的情况一样。而由单位倒易矢量 $\mathbf{H}^F_{100}$,$\mathbf{H}^F_{010}$,$\mathbf{H}^F_{001}$,$\mathbf{H}^F_{110}$,$\mathbf{H}^F_{101}$ 和 $\mathbf{H}^F_{011}$ 所给定的倒易阵点应有指数分别为 200,020,002,

220,202 和 022。可以肯定,在面心 F 晶体点阵的倒易点阵中,指数为 100,010,001,110,101 和 011 的基本倒易阵点根本不存在,而且可以推知整个倒易点阵中还有许多倒易阵点也将有规律地系统地消失。直接从图 3-3-6(b)所示的基本倒易单位矢量 $\mathbf{H}^F$ 在以 $\mathbf{a}^*$,$\mathbf{b}^*$ 和 $\mathbf{c}^*$ 所构建的三维格子中的取向位置,也可以直观地确定每个 $\mathbf{H}^F$ 所给定的倒易阵点应具有的指数。

从以上的讨论及图 3-3-6 可以得知,与晶体面心 F 点阵中的单位格子相对应的由 $\mathbf{a}^*$,$\mathbf{b}^*$ 和 $\mathbf{c}^*$ 所给出的倒易单位格子,是一个只有两个倒易阵点的残缺不全的平行六面体,它并不是倒易点阵的基本单元。由这样残缺不全的倒易单位格子沿三维方向周期地平移并不能构建一个完整的相应的倒易点阵。只有由 8 个不同取向的残缺不全的倒易单位格子拼在一起,并构成一个以 $2a^*$,$2b^*$ 和 $2c^*$ 为边长的体心 I 格子,才是"倒易点阵单元"[见图 3-3-6(b)]。由这样的"倒易点阵单元"才能正确地构建成相应的倒易点阵,所构建的倒易点阵是体心 I 点阵。所以,纯粹从点阵性质看,晶体的面心 F 点阵,其倒易点阵是一个体心 I 点阵。

3.3.6 非初基晶体点阵的倒易点阵中部分倒易阵点系统消失的规律

通过上述各节的讨论,我们对晶体点阵与其倒易点阵的相互关系可以简单归结如下。

晶体点阵是晶体内部结构三维周期排列的客观反映,晶体点阵的特征参数(a,b,c,α,β 和 γ)和它所具有的平移群特征都有确定的物理学定义和内容。虽然,从晶体点阵可以严格地推导出它的倒易点阵,而从倒易点阵也可以严格地推导出相应的晶体点阵。但是晶体点阵只能被定义为晶体点阵,而不能被定义为倒易点阵;同样,晶体点阵的倒易点阵只能被定义为倒易点阵,而不能认为是晶体点阵。

对于晶体点阵,无论是初基点阵还是各种非初基点阵,都可以用 $\mathbf{a}$,$\mathbf{b}$ 和 $\mathbf{c}$ 或者以点阵六参数 a,b,c,α,β 和 γ 分割为无穷多个单位格子,而且全部单位格子都是完全相同的。每一个单位格子都充分表达也代表着整个晶体点阵的特征,包括点阵特征参数和平移群特征等。因而无论初基点阵或非初基点阵都可以由一个单位格子作代表推导相应的倒易点阵和相应的单位倒易格子。

对于倒易点阵来说,情况就不完全是这样。只有初基的晶体点阵的倒易点阵,也是初基的点阵,以 3 个基本周期平移 $\mathbf{a}^*$,$\mathbf{b}^*$ 和 $\mathbf{c}^*$,或者以倒易点阵六参数 a^*,b^*,c^*,α^*,β^* 和 γ^* 所分割的无穷多个单位倒易格子是相互等同的,它们都是 8 个顶角上具有倒易阵点的初基倒易单位格子。每一个这样的倒易格子都代表了整个初基倒易点阵的全部特征,并可由三维周期平移构建整个倒易点阵。但是,非初基晶体点阵的倒易点阵就不完全是这样了,由 $\mathbf{a}^*$,$\mathbf{b}^*$ 和 $\mathbf{c}^*$ 或倒易点阵六参数所分割的(无穷多个)单位倒易格子,它们在取向上并不相同,其主要因素是每个单位倒易格子都是残缺不全的(即在单位格子平行六面体的 8 个顶角上,只有部分顶角上存在倒易阵点,而另一部分顶角却是空缺的)。单独一个单位倒易格子显然不能代表整个倒易点阵,也不可能由它的周期平移构建倒易点阵,只有以 4 个或 8 个不同取向的单位倒易格子拼在一起,组成一个倒易格子(注意,它不是单位倒易格子,也不能称为“单位”倒易格子),称之为“倒易点阵单元”。“倒易点阵单元”表达了整个倒易点阵的非初基平移(即平移群)特征,但并不表达倒易点阵的周期平移特征,因为它包含着数个单位倒易格子。由“倒易点阵单元”可以构建整个倒易点阵。

与初基点阵不同,非初基的晶体点阵除了如初基点阵那样,表达三维周期的平移 a,b 和 c 之外,还包含着特征的非初基平移,因而在认识和推导各种非初基晶体点阵的倒易点阵时,除了运用在晶体点阵中反映三维周期特性的(100),(010)和(001)3 个基本面族,推导出 3 个基本的单位倒易矢量 $\mathbf{H}_{100}$,$\mathbf{H}_{010}$ 和 $\mathbf{H}_{001}$ 外,还必须运用与各种非初基平移附加阵点直接有关的(110),(101),(011)和(111)等 4 个基本面族,从而推导出相应的单位倒易矢量 $\mathbf{H}_{110}$,$\mathbf{H}_{101}$,$\mathbf{H}_{011}$ 和 $\mathbf{H}_{111}$。只有依据这 7 个(而不是 3 个)基本的单位倒易矢量所给定的倒易阵点,以及它们的周期重复才能构建一个正确并完整的倒易点阵。由此可知,对于各种非初基的晶体点阵,必须同时运用点阵的周期平移特征和非初基平移(即平移群)特征,才能正确认识和建立其倒易点阵。同样道理,从倒易点阵出发,只有同时运用倒易点阵的周期平移特征(点阵六参数)和非初基平移特征(倒易点阵中部分倒易阵点系统地消失的规律)才能正确地推导出相应的晶体点阵。

在倒易点阵中,每个单位倒易矢量所给定的倒易阵点,它的指数是由该单位倒易矢量的模值与倒易点阵参数(a^*,b^*,c^*,α^*,β^* 和 γ^*)的比例关系来确定,而不是直接等于相应面族的面指数($h_0\,k_0\,l_0$)。这一原理对于非初基情况特别重要。由于非初基晶体点阵中存在着非初基平移的附加阵点,从而使相应的倒易点阵中部分倒易阵点根本不可能出现。这种部分倒易阵点缺损是涉及整个倒易点阵的三维倒易空间,即涉及指数为 hkl 的倒易阵点,而且这种缺损是一种系统的和有规律的消失。显然,倒易点阵中指数为 hkl 的部分倒易阵点系统地消失规律是直接地决定于晶体点阵的平移群特征,因而,对倒易点阵中部分 hkl 类型阵点系统消失规律的分析,可以推导出晶体点阵所存在的非初基平移特性,从而确定其平移群。从本章上述各节的讨论及图示都可以总结出如下的规律(如表 3-3-1所示)。

现在,从倒易点阵出发,通过部分倒易阵点系统消失规律和倒易点阵六参数,我们可以推导出相应的晶体点阵的平移群特性和晶体点阵六参数,从而构建起正确的晶体点阵。这样的推演过程正是 X 射线晶体学研究的重要任务之一。具体说,由倒易点阵六参数(a^*,b^*,c^*,α^*,β^* 和 γ^*)推导出晶体点阵六参数(见 3.2.2 节),而从倒易点阵中部分 hkl 阵点的系统消失规律,推导出晶体点阵的非初基平移特征。

表 3-3-1　各种晶体点阵的非初基平移与倒易点阵中部分阵点系统消失规律

晶体点阵	相应倒易点阵中部分倒易阵点系统消失
初基 P 点阵	hkl 类型阵点不存在消失
侧面心 A 点阵	hkl 类型阵点 $k+l=2n+1$ 消失
侧面心 B 点阵	hkl 类型阵点 $h+l=2n+1$ 消失
侧面心 C 点阵	hkl 类型阵点 $h+k=2n+1$ 消失
体心 I 点阵	hkl 类型阵点 $h+k+l=2n+1$ 消失
面心 F 点阵	hkl 类型阵点 $k+l=2n+1$, $h+l=2n+1$, $h+k=2n+1$ 消失

注：这里的 h,k,l 的定义见 3.2.1 节，而 n 为整数。

第四章　X 射线在晶体中的衍射

3.4.1　劳埃(Laue)方程

根据经典电动力学的观点，对于 X 射线通过物质时所发生的相干散射可以作这样描述：X 射线为一电磁波，当它通过物质时，物质内原子中的电子在其电磁场的作用下被迫发生振动，振动的频率等于投射波电磁场振动的频率。这种振动着的电子此时便成为新的次级电磁波的波源，它所发射出来的次级电磁波的频率等于电子本身振动的频率，也就是等于作用于电子的投射波电磁场之振动频率，它的波长等于入射的原始 X 射线的波长，但其方向是向四面八方传播。

晶体对 X 射线的衍射效应是由晶体中的原子对 X 射线的散射所引起的，而原子对 X 射线的散射作用又是原子中的电子对 X 射线的散射所导致的结果。不过，在此我们并不考虑由于原子中的电子之间所引起的衍射效应，而是把原子近似地看成为次级 X 射线波的点波源，并且认为从一个原子所发射出来的次级 X 射线波，在各个方向上均有相同的振幅值，其大小取决于该原子中的电子数目。

3.4.1.1　一维原子列的情况

首先我们讨论一个重复周期为 a 的无限原子列对 X 射线的衍射效应。如图 3-4-1 所示，A 和 B 是此无限原子列上的两个相邻原子，其间距等于重复周期 a。设有一束平行的 X 射线以与该原子列成 α_0 的夹角入射，此时各原子即发出次级 X 射线。假定他们相互干涉后的结果在与原子列成 α_h 夹角的方向上产生衍射线，那么相邻两原子的次级射线之间的光程差应为波长 λ 的整数倍。只有满足这一条件，相干涉才能得以充分加强，从而在此方向上的衍射得以产生。

从图 3-4-1 可知，光程差 Δ 应等于：

$$\Delta = (EA + AD + DG) - (FC + CB + BH) \tag{3.4.1}$$

显然，$EA = FC$，$DG = BH$，所以式(3.4.1)应有

$$\Delta = AD - CB \tag{3.4.2}$$

又因为

$$AD = a\cos\alpha_h,\ CB = a\cos\alpha_0$$

代入式(3.4.2)可得：

$$\Delta = a\cos\alpha_h - a\cos\alpha_0 \tag{3.4.3}$$

根据上述的衍射得以存在的条件，式(3.4.3)中的光程差 Δ 必须等于整数倍波长，由此可推导出一维原子列衍射得以发生的劳埃(Laue)方程如下：

$$a(\cos\alpha_h - \cos\alpha_0) = h\lambda \tag{3.4.4}$$

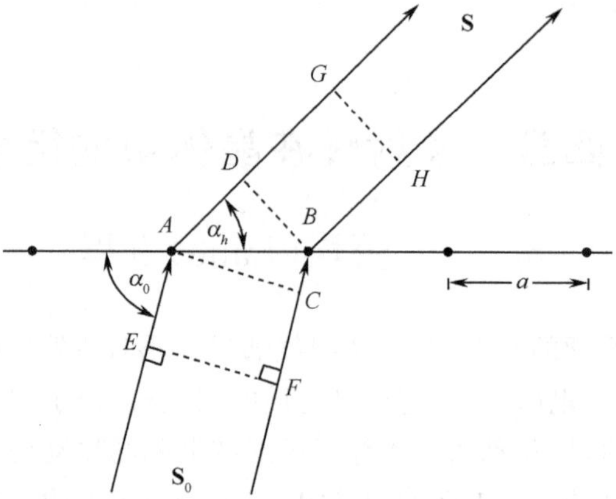

图 3-4-1　导出劳埃条件的示意图

其中 λ 是 X 射线的波长，而 h 是整数。

如果假设 X 射线沿单位矢量 $\mathbf{S}_0$ 方向入射，并且散射波是沿着单位矢量 $\mathbf{S}$ 方向得以充分加强，如图 3-4-1 所标出的那样，那么表达光程差 Δ 的式(3.4.3)还可以表示为

$$\Delta = \mathbf{a}\cdot(\mathbf{S}-\mathbf{S}_0) \tag{3.4.5}$$

同样，根据衍射线得以加强的条件，必须满足：

$$\mathbf{a}\cdot(\mathbf{S}-\mathbf{S}_0) = h\lambda \tag{3.4.6}$$

式(3.4.4)和(3.4.6)具有同样的内容，它们都表达着周期为 a 的原子列上，相邻原子的入射与散射光路程差为整数(h)波长时，在此方向上散射光之间的干涉得以充分加强，衍射得以发生。

显然，无论式(3.4.4)或式(3.4.6)，当 h 为某一特定整数时，即原子列上相邻原子入射与散射光的路程差为某一特定整数(h)波长时，衍射条件得以满足。此时，散射光的衍射方向并非如图 3-4-1 所示只有一条直线方向，而是由无限多的衍射直线所构成的衍射圆锥。如图 3-4-2 所示。换句话说，满足式(3.4.4)或式(3.4.6)，且 h 为某一特定整数的衍射线方向应该是一个圆锥。在图 3-4-2 中，原子列上无限多个原子应有无限多个衍射圆锥，但它们的衍射方向完全相同，它们相互叠加，在振幅上得以加强。因而，如果把由无限多个原子所构成的原子列看作为一个整体，那么对于此原子列，满足式(3.4.6)条件，当 h 为某一特定整数时，衍射方向 $\mathbf{S}_h$ 上将只是一个圆锥，而不是无穷多个平行的圆锥。不难理解，一维原子列满足式(3.4.6)条件的衍射方向应有 h 个共轴共原点的圆锥。图 3-4-3 表示入射光以 α_0 角在 $\mathbf{S}_0$ 方向上入射一维原子列，当满足劳埃方程的条件时，其中 h 分别为 2,1,0,$\bar{1}$,$\bar{2}$,$\bar{3}$ 和 $\bar{4}$ 的衍射方向锥 $\mathbf{S}_2$,$\mathbf{S}_1$,$\mathbf{S}_0$,$\mathbf{S}_{\bar{1}}$,$\mathbf{S}_{\bar{2}}$,$\mathbf{S}_{\bar{3}}$ 和 $\mathbf{S}_{\bar{4}}$。而方向锥 $\mathbf{S}_0$ 实际上就是入射光对一维原子列的入射锥，在这锥面上入射的入射光都满足入射角为 α_0。

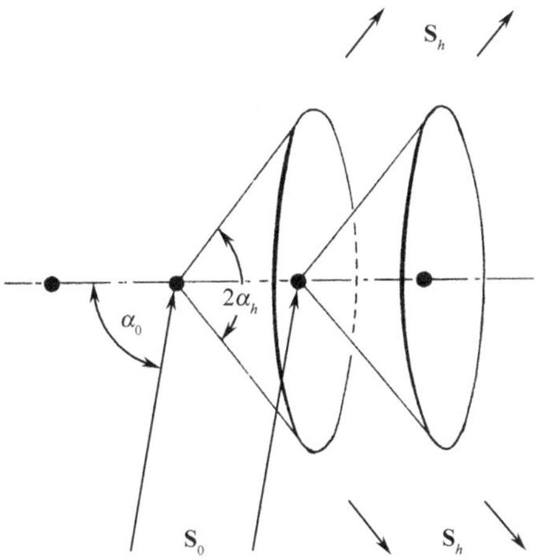

图 3-4-2　一维原子列满足劳埃条件，并且 h 为某一特定整数时，由无限个同轴圆锥构成衍射方向 $\mathbf{S}_h$。而 $\mathbf{S}_h$ 当然是在以 $2\alpha_h$ 圆锥角上得到满足

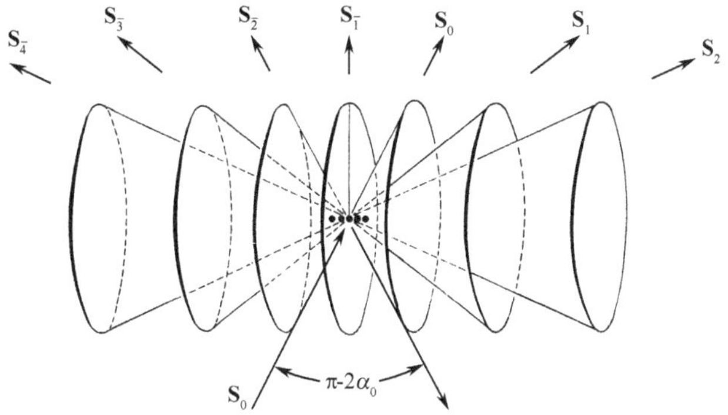

图 3-4-3　一维原子列满足劳埃条件，当入射线以 α_0 入射角的 $\mathbf{S}_0$ 方向入射时，h 为 $2,1,0,\bar{1},\bar{2},\bar{3}$ 和 $\bar{4}$ 的衍射方向锥 $\mathbf{S}_2$，$\mathbf{S}_1$，$\mathbf{S}_0$，$\mathbf{S}_{\bar{1}}$，$\mathbf{S}_{\bar{2}}$，$\mathbf{S}_{\bar{3}}$ 和 $\mathbf{S}_{\bar{4}}$ 的示意图

3.4.1.2　二维原子网的情况

以平移周期 a 和平移周期 b 分别沿坐标轴 X 和 Y 所构成的原子网，对特定方向入射 X 射线发生衍射加强的劳埃条件是与一维原子列的情况十分类似。显然，对 Y 轴方向而言，以平移周期 b 相隔的那些原子列中相邻原子列之间的散射干涉得以充分加强，亦必须满足光程差为整数波长，亦即必须满足下列劳埃条件：

$$b(\cos\beta_k - \cos\beta_0) = k\lambda \tag{3.4.7}$$

其中 β_0 及 β_k 分别表示入射线和次级衍射线与 Y 轴之间的角度，而 k 为整数。

如果$\mathbf{S}_0$ 和 $\mathbf{S}$ 分别表示 X 射线在入射方向上和衍射方向上的单位矢量，那么式(3.4.7)所表示的劳埃条件也可以表示为：

$$\mathbf{b}\cdot(\mathbf{S}-\mathbf{S}_0) = k\lambda \tag{3.4.8}$$

其中 $\mathbf{b}$ 是沿 Y 轴方向的基本周期平移矢量。

因而，对于二维原子网的情况，必须同时使式(3.4.4)和式(3.4.7)得以满足：

$$\begin{aligned} a(\cos\alpha_h - \cos\alpha_0) &= h\lambda \\ b(\cos\beta_k - \cos\beta_0) &= k\lambda \end{aligned} \tag{3.4.9}$$

式(3.4.9)也可以用入射与衍射方向的单位矢量表示为：

$$\begin{aligned} \mathbf{a}\cdot(\mathbf{S}-\mathbf{S}_0) &= h\lambda \\ \mathbf{b}\cdot(\mathbf{S}-\mathbf{S}_0) &= k\lambda \end{aligned} \tag{3.4.10}$$

很显然，式(3.4.9)或式(3.4.10)的二维劳埃条件得以满足时，散射干涉得以充分加强，衍射可以发生。而衍射方向将如图 3-4-4 所示，发生在以 X 轴和 Y 轴为轴线的两族衍射锥的相交线上。图 3-4-4 仅以各自的一个衍射锥分别表示以二维原子网上的 X 轴为轴线的共原点的衍射锥族(如图 3-4-3)和以 Y 轴为轴线的共原点的衍射锥族。两族衍射锥当然也是共原点于二维原子网上，即图 3-4-4 所示的 O 点上。从图 3-4-4 不难看出，当 X 射线以$\mathbf{S}_0$ 为入射方向，只有衍射锥的相交线上的方向才能满足式(3.4.9)或式(3.4.10)。换句话说，只有这些衍射锥的相交线的方向，衍射才可以发生。由此可知，对于二维原子网的情况，衍射将不是连续的衍射锥或一族共原点共轴的连续的衍射锥，而是一些不连续的衍射线，这些衍射线就是两族共原点衍射锥之间的相交线。

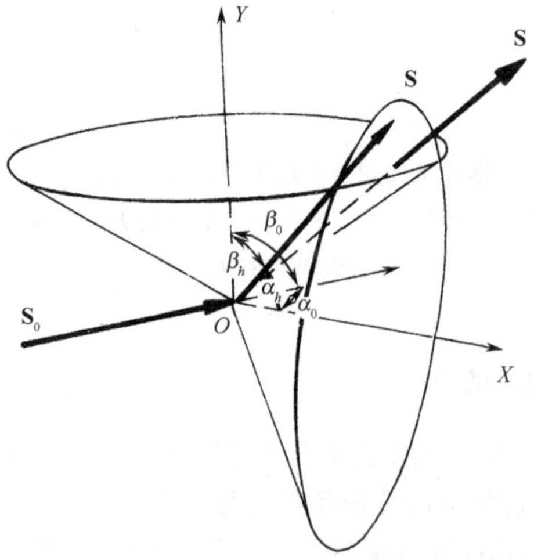

图 3-4-4　二维原子网散射干涉锥，满足劳埃条件的示意图

3.4.1.3 三维原子阵的情况

如果仍然以上述由基本单位周期 a 和 b 构成的二维原子网为基础，三维原子阵就是这些原子网沿坐标轴 Z 以基本单位周期 c 的平移重复。

显然，对 Z 轴方向而言，以平移周期 c 相隔的二维原子网族中，相邻原子网之间的散射干涉得以充分加强，亦必须满足光程差为整数波长，亦即必须满足下列劳埃条件：

$$c(\cos\gamma_l - \cos\gamma_0) = l\lambda \tag{3.4.11}$$

其中 γ_0 及 γ_l 分别表示入射线和衍射线与 Z 轴之间的角度，而 l 是整数。

同样，如果以 $\mathbf{S}_0$ 和 $\mathbf{S}$ 分别表示 X 射线入射方向和衍射方向上的单位矢量，那么式(3.4.11)所表示的劳埃条件也可以表示为

$$\mathbf{c}\cdot(\mathbf{S} - \mathbf{S}_0) = l\lambda \tag{3.4.12}$$

其中$\mathbf{c}$是沿 Z 轴方向的基本周期平移矢量。

对于三维原子阵的情况，当散射干涉得以充分加强，衍射得以发生，必须使式(3.4.4)，式(3.4.7)和式(3.4.11)同时得以满足，即：

$$\begin{aligned} a(\cos\alpha_h - \cos\alpha_0) &= h\lambda \\ b(\cos\beta_k - \cos\beta_0) &= k\lambda \\ c(\cos\gamma_l - \cos\gamma_0) &= l\lambda \end{aligned} \tag{3.4.13}$$

式(3.4.13)也可以用入射与衍射方向的单位矢量表示，当式(3.4.6)，式(3.4.8)和式(3.4.12)同时得到满足时，衍射得以发生：

$$\begin{aligned} \mathbf{a}\cdot(\mathbf{S} - \mathbf{S}_0) &= h\lambda \\ \mathbf{b}\cdot(\mathbf{S} - \mathbf{S}_0) &= k\lambda \\ \mathbf{c}\cdot(\mathbf{S} - \mathbf{S}_0) &= l\lambda \end{aligned} \tag{3.4.14}$$

式(3.4.13)和式(3.4.14)都称为劳埃方程组。

要从三维原子阵得到衍射必须满足劳埃方程组。而劳埃方程组中 3 个条件同时得到满足将意味着以 X 轴、Y 轴和 Z 轴为轴线的衍射锥同时相交于一直线，如图 3-4-5 所示。当 X 射线对三维原子阵以特定方向$\mathbf{S}_0$ 入射，3 个不同轴向的衍射锥同时相交的直线就是三维原子阵得以衍射的方向$\mathbf{S}$。从图 3-4-5 可以理解，三维原子阵位于坐标原点 O 上，它应有分别以 X，Y，Z 轴为轴线的共轴线并共原点的三族衍射锥，而且三族衍射锥又共原点于 O 上。显然，3 个不同轴向的衍射锥同时相交的直线，其数目虽然是有限的，但却是十分可观的，它完全决定于 X 射线的波长 λ 的大小，3 个基本周期平移 a，b 和 c 的大小，以及 X 射线的入射方向 $\mathbf{S}_0$ 及其变动等。

式(3.4.13)和式(3.4.14)中，h，k 和 l 都是整数，称为衍射指数（也称为衍射指标），3 个指数一起表征了一个衍射方向。在以后的章节中读者将知道，倒易阵点指数是与衍射指数相一致的。对于特定波长 λ 的 X 射线的特定入射方向$\mathbf{S}_0$，晶

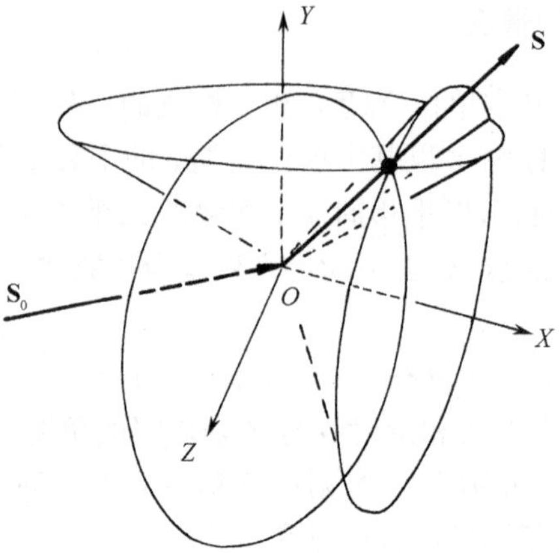

图 3-4-5 三维原子阵的散射干涉锥,满足三维劳埃条件的示意图

体倒易点阵中某一倒易阵点将表达着晶体在某特定方向上可能发生的衍射,这衍射方向将以此倒易阵点的指数 hkl 表示。

像光学中的情形一样,我们也可以用单位波矢量

$$\mathbf{w} = (2\pi/\lambda)\,\mathbf{S},\ \mathbf{w}_0 = (2\pi/\lambda)\,\mathbf{S}_0$$

去代替**S** 及 $\mathbf{S}_0$,代入式(3.4.14),劳埃方程组就可改写为:

$$\begin{aligned}\mathbf{a}\cdot(\mathbf{w}-\mathbf{w}_0) &= 2\pi h\\ \mathbf{b}\cdot(\mathbf{w}-\mathbf{w}_0) &= 2\pi k\\ \mathbf{c}\cdot(\mathbf{w}-\mathbf{w}_0) &= 2\pi l\end{aligned} \tag{3.4.15}$$

式(3.4.15)就是用单位波矢量表达的劳埃方程组。

可以用一个方程式来表达入射方向 $\mathbf{S}_0$ 和衍射方向 **S**,劳埃方程组式(3.4.14)将改写成为:

$$(\mathbf{S}-\mathbf{S}_0) = \lambda(h\mathbf{a}^* + k\mathbf{b}^* + l\mathbf{c}^*) \tag{3.4.16}$$

式(3.4.16)就称为劳埃方程。其中 $\mathbf{a}^*$,$\mathbf{b}^*$ 和 $\mathbf{c}^*$ 是晶体倒易点阵的 3 个基本单位倒易矢量。显然,只要以晶体点阵的 3 个基本单位矢量 **a**,**b** 和 **c** 分别"点乘"劳埃方程式(3.4.16)即可回到式(3.4.14)所表达的劳埃方程组(请参阅式(3.2.9))。

式(3.4.16)所表达的劳埃方程式中,$h\mathbf{a}^* + k\mathbf{b}^* + l\mathbf{c}^*$ 就是在第二章中已阐述过的倒易阵点的倒易矢量(见式(3.2.1)和式(3.2.2))。它实际上就是在倒易点阵中,从坐标原点到指数为 hkl 的倒易阵点的矢量,我们仍然以 $\mathbf{H}_{hkl}$ 或简单地以 **H** 表示:

$$\mathbf{H}_{hkl} = h\mathbf{a}^* + k\mathbf{b}^* + l\mathbf{c}^* \tag{3.2.1}$$

在第二章有关"晶体的点阵及其倒易点阵"的讨论中已经指出,倒易矢量 $\mathbf{H}_{hkl}$ 可以用同一倒易阵点列的单位倒易矢量 $\mathbf{H}_{h_0k_0l_0}$ 和整数 n 来表达:

$$\mathbf{H}_{hkl} = n\mathbf{H}_{h_0k_0l_0}(\text{或表示为 } \mathbf{H} = n\mathbf{H}_0) \tag{3.2.12}$$

此外，

$$h = nh_0, k = nk_0, l = nl_0 \tag{3.2.3}$$

$$\mathbf{H}_{hkl} = n(h_0\mathbf{a}^* + k_0\mathbf{b}^* + l_0\mathbf{c}^*) \tag{3.2.11}$$

$$\mathbf{H}_{h_0k_0l_0} = h_0a^* + k_0b^* + l_0c^* \tag{3.2.13}$$

就如 3.2.3 节中曾指出的那样，$\mathbf{H}_{hkl}$与 $\mathbf{H}$ 的定义一样，$\mathbf{H}_{h_0k_0l_0}$与 $\mathbf{H}_0$ 的定义相同。在以后的章节中没有必要强调指数 hkl 之间的关系时，我们就将 $\mathbf{H}_{hkl}$和 $\mathbf{H}_{h_0k_0l_0}$简写为 $\mathbf{H}$ 和 $\mathbf{H}_0$，请读者注意。

由此，式(3.4.16)所表达的劳埃方程可以写成：

$$\mathbf{S} - \mathbf{S}_0 = \lambda\mathbf{H} \tag{3.4.17}$$

或者写成

$$\mathbf{S} - \mathbf{S}_0 = \lambda n\mathbf{H}_0 \tag{3.4.18}$$

式(3.4.17)所表达的劳埃方程已经将 X 射线的入射单位矢量、衍射单位矢量和晶体倒易点阵中阵点的倒易矢量联结在一起，这是一个十分重要的劳埃方程表达式。式(3.4.18)所表达的劳埃方程确切地表达了从一级衍射到 n 级衍射之间的关系。

3.4.2 劳埃(Laue)方程在反射球上的表达

虽然上节推导劳埃方程的时候是以三维原子阵作为模型，即结构基元只是一个原子。对于结构基元是一个包含有许多不同种类原子的复杂体系，其原理仍然是一样的。结构基元中每一个原子(或离子、分子等)在晶体内部都构成同一个三维点阵。显然，结构基元中各个原子的三维点阵之间的差别只是一个原子之间的平移矢量，而它们的三维点阵却是完全相同的。结构基元中每一原子的点阵将满足同样的劳埃方程的某一特定衍射条件，而各个原子点阵之间的平移矢量将只是给它们衍射线之间带入相位差，但它们的衍射方向却是一致的。计及这种相位差的衍射波叠加后，其结果将仍然是一个满足劳埃方程的晶体衍射，而这种表达着结构基元内各原子间平移的相位差，正是晶体结构分析研究所需要获得的结果之一。因而 3.4.1 节所讨论的劳埃方程将可充分表述晶体内部结构的衍射特征和衍射发生所必须的条件。

式(3.4.17)的劳埃方程指出了构成三维点阵的晶体内部原子(离子、分子等)之间散射干涉得以充分加强，晶体衍射得以发生的条件。式(3.4.17)可以改写成

$$(\mathbf{S} - \mathbf{S}_0)/\lambda = \mathbf{H} \tag{3.4.19}$$

式(3.4.19)有如下的几何意义：三个矢量$\mathbf{S}/\lambda$，$\mathbf{S}_0/\lambda$ 和 $\mathbf{H}$ 构成一个矢量等腰三角形，如图 3-4-6 所示。

将矢量$\mathbf{S}_0/\lambda$ 的终点引到倒易点阵的坐标系原点 O。为了满足衍射条件，我们应该由坐标系原点 O 起，从无数的倒易矢量中引出某一个特定的 $\mathbf{H}$ 来，而这一个

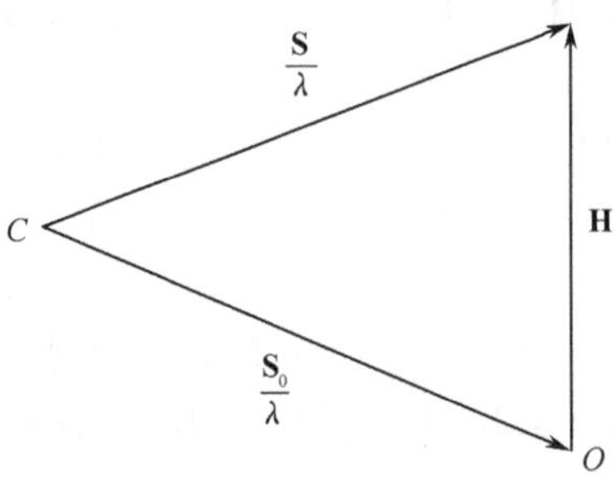

图 3-4-6　劳埃方程中 3 个矢量构成的等腰矢量三角形

H 矢量的终点，即倒易点阵中的一个阵点，它与矢量 $\mathbf{S}_0/\lambda$ 的起点之间以矢量 $\mathbf{S}/\lambda$ 相连（见图 3-4-6）。由于 $\mathbf{S}_0$ 与 **S** 是入射光与衍射线的单位矢量，若以单位 1 作为它们的标量，即 $|\mathbf{S}_0|=|\mathbf{S}|=1$，此时 $|\mathbf{S}_0/\lambda|=|\mathbf{S}/\lambda|=1/\lambda$，那么劳埃方程将可以用简单的作图法给以表达。

以矢量 $\mathbf{S}_0$ 的起点为中心画一个半径为 $1/\lambda$ 的球面，我们称此球面为反射球。矢量 $\mathbf{S}_0/\lambda$ 的终点位于倒易点阵的坐标系原点 O 上，即在矢量 **H** 起点上。假如在球面上此时存在着倒易点阵的某一倒易阵点，其指数为 hkl，那么它对应的矢量 **H** 将满足衍射条件。只要将 $\mathbf{S}_0/\lambda$ 矢量的起点与 **H** 矢量的终点相连接，这就是表达 hkl 衍射方向的 **S** 矢量。也可以简单地说，从球中心到落在球面上的倒易阵点 hkl 的方向，就是它的衍射方向 **S**，此衍射的指数也是 hkl。若同一时间内，同时有 m 个倒易阵点落在球面上，那么此刻将同时有 m 个衍射发生。图 3-4-7 给出了一个通过坐标系原点 O 的倒易点阵平面，同时也给出了此倒易点阵平面在反射球上通过球中心与球面相割的大圆。在这里我们就暂时借用这种二维的平面示意图表达反射球与倒易点阵之间的三维的相互关系，并从而表达劳埃方程所表述的衍射条件。图 3-4-7中点 C 是反射球的中心，而点 O 是倒易点阵的坐标系原点。

与倒易点阵一样，反射球本身并没有实在的物理意义，而仅仅是一种数学形象，它是描述衍射现象的一种工具，但它也是诠释 X 射线对晶体衍射的基本方法。

值得指出的是，在反射球与倒易点阵的相互关系中，如图 3-4-7 所示，反射球上的 O 点是永远与倒易点阵坐标系原点重合在一起的，无论任何相对运动，它们都不可分离，换句话说，反射球与倒易点阵可以而且也只能以此重合点为中心作任意的相对旋转运动，二者不可能作相对的平移运动。此外，入射的 X 射线，亦即 $\mathbf{S}_0$ 矢量永远是通过反射球的球中心 C 并到达球面上的 O 点（即与倒易点阵坐标系原点永远重合在一起的原点）。所以，$\mathbf{S}_0$ 矢量与反射球的关系是永远保持不变的。

十分明显，当 X 射线到晶体上的角度改变时，这相当于倒易点阵相对于反射球以重合点 O 为中心的转动（或相当于反射球相对于倒易点阵的反方向转动）。在这相对运动过程中，凡是与球面相交的倒易阵点都一定在相交的时间内，沿 **S** 方向发生衍射。此外，从图 3-4-7 可以推知，当入射的 X 射线波长发生改变时，这就相当于反射球的半径发生改变（如果让反射球半径固定不变，那么就相当于倒易点阵周期参数的相对值发生改变，其后果是一样的），衍射的特征将随之产生变化。波长越长，反射球就越小。当波长 λ 等于或大于晶体的某一面族面间距 d 的两倍时，该面族的任何衍射都不会发生。

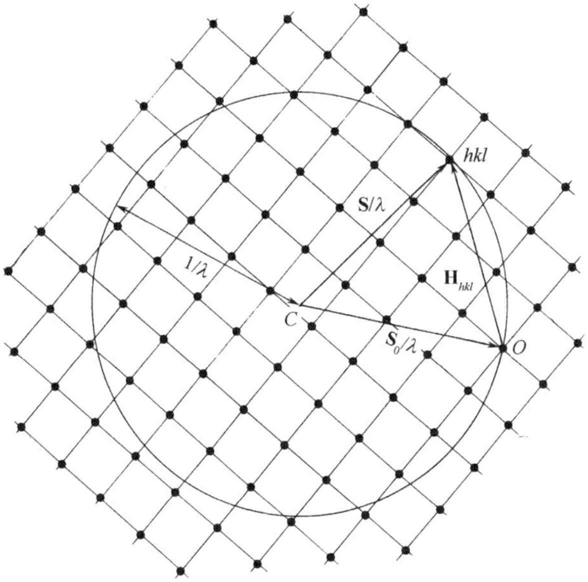

图 3-4-7　$\mathbf{S}/\lambda$,$\mathbf{S}_0/\lambda$ 和 $\mathbf{H}_{hkl}$ 3 矢量构成的矢量三角形在反射球与倒易点阵相互作用(衍射发生)中的表达

3.4.3　布拉格(Bragg)方程

从前面 3.4.2 节的讨论中我们知道,如果 X 射线入射方向 $\mathbf{S}_0$ 不动,即反射球固定不动,那么每一个衍射方向均决定于倒易阵点的倒易矢量 $\mathbf{H}_{hkl}$。而式(3.2.3)已指出:

$$h = nh_0, k = nk_0, l = nl_0 \tag{3.2.3}$$

这里 $h_0k_0l_0$ 在第一篇有关几何晶体学原理中已作过阐述,它是晶体的晶面指数 $(h_0k_0l_0)$,也可以说它是晶体点阵中某一点阵平面族的符号 $(h_0k_0l_0)$。在 h_0,k_0 和 l_0 之间不存在公约数。

如果在图 3-4-6 或图 3-4-7 中,在 3 个矢量 $\mathbf{S}/\lambda$,$\mathbf{S}_0/\lambda$ 和 $\mathbf{H}_{hkl}$ 所构成的等腰三角形中作一垂直于 $\mathbf{H}_{hkl}$ 且通过 C 点的平面 AB,那么它必然等分 $\mathbf{S}/\lambda$ 与 $\mathbf{S}_0/\lambda$ 的夹角。从第二章有关晶体点阵与倒易点阵的论述可以推知,与倒易矢量 $\mathbf{H}_{hkl}$ 垂直的这一平面显然就是平行于晶体点阵中的 $(h_0k_0l_0)$ 平面族。现在,对于图 3-4-8 中的等腰三角形,我们只是用三矢量的模量 $1/\lambda$,$1/\lambda$ 和 H_{hkl},而不是矢量。而且我们将两等边(即 $1/\lambda$ 与 $1/\lambda$)的夹角定义为 2θ,那么它被 $(h_0k_0l_0)$ 面族(即 AB 平面)等分的角将分别为 θ。

这里值得提醒的是,我们在图 3-4-8 中除了利用倒易矢量的模值 H_{hkl} 之外,根本没有涉及倒易点阵，而且当我们从图 3-4-8 去考察 X 射线对晶体内部($h_0\,k_0\,l_0$)面族的反射，此时图中并不存在倒易点阵，而晶体或晶体点阵被认为是在反射球中心 C。X 射线在反射球中仍然沿$\mathbf{S}_0$ 方向入射并沿$\mathbf{S}$ 方向衍射。

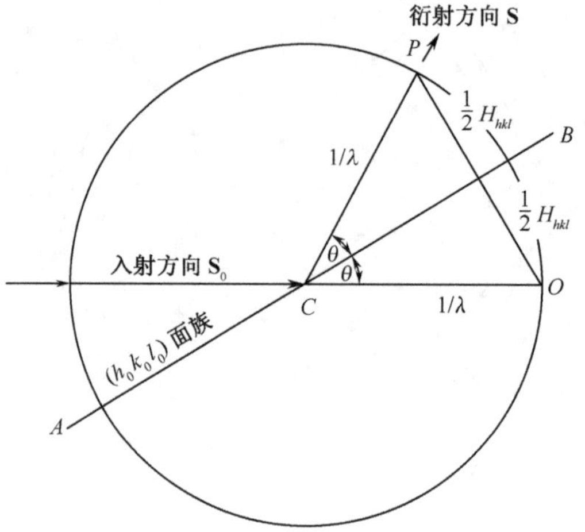

图 3-4-8　X 射线对晶体的衍射在反射球上的描述

从图 3-4-8 中的等腰三角形($1/\lambda, 1/\lambda$ 和 H_{hkl})直接可以找出如下关系：

$$2\sin\theta_{hkl}/\lambda = H_{hkl} \tag{3.4.20}$$

这里 H_{hkl}是倒易矢量 $\mathbf{H}_{hkl}$的模值，从式(3.2.12)和式(3.2.6)可以得知：

$$H_{hkl} = n/d_{h_0k_0l_0} \tag{3.4.21}$$

其中 $d_{h_0k_0l_0}$是晶体点阵中面族指数为($h_0\,k_0\,l_0$)的面间距离，而 n 为整数。

由此，式(3.4.20)可以写成：

$$2d_{h_0k_0l_0}\sin\theta_{hkl} = n\lambda \tag{3.4.22}$$

这就是著名的布拉格(Bragg)方程，它是 X 射线晶体学中最基本的公式。在上述推演过程中，可以悉知，它与劳埃方程在实质上是完全统一的，布拉格反射方程式可以由劳埃散射方程式推导出来。

这里有必要再次指出，正如倒易点阵那样，反射球只是一种数学的表达，而不是一种物理的实在。反射球的概念就只是与晶体的倒易点阵一样，用于衍射过程的一种数学手段。但是，晶体的倒易点阵与反射球的相互关系又确实非常完善地运用倒易空间的概念描述了 X 射线在晶体中的衍射。在前面一节中所运用的反射球概念表达了 X 射线的入射方向(它永远通过球中心和与倒易点阵原点相重合的 O 点)、衍射方向(它永远从球中心出发)以及波长 λ 的大小。在下一节中我们将介绍，反射球大小尺度是相对于倒易点阵大小尺度的。如果反射球半径以 $1/\lambda$ 表达，倒易点阵的尺寸将应是 H_{hkl}。如果倒易点阵的尺寸以 λH_{hkl}表达，那么反射球半径将用无单位 1 表达。

值得注意的是，当我们讨论反射球与倒易点阵相互关系的时候，晶体或晶体点阵并不存在。同一道理，当我们讨论晶体或晶体点阵与 X 射线的入射与衍射的时候，虽然仍然可以用反射球来描述入射方向与衍射方向，但是此时晶体的倒易点阵并不存在，而且晶体及其点阵是处于球中心。显然，图 3-4-7 和图 3-4-8 是分别独立地运用两个不同的概念去描述衍射的发生。图 3-4-8 是通过劳埃方程在反射球上的表达，利用劳埃方程的矢量三角形的模量和式(3.4.21)的变换，从而导出布拉格反射方程。图 3-4-7 中并不存在晶体或晶体点阵，而图 3-4-8 中并不存在晶体的倒易点阵。图 3-4-7 与图 3-4-8 是不可合并的，否则将会导致晶体点阵的坐标系原点与晶体倒易点阵的坐标系原点相互不重合等不可解释的疑问。

著名的布拉格方程式(3.4.22)可以从图 3-4-9 的示意直观地推导出来。图中给出晶体点阵中($h_0\ k_0\ l_0$)面族在纸面上的投影，而直线 mm' 是面族的面法线。X 射线沿 $\mathbf{S}_0$ 方向以 θ 角对面族入射，并以同样的 θ 角从面族各平面沿 $\mathbf{S}$ 方向反射。显然，只有当 X 射线从面族中两个相邻平面入射和反射的光程差为整数波长时，X 射线在这面族相邻平面之间的干涉得以加强，衍射才能发生。X 射线在图 3-4-9 所示的($h_0\ k_0\ l_0$)面族中相邻两平面的入射和反射的光程差应为

$$\Delta = AB + BC \tag{3.4.23}$$

从图 3-4-9 很容易推知 $AB=BC$，并且从直角三角形 ABD 可得

$$\Delta = 2d_{h_0k_0l_0}\sin\theta_{hkl} \tag{3.4.24}$$

其中 $d_{h_0k_0l_0}$ 是($h_0\ k_0\ l_0$)面族的面间距离。既然确定衍射的条件必须是光程差 Δ 为整数波长($n\lambda$)，那么式(3.4.24)可以导出布拉格方程：

$$2d_{h_0k_0l_0}\sin\theta_{hkl} = n\lambda \tag{3.4.22}$$

这里，θ_{hkl} 是 X 射线在($h_0\ k_0\ l_0$)面族上以光程差为 n 倍波长 λ 时所发生衍射的衍射角(也是入射角)。

在布拉格方程中整数 n 是表示衍射的级数。对于某一特定的具有面间距 $d_{h_0k_0l_0}$ 的($h_0\ k_0\ l_0$)面族，满足式(3.4.22)的衍射条件时，光程差为 n 倍波长 λ 时的衍

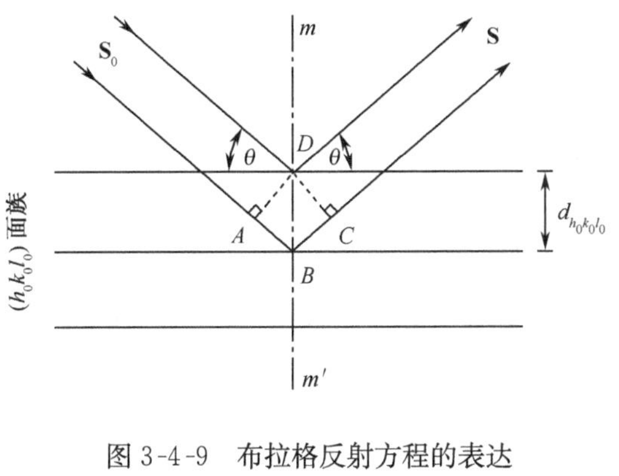

图 3-4-9　布拉格反射方程的表达

射称为$(h_0\ k_0\ l_0)$面族的第 n 级衍射，而 θ_{hkl} 就是$(h_0\ k_0\ l_0)$面族第 n 级衍射的衍射角。

布拉格方程是基于 X 射线对面族中的平面(确切地说是由原子或离子等构成的平面网)的反射。但必须注意到，就本质而言，它并不是真正的反射，而仍然是衍射。就布拉格方程的条件来看，光程差为 $n\lambda$ 的条件是相邻平面的“反射”光之间的干涉得以充分加强，这就是衍射的条件。

3.4.4 非单质结构的衍射

上面各节的讨论还只是限于简单的三维空间结构，即只有单一的同种原子，而且是按点阵中的阵点位置而分布着的结构。这样的结构其结构基元就只是一个原子。实际上除了极少数单质的晶体(如某些纯金属的晶体)之外，在绝大多数的晶体中，它们的结构远不是如此简单。图 3-4-10 给出了一个非单质结构的最简单的例子，它是一个二维的示意图。在这里，按点阵中的阵点位置排布的结构基元不再是单个的原子，而是一个原子(或离子)集团。然而，任何一个复杂结构在形式上总是可以被分解为若干个彼此平行并穿插在一起的简单结构。分解出来的每一个这样的简单结构，都是具有相同的单位平行六面体参数的单一原子的点阵式结构，亦即在每一结构中均只含有一个原子或离子(对于化学性质相同，而在点阵意义上其几何位置并不相同的同种原子或离子则将分属于几个结构)，各自构成了一个简单的三维原子空间结构。在图 3-4-10 给出的二维结构示意图中，每一个结构基元包含两个不同种类的原子，分别以小圆圈和黑圆点表示。图中两种不同原子分别构成自身的简单的二维原子结构，它们所构成的原子点阵完全相同，而两原子点阵之间平行地相错一个平移量。

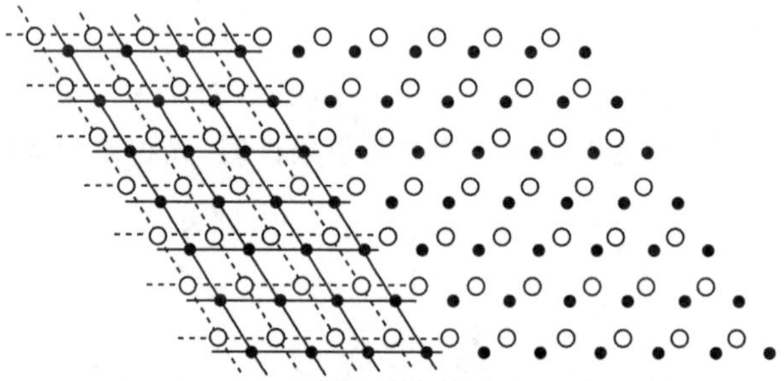

图 3-4-10 二维的非单质结构示意图

由于这些简单结构相互间既是平行的，又同时具有完全相同的点阵参数(a, b, c, α, β, γ)，因此，每一个简单结构产生衍射(或“反射”)的条件也必定都是完全一致的，从而也必将与由这些简单结构的总和所组成的复杂结构所产生衍射的条件相一致。因此，结构的复杂性并不导致出现新的衍射方向。换句话说，每个简单结构就如整体结构一样，对于特定面族的同一级(n)衍射，其方向完全一致，相互平行重叠在一起。然而所有简单结构在特定方向平行重叠在一起的衍射线之间必然产生干涉，它们干涉结果所产生的整体衍射强度(确切地说还应该包括衍射线之间的相位差，但我们把相位问题留在以后有关晶体结构分析的章节中进行讨论)将决定整体结构的复杂性。这种干涉是很容易理解的，这是因为由整体复杂结构所分解出来的各个简单结构相互间是平行的，但却有一个平移量。它们同一($h_0\ k_0\ l_0$)面族中相应的面网虽然是平行的，但并非重合在一起，它们相互间存在着一定的距离(平移量)。这样，各简单结构相应面网所“反射”出来的“反射线”之间将存在着一定的光程差。这个光程差是决定于结构基元(或原子、离子集团)中各个原子之间的平移量，它们当然不会是恰好等于整数倍波长。所以它们之间的相互干涉，其结果肯定不会是衍射强度(衍射波的振幅)的简单数学加和，也不会恰好相互全部抵消为零，而是有着不同的变化值。对于特定($h_0\ k_0\ l_0$)面族的特定第 n 级的衍射，复杂结构的整体衍射强度(波的振幅)将取决于各简单结构相应“反射线”振幅的大小，以及它们之间的光程差，亦即取决于组成各单位结构相应面网的原子的性质及各相应面网之间的平移量。

综上所述，对于实际晶体的复杂结构而言，虽然其结构基元可能是包含着数千甚至数万个原子的生物大分子结构，它所产生的衍射方向与分解的多个简单结构所给出的衍射方向相同，都服从于劳埃方程或布拉格方程的同一特定条件，但衍射强度却取决于结构基元中各个原子的性质及其在结构基元中的排布方式。正因如此，晶体对 X 射线所产生的衍射，其衍射方向及其强度(振幅)的测定和分析，可以确定结构基元内部各物质点的空间排布(结构基元的三维结构)及结构基元在三维空间的堆积排布(晶体结构)。

第五章　衍射球与衍射空间

3.5.1　倒易点阵与反射球

3.5.1.1　反射球的半径和倒易点阵参数

在上面的章节里，我们对劳埃方程和布拉格方程在反射球上的表达进行了讨论，现在让我们回过头来再稍微详细地讨论一下反射球与倒易点阵的关系。

反射球的概念并没有单独的含义，只有在它与倒易点阵相互作用，亦即只有当倒易阵点 hkl 与反射球壳相交的时候(见图 3-4-7)，或者如图 3-4-8 那样，利用反射球的概念直接地描述 X 射线与晶体作用的时候，反射球表达 X 射线的入射方向及相应的衍射方向，而反射球的大小只是一个相对的值。

在 3.4.2 节中讨论了劳埃方程[见式(3.4.19)]中 3 个矢量 $\mathbf{S}/\lambda$，$\mathbf{S}_0/\lambda$ 及 $\mathbf{H}_{hkl}$ 所构成的矢量三角形在反射球上的表达，如图 3-4-7 所示。在图中倒易阵点 hkl 的矢量是 $\mathbf{H}_{hkl}$，它的模量是 $H_{hkl}=n/d_{h_0k_0l_0}$。在这种情况下，反射球将是以 $1/\lambda$ 为半径的球壳。但是劳埃方程也可改写为：

$$\mathbf{S}-\mathbf{S}_0=\lambda\mathbf{H} \tag{3.5.1}$$

那么，矢量三角将是由矢量 $\mathbf{S}$，$\mathbf{S}_0$ 及 $\lambda\mathbf{H}_{hkl}$ 所构成的等腰三角形。此时就如图 3-5-1 所示，反射球将是以无标量的单位 1 为半径的球壳，而倒易阵点 hkl 的矢量将是 $\lambda\mathbf{H}_{hkl}$。

从这一讨论可以看到倒易点阵与反射球之间的关系。如果反射球半径为 $1/\lambda$，那么倒易点阵的参数是 a^*，b^*，c^*，α^*，β^* 和 γ^*。如果以无标量的单位 1 作为半径建立反射球，那么与之相互作用的倒易点阵应以 λa^*，λb^*，λc^*，α^*，β^* 和 γ^* 作为点阵参数。

显然，倒易点阵只是解释衍射现象的一种数学形象，而没有实在的物理意义。同样，反射球也仅是一种数学上的表达，而不是一种物理学的实在，而倒易点阵与反射球的相互作用却又十分清晰地描述了 X 射线对晶体的衍射现象，它准确地描述了衍射的发生，衍射的方向和整个衍射的过程。如果忽视各个衍射的时间次序，那么，反射球与倒易点阵相互作用的全过程将给予我们一个完整的衍射空间。这一衍射空间的最大极限就是下面 3.5.2 节将讨论的衍射球和衍射球的极限。

3.5.1.2　衍射级数与倒易阵点列

为了表达的方便，在图 3-5-2 中我们只给出一个通过坐标系原点 000 的一个主要倒易阵点平面 $hk0$，它通过反射球的球中心与反射球相交，反射球与此倒易阵

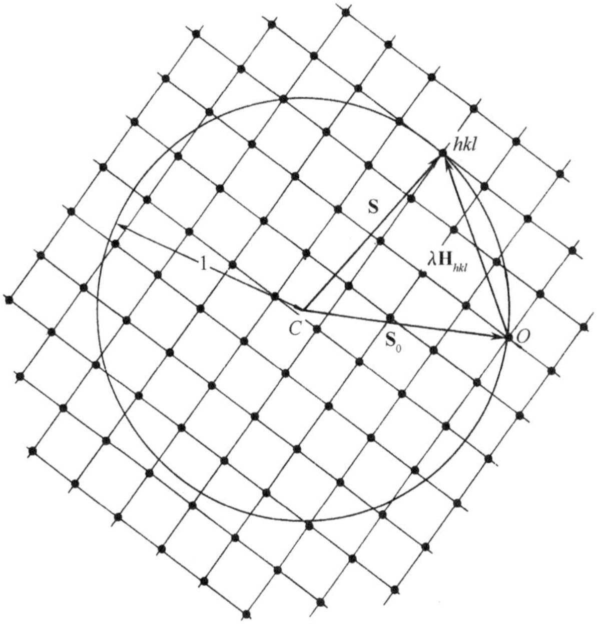

图 3-5-1　以$\mathbf{S}$,$\mathbf{S}_0$ 和 $\lambda\mathbf{H}$ 3 个矢量构成的矢量三角形

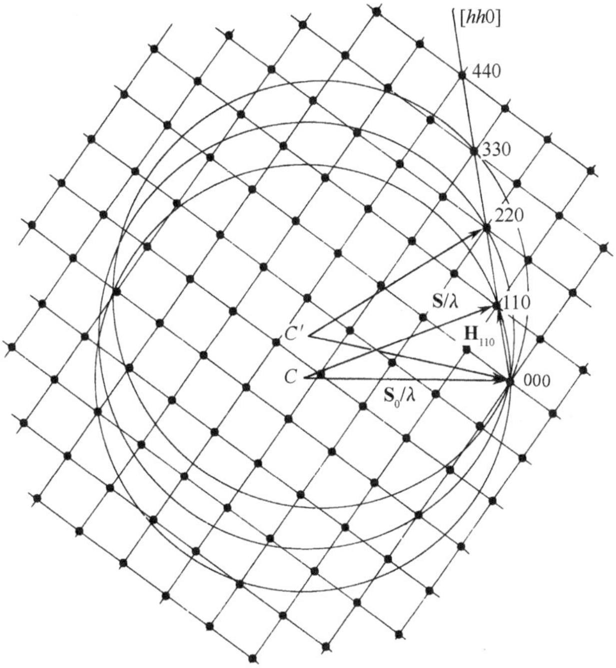

图 3-5-2　反射球与倒易阵点列 $hh0$

点平面上的相交将是一个大圆的圆周，显然图 3-5-2 是一个二维平面的示意图。我们知道，X 射线的入射线单位矢量 $\mathbf{S}_0$ 永远通过球中心到达球壳的 O 点，而 O 点又永远与倒易点阵的坐标系原点 000 相互重合在一起。晶体与 X 射线入射线方向的相对方位发生改变将意味着反射球与倒易点阵的相对位置发生相应改变。在我们的二维示意图中，相对位置的改变仍然保持在二维的纸面上。

在本篇第二章有关晶体倒易点阵的阐述中我们已经清楚，在倒易点阵中，通过坐标系原点 000 的每一直线的倒易阵点列，都与晶体点阵中同一阵点平面族 $(h_0\ k_0\ l_0)$ 相关。图 3-5-2 所给出 $hk0$ 倒易阵点平面中包含倒易阵点 110，220，330，440 等的 $hh0$ 倒易阵点列，它们都与晶体点阵中的(110)平面族相关，此面族的面间距必为 d_{110}。图中从坐标原点出发，$hh0$ 倒易阵点列上的第一个倒易阵点 110 的矢量应为 $\mathbf{H}_{110}$，它是晶体点阵中(110)面族的基本倒易矢量，它的模量就是晶体点阵(110)面族面间距的倒数，即 $H_{110}=1/d_{110}$。图中这一倒易阵点列的第二个倒易阵点 220 表示着晶体同一个(110)面族的第二个倒易矢量 $\mathbf{H}_{220}$ 的方向和矢量的长度(即模量)。显然倒易矢量 $\mathbf{H}_{220}$ 是与基本倒易矢量 $\mathbf{H}_{110}$ 具有相同的方向，而在模量上则为

$$H_{220} = 2H_{110}$$

即

$$H_{220}=2/d_{110}$$

同样道理，对于此倒易阵点列上第 n 个倒易阵点 $hh0$，其倒易矢量也肯定是与基本倒易矢量 $\mathbf{H}_{110}$ 的方向一致。从式(3.2.3)及式(3.4.21)可以推知

$$h = nh_0\,,\ H_{hh0} = nH_{110}\,,\ H_{hh0} = n/d_{110}$$

如图 3-5-2 所示，当 $hh0$ 倒易阵点列的第一个阵点 110 与反射球壳相交时，(110)面族对 X 射线的第一级衍射就发生，其方向是 $\mathbf{S}/\lambda$。如果以布拉格方程来描述，就是

$$\sin\theta_{110} = \lambda/2d_{110} \tag{3.5.2}$$

其中 θ_{110} 是面间距为 d_{110} 的(110)面族第一级衍射的衍射角。从第四章有关布拉格方程推导中，已经知道 X 射线面族的入射角与反射角是相等的。

当反射球与倒易点阵以重合的坐标原点 000 作相对运动，即 X 射线入射束与晶体的取向作相对的改变，直至这一倒易阵点列的第二个阵点 220 与反射球壳相交之时，就如图 3-5-2 所示，(110)面族对 X 射线第二级衍射的方向($\mathbf{S}/\lambda$ 矢量方向)已经改变。表达这一衍射的布拉格方程将是：

$$\sin\theta_{220} = \lambda/d_{110} \tag{3.5.3}$$

其中 θ_{220} 是面间距为 d_{110} 的(110)面族的第二级衍射角。显然同一面族(110)的第一级衍射的衍射角 θ_{110} 和第二级衍射的衍射角 θ_{220} 是不相同的。

同理，当这一倒易阵点列的第 n 个阵点 $hh0$ 与反射球壳相交时，就发生(110)面族对 X 射线的第 n 级衍射。当然，第 n 个倒易阵点 $hh0$ 在反射球壳上的相交位

置肯定与 *110*,220,…等其他倒易阵点的相交位置并不相同,它的衍射方向**S**/λ不相同,衍射角 θ_{hh0} 也不相同。描述(110)面族第 n 级衍射的布拉格方程为:

$$\sin\theta_{hh0} = n\lambda/2d_{110} \tag{3.5.4}$$

其中 θ_{hh0} 是面间距为 d_{110} 的(110)面族第 n 级衍射的衍射角。

由此可见,在倒易点阵中通过坐标原点的每一条倒易阵点列 hkl,它的方向和阵点间的距离 $H_{h_0k_0l_0}$,表达着晶体点阵中相应的($h_0\ k_0\ l_0$)面族的方向和面间距离 $d_{h_0k_0l_0}$,而阵点列上 n 个倒易阵点将表达着晶体点阵中($h_0\ k_0\ l_0$)面族第 1 级到第 n 级的衍射,它们的衍射方向决定于每个倒易阵点在反射球壳上相交的位置。

3.5.2 衍射的上限

3.5.2.1 布拉格方程中衍射级数的上限

从图 3-4-8 可以知道,晶体点阵中任何一面族,对 X 射线的最大衍射角只能是 90°,即:

$$\theta_{max} = 90°, \qquad \sin\theta_{max} = 1$$

这样,将此最大衍射角代入布拉格方程,式(3.4.22)将得到下式:

$$2d_{h_0k_0l_0} = n_{max}\lambda \tag{3.5.5}$$

式(3.5.5)表达了晶体点阵中特定的($h_0\ k_0\ l_0$)面族的面间距离 $d_{h_0k_0l_0}$,X 射线波长 λ 和此面族的最高衍射级数 n_{max} 三者之间的关系。

对于具有特定面间距 $d_{h_0k_0l_0}$ 的面族,从式(3.5.5)可以推知,波长越短(即 λ 越小),这面族可以发生的衍射级数越高。在此条件下,($h_0\ k_0\ l_0$)面族的最高衍射级数 n_{max} 将是

$$n_{max} = 2d_{h_0k_0l_0}/\lambda \tag{3.5.6}$$

对于特定的波长 λ,面间距 $d_{h_0k_0l_0}$ 越小的面族,它可以发生的衍射级数就越低。从式(3.5.6)可知,当面间距 $d_{h_0k_0l_0}$ 小于波长的一半,即 λ/2,此时 n_{max} 就少于 1,具有这样面距的面族是根本不可能发生衍射的。所以,根本不能发生任何衍射的($h_0\ k_0\ l_0$)面族所具有的条件表示为:

$$d_{h_0k_0l_0} < \lambda/2 \tag{3.5.7}$$

式(3.5.7)指出,虽然晶体点阵中存在着无穷多阵点面族,但并非所有的面族都可以发生衍射,只有那些面间距大于波长一半的面族才可能给出衍射。

从式(3.5.7)可以推知,对于晶格有序程度高的晶体,为了得到更多更丰富的衍射花纹(衍射数据),可以选用诸如钼(Moka)的特征波长等比较短的 X 射线。

3.5.2.2 衍射球及其最大极限

晶体的倒易点阵是一个无限的三维点阵,而能够与反射球相交发生衍射的倒易阵点是有限的,衍射空间是一个有限的空间。在某一特定条件下,可以与反射球

相交，并因此出现衍射的倒易阵点总是位于以倒易点阵坐标原点为中心，以某一限度条件为半径的倒易阵点球体之中。图 3-5-3 示意了以 H 长度的 OP 直线为半径的衍射球，这里 H 就是衍射球的限制条件。显然，如图 3-5-3 所示这一个以 H 长度为半径的衍射球内的所有倒易阵点都可以与反射球壳相交并出现衍射。换句话说，倒易点阵中凡是倒易矢量 $\mathbf{H}_{hkl}$ 的模量小于或等于 H 限度的倒易阵点都被包括在此衍射球内，而大于 H 限度的倒易阵点并不被包括在此衍射球内，在此衍射空间中自然不可能出现衍射。

图 3-5-3 所示衍射球的限度 H 可以表达为：

$$H = 1/d_H \tag{3.5.8}$$

这里衍射球的限度 H 如图 3-5-3 所示，是一个倒易矢量 $\mathbf{H}$ 的模量，而 d_H 应该是晶体点阵中与面族面间距性质相同的直线长度，其单位当然应以 Å 表示。如果以 $1/d_H$ 代替 H 作为衍射球的限度表达，那么量度 d_H 就将是与此衍射球所相对应的晶体结构可能的分辨能力。晶体结构分析工作者，特别是蛋白质晶体学家称 d_H 为被测定的结构所具有的分辨率。

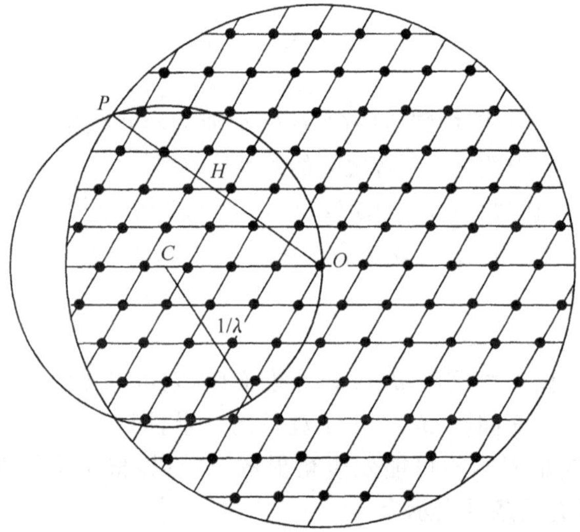

图 3-5-3　以 H 为限度的衍射球

显然，衍射球的限度也可以用衍射角 θ_H 表达为：

$$\theta_H = \sin^{-1}(\lambda/2d_H) \tag{3.5.9}$$

这里 θ_H 是图 3-5-3 所示衍射球的限度衍射角。不言而喻，衍射球内所有的倒易阵点，当它们与反射球壳相交而发生衍射时，其衍射角 θ_{hkl} 肯定小于或等于限度衍射角 θ_H，而衍射角 θ_{hkl} 大于限度衍射角 θ_H 的衍射，当然不可能出现在此衍射空间中。

产生衍射球限度的因素很多，其中一种是人为因素，由于某种特定原因，研究人员只需要某一特定限度范围内的衍射空间而给出衍射球的限度；另一种是仪器因素。例如四圆衍射仪的设计及实际使用中所给出的最大衍射角 θ 并非 90°极限，而是在 78°，结果最终的衍射球将是 $\theta_H = 78°$ 的限度。除此之外，还有一种是客观的晶体质量因素，特别是生物大分子的单晶。由于生物大分子晶体内部结构的固有特性，生物大分子单晶体对 X 射线的衍射能力随着衍射角 θ 的增大而急剧下降，一般的情况下衍射角 θ_{hkl} 在 25°左右的衍射强度已下降到极其微弱的程度。在此情况下，衍射空间就只限于在限度衍射角 $\theta_H = 25°$ 左右的衍射球内，如此等等。

图 3-5-4 表示当波长为 λ 时，由倒易点阵中可能与反射球相交的全部倒易阵点组成了以倒易点阵坐标原点为中心，以 2/λ 为半径的衍射球体。这是一个最大极限的衍射球体，衍射球内所有倒易阵点的倒易矢量长度（模量）都必定小于或等于 2/λ。而衍射球外的倒易阵点的矢量长度都大于 2/λ，根本不可能与反射球相交，衍射不可能发生。

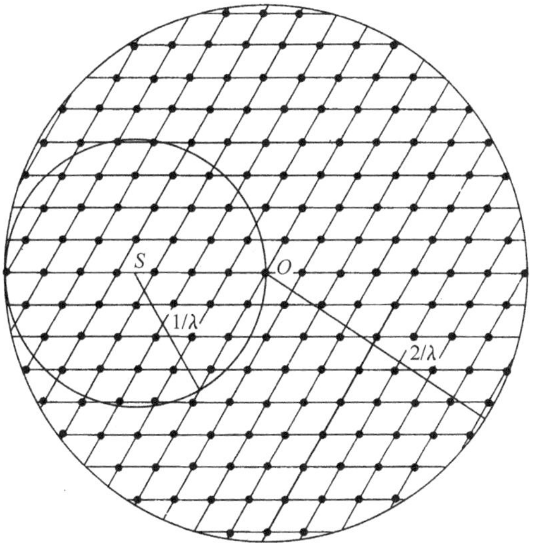

图 3-5-4　衍射球（衍射空间）的最大极限

若以 1/λ 为反射球的半径，以 $\mathbf{a}^*$，$\mathbf{b}^*$ 和 $\mathbf{c}^*$ 为倒易点阵的单位矢量，那么最大极限衍射球的半径将是 2/λ，如图 3-5-4 所示。若以无单位 1 为反射球半径，以 λa^*，λb^*，λc^*，α^*，β^* 和 γ^* 6 个参数建立倒易点阵，那么最大极限衍射球的半径将是无单位 2。

晶体的倒易点阵就如晶体点阵一样被看作是一个无限空间的三维点阵，而无论是以 H 为限度的衍射球，还是以 2/λ 为半径的最大极限衍射球都是一个有限的三维空间，是由有限的倒易阵点组成的衍射球。

衍射球内所包含的倒易阵点都是可能发生衍射的阵点。因而对于特定条件下的衍射球，全部可能出现的衍射数目将是此衍射球内全部倒易阵点数目 m。在没有系统消光的情况下，即没有系统的倒易阵点空缺的情况下，衍射球内倒易阵点数目 m 可由下式(3.5.10)求得：

$$m=\frac{\text{衍射球的体积}}{\text{倒易单位格子的体积}} \tag{3.5.10}$$

3.5.3 衍射空间的对称性

3.5.3.1 衍射球与衍射空间的概念

晶体对 X 射线的衍射是一种十分严谨、准确的物理实在(物理现象)，而衍射空间却并非是一种客观存在的空间，它仅仅是用于描述晶体衍射过程及其最终结果的一种数学模型。显然晶体对 X 射线的全部可能衍射是绝不可能同时发生，更不可能将全部衍射集中(限制)于某一特定的空间。上面 3.5.1 节和 3.5.2 节中所阐述的衍射球的概念仍然是在倒易点阵和反射球的范畴内对于在某一条件(特定的波长和晶体点阵参数)下可能发生衍射的描述。倒易点阵和反射球都不是客观的物理实在，衍射球当然也不会是一种物理的实在。然而，就从 3.5.1 节和 3.5.2 节所阐述的问题来看，引入"衍射球"的概念，对我们深入了解衍射现象，特别是对了解在特定的波长和点阵参数条件下可能发生的衍射及其几何分布(从倒易矢量 **H** 上或从衍射角 θ 上)将是很有帮助的。衍射球给我们提供了一个可能发生衍射的倒易阵点在空间分布的几何图案。而且在实践上，我们从实验中收集的全部衍射数据可以建立起这一几何图案。事实上，许多作为记录衍射谱的摄谱仪(亦称为衍射照相机)，在设计上是运用倒易点阵与反射球相互作用的模型，将衍射球中倒易阵点的空间分布以一个层面(倒易阵点平面)一个层面地分别记录在底片上，诸如倒易格子摄谱仪和徘循摄谱仪等。

衍射球是有限的许多倒易阵点在三维球体内规律地分布的一个有限体积的倒易点阵。倒易点阵的坐标原点与球心重合，衍射球内的每一倒易阵点都是在已知条件下，能够与反射球相交从而标记着可以发生的衍射，每一倒易阵点在衍射球中的几何位置(倒易阵点指数 hkl)当然是标记着在真实的衍射过程中这一衍射的方向，它用衍射角 θ 或倒易矢量的模量 H 表述。这一特定的衍射方向也以指数 hkl 标记，此时倒易阵点指数 hkl 就在衍射过程中被称为衍射指数。由此可见，衍射球所提供的倒易阵点排布的几何图案也间接地描述着在已知条件下所有可能发生衍射的衍射方向。

然而，就像第四章各节及 3.5.1 节和 3.5.2 节所阐述的那样，倒易点阵与反射球的相互作用模型只是指出衍射的发生及其衍射方向，衍射球也同样仅仅给我们指出全部可能发生的衍射及其方向。衍射球内全部倒易阵点都是一些既没内容也没有体积的几何点。

显然，真实的衍射除了具有确定的衍射方向之外，还具有反映晶体内部结构，特别是结构基元之间及其自身结构特征的衍射强度（或以衍射振幅表示），因而描述某一特定晶体衍射特征的衍射空间，必须同时表明全部可能衍射的衍射方向和衍射强度（或振幅）。我们这里引入“衍射空间”的概念是为了帮助我们更全面和更完整地描述晶体衍射的特征和衍射的对称性。

衍射球所描述的是已知条件下全部可能发生的衍射，并指出它们的衍射方向。作为描述特定晶体的衍射特征和衍射结果的衍射空间，它是在衍射球的基础上再加上每一个可能衍射的衍射强度（或振幅）。显然，衍射空间具有与衍射球内倒易阵点空间排布相同的图案，衍射空间与衍射球都是体积大小完全相同的有限空间球体。它们的差别是，在衍射空间球体内每一个结点都具有表明其可能衍射的衍射强度（或振幅）的内容，而且每一结点的指数 hkl 将被作为其可能衍射的衍射方向标记，即衍射指数。

很显然，衍射空间仍然是一个倒易空间，它当然也不是一个客观存在的物理实在，而只是用于描述晶体衍射的发生及其结果的一种数学表达。然而，用实验记录下来的特定晶体全部衍射的结果，不但衍射的方向，而且包括它们的衍射强度，我们将可以建立起它的衍射空间。在实践中，以倒易点阵照相机或贝尔格尔（M. J. Buerger）设计的徘循照相机所摄记的晶体衍射图谱，它们（衍射底片）叠加在一起，将构成一个十分完美的衍射空间图案，不但在几何图形上，而且在所记录的衍射强度上都充分表达了某一特定晶体的衍射空间的特征，包括它的对称性特征。

3.5.3.2 衍射空间的中心对称性

晶体结构中任何一个面族对 X 射线衍射时，X 射线从这一面族的正面入射所发生的衍射 hkl，和从它的反面方向以同样的 θ 角入射所发生的衍射 $\overline{hkl}$ 是一样的。图 3-5-5 给出了（$h_0\,k_0\,l_0$）面族的 hkl 衍射和 $\overline{hkl}$ 衍射示意图，其中 $\mathbf{S}_0$ 是 X 射线的入射方向，θ 是入射角和衍射角。为了表达的方便，图中（$h_0\,k_0\,l_0$）面族静止不动，而 X 射线对面族的入射方向 $\mathbf{S}_0$ 以面族为中心转动 180°，这样的表达与 X 射线入射方向 $\mathbf{S}_0$ 静止不动，而面族自身转动 180°是一样的。依据布拉格反射方程从示意图可以知道，（$h_0\,k_0\,l_0$）面族的 hkl 衍射与 $\overline{hkl}$ 衍射应有相同的效应。首先，如果不考虑反常散射效应，那么二者的衍射振幅的绝对值 $|F|$（或衍射强度 I）是相等的。其次，它们的相位差 $\Delta\phi$ 在绝对值上也是相等的，只是符号相反，即 $\Delta\phi_{hkl} = -\Delta\phi_{\overline{hkl}}$。对于晶体点阵来说，同一个面族的正、反两个方向的面法线必定重合于坐标原点的直线上，但方向相反，这两个方向是以坐标系原点作为反伸点相互等效联系。在宏观几何晶体学角度看，任意一个阵点平面面族的正、反两个方向的可能的晶面都是以对称中心联系的对称等效晶面。在倒易点阵中，倒易阵点 hkl 和 $\overline{hkl}$ 是位于通过坐标系原点的一条倒易点阵列上，并以坐标系原点为对称中心相互联系。既然在衍射

空间中 hkl 衍射和$\overline{hkl}$衍射不但在空间位置上是中心对称等效的，而且两个衍射的衍射振幅绝对值$|F|$和相位差绝对值$|\Delta\phi|$都是相等的，那么它们必然是以对称中心联系的两个对称等效衍射。所以，不论晶体本身是否具有对称中心，在忽略衍射中的反常散射效应（相对来说，其值通常都很小）的情况下，晶体在衍射过程中总是增添了对称中心。换句话说，衍射球总是中心对称的，衍射空间也总是中心对称的。以坐标原点为中心的衍射空间中，所有的衍射斑点（连同它们的几何位置及衍射强度）之间都具有中心对称等效关系，对称中心就位于衍射空间的球中心。

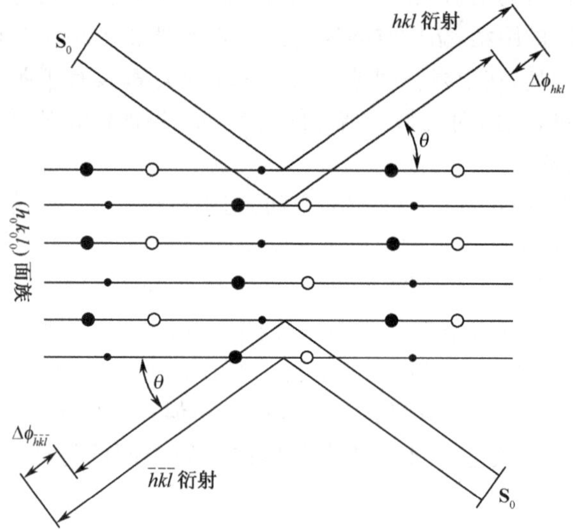

图 3-5-5 （$h_0\ k_0\ l_0$）面族的 hkl 衍射和 $\overline{hkl}$ 衍射示意图

3.5.3.3 衍射空间的对称元素不具有平移操作性质

衍射空间的对称性与晶体内部结构的空间群的对称性并不一致。因为衍射是发生在由无穷多个相互平行的平面所构成的面族上，内部结构的周期平移特性已作为衍射得以发生的首要因素，周期平移在衍射中已失去独立的含义。此外，衍射是由面族的每一平面，而且是平面上所有无穷多个物质点（原点、离子等，它们规律地分布在此无限延伸的平面上）衍射（或说是散射干涉）叠加的结果，任何对称元素中的平移操作性质在此叠加过程中已失去其独立的意义。内部结构中对称元素的平移操作性质已经不可能在衍射空间的对称性（对称元素）上得到反映，而只是表现为在衍射空间中某一些特定衍射（即衍射球中某一些特定阵点）的系统消失。因而在衍射空间中只可能出现没有平移操作性质的对称元素，换句话说只可能出现那些在宏观空间可以存在的对称元素。这样，某一空间对称群的晶体，其衍射空间所具有的对称性将是该空间对称群所属的点群对称，并给以附加的对称中心，而且在衍射空间中全部对称元素都将相交于坐标系原点——对称中心。

3.5.3.4 衍射空间的对称群——劳埃群

晶体在衍射过程中某一特定阵点面族所给出的衍射是此面族所有的阵点平面及每个平面所有物质点对衍射贡献的叠加总和。由晶体中某一对称元素使之对称等效的那些阵点面族所给出的衍射将是相互等效的。首先是它们的衍射角 θ 相同，因而几何位置（衍射花纹）将具有与此对称元素相关的对称等效；其次是它们所衍射的振幅 $|F|$（或衍射强度 I）相同；最后是它们衍射波相位差的模值 $|\Delta\phi|$ 也相同。所以，晶体中由一对称元素相关的对称等效的阵点面族之间的衍射，在衍射空间中也是对称等效的。从晶体点阵角度看，使阵点面族之间相互等效的只可能是那些不具有平移操作性质的对称元素。由此可推知，衍射空间的对称性将只可能是那些不具平移操作性质的对称元素组合，而晶体内部结构中的对称操作平移和非初基平移的特性只反映在某一些特定的衍射的系统消失（即"系统消光"）。这种衍射的系统消失在衍射空间的分布，也同样满足衍射空间的对称性。有关衍射的系统消失，在 3.5.4 节将给予讨论。

表 3-5-1 11 种劳埃群

劳埃群	属于它的点群
$\bar{1}$	$1, \bar{1}$
$2/m$	$2, m, 2/m$
mmm	$222, mm, mmm$
$\bar{3}$	$3, \bar{3}$
$\bar{3}m$	$32, 3m, \bar{3}m$
$4/m$	$4, \bar{4}, 4/m$
$4/mmm$	$422, 4mm, \bar{4}2m, 4/mmm$
$6/m$	$6, \bar{6}, 6/m$
$6/mmm$	$622, 6mm, \bar{6}2m, 6/mmm$
$m\bar{3}$	$23, m\bar{3}$
$m\bar{3}m$	$43, \bar{4}3m, m\bar{3}m$

不具有对称平移操作性质的对称元素只有 10 种，即 $1, \bar{1}, m, 2, 3, \bar{3}, 4, \bar{4}, 6, \bar{6}$，它们的组合肯定就是几何对称原理中已经推导出来的 32 种宏观对称组合类型，即 32 个点群。由于衍射空间总是增添对称中心，那么 32 个点群分别与对称中心组合将可推导出 11 个衍射空间的对称群，显然，它们必然是 32 个点群中具有对称中心的那 11 个点群。

衍射空间中的 11 个对称群也就是我们在实际工作中经常遇到的 11 个劳埃群。表 3-5-1 列出了 11 个劳埃群中每个劳埃群的国际符号和它所包括的点群。

每个劳埃群所包括的点群在衍射中都给出同一的劳埃群对称性，即在衍射空间中具有同一的对称群。

3.5.4 平移特性引起衍射的系统消失

在本书第二篇微观空间对称原理中，已将晶体内部结构所具有的平移特性作为晶体结构固有的特征进行了详细的讨论（见第二篇第一章“微观空间的平移”）。正是由于这些微观空间的平移特性赋予晶体内部结构及其所具有的对称以丰富多彩的内容。微观空间的平移可以概括地分为三类：周期平移、对称操作平移和非初基平移。

从对晶体衍射效应来考查微观空间的平移，周期平移是晶体内部结构作为精确的光栅对 X 射线产生衍射的决定性条件。如果没有内部结构严格的周期平移特性，晶体对 X 射线根本不可能发生如此的衍射效应。此外，某一面族的 n 级衍射是周期平移的一种表达。

晶体内部结构的非初基平移对于晶体衍射效应的影响，在本篇第三章“晶体的非初基点阵与它们的倒易点阵”中已经从晶体点阵与倒易点阵之间的关系进行了十分详细的讨论。由于非初基平移的出现导致相应的倒易点阵中 hkl 类型的某一些特定指数的倒易阵点系统地消失。表 3.3.1 给出了每一类非初基平移所引起的倒易阵点系统消失规律。我们已经知道，衍射球中所有的倒易阵点都是晶体的倒易点阵中能够与反射球壳相交，并可由此发生衍射的。衍射球中每一个倒易阵点 hkl 都表达着一个可能发生的晶体衍射，衍射的指数就是此倒易阵点的指数。显然，非初基平移所引起的倒易阵点系统消失的规律在衍射球中应该得到充分地表达。衍射球中某一部分特定指数的倒易阵点系统地消失意味着晶体衍射中某一部分特定指数的衍射根本不可能发生。正因如此，在实际工作中，通过对晶体衍射的全面收集（并从而建立起相应的衍射空间）和分析，从一般类型衍射即 hkl 类型中某一种特定衍射的系统消失规律，我们可以正确无误地确定晶体内部结构所具有的非初基平移类型。

晶体内部结构的对称操作平移对晶体衍射效应的影响也是导致某种衍射类型中某些特定指数的倒易阵点在衍射球中系统地消失，即某种衍射类型中某些特定指数的衍射根本不可能发生。同样道理，通过对晶体衍射的全面收集和分析，从衍射（倒易阵点）的系统消失规律可以确定晶体内部结构中每一种对称操作平移的性质和它的取向。

从微观空间对称原理的阐述中已经明白，具有平移操作性质的微观空间对称元素只有两类，即滑移对称面和螺旋对称轴。下面分别讨论这两类对称元素的存在与某一些倒易阵点系统消失的规律。

3.5.4.1 滑移对称面

图 3-5-6 给出了具有垂直于 c 轴反映对称面 $m(xy0)$ 的晶体点阵单位格子(图 a)和具有垂直于 c 轴滑移面 $b(xy0)$ 的晶体点阵单位格子(图 b),并且假定它们都是属初基 P 的布拉维格子,具有完全相同的正交晶系的点阵参数:$a\neq b\neq c$,$\alpha=\beta=\gamma=90^\circ$,因而其单位格子的大小完全相同。

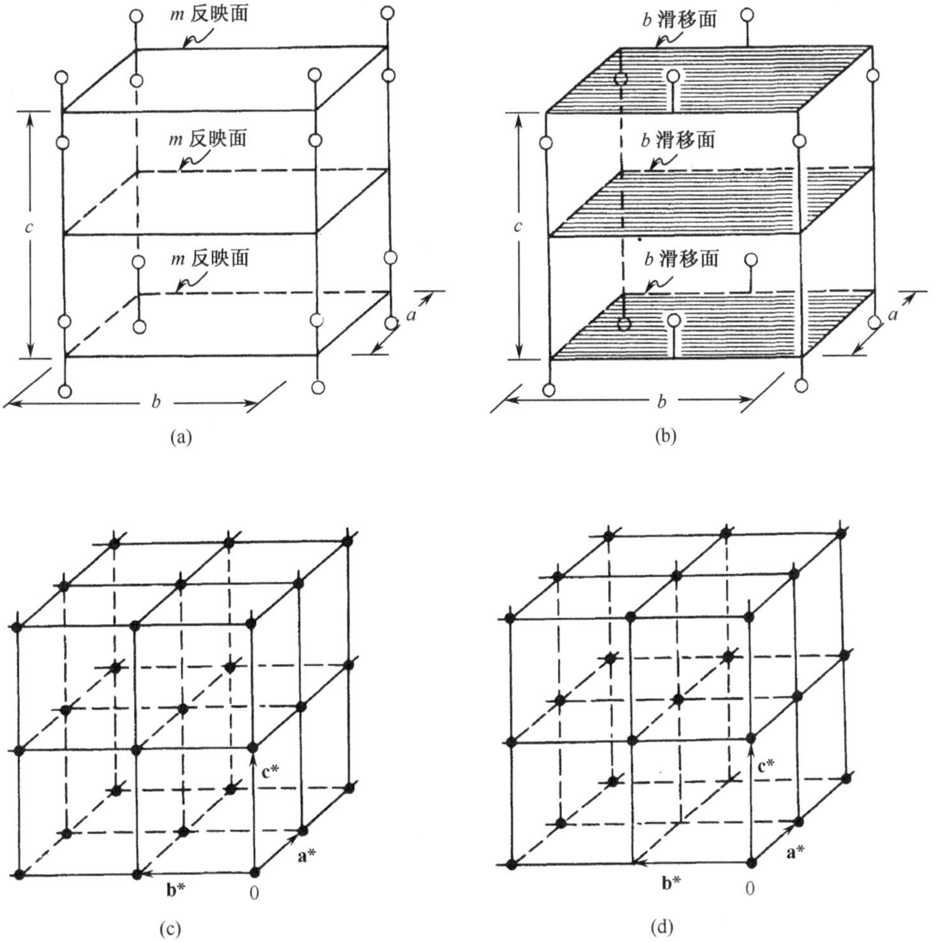

图 3-5-6 具有垂直于 c 轴反映面 $m(xy0)$ 的初基点阵单位格子(a)及其相应的倒易点阵(c)。具有垂直于 c 轴滑移面 $b(xy0)$ 的初基点阵单位格子(b)及其对应的倒易点阵(d),它的倒易点阵中零层 $hk0$ 类型的阵点以 $k=2n+1$ 的规律系统消失

参照 3.3.2 节晶体的初基点阵与其倒易点阵所阐述的原理,从 7 个基本阵点面族的面间距所推导出来的 7 个基本的单位倒易矢量将可建立起一个完整的相应

的倒易点阵。很显然,图 3-5-6(a)的晶体点阵单位格子中,虽然存在着反映对称面 $m(xy0)$,而其阵点排布的特征仍然与初基 P 格子的特征完全一样,从图(a)中不难看出这一个具有反映对称面 $m(xy0)$的格子中,7 个基本阵点面族的面间距 d^m_{100}, d^m_{010}, d^m_{001}, d^m_{110}, d^m_{101}, d^m_{011} 和 d^m_{111},将与式(3.3.8)所示的初基点阵的面间距完全一样,这里列于式(3.5.11)中。

$$
\begin{aligned}
&d^m_{100} = a, \quad d^m_{010} = b, \quad d^m_{001} = c \\
&d^m_{110} = ab/(a^2 + b^2)^{1/2}, d^m_{101} = ac/(a^2 + c^2)^{1/2}, \\
&d^m_{011} = bc/(b^2 + c^2)^{1/2}, \\
&d^m_{111} = abc/(a^2b^2 + a^2c^2 + b^2c^2)^{1/2}
\end{aligned}
\tag{3.5.11}
$$

从式(3.5.11)可以推导出相应的 7 个基本的单位倒易矢量 $\mathbf{H}^m_{100}$, $\mathbf{H}^m_{010}$, $\mathbf{H}^m_{001}$, $\mathbf{H}^m_{110}$, $\mathbf{H}^m_{101}$, $\mathbf{H}^m_{011}$ 和 $\mathbf{H}^m_{111}$。它们的模量实际上与 3.3.2 节中初基点阵的倒易点阵的 7 个基本单位矢量的模量[见式(3.3.7)]完全一样。由它们所建立起来的倒易点阵示于图 3.5.6(c),它与图 3.3.3 所示的单位倒易格子是完全一致的。很显然,图 3-5-6(c)是一个完整的初基倒易点阵。换句话说,在晶体点阵中出现普通反映对称面 m,并没有使其倒易点阵中某些阵点有规律地消失。

图 3-5-6(b)中的晶体点阵的单位格子虽然具有与图(a)所示的单位格子完全相同的点阵参数,但由于点阵中存在着滑移面 $b(xy0)$而不是反映面 m,因而点阵中阵点的排布显然与图(a)不同,尽管都属于初基 P 点阵。由于滑移面 $b(xy0)$的出现,阵点的排布显然不同于图(a),读者不难从图(b)中看出,此点阵的 7 个基本面族的面间距 d^b_{100}, d^b_{010}, d^b_{001}, d^b_{110}, d^b_{101}, d^b_{011} 和 d^b_{111} 与式(3.5.11)所列的 d^m 并不完全相同,它们之间有如下的关系:

$$
\begin{aligned}
&d^b_{100} = d^m_{100}, \quad d^b_{010} = d^m_{010}/2, \quad d^b_{001} = d^m_{001}, \quad d^b_{110} = d^m_{110}/2, \\
&d^b_{101} = d^m_{101}, \quad d^b_{011} = d^m_{011}, \quad d^b_{111} = d^m_{111}
\end{aligned}
\tag{3.5.12}
$$

从式(3.5.12)可以推知,两个倒易点阵中 7 个基本的单位倒易矢量之间的关系为:

$$
\begin{aligned}
&\mathbf{H}^b_{100} = \mathbf{H}^m_{100}, \quad \mathbf{H}^b_{010} = 2\mathbf{H}^m_{010}, \quad \mathbf{H}^b_{001} = \mathbf{H}^m_{001}, \quad \mathbf{H}^b_{110} = 2\mathbf{H}^m_{110}, \\
&\mathbf{H}^b_{101} = \mathbf{H}^m_{101}, \quad \mathbf{H}^b_{011} = \mathbf{H}^m_{011}, \quad \mathbf{H}^b_{111} = \mathbf{H}^m_{111}
\end{aligned}
\tag{3.5.13}
$$

由 7 个基本的单位倒易矢量 $\mathbf{H}^b$ 所建立的倒易点阵如图 3.5.6(d)所示。图(d)的倒易点阵是相应于具有垂直于 c 轴滑移面 $b(xy0)$的初基晶体点阵。很容易从图(d)发现这一倒易点阵与图(c)所示的倒易点阵极其相似,倒易点阵参数相同,都同属于初基 P 的倒易点阵,而且作为反映整个倒易点阵阵点排布特性的,即一般类型 hkl 的倒易阵点都是完整的(hkl 类型中的倒易阵点并没有出现系统消失)。然而,读者从图(d)中不难发现,这一倒易点阵的特殊类型——$hk0$ 类型的倒易阵点平面中某一些倒易阵点存在着规律的系统消失,即当 $k=2n+1$ 时 $hk0$ 类型的倒易阵点并不存在。$hk0$ 类型倒易阵点是与 a^* 和 b^* 重合通过坐标原点的倒易阵点平面,通常称之为零层倒易阵点平面。显然,这种零层倒易阵点平面上部分倒易阵点系统消失的原因,完全是由于晶体点阵中存在着某一相应的滑移面。而且部分倒易阵点系统消失的规律决定于晶体点阵中滑移面的取向，以及滑移面所具有的平移操作性质和平移方向。图(d)中零层 $hk0$ 类型的倒易阵点以 $k=2n+1$ 的规律系统消失是与图(b)晶体点阵中存在着与 c 轴垂直的滑移面 $b(xy0)$ 相关。可以推知，如果晶体点阵中与 c 轴垂直的滑移面为 $a(xy0)$，那么，零层 $hk0$ 类型倒易阵点的系统消失将遵循 $h=2n+1$ 的规律。也可以推知，如果滑移面 $a(x0z)$ 是垂直于 b 轴，那么倒易点阵的另一个零层，即 $h0l$ 类型的倒易阵点将以 $h=2n+1$ 的规律系统消失，如此等等。为了帮助读者的理解，表 3.5.2 列出了在正交晶系中，各种性质的滑移面在不同取向上引起相应的零层倒易阵点系统消失规律，这些规律当然也适用于四方晶系和立方晶系的情况。只是，在四方晶系和立方晶系中的对称面还可以是以[110]取向。各种性质的滑移面以[110]取向时所引起倒易阵点系统消失的规律列于表 3.5.3。在第二篇有关微观空间对称原理的阐述中已经证明，在四方和立方晶系的初基 P 格子中，以[110]取向的对称面是反映对称面 m 与滑移面 $a(b)$ 互为派生共存，滑移面 c 与滑移面 n 互为派生共存，因而以[110]取向的滑移面，只有 c 和 d 两种滑移面对于 hhl 类型倒易阵点所引起的系统消失规律才具有代表性。

表 3.5.2　正交晶系中各种性质滑移面在不同取向上引起倒易阵点系统消失的规律

	滑移面性质	倒易阵点类型	阵点系统消失规律
[100]取向	b	$0kl$	$k=2n+1$
	c	$0kl$	$l=2n+1$
	n	$0kl$	$k+l=2n+1$
	d	$0kl$	除 $k+l=4n$ 外，全部消失
[010]取向	a	$h0l$	$h=2n+1$
	c	$h0l$	$l=2n+1$
	n	$h0l$	$h+l=2n+1$
	d	$h0l$	除 $h+l=4n$ 外，全部消失
[001]取向	a	$hk0$	$h=2n+1$
	b	$hk0$	$k=2n+1$
	n	$hk0$	$h+k=2n+1$
	d	$hk0$	除 $h+k=4n$ 外，全部消失

表 3.5.3　以[110]取向的滑移面引起倒易阵点系统消失的规律

滑移面性质	倒易阵点类型	阵点系统消失规律
c	hhl	$l=2n+1$
d	hhl	除 $2h+l=4n$ 外，全部消失

3.5.4.2 螺旋对称轴

图 3-5-7 给出了平行于 c 轴，即以[001]取向的二次旋转轴[图(a)、(b)]和二次螺旋轴[图(c)、(d)]，以及它们在晶体点阵中的对称等效阵点。从图(a)的二次旋转轴情况不难看出，与轴垂直的阵点平面族(001)的面间距 $d_{001}^{(2)}$ 是与沿轴的阵点平移周期 t_c 等同的，而具有相同的沿轴平移周期 t_c 的二次螺旋轴[见图(c)]的情况却不一样。与二次螺旋轴垂直的阵点平面族(001)，其面间距 $d_{001}^{(2_1)}$ 只是沿轴平移周期的一半，即等于 $t_c/2$。显然 $d_{001}^{(2_1)}$ 等于 $d_{001}^{(2)}/2$。由此推导出它们的基本单位倒易矢量将是：

$$\mathbf{H}_{001}^{(2_1)} = 2\mathbf{H}_{001}^{(2)} \tag{3.5.14}$$

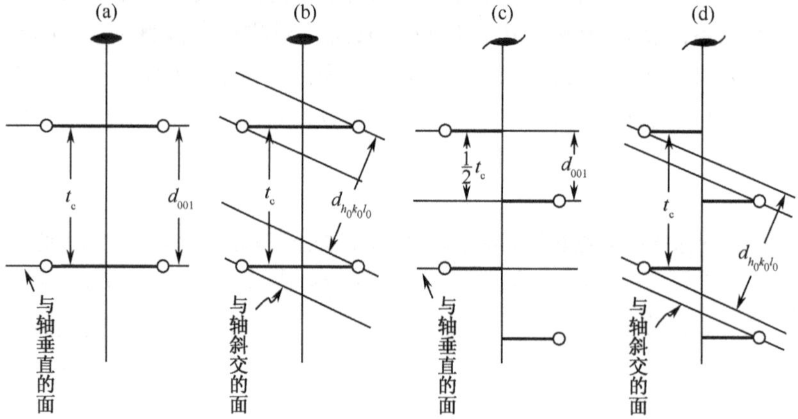

图 3-5-7　与二次旋转轴和二次螺旋轴垂直相交及斜交的阵点平面面间距 d 与点阵周期 t_c 的关系

由于二者的倒易点阵参数完全相同，从式(3.5.14)不难推知，由于晶体点阵中存在着以[001]取向的二次螺旋轴 2_1，因而引起其倒易点阵中，通过坐标原点的倒易阵点列 $00l$ 上出现倒易阵点系统消失，其系统消失的规律是 $l=2n+1$。对于二次旋转轴，由于与轴垂直的阵点面族的面间距 $d_{000}^{(2)}$ 与沿轴平移周期等同，其倒易矢量 $\mathbf{H}_{001}^{(2)}$ 必然与倒易点阵平移周期 c^* 等同，因而并不引起 $00l$ 类型的倒易阵点的系统消失。

图 3-5-7(b)及(d)表明，无论是二次旋转轴或二次螺旋轴的情况，与对称轴任意斜交的阵点面族，即($h_0\ k_0\ l_0$)类型的面族，当然也包括($h_0\ k_0\ 0$)，($h_0\ 0\ l_0$)，($0\ k_0\ l_0$)等类型的面族，都不可能有特殊的规律。在它们的倒易点阵中，除了上述 $00l$ 类型的倒易阵点列之外，对于其他类型的倒易阵点，不可能再出现部分倒易阵点系统消失。

从上述讨论不难推知，以[100]取向和以[010]取向的二次螺旋轴也会引起 $h00$ 类型和 $0k0$ 类型的倒易阵点列上的阵点分别以 $h=2n+1$ 和 $k=2n+1$ 系统消失的规律，它们归纳于表 3-5-4。

表 3-5-4　二次螺旋轴引起倒易阵点系统消失的规律

二次螺旋轴取向	[100]取向	[010]取向	[001]取向
倒易阵点类型	$h00$	$0k0$	$00l$
阵点系统消失规律	$h=2n+1$	$k=2n+1$	$l=2n+1$

同理，可以推导出在晶体点阵中以[001]取向的各种高次螺旋轴所引起倒易阵点系统消失的规律，它们分别列于表 3-5-5。

表 3-5-5　[001]取向的各种高次螺旋轴引起 $00l$ 类型的倒易阵点系统消失的规律

三次螺旋轴	四次螺旋轴	六次螺旋轴
3_1 $l=3n$ 以外	4_1 $l=4n$ 以外	6_1 $l=6n$ 以外
3_2 $l=3n$ 以外	4_2 $l=2n$ 以外	6_2 $l=3n$ 以外
	4_3 $l=4n$ 以外	6_3 $l=2n$ 以外
		6_4 $l=3n$ 以外
		6_5 $l=6n$ 以外

注：表中“以外”表示表中指出的之外，其余的倒易阵点全部消失。

通过这一节的讨论，可以了解到具有平移操作特性的那些微观空间对称元素，由于它们的各种取向和它们所具有的平移特性，将会引起倒易点阵中某些类型的部分倒易阵点系统消失。具体说，晶体点阵中的滑移面将使倒易点阵中相应的零层(通过坐标原点的)倒易阵点面上某些倒易阵点系统消失，而螺旋轴却只引起相应的通过坐标原点的倒易阵点列上某些阵点系统消失。衍射球上某些倒易阵点的系统消失必然导致与这些倒易阵点相关的衍射根本不能发生，那么在衍射空间中也根本不存在这些结点的衍射，准确地说，在这些结点上没有任何衍射强度(或振幅)。因此，通常也将这种现象叫做衍射的“系统消光”。

3.5.5　120 个衍射群

在本篇第三章“晶体的非初基点阵与它们的倒易点阵”的有关讨论中，已经清楚地阐明晶体点阵的非初基平移特性(平移群)必定引起倒易点阵的一般类型——hkl 类型的倒易阵点发生某一些规律性消失。在 3.5.4 节中又进一步详细讨论了具有平移操作性质的微观空间对称元素存在于晶体结构中，将引起一些特殊类型的倒易阵点(通过衍射球中心，即坐标原点的相应阵点平面或阵点列上的倒易阵点)发生某种规律性的系统消失。衍射球中倒易阵点的消失意味着与它们相关的衍射根本不可能发生,衍射空间中根本不存在这些结点的衍射(衍射强度或振幅),这就是我们称为衍射的消光或消失规律。

我们不但已经知道特定晶体所属的晶系和劳埃对称群(甚至点群),现在还掌握了此特定晶体的衍射空间中反映着各种平移特性的衍射系统消光规律,我们已经可以去探讨它所属的衍射对称群(简称为衍射群)。显然,衍射群并不等于空间群。有一些衍射群就是直接等同于空间群,但是,大多数衍射群都包含着一个以上的空间群。在此情况下,希望从衍射群进一步确定空间群,必须通过其他晶体物理学手段,诸如压电、倍频等方法确定晶体内部结构是否真正具有中心对称性。在某些情况下,恐怕只能在着手测定晶体内部结构之后,空间群才能最终给予肯定,例如 $P6_1$ 与 $P6_5$,I222 与 $I2_12_12_1$ 等。

不管如何,利用系统消光规律确定晶体所属的衍射群是十分必要的,在实际工作中是很有意义的。下面将分别列出 120 个衍射群与各种类型的系统消光规律的相互关系。

我们以晶系、劳埃群、点群、衍射群和空间群的层次将 120 个衍射群分别列于表 3-5-6。在表中我们以"能够出现的衍射"代替"系统消失的衍射",即以"衍射可以出现"的条件代替"衍射系统消失"的条件。换句话说,除了表中所列的条件之外,所有其他同一类型的衍射都全部系统消失。此外,表中的衍射群符号是与所包括的空间群相对应的,衍射群符号中不能确定的对称元素符号将以一小划表示。最后,在表中衍射条件栏内,所列出的衍射可以出现的条件,如果没有给予特别标明,那么它们都是等于偶数,即当它们等于 $2n$ 时衍射可以出现。

表 3-5-6(a)　三斜晶系:劳埃群 $\bar{1}$ 所属衍射群

衍射条件	衍射群	点　群	
		1	$\bar{1}$
无	$P-$	$P1$	$P\bar{1}$

(b)　单斜晶系:劳埃群 2/m 所属衍射群

衍　射　条　件							衍射群	点　群		
hkl	$0kl$	$hk0$	$h0l$	$hh0$	$00l$	$0k0$		2	m	$2/m$
							$P-$	$P2$	Pm	$P2/m$
						k	$P2_1$	$P2_1$		$P2_1/m$
			l		l		Pc		Pc	$P2/c$
			l		l	k	$P2_1/c$			$P2_1/c$
$h+k$	k	$h+k$	h	h		k	$C-$	$C2$	Cm	$C2/m$
$h+k$	k	$h+k$	h; l	h	l	k	Cc		Cc	$C2/c$

(c) 正交晶系:劳埃群 *mmm* 所属衍射群

衍射条件							衍射群	点群		
hkl	0*kl*	*h*0*l*	*hk*0	*h*00	0*k*0	00*l*		222	*mm*2	*mmm*
							P———	*P*222	*Pmm*2	*Pmmm*
						l	*P*——2_1	$P222_1$		
				h	*k*		$P2_12_1$—	$P2_12_12$		
				h	*k*	*l*	$P2_12_12_1$—	$P2_12_12_1$		
			h	*h*			*P*——*a*			*Pmma*
			h+*k*	*h*	*k*		*P*——*n*			*Pmmn*
		h		*h*			*P*—*a*—		*Pma*2	
		l				*l*	*P*—*c*—		$Pmc2_1$	
		h+*l*		*h*		*l*	*P*—*n*—		$Pmn2_1$	
		h+*l*	*h*	*h*		*l*	*P*—*na*			*Pmna*
	k	*h*		*h*	*k*		*Pba*—		*Pba*2	*Pbam*
	k	*h*	*h*+*k*	*h*	*k*		*Pban*			*Pban*
	k	*l*			*k*	*l*	*Pbc*—			*Pbcm*
	k	*l*	*h*	*h*	*k*	*l*	*Pbca*			*Pbca*
	k	*l*	*h*+*k*	*h*	*k*	*l*	*Pbcn*			*Pbcn*
	l	*h*		*h*		*l*	*Pca*—		$Pca2_1$	
	l	*l*				*l*	*Pcc*—		*Pcc*2	*Pccm*
	l	*l*	*h*	*h*		*l*	*Pcca*			*Pcca*
	l	*l*	*h*+*k*	*h*	*k*	*l*	*Pccn*			*Pccn*
	k+*l*		*h*	*h*	*k*	*l*	*Pn*—*a*			*Pnma*
	k+*l*	*h*		*h*	*k*	*l*	*Pna*—		$Pna2_1$	
	k+*l*	*l*			*k*	*l*	*Pnc*—		*Pnc*2	
	k+*l*	*h*+*l*		*h*	*k*	*l*	*Pnn*—		*Pnn*2	*Pnnm*
	k+*l*	*h*+*l*	*h*	*h*	*k*	*l*	*Pnna*			*Pnna*
	k+*l*	*h*+*l*	*h*+*k*	*h*	*k*	*l*	*Pnnn*			*Pnnn*
h+*k*	*k*	*h*	*h*+*k*	*h*	*k*		*C*———	*C*222	*Cmm*2	*Cmmm*
h+*k*	*k*	*h*	*h*+*k*	*h*	*k*	*l*	*C*——2_1	$C222_1$		
h+*k*	*k*	*h*	*h*; *k*	*h*	*k*		*C*——*a*			*Cmma*
h+*k*	*k*	*h*; *l*	*h*+*k*	*h*	*k*	*l*	*C*—*c*—		$Cmc2_1$	*Cmcm*
h+*k*	*k*	*h*; *l*	*h*; *k*	*h*	*k*	*l*	*C*—*ca*			*Cmca*
h+*k*	*k*; *l*	*h*; *l*	*h*+*k*	*h*	*k*	*l*	*Ccc*—		*Ccc*2	*Cccm*
h+*k*	*k*; *l*	*h*; *l*	*h*; *k*	*h*	*k*	*l*	*Ccca*			*Ccca*
k+*l*	*k*+*l*	*l*	*k*		*k*	*l*	*A*———		*Amm*2	
k+*l*	*k*+*l*	*h*; *l*	*k*	*h*	*k*	*l*	*A*—*a*—		*Ama*2	
k+*l*	*k*; *l*	*l*	*k*		*k*	*l*	*Ab*——		*Abm*2	
k+*l*	*k*; *l*	*h*; *l*	*k*	*h*	*k*	*l*	*Aba*—		*Aba*2	

续表

衍射条件							衍射群	点群		
hkl	0*kl*	*h*0*l*	*hk*0	*h*00	0*k*0	00*l*		222	*mm*2	*mmm*
h+*k*+*l*	*k*+*l*	*h*+*l*	*h*+*k*	*h*	*k*	*l*	*I*———	*I*222	*Imm*2	*Immm*
								$I2_12_12_1$		
h+*k*+*l*	*k*+*l*	*h*+*l*	*h*, *k*	*h*	*k*	*l*	*I*——*a*			*Imma*
h+*k*+*l*	*k*+*l*	*h*; *l*	*h*+*k*	*h*	*k*	*l*	*I*—*a*—		*Ima*2	
h+*k*+*l*	*k*; *l*	*h*; *l*	*h*+*k*	*h*	*k*	*l*	*Iba*—		*Iba*2	*Ibam*
h+*k*+*l*	*k*; *l*	*h*; *l*	*h*; *k*	*h*	*k*	*l*	*Ibca*			*Ibca*
h+*k*; *h*+*l*; *k*+1	*k*+*l*	*h*+*l*	*h*+*k*	*h*	*k*	*l*	*F*———	*F*222	*Fmm*2	*Fmmm*
h+*k*; *h*+*l*; *k*+*l*	*k*+*l*=4*n* *k*; *l*	*h*+*l*=4*n* *h*; *l*	*h*; *k*	*h*=4*n*	*k*=4*n*	*l*=4*n*	*Fdd*—		*Fdd*2	
h+*k*; *h*+*l*; *k*+*l*	*k*+*l*=4*n* *k*; *l*	*h*+*l*=4*n* *h*; *l*	*h*+*k*=4*n* *h*; *k*	*h*=4*n*	*k*=4*n*	*l*=4*n*	*Fddd*			*Fddd*

(d) 四方晶系:劳埃群 4/*m* 所属衍射群

衍射条件							衍射群	点群		
hkl	*hk*0	0*kl*	*hhl*	00*l*	0*k*0	*hh*0		4	$\bar{4}$	4/*m*
							P———	*P*4	$P\bar{4}$	*P*4/*m*
				l			$P4_2$——	$P4_2$		$P4_2/m$
				l=4*n*			$P4_1$——	$P4_1$		
								$P4_3$		
	h+*k*				*k*		*Pn*——			*P*4/*n*
	h+*k*			*l*	*k*		$P4_2/n$——			$P4_2/n$
h+*k*+*l*	*h*+*k*	*k*+*l*	*l*	*l*	*k*		*I*———	*I*4	$I\bar{4}$	*I*4/*m*
h+*k*+*l*	*h*+*k*	*k*+*l*	*l*	*l*=4*n*	*k*		$I4_1$——	$I4_1$		
h+*k*+*l*	*h*; *k*	*k*+*l*	*l*	*l*=4*n*	*k*		$I4_1/a$——			$I4_1/a$

(e) 四方晶系:劳埃群 4/*mmm* 所属衍射群

衍射条件							衍射群	点群			
hkl	*hk*0	0*kl*	*hhl*	00*l*	0*k*0	*hh*0		422	4*mm*	$\bar{4}2m$ $\bar{4}m2$	4/*mmm*
							P———	*P*422	*P*4*mm*	$P\bar{4}2m$	*P*4/*mmm*
										$P\bar{4}m2$	
					k		P—2_1—	$P42_12$		$P\bar{4}2_1m$	
				l			$P4_2$——	$P4_222$			
				l	*k*		$P4_22_1$—	$P4_22_12$			
				l=4*n*			$P4_1$——	$P4_122$			

衍射条件							衍射群	点群			
hkl	*hk*0	0*kl*	*hhl*	00*l*	0*k*0	*hh*0		422	4*mm*	$\bar{4}2m$ / $\bar{4}m2$	4/*mmm*
								$P4_322$			
				l=4*n*	*k*		$P4_12_1$—	$P4_12_12$			
								$P4_32_12$			
			l	*l*			*P*——*c*		$P4_2mc$	$P\bar{4}2c$	$P4_2/mmc$
			l	*l*	*k*		*P*—2_1c			$P\bar{4}2_1c$	
		k			*k*		*P*—*b*—		*P*4*bm*	$P\bar{4}b2$	*P*4/*mbm*
		k	*l*	*l*	*k*		*P*—*bc*		$P4_2bc$		$P4_2/mbc$
		l		*l*			*P*—*c*—		$P4_2cm$	$P\bar{4}c2$	$P4_2/mcm$
		l	*l*	*l*			*P*—*cc*		*P*4*cc*		*P*4/*mcc*
		k+*l*		*l*	*k*		*P*—*n*—		$P4_2nm$	$P\bar{4}n2$	$P4_2/mnm$
		k+*l*	*l*	*l*	*k*		*P*—*nc*		*P*4*nc*		*P*4/*mnc*
	h+*k*				*k*		*Pn*——				*P*4/*nmm*
	h+*k*		*l*	*l*	*k*		*Pn*—*c*				$P4_2/nmc$
	h+*k*	*k*			*k*		*Pnb*—				*P*4/*nbm*
	h+*k*	*k*	*l*	*l*	*k*		*Pnbc*				$P4_2/nbc$
	h+*k*	*l*		*l*	*k*		*Pnc*—				$P4_2/ncm$
	h+*k*	*l*	*l*	*l*	*k*		*Pncc*				*P*4/*ncc*
	h+*k*	*k*+*l*		*l*	*k*		*Pnn*—				$P4_2/nnm$
	h+*k*	*k*+*l*	*l*	*l*	*k*		*Pnnc*				*P*4/*nnc*
h+*k*+*l*	*h*+*k*	*k*+*l*	*l*	*l*	*k*		*I*———	*I*422	*I*4*mm*	$I\bar{4}2m$	*I*4/*mmm*
										$I\bar{4}m2$	
h+*k*+*l*	*h*+*k*	*k*+*l*	*l*	*l*=4*n*	*k*		$I4_1$——	$I4_122$			
h+*k*+*l*	*h*+*k*	*k*+*l*	*	*l*=4*n*	*k*	*h*	*I*——*d*		$I4_1md$	$I\bar{4}2d$	
h+*k*+*l*	*h*+*k*	*k*，*l*	*l*	*l*	*k*		*I*—*c*—		*I*4*cm*	$I\bar{4}c2$	*I*4/*mcm*
h+*k*+*l*	*h*+*k*	*k*，*l*	*	*l*=4*n*	*k*	*h*	*I*—*cd*		$I4_1cd$		
h+*k*+*l*	*h*；*k*	*k*+*l*	*	*l*=4*n*	*k*	*h*	*Ia*—*d*				$I4_1/amd$
h+*k*+*l*	*h*；*k*	*k*；*l*	*	*l*=4*n*	*k*	*h*	*Iacd*				$I4_1/acd$

* 衍射条件为 2*h*+*l*=4*n*；*l*。

(f) 三方晶系：劳埃群 $\bar{3}$ 所属衍射群

衍射条件（*H* 取向）				衍射群	点群	
hkl	*hh'l*	*hhl*	00*l*		3	$\bar{3}$
				P———	*P*3	$P\bar{3}$
			l=3*n*	$P3_1$——	$P3_1$；$P3_2$	
−*h*+*k*+*l*=3*n*	*h*+*l*=3*n*	*l*=3*n*	*l*=3*n*	*R*(*obv*)——	*R*3	$R\bar{3}$
h−*k*+*l*=3*n*	−*h*+*l*=3*n*	*l*=3*n*	*l*=3*n*	*R*(*rev*)——	*R*3	$R\bar{3}$

(g) 三方晶系:劳埃群 $\bar{3}m$ 所属衍射群

衍射条件(*H* 取向)				衍射群	点 群		
hkl	*hh'l*	*hhl*	00*l*		32	3*m*	$\bar{3}m$
				P———	*P*312	*P*31*m*	$P\bar{3}1m$
					*P*321	*P*3*m*1	$P\bar{3}m1$
			$l=3n$	$P3_1$——	$P3_{1}12$		
					$P3_{2}12$		
					$P3_{1}21$		
					$P3_{2}21$		
		l	*l*	*P*——*c*		*P*31*c*	$P\bar{3}1c$
	l		*l*	*P*—*c*—		*P*3*c*1	$P\bar{3}c1$
$-h+k+l=3n$	$h+l=3n$	$l=3n$	$l=3n$	*R*(*obv*)——	*R*32	*R*3*m*	$R\bar{3}m$
$h-k+l=3n$	$-h+l=3n$	$l=3n$	$l=3n$	*R*(*rev*)——	*R*32	*R*3*m*	$R\bar{3}m$
$-h+k+l=3n$	$h+l=3n$; *l*	$l=3n$	$l=6n$	*R*(*obv*)—*c*		*R*3*c*	$R\bar{3}c$
$h-k+l=3n$	$-h+l=3n$; *l*	$l=3n$	$l=6n$	*R*(*rev*)—*c*		*R*3*c*	$R\bar{3}c$

(h) 六方晶系:劳埃群 6/*m* 所属衍射群

衍 射 条 件			衍射群	点 群		
hh'l	*hhl*	00*l*		6	$\bar{6}$	6/*m*
			P———	*P*6	$P\bar{6}$	*P*6/*m*
		l	$P6_3$——	$P6_3$		$P6_3/m$
		$l=3n$	$P6_2$——	$P6_2$；$P6_4$		
		$l=6n$	$P6_1$——	$P6_1$；$P6_5$		

(i) 六方晶系:劳埃群 6/*mmm* 所属衍射群

衍 射 条 件			衍射群	点 群			
hh'l	*hhl*	00*l*		622	6*mm*	$\bar{6}2m$	6/*mmm*
			P———	*P*622	*P*6*mm*	$P\bar{6}2m$	*P*6/*mmm*
						$P\bar{6}m2$	
		l	$P6_3$——	$P6_{3}22$			
		$l=3n$	$P6_2$——	$P6_{2}22$			
				$P6_{4}22$			
		$l=6n$	$P6_1$——	$P6_{1}22$			
				$P6_{5}22$			
	l	*l*	*P*——*c*		$P6_3mm$	$P\bar{6}2c$	$P6_3/mmc$
l		*l*	*P*—*c*—		$P6_3cm$	$P\bar{6}c2$	$P6_3/mcm$
l	*l*	*l*	*P*—*cc*		*P*6*cc*		*P*6/*mcc*

(j) 立方晶系:劳埃群 $m\bar{3}$ 所属衍射群

衍射条件				衍射群	点群	
hkl	$0kl$	hhl	$00l$		23	$m\bar{3}$
				$P---$	$P23$	$Pm\bar{3}$
			l	$P2_1--$	$P2_13$	
	k		l	$Pa--$		$Pa\bar{3}$
	$k+l$		l	$Pn--$		$Pn\bar{3}$
$h+k+l$	$k+l$	l	l	$I---$	$I23$	$Im\bar{3}$
					$I2_13$	
$h+k+l$	$k;l$	l	l	$Ia--$		$Ia\bar{3}$
$h+k;h+l;k+l$	$k;l$	$h+l$	l	$F---$	$F23$	$Fm\bar{3}$
$h+k;h+l;k+l$	$k+l=4n;k;l$	$h+l$	$l=4n$	$Fd--$		$Fd\bar{3}$

(k) 立方晶系:劳埃群 $m\bar{3}m$ 所属衍射群

衍射条件				衍射群	点群		
hkl	$0kl$	hhl	$00l$		432	$\bar{4}3m$	$m\bar{3}m$
				$P---$	$P432$	$P\bar{4}3m$	$Pm\bar{3}m$
			l	$P4_2--$	$P4_232$		
			$l=4n$	$P4_1--$	$P4_132$		
					$P4_332$		
		l	l	$P--n$		$P\bar{4}3n$	$Pm\bar{3}n$
	$k+l$		l	$Pn--$			$Pn\bar{3}m$
	$k+l$	l	l	$Pn-n$			$Pn\bar{3}n$
$h+k+l$	$k+l$	l	l	$I---$	$I432$	$I\bar{4}3m$	$Im\bar{3}m$
$h+k+l$	$k+l$	l	$l=4n$	$I4_1--$	$I4_132$		
$h+k+l$	$k+l$	$2h+l=4n;\ l$	$l=4n$	$I--d$		$I\bar{4}3d$	
$h+k+l$	$k;l$	$2h+l=4n;\ l$	$l=4n$	$Ia-d$			$Ia\bar{3}d$
$h+k;\ h+l;\ k+l$	$k;\ l$	$h+l$	l	$F---$	$F432$	$F\bar{4}3m$	$Fm\bar{3}m$
$h+k;\ h+l;\ k+l$	$k;\ l$	$h+l$	$l=4n$	$F4_1--$	$F4_132$		
$h+k;\ h+l;\ k+l$	$k;\ l$	$h;l$	l	$F--c$		$F\bar{4}3c$	$Fm\bar{3}c$
$h+k;\ h+l;\ k+l$	$k+l=4n;\ k;\ l$	$h+l$	$l=4n$	$Fd--$			$Fd\bar{3}m$
$h+k;\ h+l;\ k+l$	$k+l=4n;\ k;\ l$	$h;l$	$l=4n$	$Fd-c$			$Fd\bar{3}c$

在晶体结构分析中,我们是进行上述现象讨论的逆过程。X 射线对未知结构的晶体衍射提供了全部的衍射结果,给出了晶体结构的整个衍射空间。在实践中,通过对衍射空间的研究分析,不但从衍射的空间几何图案(衍射结点——倒易阵点的空间排布及其衍射强度的对称等效关系等),可以准确无误地推导出晶体点阵的周期平移特性及其衍射空间的对称性,从而获得晶体点阵 6 个参数、晶体的晶系对称及其所属的劳埃对称群,而且可以通过一般类型(hkl 类型)和各种特殊类型衍

射的系统消失，推知晶体点阵的类型和晶体结构中存在的各种微观空间对称元素的平移特性。在实际工作中我们正是运用系统消光规律，推知晶体内部结构所属的可能的空间群——点阵的类型(平移群)和各种取向的对称元素组合。

由于衍射空间总是增添对称中心，无论晶体内部结构中是否具有对称中心(参阅 3.5.3.2 节有关衍射空间的中心对称性)。此外，诸如四次螺旋轴 4_1 与 4_3 等所引起的系统消光规律是没有差异的(见表 3-5-5)，如此等等。在实践中，通过衍射的系统消光规律，并不可能将全部 230 个空间群逐一区分开。在劳埃对称群的基础上，从一般类型和各种特殊类型衍射所出现的各类系统消光规律，只给我们提供 120 个点阵类型与微观对称元素组合的对称类型，称为 120 个衍射类型，或称之为 120 个衍射群。

3.5.6 衍射空间中衍射的对称等效

在 3.5.3 节的讨论中已经指出衍射空间的概念：在球体内具有与衍射球内倒易阵点排布图案一样的衍射结点排布方式，每一个衍射结点具有与衍射球内相应倒易阵点指数相同的衍射指数，衍射指数表示着在已知条件下(晶体点阵参数与 X 射线波长)衍射发生的方向。衍射空间与衍射球的重要差别在于衍射空间的球内每一个衍射结点都具有该衍射的强度或振幅(绝对的或相对的)，而衍射球内所包含的却只是倒易阵点。显然衍射空间并不是一个物理实在，而只是描述衍射可能发生及其最终结果的数学模型。

此外，在 3.5.3 节有关衍射空间的对称性的讨论中已经指出，在不考虑反常散射的情况下衍射空间具有中心对称性，衍射空间的对称元素不具有平移操作特性，衍射空间的可能对称组合类型就只有 11 种，即 11 个劳埃对称群。显然，衍射空间中的对称就是指各衍射之间的对称等效关系，它既包括衍射结点在衍射空间中在几何位置上的对称等效关系，也包括它们在衍射强度或振幅上相互之间的等效关系。此外，衍射空间的对称性对于球体内所有的衍射结点都应得到满足，即所有的衍射结点连同几何位置及衍射强度对于衍射空间的特定对称组合(劳埃群)的对称操作都必须得以满足。

由于读者在第一篇有关宏观对称原理的讨论中对宏观对称性已有充分了解，这里对衍射空间的对称性、对称等效及对称变换等就不必再重复，也不必对 11 个劳埃群逐一讨论。11 个劳埃群中 3 个对称群 $6/mmm$，$m\bar{3}$ 和 $m\bar{3}m$ 很具有代表性，其他的劳埃群都可通过它们在消除部分对称元素后获得答案。此外，这三个劳埃群的对称性特别高而且比较复杂，对它们的详细分析将有助于读者在实践中运用。

有别于晶体的宏观对称性和微观对称性，作为晶体内部结构的一种傅里叶变换的数学模型，晶体的衍射空间内的对称性表达着全部衍射结点之间的对称等效关系。对于整个衍射空间来说，“对称等效”的问题，在实践中更重要的是了解对称独立衍射区(或对称独立衍射结点)的分割及其衍射指数 hkl 之间的变换关系。衍射空间内对称独立区域总是与对称元素直接相关的,每一个对称独立区域都必然由一些对称元素所限定,就如点群中的一般位置点系一样。显然,劳埃群的对称性越高,衍射对称独立区的数目就越多。11 个劳埃群中对称群 $6/mmm$, $m\bar{3}$ 和 $m\bar{3}m$ 的对称性最高,衍射空间中对称独立区的数目最多,其分割也比较复杂。下面我们将分别讨论具有这 3 个劳埃对称群的衍射空间。

下面讨论中所涉及的概念、符号都与前面沿用的相一致。由于衍射空间的球体是一个倒易空间,坐标轴当然是倒易点阵的基本单位矢量 $\mathbf{a}^*$, $\mathbf{b}^*$, $\mathbf{c}^*$。与衍射结点平面重合的对称面的坐标位置以 hkl 指数加圆括弧表示。与衍射结点列重合的对称轴以衍射指数 hkl 加方括弧表示,它们当然也表示着衍射空间中各类旋转轴的方向。

3.5.6.1 具有劳埃群 $6/mmm$ 对称的衍射空间中各个衍射独立区的衍射指数

从对称原理上,劳埃群 $6/mmm$ 的对称性与晶体点群 $6/mmm$ 的对称性并无什么差别,只要参阅图 1.5.3,对于这一对称群的全部对称元素的排布将会有一个非常清晰的印象,在图 3-5-8 中我们没有画出对称面、对称轴和它们的符号,而只给出对称面和对称轴所重合的衍射结点平面和结点列的衍射指数。图 3-5-8 是沿六次轴亦即沿 c^* 轴的极射赤平投影示意。

这里,我们再次指出,衍射空间是一个倒易空间,它的坐标系遵照倒易点阵的坐标轴 a^*, b^*, c^* 取向。对于六方晶系点阵或三方晶系点阵的 H 取向的倒易单位格子,就如图 3-5-8 所示,γ^* (即 a^* 与 b^* 的夹角)是 60°,而不是 120°。

当坐标轴 a^*, b^* 和 c^* 的取向一旦确定之后,图 3-5-8 的衍射空间被 7 个与对称面重合的衍射结点平面分割为等同体积的 24 个区域,每个区域都标出了该区域内衍射指数 hkl 的限制条件。例如在被平面$(h0l)$,(hhl)和$(hk0)$所限定的区域内,所有的衍射指数 hkl 都必定满足 $h \geqslant k$, $k \geqslant 0$, $l \geqslant 0$ 的条件。又例如,以平面$(\bar{h}hl)$,$(\bar{h}2hl)$和$(hk0)$所分割的衍射空间区域,所包含的衍射应具有指数 hkl 为 $|\bar{h}| \leqslant k$, $2|\bar{h}| \geqslant k$ 和 $l \geqslant 0$ 为限定条件。

显然,具有劳埃群 $6/mmm$ 对称的衍射空间,如果不考虑反常散射效应,应有 24 个对称独立的区域,它们之间是互为对称等效的。图 3-5-8 也可适用于其他劳埃群如 $6/m$, $\bar{3}$ 和 $\bar{3}m$ 等,此时应将图中的部分对称元素消除,而且每一个对称独立区域将包含图中一个以上的区域。

值得提醒的是,图中的结点平面是两个相邻区间所共有的,结点列则为 4 个或 12 个区域所共有,而每个区域所给的衍射指数限定条件中都包括了结点平面和结点列。因此,每一个区域只能占有结点平面上每个结点的一半,结点列上每个结点的 1/4 或 1/12 等,这就是在结构分析中的多重性因子 m。当我们取独立衍射时,对于那些在衍射空间中处于特殊位置的衍射,其强度应进行“除以 2”、“除以 4”、

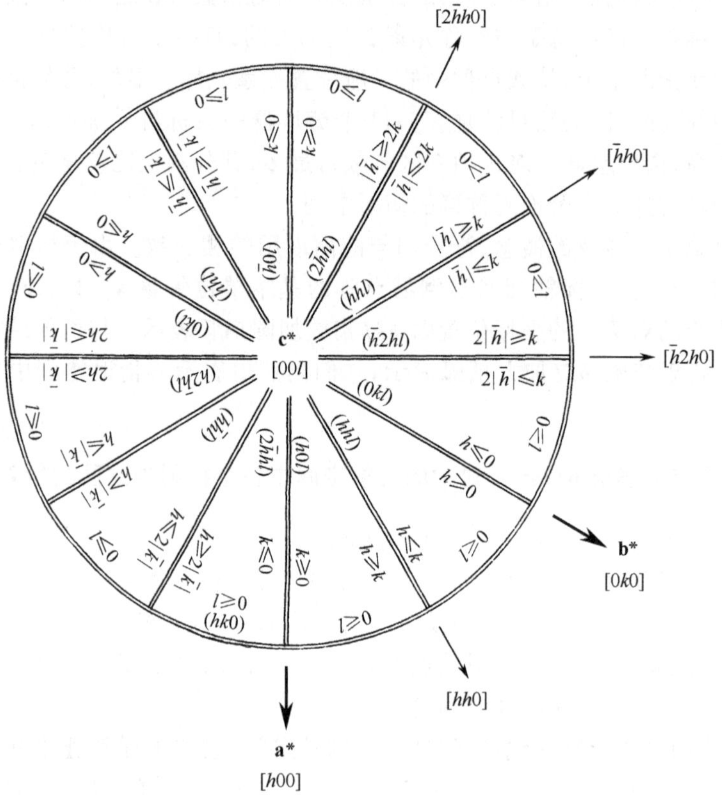

图 3-5-8 具有劳埃群 6/*mmm* 对称的衍射空间沿 c^* 方向的极射赤平投影示意图

以 7 个与对称面重合的衍射结点平面相交分割为 24 个独立区域，每一区域内衍射指数限定条件均给以标出。纸面下的下半球，其衍射指数限定条件相同，差别就只在于将 l 改为 $\bar{l}$

"除以 *m*"等多重性因子的处理。显然每一个衍射的多重性因子 *m* 是由它所处的位置所决定，确切地说，在特定的劳埃群中它是由 *m* 个对称独立区所共有的衍射结点，对于一个对称独立区来说只能占有它的 1/*m*。

3.5.6.2 具有劳埃群 $m\bar{3}m$ 对称的衍射空间中各个衍射独立区的衍射指数

图 3-5-9 给出具有劳埃群 $m\bar{3}m$ 对称的衍射空间球体的极射赤平投影示意图。在宏观对称原理中读者已经十分熟悉点群 $m\bar{3}m$ 的极射赤平投影(请参阅图 1.5.6)，在此对称群内共有 9 个对称面、3 个四次轴、4 个三次轴、6 个二次轴和对称中心。图 3-5-9 不再给出这些对称元素，而只标出与 9 个对称面重合的衍射结点平面以及它们在衍射空间中的坐标位置(以圆括号表示)，这 9 个平面的每一个平面在坐标系中都被分割为 4 个部分，分别具有不同的坐标位置。图中所给出的只是上半球(即 c^* 为正方向轴)的值，而下半球(c^* 为负方向轴)的数值读者很容易

由 hkl 的第三坐标值从 l 改为 $|\bar{l}|$ 而获得。

图 3-5-9 以 9 个与对称面重合的衍射结点平面相交，将整个衍射空间分割为 48 个等同体积的区域。显然在劳埃群 $m\bar{3}m$ 对称中这 48 个区域之间是完全对称等效的，即每一个区域所包含的衍射结点，无论在几何位置上还是衍射强度上都与其他区域相应的衍射结点相互为对称等效。换句话说 48 个区域中任一区域的衍射足以代表衍射空间，即所谓"（对称）独立的衍射"。从 48 个区域中任一区域，通过 $m\bar{3}m$ 对称群的对称操作，可以推导出整个衍射空间。

图 3-5-9 给出了上半球 24 区域中每个区域内全部衍射的衍射指数限定，而下半球的 24 个区域的衍射指数限定条件与上半球相似，只是需要将 $|\bar{l}|$ 代替 l，并以 $|\bar{l}|\geqslant 0$ 代替 $l\geqslant 0$ 即可。对于具有 $m\bar{3}m$ 劳埃群对称性的衍射空间，48 个区域中每一个区域都是对称独立的衍射区域。每一个区域中所给定的衍射限定条件中已经

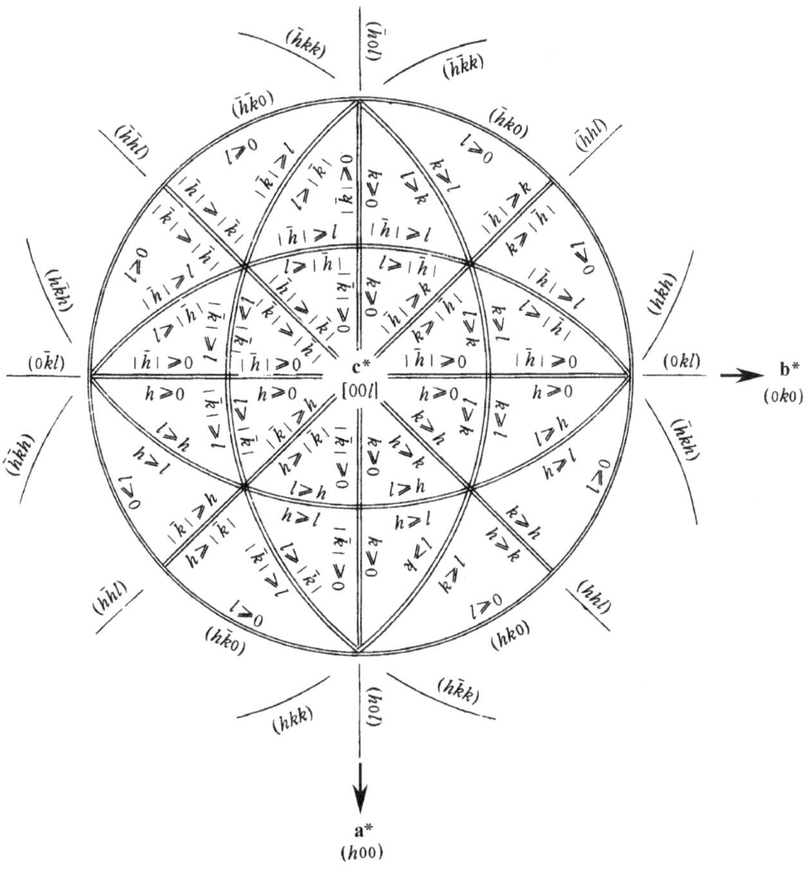

图 3-5-9 具有劳埃群 $m\bar{3}m$ 对称的衍射空间的极射赤平投影示意图

以 9 个与对称面重合的结点平面相交而分割为 48 个区域。以圆括号表示结点平面指数。

图中给出上半球 24 个区域中衍射指数限定条件。下半球的差别只是将 l 改为 $|\bar{l}|$

包括了应该为相邻区域所共有的衍射结点平面和结点列，每一对称独立衍射区域对这些为相邻所共有的衍射结点只能占有它们衍射强度的 $1/m$，这里 m 被称为多重性因子。对于具有 $m\bar{3}m$ 对称群的衍射空间，多重性因子 m 与衍射指数 hkl 有如下关系：

(1) 3 个衍射指数中两个指数相等或 1 个指数为零值者，$m=2$；

(2) 3 个衍射指数中 1 个指数为零值，而另外 2 个指数相等者，$m=4$；

(3) 3 个衍射指数都相等者，$m=6$；

(4) 3 个衍射指数中 2 个指数为零值者，$m=8$。

图 3-5-9 当然也适用于四方晶系具有劳埃群 $4/m$ 或 $4/mmm$，以及正交晶系具有劳埃群 mmm 对称的衍射空间。此时应将一些相应多余的对称元素去掉。显然在此情况下，每一个对称独立的衍射区域将包括着数个图 3-5-9 中所示的独立区域，多重性因子 m 也相应改变。

3.5.6.3 具有劳埃群 $m\bar{3}$ 对称的衍射空间中各个衍射独立区的衍射指数

对称群 $m\bar{3}$ 应具有 3 个对称面、4 个三次轴、3 个二次轴和对称中心，它们之间的组合排布在宏观对称原理中已作过详细讨论(参阅图 1-5-7)，图 3-5-10 和

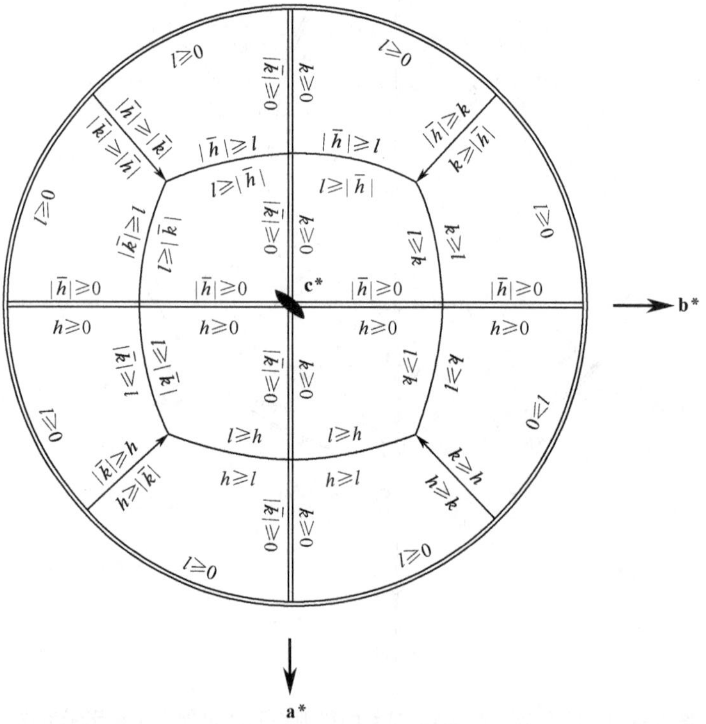

图 3-5-10 具有劳埃群 $m\bar{3}$ 对称的衍射空间中第一种划分 24 个对称独立衍射区的示意图。图中只给出上半球 12 个区域的衍射指数限定条件

图 3-5-11给出了对称面、三次轴和二次轴在极射赤平投影中的示意图。

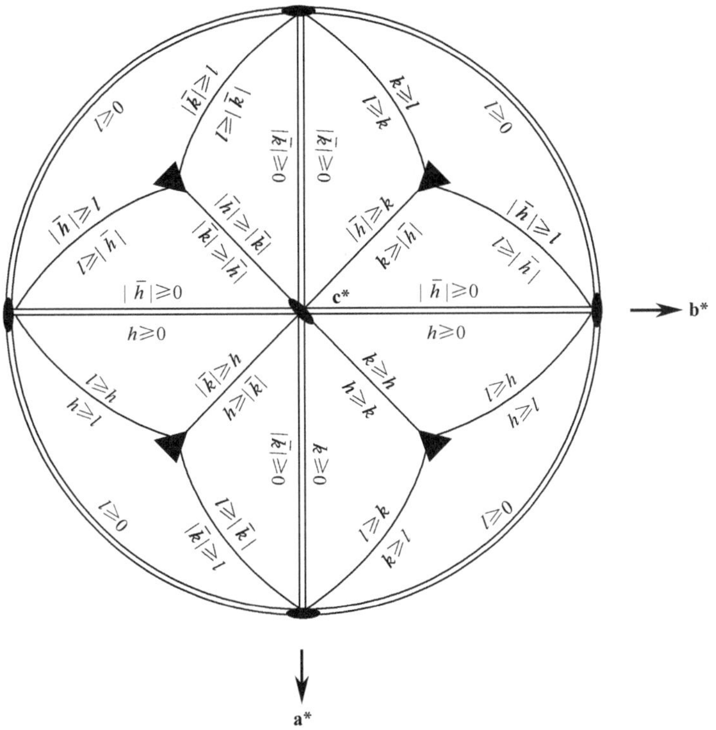

图 3-5-11　具有劳埃群 $m\bar{3}$ 对称的衍射空间中第二种划分 24 个对称独立衍射区的示意图。图中只给出上半球 12 个区域的衍射指数限定条件

具有劳埃群 $m\bar{3}$ 对称的衍射空间应有 24 个对称独立的衍射区域，它们之间是对称等效的，然而这 24 个对称独立衍射区域的划分方式可以有两种，如图 3-5-10 和图 3-5-11 所示。这两种划分方式都是正确的，按照这两种不同的分割方式，分别对 24 个对称独立的衍射区域给出了衍射指数限定条件。图 3-5-10 和图 3-5-11 只给出上半球的 12 个区域，而下半球 12 个区域的衍射指数限定条件十分相似，只需以 $|\bar{l}|$ 代替 l 即可。

无论第一种分割对称独立区的方式（见图 3-5-10）或第二种分割方式（见图 3-5-11），每一个对称独立区域中对称独立衍射的多重性因子 m 都遵循如下规律：

(1) 3 个衍射指数中 2 个指数相等或者其中 1 个指数为零值者，$m=2$；

(2) 3 个衍射指数中 1 个指数为零值，而其余 2 个指数相等者，$m=4$；

(3) 3 个衍射指数中 2 个指数都为零值者，$m=4$；

(4) 3 个衍射指数中 3 个指数都相互等同者，$m=3$。

3.5.7 衍射空间中对称等效的衍射指数之间的变换

3.5.7.1 具有劳埃群 6/*mmm* 对称的衍射空间中对称等效衍射指数的变换

图 3-5-12 给出了具有劳埃群 6/*mmm* 对称的衍射空间中与对称面重合的衍射结点平面(以圆括号表示),及与对称轴重合的衍射结点列(以方括号表示)在倒易点阵坐标系 a^*,b^* 和 c^* 中的取向位置及其指数(括号中的衍射指数)。

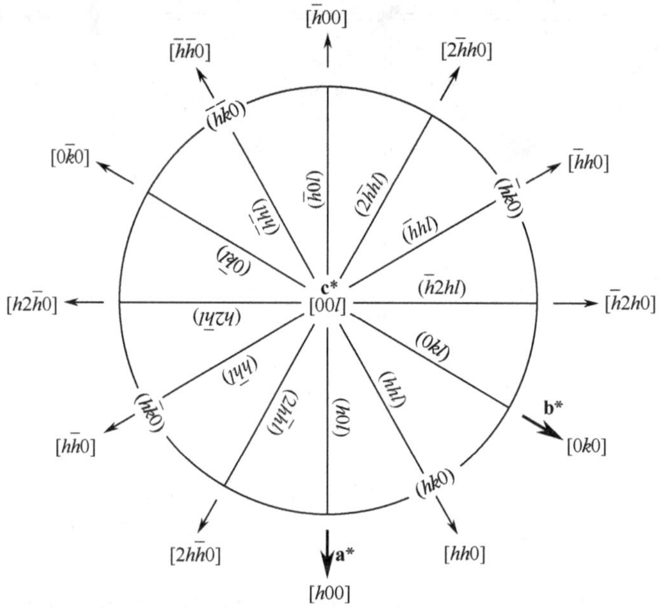

图 3-5-12 具有劳埃群 6/*mmm* 对称的衍射空间中与对称面 *m* 重合的衍射结点平面(以圆括号表示)和与对称轴重合的衍射结点列(以方括号表示)在倒易点阵坐标系 $\mathbf{a}^*$,$\mathbf{b}^*$ 和 $\mathbf{c}^*$ 中的取向位置及其指数

在坐标系中,通过坐标系原点的结点平面都将被分割为四部分,它们的衍射指数的正负符号不相同。例如,与坐标轴 c^* 垂直的衍射结点平面是由$(hk0)$,$(\bar{h}k0)$,$(h\bar{k}0)$和$(\overline{hk}0)$所构成。显然,与此四部分结点平面重合的对称面 $m(hk0)$,$m(\bar{h}k0)$,$m(h\bar{k}0)$和 $m(\overline{hk}0)$在对称原理上是完全等同的一个对称面。同理,通过坐标系原点的衍射结点列都被坐标系分割为两段,它们的衍射指数的正负符号并不相同。例如与坐标轴 c^* 重合的结点列将由于坐标轴 c^* 和 $-c^*$ 的原因而分割为$[00l]$和$[00\bar{l}]$两段衍射结点列。当然,与此两段结点列重合的六次轴 $6[00l]$和 $6[00\bar{l}]$在对称原理上是完全等同的。

由于图 3-5-12 是沿 c^* 投影的极射赤平投影示意图，因而只标出上半球的结点平面和结点列的符号。而下半球相应的结点平面和结点列的符号，只要以 $-l$ 代替上半球的 l 指数即可获得。

在 3.5.6 节中指出，在不考虑反常散射效应的情况下，具有劳埃群 $6/mmm$ 对称的衍射空间被对称元素分割为 24 个对称等效的衍射区域，每一个区域里都包括了足以代表整个衍射空间的全部独立的衍射。在 3.5.6 节已给出了每一个对称独立衍射区域在特定的坐标系中所具有的衍射指数限定条件(见图 3-5-8)。显然各个对称独立衍射区域之间，在已给定的坐标系里，各个等效衍射的衍射指数将可以通过各种对称元素的对称操作给以变换，或者从一个对称独立衍射区的衍射，通过对称元素的对称操作推导出其他任意一个对称独立衍射区或整个衍射空间全部衍射的指数。表 3-5-7 给出了与图 3-5-12 中各个结点平面或结点列重合的对称面或对称轴所具有的对称等效衍射指数。由这些衍射的对称等效关系，读者不难从一个独立衍射区域的衍射指数导出另一独立衍射区域或整个衍射空间的衍射指数。

表 3-5-7(d)是为了帮助读者推导三方晶系的等效衍射而附加的，它们也可以从表 3-5-7(c)中获得。

表 3-5-7(a)　具有劳埃群 6/*mmm* 对称的衍射空间中各个对称面的等效衍射

对　称　面	等效衍射
$m(hk0)$；$m(\bar{h}k0)$；$m(h\bar{k}0)$；$m(\bar{h}\bar{k}0)$	hkl；$hk\bar{l}$
$m(h0l)$；$m(\bar{h}0l)$；$m(h0\bar{l})$；$m(\bar{h}0\bar{l})$	hkl；$h+k\,\bar{k}\,l$
$m(hhl)$；$m(\bar{h}\bar{h}l)$；$m(hh\bar{l})$；$m(\bar{h}\bar{h}\bar{l})$	hkl；khl
$m(0kl)$；$m(0\bar{k}l)$；$m(0k\bar{l})$；$m(0\bar{k}\bar{l})$	hkl；$\bar{h}\,h+k\,l$
$m(\bar{h}2hl)$；$m(h2\bar{h}l)$；$m(\bar{h}2h\bar{l})$；$m(h2\bar{h}\bar{l})$	hkl；$\bar{h}+\bar{k}\,k\,l$
$m(\bar{h}hl)$；$m(h\bar{h}l)$；$m(\bar{h}h\bar{l})$；$m(h\bar{h}\bar{l})$	hkl；$\bar{k}\bar{h}l$
$m(2\bar{h}hl)$；$m(2h\bar{h}l)$；$m(2\bar{h}h\bar{l})$；$m(2h\bar{h}\bar{l})$	hkl；$h\,\bar{h}+\bar{k}\,l$

(b)　具有劳埃群 6/*mmm* 对称的衍射空间中各个二次轴的等效衍射

二　次　轴	等效衍射
$2[h00]$；$2[\bar{h}00]$	hkl；$h+k\,\bar{k}\bar{l}$
$2[hh0]$；$2[\bar{h}\bar{h}0]$	hkl；$kh\bar{l}$
$2[0k0]$；$2[0\bar{k}0]$	hkl；$\bar{h}\,h+k\,\bar{l}$
$2[\bar{h}2h0]$；$2[h2\bar{h}0]$	hkl；$\bar{h}+\bar{k}\,k\,\bar{l}$
$2[\bar{h}h0]$；$2[h\bar{h}0]$	hkl；$\bar{h}\bar{k}\bar{l}$
$2[2\bar{h}h0]$；$2[2h\bar{h}0]$	hkl；$h\,\bar{h}+\bar{k}\,\bar{l}$

(c) 具有劳埃群 6/*mmm* 对称的衍射空间中六次轴的等效衍射

六次轴	等效衍射
$6[00l]$	$hkl;\bar{k}h+kl;\bar{h}+\bar{k}hl;\bar{h}\bar{k}l;k\bar{h}+\bar{k}l;h+k\bar{h}l$

(d) 具有劳埃群 $\bar{3}$ 对称的衍射空间中三次轴的等效衍射

三次轴	等效衍射
$3[00l]$	$hkl;\bar{h}+\bar{k}hl;k\bar{h}+\bar{k}l$

3.5.7.2 具有劳埃群 $m\bar{3}m$ 对称的衍射空间中对称等效衍射指数的变换

图 3-5-13 给出具有劳埃群 $m\bar{3}m$ 对称的衍射空间中与对称面重合的衍射结点平面(以圆括号表示)和与对称轴重合的衍射结点列(以方括号表示)在倒易点阵坐标系 $\mathbf{a}^*$,$\mathbf{b}^*$ 和 $\mathbf{c}^*$ 中的取向位置及其指数(括号中的衍射指数)。

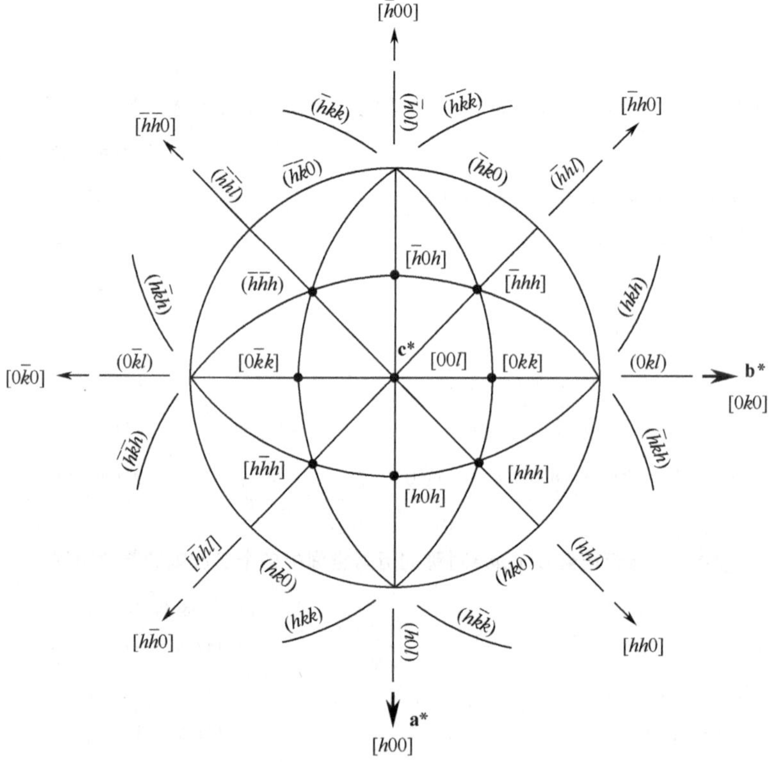

图 3-5-13 具有劳埃群 $m\bar{3}m$ 对称的衍射空间中,与对称面重合的衍射结点平面(以圆括号表示)和与对称轴重合的衍射结点列(以方括号表示)在坐标系 $\mathbf{a}^*$,$\mathbf{b}^*$,$\mathbf{c}^*$ 中的取向位置及其指数

在前面对具有劳埃群 $6/mmm$ 对称的衍射空间所进行的一些讨论，也适用于这里的情况，所以不再重复。

在 3.5.6 节中已经指出在不考虑反常散射效应的情况下，具有劳埃群 $m\bar{3}m$ 对称的衍射空间被对称元素分割为 48 个对称等效的衍射区域里，每一区域都包括了足以代表整个衍射空间的独立衍射。所以，每一区域的衍射都是衍射空间中对称独立的衍射。在已确定的坐标系 a^*，b^*，c^* 中，与对称面重合的衍射结点平面（以圆括号表示）和与对称轴重合的衍射结点列（以方括号表示）的取向位置及其衍射指数均示意于图 3-5-13。图中下半球的情况与此类似，只需将衍射指数的第三个指数改为负值即可。

显然，48 个对称独立区域内的衍射指数，相互之间可以通过各种对称元素的对称操作给以对称等效变化。从一个对称独立衍射区域的衍射，通过对称元素的对称操作可以推导出其他区域或整个衍射空间全部衍射的指数。表 3-5-8 给出了 $m\bar{3}m$ 对称的衍射空间中各个对称元素所具有的对称等效衍射（指数）。

表 3-5-8(a)　具有劳埃群 $m\bar{3}m$ 对称的衍射空间中各个对称面的等效衍射

对　称　面	等效衍射
$m(h0l)$；$m(\bar{h}0l)$；$m(h0\bar{l})$；$m(\bar{h}0\bar{l})$	hkl；$h\bar{k}l$
$m(0kl)$；$m(0\bar{k}l)$；$m(0k\bar{l})$；$m(0\overline{kl})$	hkl；$\bar{h}kl$
$m(hk0)$；$m(\bar{h}k0)$；$m(h\bar{k}0)$；$m(\overline{hk}0)$	hkl；$hk\bar{l}$
$m(hhl)$；$m(\overline{hh}l)$；$m(hh\bar{l})$；$m(\overline{hhl})$	hkl；khl
$m(\bar{h}hl)$；$m(h\bar{h}l)$；$m(\bar{h}h\bar{l})$；$m(h\overline{hl})$	hkl；$\overline{kh}l$
$m(hkk)$；$m(\bar{h}kk)$；$m(h\overline{kk})$；$m(\overline{hkk})$	hkl；hlk
$m(h\bar{k}k)$；$m(\overline{hk}k)$；$m(hk\bar{k})$；$m(\bar{h}k\bar{k})$	hkl；$h\overline{lk}$
$m(hkh)$；$m(h\bar{k}h)$；$m(\bar{h}k\bar{h})$；$m(\overline{hkh})$	hkl；lkh
$m(\bar{h}kh)$；$m(\overline{hk}h)$；$m(hk\bar{h})$；$m(h\overline{kh})$	hkl；$\bar{l}k\bar{h}$

(b)　具有劳埃群 $m\bar{3}m$ 对称的衍射空间中各个二次轴的等效衍射

二 次 轴	等 效 衍 射
$2[hh0]$；$2[\overline{hh}0]$	hkl；$kh\bar{l}$
$2[h\bar{h}0]$；$2[\bar{h}h0]$	hkl；$\overline{khl}$
$2[h0h]$；$2[\bar{h}0\bar{h}]$	hkl；$\bar{l}\bar{k}h$
$2[h0\bar{h}]$；$2[\bar{h}0h]$	hkl；$\overline{klh}$
$2[0kk]$；$2[0\overline{kk}]$	hkl；$\bar{h}lk$
$2[0k\bar{k}]$；$2[0\bar{k}k]$	hkl；$\overline{hlk}$

(c) 具有劳埃群 $m\bar{3}m$ 对称的衍射空间中各个三次轴的等效衍射

三次轴	等效衍射
$3[hhh];3[\bar{h}\bar{h}\bar{h}]$	$hkl;klh;lhk$
$3[\bar{h}hh];3[h\bar{h}\bar{h}]$	$hkl;\bar{k}l\bar{h};\bar{l}\bar{h}k$
$3[hh\bar{h}];3[\bar{h}\bar{h}h]$	$hkl;k\bar{l}\bar{h};\bar{l}h\bar{k}$
$3[h\bar{h}h];3[\bar{h}h\bar{h}]$	$hkl;\bar{k}\bar{l}h;l\bar{h}\bar{k}$

(d) 具有劳埃群 $m\bar{3}m$ 对称的衍射空间中各个四次轴的等效衍射

四次轴	等效衍射
$4[h00];4[\bar{h}00]$	$hkl;h\bar{l}k;h\bar{k}\bar{l};hl\bar{k}$
$4[0k0];4[0\bar{k}0]$	$hkl;\bar{l}kh;\bar{h}k\bar{l};lk\bar{h}$
$4[00l];4[00\bar{l}]$	$hkl;\bar{k}hl;\bar{h}\bar{k}l;k\bar{h}l$

3.5.8 真实晶体的衍射

上述各章节有关晶体衍射的讨论都是以理想晶体及绝对单一波长为前提的。换句话说,我们是假定晶体内部结构具有极高的有序性,即晶体点阵是一个三维的理想点阵,其各阵点平面都是不具有任何厚度的几何平面,各阵点列都是几何直线。然而,实际情况并非如此,在我们实际工作中所碰到的是实际晶体和具有一定波长宽度的单色光。

3.5.8.1 真实晶体

真实晶体内部结构的有序度是有限度的,物质颗粒或结构基元在真实晶体内部排列堆积并不可能绝对地有序。有序度的下降意味着晶体点阵并不是理想点阵,点阵中的阵点平面并不是一个严格的几何平面。阵点是在这一几何平面上以及偏离它而随机地分布,这种分布一般都符合高斯分布规律,即阵点落在几何平面上的几率密度最大,随着偏离的增大而几率密度下降,如图 3-5-14 所示。这一分布表达着真实晶体内部点阵有序程度。从这一分布也可以理解为,晶体点阵中的阵点平面并非是几何平面,而是具有一定厚度的平面。

由具有一定厚度的阵点平面所组成的面族,其面间距离不再是 d,而是 $d\pm\Delta d$,其中 Δd 是点阵中阵点平面的厚度。这样,布拉格方程将有如下的表达:

$$\sin\theta' = n\lambda/2(d+\Delta d) \tag{3.5.15}$$

由式(3.5.15)可见,这面族第 n 级衍射的衍射角也将不可能是精确的 θ,而是 $\theta'=\theta\pm\Delta\theta$。换句话说,在这种情况下,衍射线不再是严格的几何直线,而是带有发散度

为 $2\Delta\theta$ 的衍射束。

显然相应于真实晶体这样的点阵，晶体倒易点阵中倒易阵点将不再是几何点，而是具有一定体积的结点。这样的倒易阵点与反射球相互作用时，具有一定体积的倒易阵点与反射球壳的相交，将要经历一个相交的历程（相交运动）之后才能完结，而衍射方向 **S** 也将具有近似于 $2\Delta\theta$ 的发散角。因而，衍射空间中的衍射结点将不是几何点，而是具有一定体积的结点，其衍射强度应是体积衍射强度的积分。

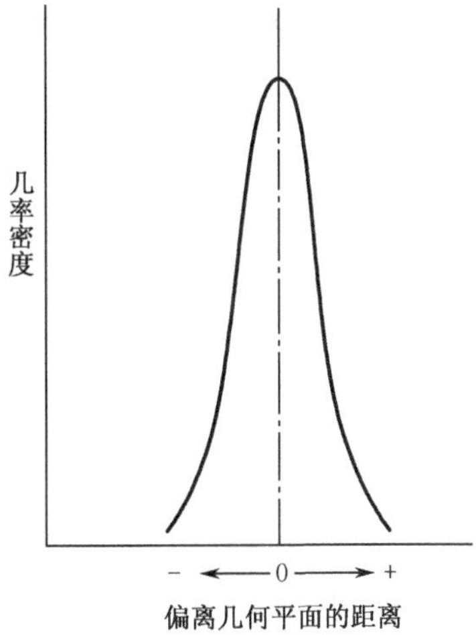

图 3-5-14　真实晶体中阵点在几何平面上的几率分布

3.5.8.2　X 射线波长

在实际工作中我们不可能获得绝对单色的 X 射线，而只能是具有一定波长宽度（$\lambda\pm\Delta\lambda$）的光束。同步辐射光源给出单色性极高的 X 射线，但仍然不可能绝对单色。晶体对于具有一定波长宽度的 X 射线衍射，在布拉格方程上将有如下表达：

$$\sin\theta' = n(\lambda\pm\Delta\lambda)/2d \qquad (3.5.16)$$

式中 θ' 是具有发散角 $\pm\Delta\theta$ 的衍射角，而 $\Delta\theta$ 依赖于 $\Delta\lambda$ 值的大小。

从倒易点阵与反射球相互作用的数学模型分析，若以通常习惯用的 $\mathbf{a}^*$，$\mathbf{b}^*$ 和 $\mathbf{c}^*$ 3 个倒易矢量建立倒易点阵，以 $1/\lambda$ 为半径建立反射球。那么 $1/(\lambda\pm\Delta\lambda)$ 为半径的反射球将是球壳厚度为 $2/\Delta\lambda$ 的球。这样的球壳与理想的倒易阵点（几何点）相交时，将要经历一个相交（相对运动）的历程后才能完结，它的衍射方向 **S** 应具有一定的发散角。若以 $\lambda\mathbf{a}^*$，$\lambda\mathbf{b}^*$ 和 $\lambda\mathbf{c}^*$ 建立倒易点阵，以无单位 1 为半径建立反射球，其结果仍然相同。波长为 $\lambda\pm\Delta\lambda$ 的倒易点阵，其阵点将是半径为 $\Delta\lambda$ 的结点，它与反射球相交的结果也必然导出具有发散角为 $\pm\Delta\theta$ 的衍射 **S**。

3.5.8.3　入射光束的发散度

在实际工作中，入射的 X 射线不可能是绝对平行的光束，而是一束具有一定发散度的 X 射线。

从布拉格方程可知，具有发散角为 $\Delta\omega$ 的入射光束，必然导致入射角和反射角 θ 具有 $\pm\Delta\omega$ 的偏离，即实际的衍射角将是 $\theta'=\theta\pm\Delta\omega$。

在倒易点阵与反射球相互关系的数学模型中，入射方向 $\mathbf{S}_0$ 具有 $\pm\Delta\omega$ 的偏离，必然导致衍射方向 **S** 也具有相同的 $\pm\Delta\omega$ 偏离。

3.5.8.4 生物大分子晶体衍射的特殊性

(1) 由于生物大分子晶体是由分子量很大、体积也很大的“颗粒”在三维周期的密堆积，晶体内部点阵周期 a_0，b_0 及 c_0 为 100Å 量级大小。这样大的晶体点阵参数，其倒易点阵参数 a^*，b^* 及 c^* 必然很小，倒易点阵内，阵点之间的距离很小，阵点极其密集。还由于各种原因所引起的倒易阵点体积扩大，因而在衍射空间中，每一衍射结点都很发散。在实际工作中衍射点之间十分靠近，容易相互粘连，甚至部分重叠难以分离。

(2) 由于晶体点阵的周期，a_0，b_0 及 c_0 很大，晶体点阵中许多具有很高晶面指数($h_0\,k_0\,l_0$)的面族都可以产生衍射，而且各个面族可以产生衍射的级数(n)很高。

(3) 由于生物大分子的均一性差，而且分子的构象具有很大的柔性，致使晶体中分子之间各相应的原子集团或局部结构在周期排列上不会十分严格，晶体点阵中晶格的有序度下降，这意味着点阵中阵点平面的“厚度”增大。从布拉格方程可以推知，X 射线的衍射将因此而具有较大的发散角($\pm\Delta\theta$)，衍射斑点比较弥散。此外，衍射的强度随着衍射角 θ 的增大而迅速下降，一般来说，生物大分子晶体的衍射角 θ 到达 25°～30°以后，衍射就难以辨认。

生物大分子晶体的衍射还有许多特殊性，诸如对 X 射线的吸收及辐射损伤等，由于与衍射原理的讨论没有很大关系，在此暂不一一介绍。

第六章　单晶衍射方法及其基本原理

前面的章节已经讨论了晶体内部结构(正空间)与晶体衍射空间(倒易空间)之间的关系,运用倒易点阵与反射球的概念阐述了晶体对 X 射线衍射的基本原理。本章主要讨论如何在实践上将晶体对 X 射线的衍射谱(衍射的几何图案及衍射的强度)记录下来,简单介绍几种主要的记录衍射谱方法的原理及实施时所用的仪器。几乎所有记录衍射谱的方法及相应的仪器,无论在方法原理或设计原理,都运用了倒易点阵与反射球相互作用的原理。很自然,所记录下来的衍射谱也可以运用倒易点阵与反射球相互关系给予准确的诠释。

所谓衍射谱的诠释就是对所记录下来的衍射谱中每一个衍射正确地给予相应的衍射指数。所以,人们通常将衍射谱的诠释过程称为衍射的"指数化"(俗称"指标化")。显然,衍射的指数化是与晶体点阵参数密切相关的,因为衍射谱中所有衍射指数的确定是与倒易点阵、衍射球和衍射空间的建立相一致的,而 X 射线的波长是早已确定的。所以,衍射的诠释过程既是衍射的指数化过程,也是确定晶体点阵的周期平移及其特征(点阵六参数及其所属晶系特征)、点阵的非初基平移(布拉维点阵特征——平移群)、点阵中可能存在的对称元素及其组合(劳埃对称群)以及对称元素的平移操作特征,从而确定晶体内部结构具有的可能的空间群(衍射群)。我们在衍射谱诠释中所以能够完成上述任务的原因是:所记录下来的晶体衍射结果,不但给出了全部衍射在倒易空间中的几何位置(即衍射球中的倒易阵点及其几何位置),而且给出了每一衍射的相对衍射强度和各种类型衍射中衍射系统消失的特征,换句话说,所记录下来的晶体衍射结果给出了在特定波长下一个完整的衍射空间。

在实践上,记录晶体衍射谱的目的,除了通过上述衍射谱的诠释获得晶体的 X 射线晶体学分析结果之外,对全部衍射的相对衍射强度的精确测量将为进一步的晶体结构分析提供重要的实验数据。随着 X 射线晶体学的发展,记录衍射谱的方法和仪器不断发展,特别是精密仪器工业和电子计算机及软件的迅速发展,大大推进了晶体衍射谱的记录方法和手段。从传统的劳埃方法、回摆方法、周转方法、魏森堡方法、倒易点阵方法、徘循方法等和与之相应的摄谱仪器(俗称"照相机")逐步发展到由电脑控制的大型自动化的仪器设备,如线性衍射仪、四圆衍射仪、回摆摄谱仪、大型魏森堡摄谱仪等等。在记录衍射强度的手段方面,从过去的双面溴化银乳负片(光学底片)逐步发展使用正比计数器(或闪烁计算器)、光学加强片,以及各种类型的多丝正比室等等。最近国际上还使用一种 IP 片(image plate),在软片上涂有对 X 射线敏感而对可见光不敏感的涂料,所记录衍射谱用激光束自动扫描读出。IP片经特别强的可见光“清洗”后，可以多次重复使用。

在这里我们不可能也不必要将所有的记录衍射谱方法作详细介绍，其中许多方法都有专著给以详细论述，几乎每台仪器都有详细的说明书，何况各种现代摄谱仪正以惊人的速度在发展。下面所介绍的只是几种最基本的，也是传统常用的方法和相应的“照相机”，既为读者在实践中了解这些方法和在仪器使用上做一些“入门”介绍，更重要的是为了帮助读者了解倒易点阵和反射球的概念如何应用于实践。关于多晶的衍射方法及其仪器已有许多专著给予很详细的阐述，这里就不再作介绍了。

3.6.1 劳埃(Laue)方法

劳埃方法是使用连续波长(白色)X射线作为光源，而且单晶体对于入射光束是静止不动的。如图3-6-1所示，X射线经准直器割取一小束平行的光束入射晶体。平面形底片垂直于X射线并置于晶体之后，底片也可以放在X射线入射束(即准直器)与晶体之间。前者称为正射法，主要收集衍射角θ较低的衍射。后者称为背射法，记录高衍射角θ的衍射。

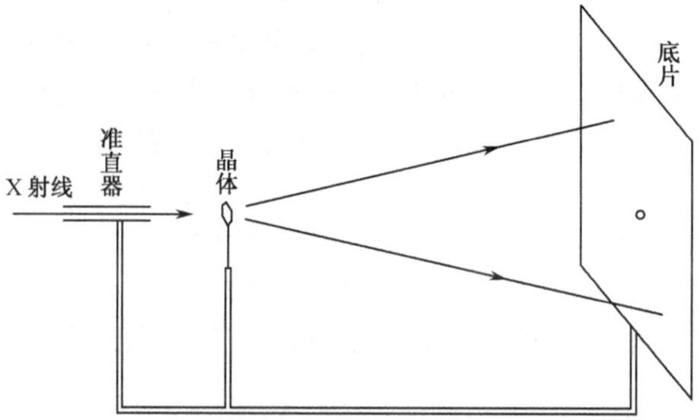

图3-6-1 劳埃法摄谱仪示意图

由于使用连续波长的X射线，如果以倒易矢量**H**构成晶体倒易点阵，那么以$1/\lambda$为半径的反射球将是由连续的许多(可以说无穷多)个反射球壳所构成的球体。劳埃法的另一特点是晶体静止不动，亦即晶体的倒易点阵对反射球来说静止不动。由于反射球是一个连续球体，倒易点阵中许许多多的阵点在这连续的反射球中得到相交，满足劳埃方程的衍射条件。

如果考察倒易点阵中任意一列通过坐标系原点O的倒易点列OM，大家已经知道，这样的一条倒易阵点列是由晶体点阵中同一个面族的各级倒易矢量所构成，它们在与反射球相互作用中表达着此面族对X射线的各级(n级)衍射。如果认定图3-6-2所示意给出的倒易阵点平面为$hk0$，那么通过坐标原点的倒易阵点列OM

将是[210]列，它由倒易阵点 210,420,630,840 等(图中分别标记为 1,2,3,4 等)所组成。这些倒易阵点都同时能满足劳埃方程，即可以在连续的球体内与相应波长的反射球相交。然而，值得注意的是，它们的衍射方向 **S**,**S**′和 **S**″等都与 210 的衍射方向**S** 完全一致。显然，其结果将是倒易阵点列[210]上所有的衍射都重叠在 210 衍射上。底片所记录的 210 衍射是此倒易阵点列的衍射强度的总和，亦即记录着晶体点阵面族(210)的各级(n级)衍射强度的总和。

由此原理出发，描述劳埃方法的衍射空间就只有 $h_0\,k_0\,l_0$ 的衍射结点及它们 n 级衍射的衍射强度总和，而衍射球当然就只有由 $\mathbf{H}_0$ 矢量(即 $\mathbf{H}_{h_0k_0l_0}$)所构成的倒易阵点。可以推知，这样的衍射空间的对称性将仍然是 11 种具有中心对称的可能对称组合——劳埃对称群。

由于劳埃摄谱的方法是晶体静止不动，而且采用平板底片，晶体对入射束在某一特定取向下，衍射球内只有一部分 H_0 的倒易阵点满足衍射条件。仍以图 3-6-2 为例，如果认定图中的 $\mathbf{b}^*$ 轴与入射束$\mathbf{S}_0$ 重合，那么，$-\mathbf{b}^*$ 方向的全部倒易阵点都不可能与反射球相交，自然不能满足衍射条件。由此可知，劳埃法每一次所记录的只是部分 H_0 为代表的衍射(包含了它们 n级衍射强度之和)，或者说每一张劳埃平板底片只能记录衍射空间中部分衍射结点，每一结点包含着 n级衍射。如果衍射空间中某一(或一些)对称元素与 X 射线入射方向$\mathbf{S}_0$ 位于某种特定的取向(重合或垂直)，劳埃底片所记录的衍射，它们在几何位置及强度上将反映出这一(或一些)对称性。可以这样直观地想像，劳埃底片所记录下来的对称性(衍射之间在几何位置及强度上的对称等效关系)就好像是衍射空间中劳埃群的全部对称元素沿

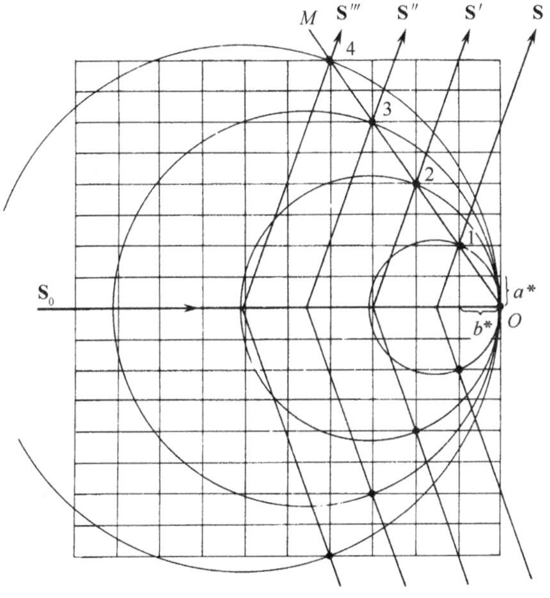

图 3-6-2　劳埃法中倒易点阵与反射球的关系

着 $\mathbf{S}_0$ 方向往劳埃底片上投影的结果。11 种劳埃群的各种投影，其结果将可以出现 10 种不同的对称图形，称为 10 种劳埃对称图。这 10 种不同的劳埃对称图的对称性示意于图 3-6-3。显然，通过晶体不同取向的劳埃底片，换句话说，通过对衍射空间对称群的不同方向投影，我们肯定可以准确无误地确定晶体所具有的劳埃对称群。

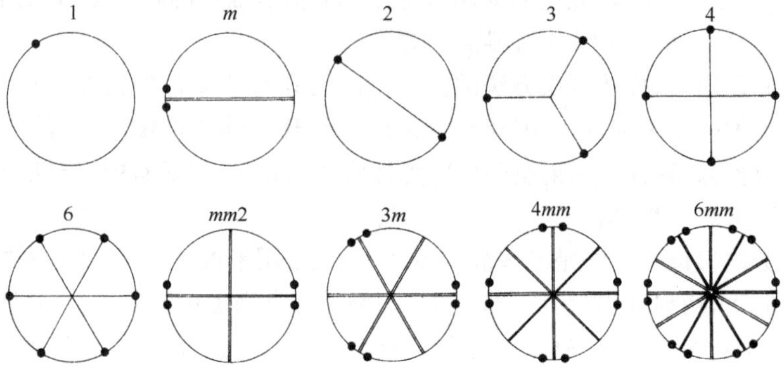

图 3-6-3　10 种劳埃对称图的对称性

由于劳埃摄谱方法的特点，晶体点阵中每一个阵点面族只给出一个一级(n=1)衍射，而它的衍射强度却是该面族的 n 级衍射的衍射强度总和。这一个第一级(n=1)衍射的指数 $h_0 k_0 l_0$ 就是该面族的面指数($h_0 k_0 l_0$)。

既然晶体点阵中每一个阵点面族只给出一个衍射斑点，由 P 个面族所组成一个晶带(请参阅几何晶体学中有关晶带的概念)将给出 P 个衍射斑点，而且它们将与 X 射线入射束一起构成一个圆锥，此衍射圆锥的顶点就在晶体中心。与入射原束垂直的平板底片所记录下来的结果，将是由 P 个衍射斑点所组成的并通过底片中心原点的椭圆，如果平板底片足够大的话。对于有限面积的平板底片，所记录的可能只由部分衍射斑点所组成的抛物线。换句话说，属于同一晶带的各个面族，它们的衍射(每一面族只有一个衍射)都落在劳埃底片的一个椭圆或抛物线上。图 3-6-4 示意一个晶带在劳埃底片上所表现出来的晶带曲线。由 P 个包括 O-S-R-T 等面族所组成的晶带具有晶带轴为 A-A'，它与 X 射线入射束的夹角为 ω。此晶带在劳埃底片上将给出 P 个落在同一曲线(椭圆)的衍射斑点，如图 3-6-4 所示。由于晶体点阵中任何一个晶带都必然包含有一个与入射束平行的阵点面族，因而可以理解，劳埃底片上所有的晶带曲线，包括是椭圆或抛物线，都一定与入射束原点 O 相切。另外，从图 3-6-4 可以理解，通过对底片上晶带曲线 O-S-R-T 的测量，特别是对其曲率变化的测量，可以确定此晶带的晶带轴 A-A' 与底片的交点 A，俗称之为晶带轴在底片上的“出口”。显然，通过测知底片的 OA 距离，而且在实验中又已知晶体与底片的距离，不难推算出此晶带轴 AA' 与 X 射线入射束的夹角 ω。从图 3-6-4 可以理解，夹角 ω 越大，劳埃曲线的曲率越小。在有限面积的平板底片与

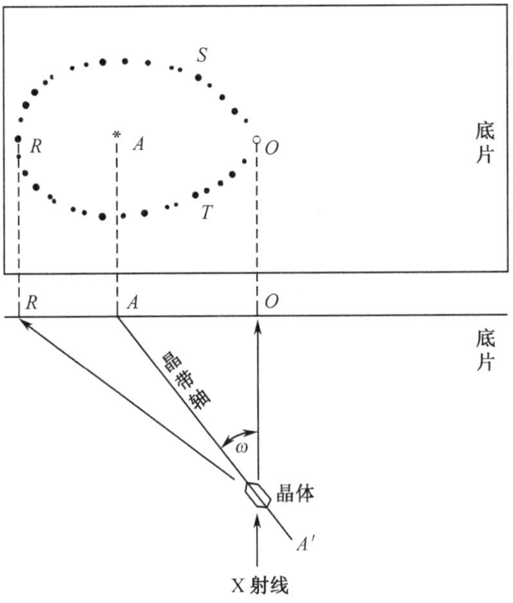

图 3-6-4　一个晶带的劳埃衍射示意图

上述衍射锥相切将呈现椭圆或抛物线。显然，当夹角 ω 为零时，即晶带轴 AA' 与入射束重合之时，此晶带的所有面族均与入射束平行，底片上的晶带曲线将会聚于入射束原点 O 点，从而消失。这正是在实践中调整晶体对 X 射线入射束的某特定取向所采用的技巧。

借助心射极平投影方法，可以将劳埃衍射曲线展开为阵点列。有关劳埃底片所记录衍射的诠释，在 A. N. 季达依哥罗茨基所著的《X 射线结构分析》中已做详细阐述，这里不必重复。

如果晶体点阵中的一个通过原点 O 的主要阵点平面（阵点密集的平面）与 X 射线入射束平行，亦即垂直于底片，如图 3-6-5 所示。阵点平面上从原点 O 出发的许多阵点列，诸如 OP，OQ，OR，OS 等都应该是晶带轴，而每一晶带轴都必包含有一个晶带。如此一来，在劳埃衍射底片上将出现如图 3-6-5 示意那样的劳埃衍射曲线族。各个晶带轴在底片上的引伸点 P，Q，R，S 等一定处于与此阵点平面相平行且通过底片原点 O 的一条直线上，与之相应的是以此直线为公共轴线的一系列椭圆及抛物线，它们都与入射束原点 O 相切。显然，如果这一通过原点 O 的主要阵点平面是晶体的对称面，劳埃底片上将呈现对称面的对称性，对称面在底片的投影就是 O-P-Q-R-S 直线。

如果晶体点阵中一个主要轴与 X 射线入射束重合，如图 3-6-6 所示，由于点阵主要轴必然是一条由许多主要阵点平面相交的直线，每一主要阵点平面将如上述

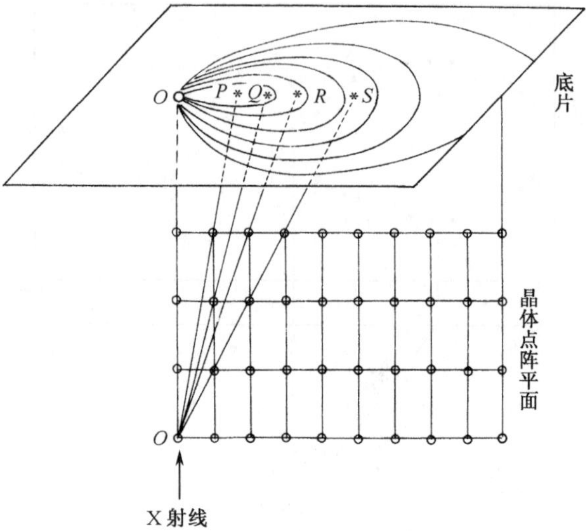

图 3-6-5　晶体点阵平面与劳埃曲线族示意图

那样，在劳埃底片上出现一个晶带曲线族，因而相交于主要轴的许多阵点平面，其劳埃衍射结果将是许多个互相穿插的晶带曲线族，如图 3-6-6所示。如果与入射束重合的点阵的主要轴是晶体的某一对称轴，不言而喻，劳埃底片上所有衍射斑点无论在几何位置上，还是在衍射强度的相互关系上，都必然呈现出该对称轴沿轴投影的对称性。对称轴的沿轴投影点自然是落在入射束原点 O 上。

由于晶体点阵与入射束的不同取向，32 种点群(包含着 230 个空间对称类型)

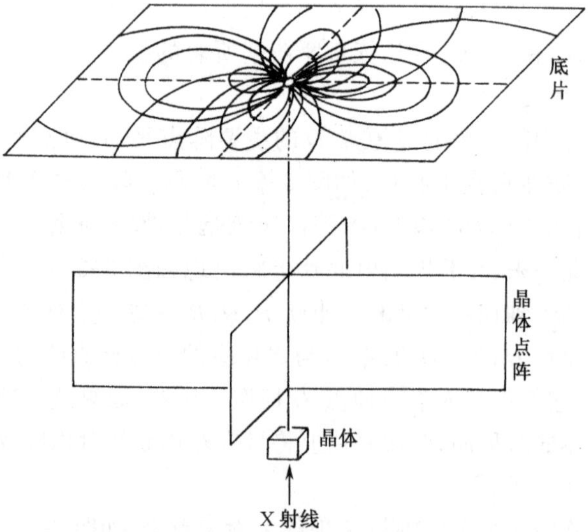

图 3-6-6　晶体点阵与劳埃衍射示意图

的晶体结构在劳埃衍射底片上将有 10 种可能呈现的对称图案(对称性),这就是上述的 10 种劳埃对称图(见图 3-6-3)。显然,某一特定晶体对 X 射线入射束的各种取向,所摄取的劳埃衍射对称图都表达着此晶体对称性的各种投影,晶体学者可以调整晶体的取向,使晶体中的对称元素与入射束重合等。它们的综合结果肯定可以准确无误地确定晶体所属的劳埃群。

原则上,劳埃摄谱方法并不适合于收集衍射强度,因为在连续波长的 X 射线中,每一个面族的 n 级衍射都重合于同一个衍射斑点上。然而近年来,一些晶体学家利用同步辐射 X 射线光源所具有的波长单一性和波长可调节等特殊优点,正在研究并发展以劳埃法收集衍射强度数据的方法和摄谱仪。

至今,劳埃方法仍然是研究单晶体的一种常用的衍射方法。它不但对于判明晶体的对称性及晶体定向(晶体学轴的方位)等是一种十分简便、实用的有效方法,而且通过对劳埃衍射的精细结构分析,在研究晶体缺陷、晶体内部的超结构以及无公度结构等许多方面都得到很广泛应用。

3.6.2 回摆方法

回摆方法不但只作为传统的摄谱方法而广泛被应用,而且近十年来在蛋白质晶体学蓬勃发展过程中,附有各种记录手段的非常精密的回摆摄谱仪,已经取代传统的四圆衍射仪,在不断地发展并在广泛地得以应用。为此,虽然许多教科书和专著对回摆方法都已做详细论述,而作为重要摄谱手段之一,这里仍借用传统的回摆摄谱仪对回摆方法作一些必要的介绍和讨论。

3.6.2.1 回摆方法的原理及其衍射谱的摄取

将晶体安放在测角头上,调整晶体的方向,使某一晶轴(或主要晶带轴)与仪器的转轴重合。这步工作可以预先通过目测粗调,然后放在回摆摄谱仪上借助望远镜进行精调。装有底片的圆筒形底片盒,其中心轴线与晶体的转轴重合。以单一波长的 X 射线入射束对准晶体并垂直于晶体的转轴,晶体在一定角度范围内绕轴来回转动,而圆筒底片是静止不动的。回摆摄谱仪的机械原理示意于图 3-6-7。

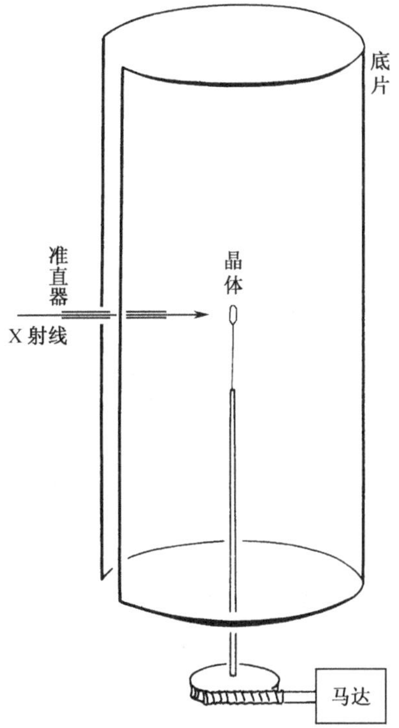

图 3-6-7 回摆摄谱仪示意图

既然某一晶轴(或主要晶带轴)与晶体回摆轴重合,那么倒易点阵中必定有一族主要的倒易阵点平面垂直于回摆轴。因为晶轴或主要晶带轴必定是晶体点阵中的一个通过原点的重要阵点列,它当然是晶体倒易点阵中一个重要倒易阵点面族的面法线方向,而且此重要阵点列的平移周期 t 应与此相应的倒易阵点面族的面

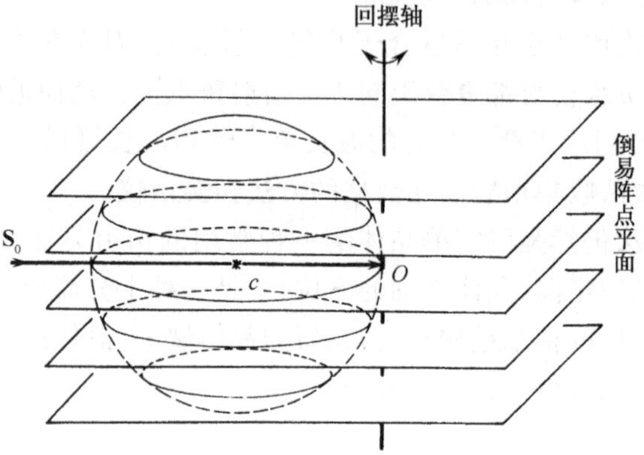

图 3-6-8　倒易点阵中倒易阵点平面族与反射球相对回摆运动示意图

间距倒数($1/d^*$)相关。当晶体绕晶轴对入射束作回摆运动,从倒易空间上考察,这就是此重要倒易阵点平面族绕着通过坐标原点 O 的面族法线对反射球作相应的回摆运动。这里有两点必须注意:一是每当讨论反射球与倒易点阵时,晶体和晶体点阵并不存在,反之亦然;其二是反射球的原点 O 永远与倒易点阵坐标系原点 O 重合在一起(请参阅第四章中有关反射球与倒易点阵概念的阐述),此时反射球与倒易阵点面族的相互作用如图 3-6-8 所示。

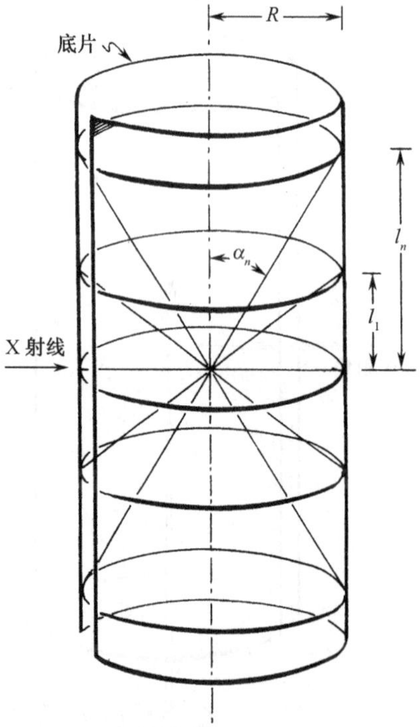

图 3-6-9　回摆法的同轴衍射锥面族与底片示意图

假如,晶体的回摆轴为晶体学 c 轴,那么与反射球的赤道圆相交的倒易阵点平面将是 $hk0$,其余是 $hk1, hk2, \cdots, hkn$,以及反方向的 $hk\bar{1}, hk\bar{2}, \cdots, hk\bar{n}$ 倒易阵点面。晶体沿 c 轴回摆时,第 n 层倒易阵点面(hkn)掠过反射球的同一水平的圆周上。从球心到此圆周上各点的连线形成锥面,如图 3-6-9 所示。锥面内角的一半定义为 α_n。对于第零层倒易阵点面

$(hk0)$，其中 $\alpha_0 = 90°$。如此一组衍射同轴锥面延伸到圆筒形底片上，如图 3-6-9 所示，全部可以与反射球相交的倒易阵点所产生的衍射将在底片上被记录下来。圆筒底片铺展回平面，如图 3-6-10 所示，所记录的那一组同轴锥面衍射就呈现出一组由衍射斑点组成的平行线。这组平行线的次序是与那些锥面一一相应的。底片上通过入射束原点的直线叫做零层线。上部第一层线为+1，第二层线为+2，下部为负 1(以 $\bar{1}$ 表示)、负 2($\bar{2}$)层，……依此类推。仍然假定与旋转轴重合的晶轴为晶体学 c 轴，记录在零层线上的衍射应有衍射指数为 $hk0$，第一层线的为 $hk1$，第 n 层的为 hkn。同理记录在负 1 层线上的为 $hk\bar{1}$，第负 n 层线上的为 $hk\bar{n}$。在回摆底片上，从零层线到第 n 层线的垂直距离以 l_n 表示，显然对于相反方向是相同的，即 $l_n = l_{\bar{n}}$。

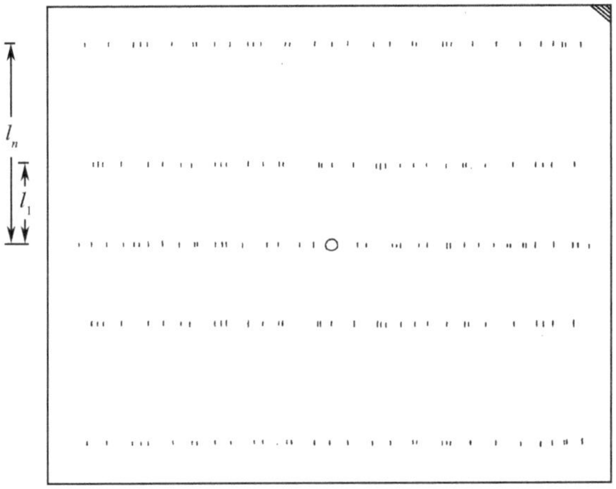

图 3-6-10　回摆法摄谱的底片示意图

回摆底片上所记录的衍射数目，当然决定于倒易阵点平面上倒易阵点排布的密度(即决定于晶体点阵参数大小)，同时也决定于摄谱时晶体绕轴回摆角 ω。在确定的点阵参数下，ω 越大，所记录的衍射数目越多，每一层线上衍射斑点越为密集。如果使用回摆法摄谱仪作为收集衍射强度数据时，根据晶体点阵参数大小而选择适当回摆角是十分必要的。适当大小的回摆角 ω 既可以避免衍射斑点在底片上(在同一层线上)相互重叠，又可以充分利用底片的有效面积记录尽量多的衍射。

3.6.2.2　晶胞周期的测定

从图 3-6-9 不难理解，回摆底片上的层线距离 l_n 与晶体倒易点阵中相应面族的面间距 d^* 有着非常直接的对应关系。如果晶体的回摆轴是晶体学 c 轴，与 c 轴重合的倒易阵点面族法线必然是[00l]方向，那么，此面族必然是由 $hk0$，hkn 和

$hk\bar{n}$ 等倒易阵点面所组成。此外，此面族的面间距应为 d^*_{001}。显然晶体点阵周期 c 与相应倒易阵点面族的面间距 d^*_{001} 存在着倒数关系：

$$c = 1/d^*_{001} \tag{3.6.1}$$

图 3-6-10 中第 n 层的层线距离 l_n，是图 3-6-11 所示的第 n 层倒易阵点面与零层倒易阵点面之间的距离 nd^* 在宏观上的反映。从图 3-6-9 可知：

$$l_n = R\operatorname{ctg}\alpha_n$$

或

$$\operatorname{ctg}\alpha_n = l_n/R \tag{3.6.2}$$

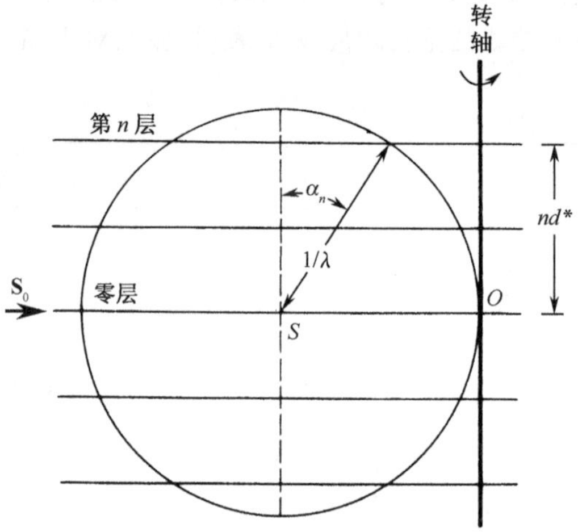

图 3-6-11　第 n 层倒易阵点平面与反射球相交后所给出的衍射锥半分角 α_n 示意图

其中 R 是圆筒底片的半径。此外，从图 3-6-11 又可得：

$$nd^* = \cos\alpha_n/\lambda \tag{3.6.3}$$

$$d^* = \cos\alpha_n/n\lambda \tag{3.6.4}$$

将式(3.6.2)代入式(3.6.4)得：

$$d^* = 1/(n\lambda\sqrt{1+(R/l_n)^2}) \tag{3.6.5}$$

从式(3.6.1)的原理可求得与回摆轴重合的主要晶带轴(晶体点阵中某一特定方向)的平移周期 J。

$$J = n\lambda\sqrt{1+(R/l_n)^2} \tag{3.6.6}$$

如果仍然像前面那样将晶体学轴 c 与回摆轴重合，那么 $c=J$。

3.6.2.3　晶体的调准

拍摄回摆图时必须使倒易点阵中特定的阵点平面族与仪器的回摆轴垂直。为了保证所摄的衍射谱的精确性，倒易阵点面族与回摆轴的垂直必须准确。通常利用晶体外形将晶体给以初步调整后，还需运用回摆法自身的摄谱结果给以进一步精确调整。

利用回摆法自身摄谱所得结果对晶体特定取向调准的原理和方法如下：首先我们确定以沿着 X 射线的入射方向作为观测的方向，如果倒易阵点平面族(图中仅以零层表达)左高右低地偏离水平面时[见图 3-6-12(a)]，在回摆底片上的层线(图中以零层线表示，而且通常也是在零层线上进行测量)将出现如图 3-6-12(b)所示的左高右低波浪形的曲线，其反方向的情形可以类推。图(a)中以 *N-O-N* 表示水平状态的圆周平面，而 *P-O-P* 是表示偏离水平面状态时的圆周平面。晶体调准的任务就在于将偏离水平状态的 *P-O-P* 调整到 *N-O-N* 水平状态。这里 *O* 点是不可移动的原点。假如 *P-O-P* 与 *N-O-N* 两个圆周平面的夹角为 α，那么夹角 α 将有如下表达：

$$\mathrm{tg}\alpha = NP/R \tag{3.6.7}$$

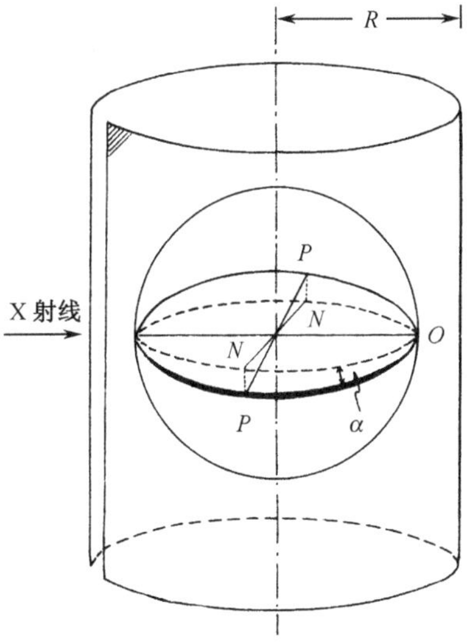

(a)

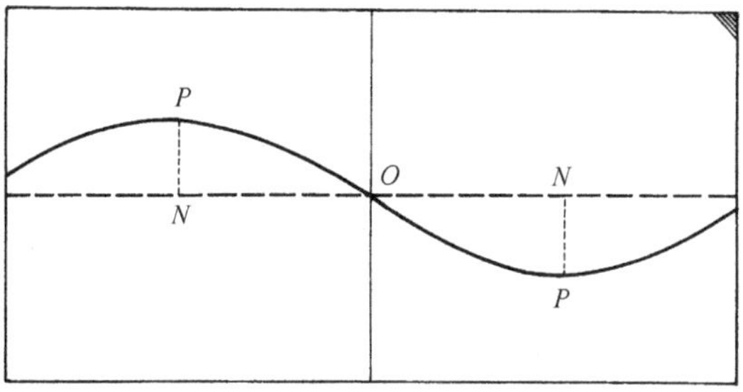

(b)

图 3-6-12　沿 X 射线入射方向观察，倒易点阵平面 *P-O-P* 以左高右低偏离水平面 *N-O-N* 时(a)，回摆底片出现的波浪形层线(b)示意图

其中 α 为偏斜角，R 是圆筒底片的半径。而 NP 是通过从底片上所测出的长度数值，即图(b)中波浪形层线的“波高”或“波谷”到水平线的值(P 点到 N 点距离)。

如果沿 X 射线入射方向观察，倒易阵点平面 PO 以前高后低偏离水平面 N-O［见图 3-6-13(a)］，那么回摆底片上将出现另一种波浪形的层线，图 3-6-13(a)及(b)以零层线示意这种偏离的几何原理。从图 3-6-13(b)的底片上可以直接测量出 NP 距离，它是波峰或波谷到水平线的垂直距离。如果圆筒底片的半径 R 为已知值，那么倒易阵点平面 P-O 偏离水平面 N-O 的角度 β 将可由下式求得：

$$\mathrm{tg}2\beta = NP/R \tag{3.6.8}$$

同理，可以推知倒易阵点平面以前低后高偏离水平面时的结果。

在一般情况下晶体的定向往往既有前后偏斜，又有左右的偏斜，这时可根据零层线(它永远通过入射束原点)弯曲形状，求出左右和前后偏离角度 α 和 β。例如，

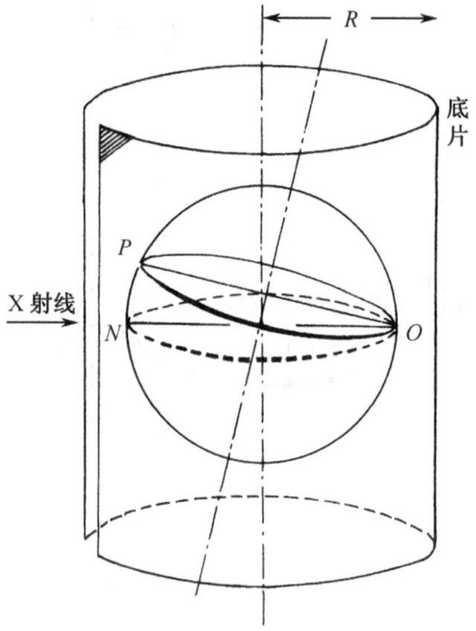

(a)

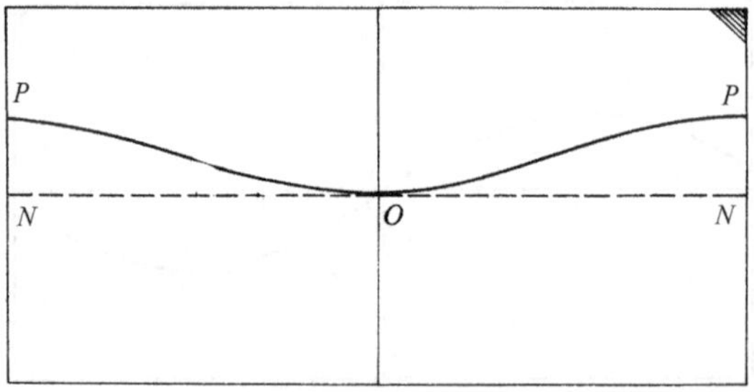

(b)

图 3-6-13　沿 X 射线入射方向观察，倒易点阵平面 P-O 以前高后低偏离水平面 N-O 时(a)，回摆底片上出现的波浪形层线(b)示意图

在图 3-6-12(b)中如果左边 NP 距离不等于右边的 NP 距离，从左边的 NP 距离可以从式(3.6.7)算出向上偏离度 α_1，而从右边的 NP 距离得出向下偏离度 α_2，那么 α 值和 β 值可以从 α_1 及 α_2 推知：

$$\alpha=(\alpha_1+\alpha_2)/2,\quad \beta=(\alpha_1-\alpha_2)/2 \tag{3.6.9}$$

根据上述原理测算出偏离角度 α 及 β，可以通过在装置晶体的测角头上的“大圆”及“小圆”，对晶体的特定取向作相应的调整。

为了调整晶体的某一特定取向，以及最终测量点阵周期，通常让晶体绕轴回摆 5°～10°左右。对于生物大分子晶体，由于晶体点阵周期参数很大(倒易点阵周期参数小)，而且衍射能力弱，所以一般只用 1°～2°的回摆角。为了收集衍射数据的目的，选择合适的回摆角度是十分重要的，必须根据晶胞参数的大小进行计算，最好进行预行性试验。

3.6.2.4 回摆法衍射图的对称性

回摆法中除了与回摆轴重合的晶轴外，晶体的另外两个晶轴与 X 射线入射束的取向是任意的(特殊情况，例如让其中一个晶轴与入射束重合后并左右回摆)，更重要的是回摆角度不可能很大，因而衍射球内只有很少部分倒易阵点能与反射球相交。所以，除了与 X 射线入射束垂直并与回摆轴重合的偶次对称轴或与回摆轴垂直的对称面可以被探知以外，实际上，回摆法衍射图上的对称性是很有限的。回摆法并不是探测晶体对称性的最佳手段。

(1)当偶次对称轴或对称面的面法线与回摆轴重合，此时的倒易点阵的零层阵点平面必与对称面重合，那么，图 3-6-10 的回摆底片上将以零层衍射线为中线，上下对应的衍射斑点将出现对称等效关系(不但几何位置，而且在衍射强度上等效)。

(2)在特殊的情况下，当一个偶次轴与回摆轴垂直，而且它刚好以 X 射线入射束为重合线左右回摆相等的角度，那么，图 3-6-10 的回摆底片上各衍射斑点将以入射束原点作为对称点(可以认为是二次对称轴的投影)出现对称等效关系。

(3)在特殊的情况下，当一个对称面平行地与同摆轴重合，而且又同时与 X 射线入射束平行并以此为中点左右回摆相等的角度，那么，图 3-6-10 的回摆底片上以通过原点的垂直中线作为对称线(可以认为是对称面的投影)，左边与右边的衍射斑点之间呈现对称等效关系。

由此可以推知，回摆法的衍射底片上可能出现如下 5 种对称性：①没有任何对称性；②以零层线为对称线上下对称等效；③以原点为对称点，对角对称等效；④以垂直中线为对称线，左右对称等效；⑤同时以零层线及垂直中线为对称线，上下左右都对称等效。

3.6.2.5 回摆法衍射指数的确定(指数化)

对于回摆衍射图上衍射的指数化问题，在 Г. Б. 柏基意著《伦琴射线结构分析实用教程》中已作十分详细的论述和示范。请读者参阅，在此不再重复。

3.6.2.6 周转方法

周转法与回摆法十分相似，可以将周转方法看作回摆法的一种特例，即回摆法以 360°的回摆角进行运动，其结果就是周转法的结果。

周转法是让晶体绕着倒易点阵中某一主要的倒易阵点面族的法线（它可能就是晶体学轴）单方向地作周转运动，单一波长的 X 射线垂直于周转轴入射，在这样情况下，周转法的衍射原理完全可以用图 3-6-7，图 3-6-8，图 3-6-9 等给以描述。由于在回摆法中已作充分讨论，在此不再重复。

如果晶体的定向没有精确调整，偏斜的倒易阵点平面周转地与反射球相交，其结果在底片上的衍射层线将不是波浪形，而是以图 3-6-12 和图 3-6-13 中 *N-P* 数量的 2 倍（即回摆图中波浪形层线的波峰与波谷之距离）为宽度的层线。换句话说，同一倒易阵点平面所给出的衍射在底片上将分布在宽度为 2 倍 *N-P* 的一条层线上。很明显，周转法的衍射结果不可能判断倒易阵点平面的偏离方位，因而对晶体定向不能作任何调整。

由于衍射空间总是具有中心对称，而周转法又是在一张底片中记录了全部衍射的结果，所以，周转法衍射底片上总是出现以入射束原点作为对称点（可以认为是对称中心的投影）的对称等效关系。除此之外，周转法衍射底片上还可能出现另一种对称性：底片上所有衍射斑点都同时以零层线和垂直中线作为对称线，上下左右对称等效关系。这种对称性是衍射空间中的偶次对称轴与对称面垂直在周转法中的反映，偶次轴及对称面法线与周转轴重合。衍射空间中其他的对称性不可能在周转法衍射摄谱中得到表达。

周转法衍射的指数化，在原理上与回摆法相似，只是在周转法中，同一平面的倒易阵点所给出的衍射都同时叠加在同一张底片的同一条层线上，换句话说，周转法衍射底片同时记录了一整套回摆法衍射底片中所有的衍射，衍射斑点相互重叠十分严重，这样就给指数化带来了极大的困难。从实践上，周转法衍射底片的诠释是很困难的，因而周转法并没有很大的实践意义。

3.6.3 魏森堡(Weissenberg)方法

3.6.3.1 魏森堡方法的原理及其摄谱仪

前面 3.6.2 节我们介绍了回摆方法，在实际的晶体结构测定工作中，回摆法有助于对晶体特定取向的校准，另外，它可以提供沿回摆轴方向的晶体点阵周期参数。20 世纪 70 年代以来由电脑控制的精密大型的圆筒形特别是平板型回摆摄谱仪已广泛用于生物大分子晶体衍射数据的收集。然而回摆法仍然有一些不足之处，其中最主要的是，同一阵点平面上的倒易阵点所给出的衍射在回摆法衍射底片上都落在一条直线上。这样，在衍射空间中的二维平面上的衍射都被记录在一维直线上。此外，如图 3-6-11 和图 3-6-8 所示，除了 $n=0$ 的倒易阵点面之外，在回摆轴附近的倒易阵点不可能与反射球相交，它们不可能给出衍射，这被称为回摆法的“盲区”。n 越大，盲区越大。魏森堡方法，特别是等倾斜魏森堡方法可以克服这些不足。

魏森堡方法的最基本原理是首先按照回摆方法精确校准晶体的方向，使特定的晶轴或点阵中的主要晶带轴与回摆轴重合。此时，回摆衍射底片上的衍射层线都成为直线。然后利用圆筒形的层线屏只让其中某一层线的衍射通过，而挡住其余各层的衍射，如图 3-6-14 所示。摄谱时，晶体由马达的传动而慢慢地转动，层线屏外的圆筒形底片也通过马达的传动而同步地沿晶体回摆轴作平移运动。传统的魏森堡摄谱仪是让晶体转动 2°，底片同步地平移 1mm。通常，晶体是绕轴回摆几十度到 180°，底片也随之同步地往返平移。当然在整个过程中，层线屏是不动的。这样，那些在回摆法衍射底片中落在某一特定层线上的衍射得以有规律地展开在一张二维底片上。虽然在魏森堡衍射底片上，衍射斑点之间的几何排列图案(即倒易阵点平面上阵点排列图案)受到某种歪曲变形，然而它使衍射空间中的一个二维衍射结点平面以二维平面来表达。这样，所记录的衍射将不会重叠，也便于衍射的指数化和衍射强度测量。图 3-6-15 给出了魏森堡方法摄谱仪的示意图。

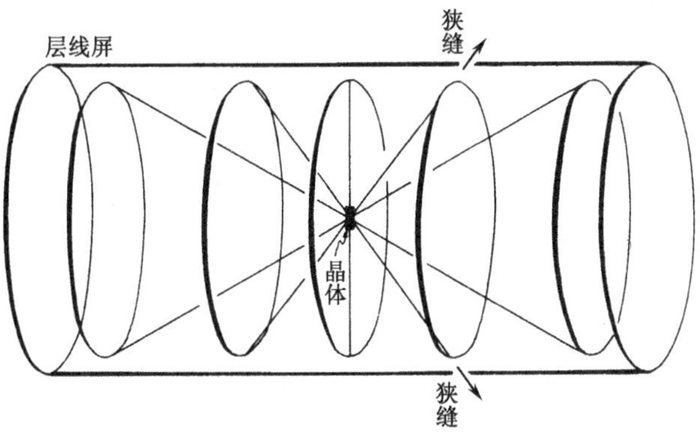

图 3-6-14　层线屏上的狭缝只让一个层线的衍射通过

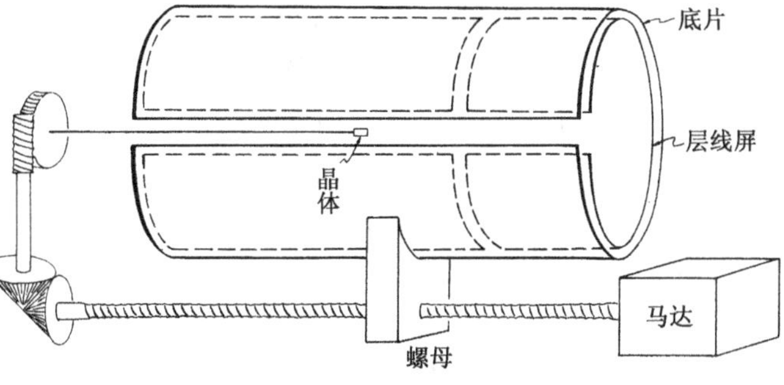

图 3-6-15　魏森堡摄谱仪示意图

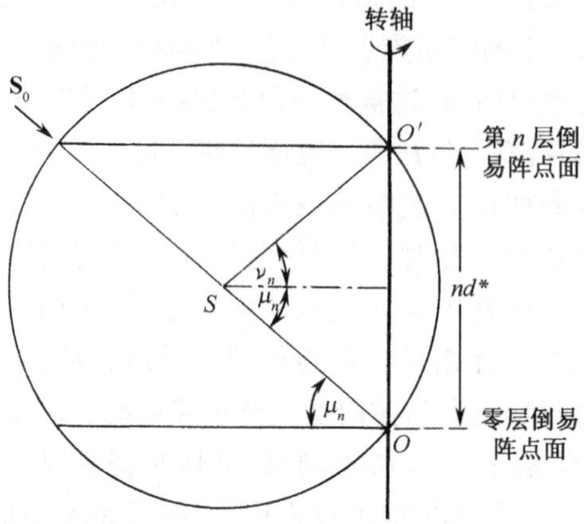

图 3-6-16 等倾斜原理示意图

为了消除盲区，采用等倾斜方法。所谓等倾斜方法，就是在收集非零（$n\neq0$）层衍射数据时，使入射束与晶体转轴斜交一定角度 μ，让这一层的转轴的位置 O' 和反射球面相碰，从而消除盲区。图 3-6-16 示意晶体转轴和 X 射线入射束以 μ 角斜交后的情况。“等倾斜”的意思还指倾斜角 μ 和该特定层线锥角 ν_n 相等，即 $\mu_n=\nu_n$。在仪器设计上，为了便于操作，晶体转轴 O-O' 处于水平位置，用于调整倾斜角 μ 的轴为垂直轴，称为倾斜轴，即图 3-6-16 中通过原点 O 并垂直于纸面的垂直线。在摄取回摆法衍射图和零层魏森堡衍射图时，应让 $\mu=0$，即晶体转轴和 X 射线入射束相互垂直。在摄取非零层魏森堡衍射时，机身（即晶体旋转轴 O-O'）绕倾斜轴（即通过 O 点的垂直轴）相对于入射束转一定角度 μ，此时晶体转轴和入射束的夹角为 $90°-\mu$。我们早已知道，反射球的原点 O 永远与倒易点阵坐标系原点 O 重合，而且 X 射线入射方向 $\mathbf{S}_0$ 也永远位于反射球的中心与原点 O 的连线上。此外，如上所述，在仪器设计上倾斜轴永远垂直并相交于晶体转轴和 X 射线入射束。那么，反射球与倒易点阵相互关系上就如图 3-6-16 所示，倒易点阵的转轴 O-O' 与入射方向 $\mathbf{S}_0$ 相交于原点 O，且与垂直的倾斜轴垂直。当倾斜角 μ 与某一特定层线锥角 ν_n 相等时，即 $\mu_n=\nu_n$，此特定（n）倒易阵点平面必定通过 O' 点与反射球相交，而 O' 点也是倒易点阵转轴与此特定（n）倒易阵点平面的相交点。

摄取回摆法衍射时，底片并不平移运动，而且不使用层线屏。而摄取魏森堡衍射时，底片是随晶体转动并同步平移，而且必须使用层线屏（见图 3-6-15）。屏上狭缝的宽度可以调节，屏的位置可以移动，让所需摄取的那一特定（n）层的衍射得以通过，记录于底片上。传统的魏森堡摄谱仪，其层线屏的直径（指内径）为 47.2mm，底片盒内径为 57.3mm。层线屏的位移值 S 和倾斜角 μ 是根据层线位置计算确定的。如果 X 射线的波长为 λ，沿转轴方向的倒易阵点平面族的面间距为 d'，那么，从图 3-6-16 不难推导出摄取第 n 层衍射时的倾斜角 μ_n 为：

$$\sin\mu_n = n\lambda d'/2 \qquad (3.6.10)$$

如果沿晶体转轴方向的晶体学轴或主要晶带轴的周期参数为 J，由于 $J=1/d'$，所以式（3.6.10）将有如下表达：

$$\sin\mu_n = n\lambda/2J \qquad (3.6.11)$$

从倾斜角 μ_n 及层线屏半径 R 很容易推知层线屏狭缝从零层到第 n 层时的位移量

S_n 为：

$$S_n = 2R\mathrm{tg}\mu_n \tag{3.6.12}$$

显然，对于负方向摄取第 $\bar{n}$ 层时，上述 μ 及 S 参数是类同的。

3.6.3.2 等倾斜魏森堡衍射底片上衍射点的分布

等倾斜魏森堡衍射底片上衍射点的分布，可以从下面几种情况分别进行讨论。

1. 通过原点的倒易阵点直线　设有一条倒易阵点密集地排列的阵点列，它和晶体转轴垂直，处于零层并通过原点 O。图 3-6-17(a)是沿倒易点阵转轴投影的示意图。图中通过原点 O 的倒易阵点列 QQ' 的起始位置是在 FF'。随着倒易点阵的转动，这直线的不同部位依次与反射球相碰，给出衍射。当晶体转动时，底片沿着

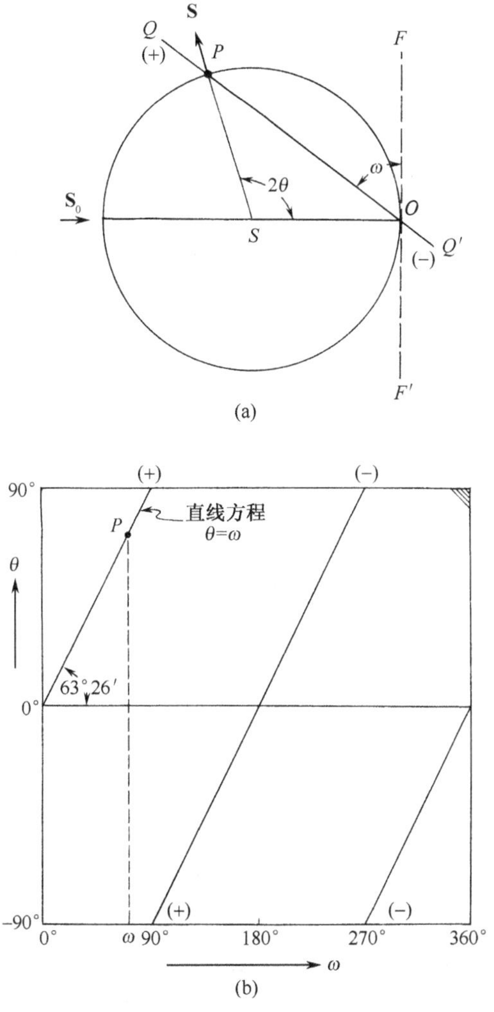

图 3-6-17　通过原点的倒易阵点列在魏森堡衍射中的示意图

垂直于纸面的方向同步地移动，衍射点落在底片的不同部位。晶体转动 ω 角度之后，倒易阵点列上的 P 点刚好与反射球相碰，沿着 SP 方向(即 S 方向)发生衍射，入射方向 $\mathbf{S}_0$ 与衍射方向 $\mathbf{S}$ 的交角为 2θ。从图 3-6-17(a)的几何学关系可以证明 $\theta=\omega$的关系。因此，倒易阵点列 QQ' 所给出的衍射在底片上的轨迹应满足直线方程 $\theta=\omega$，因而是一条由衍射斑点组成的斜线，如图 3-6-17(b)所示。图(b)是圆筒形底片展平后的魏森堡衍射图，图中纵坐标为 θ，横坐标为 ω，都用度数表示它的距离。传统的圆筒底片直径为 57.3mm，这就使 θ 轴上的 1°相当于底片上的 1mm；晶体转动 1°，底片同步平移 1/2mm，即 ω 轴上的 2°相当于 1mm。倒易阵点列 QQ' 所给出的衍射在底片上的轨迹为一直线，它和水平中线的交角为 63°26′[见图(b)]。P 点在此斜的直线上的坐标可以直接在底片上量出，并以 θ 和 ω 表示。由于晶体转动 ω，底片同步平移 $\omega/2$mm 距离，当 $\omega=90°$时，$\theta=\omega$ 直线将有一转折。这是因为在 $\omega<90°$时，倒易阵点列 QQ' 扫过图中反射球的上半部，而当 $\omega>90°$时，QQ 列扫过反射球的下半部。当把圆筒形底片展开成平面后，就出现图 3.6.17(b)所示的情况。当 ω 到达 180°，倒易点阵列 QQ' 在初始位置 FF' 上，但(＋)与(－)方向刚好对换。从此时开始，衍射底片上的斜直线轨迹将与 $\omega=0°$为始点时相似。

2. 不通过原点的倒易阵点列　设有倒易阵点列 GG' 和通过原点的 QQ' 线平行，且相距为 d^*。开始时，即当 QQ' 处于 FF' 时，GG' 并不和反射球面相遇，衍射不会发生。当倒易点阵绕垂直转轴 O 转动 ω' 时，GG' 和反射球相切，衍射开始发生。继续转至 ω 时，GG' 和反射球面有两个交点 P' 和 P''，而 QQ' 线的交点为 P，如图 3-6-18(a)所示。由反射球中 S 点向 GG' 作垂线 ST，平分$\angle P'SP''$成为两个 δ，即$\angle P'SP''=2\delta$，那么：

$$\cos\delta = ST/SP' \tag{3.6.13}$$

以圆的半径 R 代替 SP' 得：

$$\cos\delta = ST/R \tag{3.6.14}$$

由于$\angle OSP=2\omega$，因而$\angle OST=\omega$所以

$$ST = R\cos\omega + d^* \tag{3.6.15}$$

将式(3.6.15)代入式(3.6.14)得：

$$\cos\delta = (R\cos\omega + d^*)/R \tag{3.6.16}$$

因而

$$\delta=\cos^{-1}(\cos\omega + d^*/R) \tag{3.6.17}$$

而

$$\angle OSP' = \omega + \delta = \omega + \cos^{-1}(\cos\omega + d^*/R)$$

$$\angle OSP'' = \omega - \delta = \omega - \cos^{-1}(\cos\omega + d^*/R) \tag{3.6.18}$$

由式(3.6.18)可以推知，不通过原点的倒易阵点列 GG' 与反射球面相交 P' 及 P''点给出的衍射，在底片上的轨迹是一条曲线，这一曲线是以直线 $2\theta=\omega$ 为对称线，如图 3.6.18(b)所示，在同一个 ω 数值上，按 $2\theta=\omega\pm\delta$ 而得两个衍射点 P' 和 P''位置。δ 数值决定于 ω 和 d^*。当 $d^*=0$ 时，$\delta=\omega$，此时，$2\theta=2\omega$ 和 $2\theta=0$，和通过原点的 QQ' 直线一致。

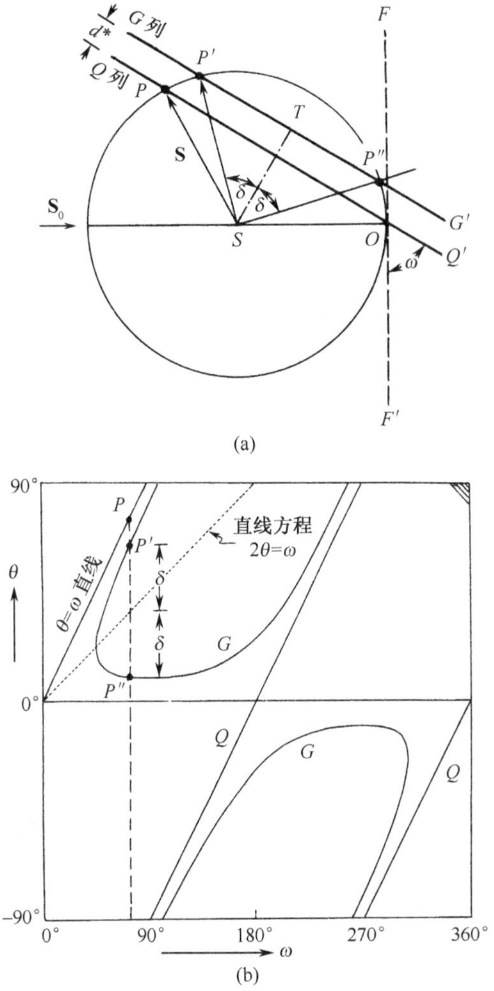

图 3-6-18　不通过原点的倒易阵点列（G列）在魏森堡衍射中示意图

3. *以 β^* 角相交的两条倒易阵点列*　在同一层的倒易阵点平面上，若两条通过原点 O 并以 β^* 角度相交的倒易阵点列，在等倾斜魏森堡衍射底片上给出的均为直线，两条由衍射点组成的直线在底片上平行相隔 β^*，如图 3.6.19(a)，(b)所示。

如果上述两条相交的倒易阵点列，其中一条通过原点，而另一条不通过原点，那么通过原点的倒易阵点列所给出的衍射在底片上的轨迹将是一条斜直线，而不通过原点的另一倒易阵点列所给出的必然是一条曲线。只要按照图 3-6-17 及图 3-6-18 所讨论过的原理，读者可以推导出它们在底片上的轨迹和坐标位置。

4. *高层的等倾斜魏森堡衍射*　摄取高层（$n\neq0$）的等倾斜魏森堡衍射图谱时，倒易点阵的转轴点 O' 保持与反射球面相交，不发生移动，如图 3.6.20(a)，(b)所

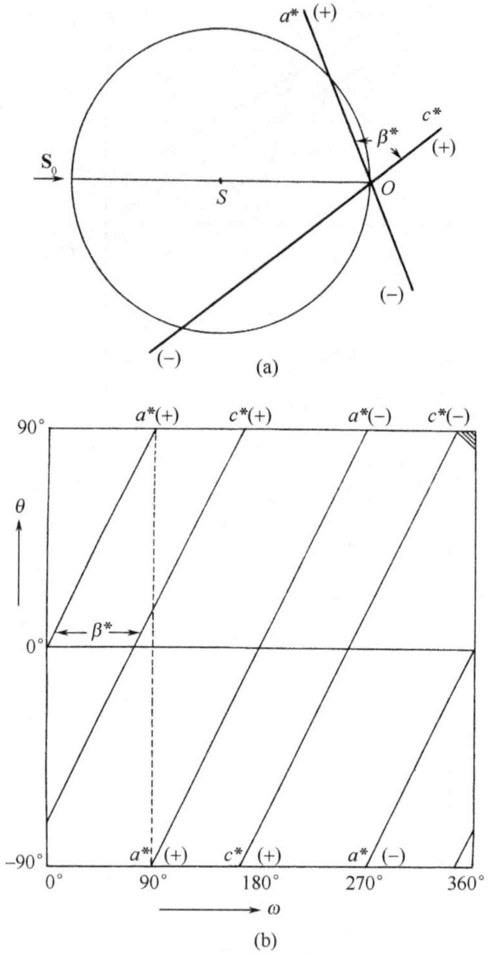

图 3-6-19　同一倒易阵点面上两条通过原点 O 以 β^* 角相交的倒易阵点列（a^* 列和 c^* 列）在魏森堡衍射中的示意图

示，其中图(b)是沿着垂直于倒易点阵转轴 OO' 方向投影示意，而图(a)是沿着 OO' 转轴方向投影示意。从示意图中可以发现，非零层与零层的情况十分相似，差别就只在于从反射球上截出的圆的半径 R_n 比零层时的 R_0（这里 $R_0=1/\lambda$）小一些。因而上述所讨论的原理和图 3-6-17，图 3-6-18，图 3-6-19 对于非零层的情况都是适用的。对于零层和非零层，式(3.6.14)到式(3.6.18)中的 R 将写为 R_n，其中 $n=0,1,2,\cdots,n$。对于零层情况反射球的半径 R_0 等于波长 λ 的倒数，即 $R_0=1/\lambda$。对于第 n 层情况，即当等倾角为 μ_n 时，第 n 层倒易阵点平面与反射球相交而所截取的圆，其半径 R_n 为：

$$R_n = R_0\cos\mu_n \tag{3.6.19}$$

显然，式(3.6.17)的 δ 值与 R 有关，非零层的所给出的等倾斜魏森堡衍射图也会略有变化。

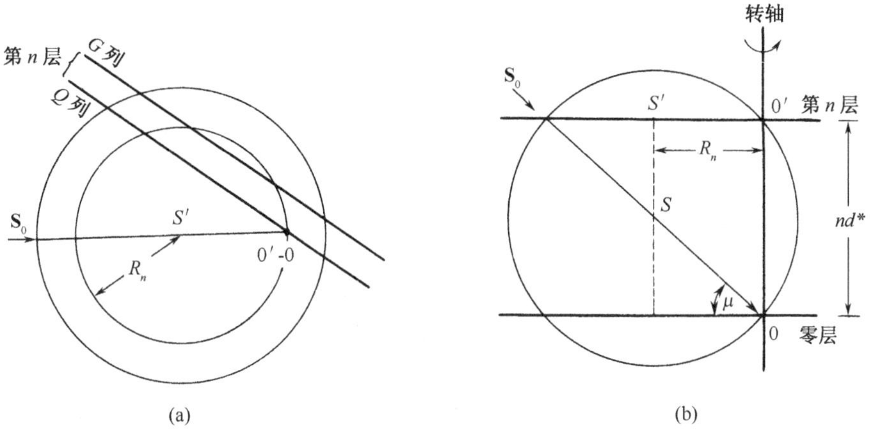

图 3-6-20 非零层倒易阵点面在等倾斜方法中与反射球的相互关系示意图
(a)沿着图(b)中的倒易点阵转轴 OO' 的投影示意；(b)沿垂直于 OO' 方向的投影示意

5. 魏森堡衍射的指数化 在 Г. B. 柏基意所著的《伦琴射线结构分析实用教程》中对魏森堡方法和魏森堡衍射的指数化已作十分具体的应用性的阐述，这里不必再作重复性介绍。此外，只要掌握了魏森堡方法原理，对它的衍射指数化也就比较容易理解。

3.6.4 徘循(precession)方法

上一节讨论了魏森堡方法，它克服了回摆方法的不足，魏森堡方法用二维的方式将每一层倒易阵点平面所给出的衍射记录下来。等倾斜魏森堡还消除了回摆方法的“盲区”。但是，魏森堡方法所记录的衍射图案，在几何图形上是一种变形的倒易阵点平面，对衍射的指数化很不直观。另外传统的魏森堡摄谱仪中，圆筒形底片盒的内径 $D=57.3$mm，即晶体距底片的距离只有 28.65mm，这对于无机化合物、有机化合物等小分子晶体是比较合适的，而对于具有很大晶胞的生物大分子晶体就显然不够了。晶体与底片距离太近，密集的衍射斑点之间很难分开，而徘循方法可以克服魏森堡方法的不足。徘循方法是把衍射空间的衍射结点面，一层一层地、不变形地记录在底片上。将各层的衍射结点平面叠合在一起将可表达出衍射空间的衍射结点排布图案。这种衍射结点的排布图案，从结点之间的几何位置来说是表达了晶体的倒易点阵。从这一直观的倒易点阵的几何图案，很容易将衍射结点的衍射指数给予标定(即指数化)。由于所使用的是平板形底片，在摄谱仪的设计上，可以调整它与晶体之间的距离。通常的距离都设计在 50mm 到 150mm 可调范围。因而十分适用于记录生物大分子晶体的衍射。不言而喻,由于使用平板形底片,而且距离晶体较远,因而能够记录的衍射范围(衍射球的半径)十分有限,一般所能收集的衍射大约在分辨率范围 2Å 之内(如果波长为 1.5418Å),这样的分辨率对于小分子晶体衍射显然是太低,然而对生物大分子晶体衍射却恰到好处。徘循方法及徘循摄谱仪最早是由贝尔格尔(M. J. Buerger)提出,他的专著"The Precession Method in X-Ray Crystallography"(Wiley,1964)对此方法原理及实际应用给以非常详细的阐述。徘循方法及其摄谱仪目前在生物大分子晶体衍射中广泛应用,为了帮助读者了解该方法的基本原理及掌握仪器使用的入门知识,这里对徘循方法作一简单介绍。

当晶体处于 X 射线入射束时,晶体倒易点阵坐标原点与反射球的原点 O 重合。X 射线入射方向$\mathbf{S}_0$ 经反射球中心 S 到达 O 点。如果某一特定通过原点 O 的零层倒易阵点平面与$\mathbf{S}_0$ 垂直,如图 3.6.21(a)所示。此倒易阵点平面的全部阵点,除 O 点外,并未与反射球面相交,衍射不可能发生。当晶体对 X 射线入射束转动一个角度 μ 时,此特定零层倒易阵点平面也绕 O 点对$\mathbf{S}_0$ 作 μ 角度的相应转动。图 3-6-21(b)示意零层倒易阵点平面的面法线与 $\mathbf{S}_0$ 相交 μ,并与反射球面相切割,切割的轨迹应是 OP 圆。相交于反射球面 OP 圆上的倒易阵点均可给出衍射。这些衍射构成了以球心 S 为顶点的衍射($\mathbf{S}$)锥面,如图(b)所示。如果与此倒易阵点面相平行的位置放置一平板形底片,如图 3-6-21(c)所示,则可将此衍射圆锥面上的衍射全部记录下来。这样在底片上所记录下来的结果必然是由衍射斑点所构成的 $O'P'$圆。

如果晶体对 X 射线入射束作徘循运动,始终在运动过程中保持 μ 角不变,即在运动中特定倒易阵点平面的面法线与入射方向$\mathbf{S}_0$ 始终保持交角 μ 不变。这种晶体对 X 射线入射束的相对运动以及下述平面底片所跟随的运动,称为徘循(或旋进)运动。此时特定倒易阵点平面的面法线通过原点 O 绕着$\mathbf{S}_0$ 以 μ 角作旋转运动,倒易阵点面在作徘循运动。与此同时,在徘循摄谱仪的设计上(见图 3-6-22),保证了平板形底片始终与此倒易阵点平面保持平行地并同步地作徘循运动。这样的徘循运动使图 3.6.21(b)及(c)所示的倒易阵点平面与反射球相交割的 OP 圆也在反射球面上进行徘循运动。自然,以 S 为顶点的衍射锥面也随之绕着$\mathbf{S}_0$ 作旋转运动,随着徘循运动的进行,倒易阵点平面上以原点 O 为中心,以$(2\sin\mu)/\lambda$ 为半径的圆内的所有阵点,按次序而且循环地与反射球面相交。在此徘循运动中,衍射锥的轴线(它当然与倒易阵点面法线以及底片面法线平行)与底片相交点的运动轨迹将是一个以 S_0 交点为中心的圆。底片在此运动中所记录下来的将是不变形的、直接反映倒易阵点分布的衍射图案(即衍射空间零层衍射结点面),如图 3-6-27 所示。

上述是零层情况。实际上,倒易点阵是一个三维点阵,与零层平面相平行的将是一族非零层的倒易阵点面,它们的面间距为 d^*。图 3-6-23 表明,当倒易阵点面

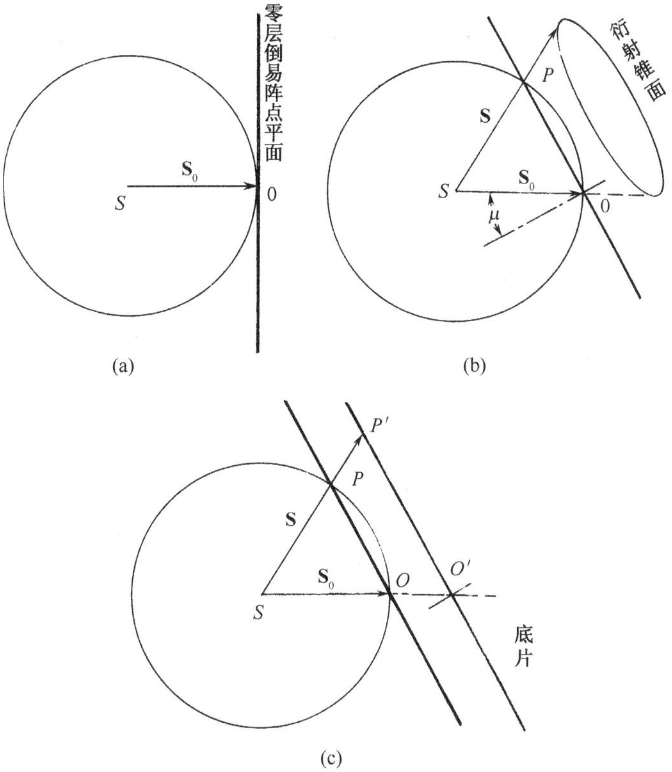

图 3-6-21　在徘循衍射方法中零层倒易阵点平面与反射球面相交割所给出的衍射锥以及被记录在平面底片上的示意图

族法线(即与晶体点阵的晶轴或主要晶带轴重合的方向)以倾斜角 μ 与$\mathbf{S}_0$ 相交于原点 O,并始终保持 μ 角不变,绕$\mathbf{S}_0$ 作旋转运动。当面族法线与$\mathbf{S}_0$ 相交 μ 角,整族倒易阵点面都与反射球面相交割。如此一来,衍射锥面将不再只是一个,而是由几个锥面组成的一族同轴衍射锥面,锥面族的共同顶点位于反射球中心 S,而且锥面族的轴线与面族法线平行(见图 3-6-23)。很容易推知,零层倒易阵点平面与反射球相交割所给出的衍射锥面,其半张角 ν_0 应与倾斜角 μ 相等,即

$$\nu_0 = \mu \qquad (3.6.20)$$

当倾斜角为 μ 时,第 n 层倒易阵点平面所给出的衍射锥面半张角 ν_n 有如下表达:

$$\cos\mu - \cos\nu_n = nd^* \qquad (3.6.21)$$

不言而喻,当整族倒易阵点平面以 μ 角围绕$\mathbf{S}_0$ 在反射球面上作徘循运动,如图 3-6-22所示,平板底片始终与倒易阵点面族保持平行,而且入射束方向$\mathbf{S}_0$ 与底片的交点 O'也保持不动。如此徘循运动结果,底片所记录下来的除了衍射空间中的零层衍射结点(几何位置的排布图案及其衍射强度)之外,其他 n 层(不包括 $\bar{n}$

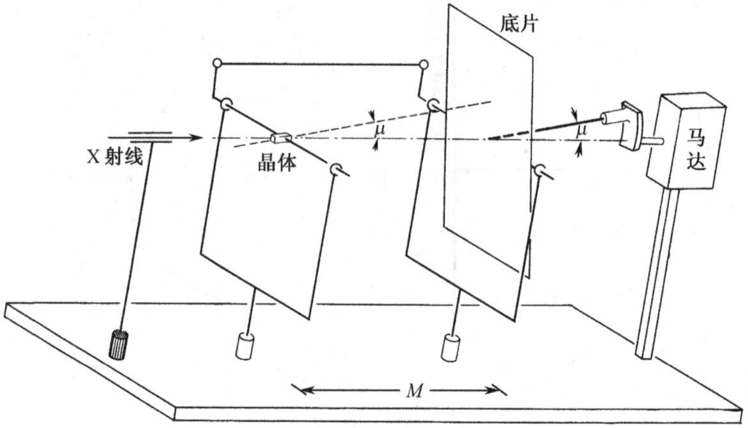

图 3-6-22 徘循摄谱仪设计原理示意图

层)的衍射结点也同时被记录下来,结果是各层的衍射结点在底片上必然会互相重叠。

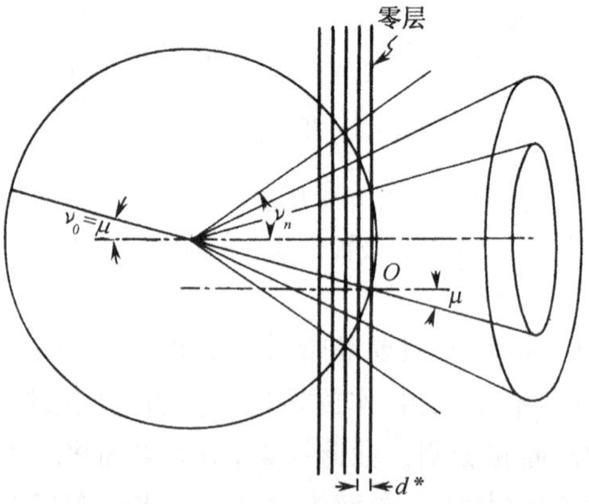

图 3-6-23 倒易阵点面族在徘循方法中给出同轴衍射锥面族示意图

为了每次只记录一个倒易阵点平面的阵点所给出的衍射,即每次摄谱时只让衍射锥面族中某一特定锥面到达底片,在底片与晶体之间设计了一个屏蔽装置,称为层线屏。层线屏是具有图形狭缝的平板(见图 3-6-24)。在摄谱仪的机械设计上,圆形狭缝的圆心始终保持是衍射锥面族的轴线与层线屏的垂直交点,而且层线屏总是保持与衍射锥面族同步地进行徘循运动。从图 3-6-24 可以理解,通过调整层线屏与晶体的垂直距离 S,屏上的圆狭缝可以处于某一特定衍射锥面的通道上。此时,此特定的锥面上所有衍射均能通过狭缝到达底片,而其他锥面的衍射将全部被屏阻。为了达到此目的，必须根据这一特定锥面的半张角 ν_n 而选择合适的圆形狭缝的半径 r_n 和确定层线屏与晶体的垂直距离 S，这三者有如下关系：

$$\mathrm{tg}\nu_n = r_n/S \qquad (3.6.22)$$

在这里，我们再强调一下，倒易阵点面族、层线屏和底片都同步地对反射球面进行徘循运动，而且三者都始终保持相互平行，但它们的运动轨迹却并非相同。首先，层线屏永远与倒易阵点面族严格一致，它们的运动轨迹完全相同，面族与反射球面交割给出的衍射锥面族的轴线永远垂直相交于层线屏上的圆形狭缝的圆心，此轴线当然是与倒易阵点面族法线平行一致的，而且此轴线是以 μ 角绕着与反射球中心 S 相交的入射束方向 $\mathbf{S}_0$ 作旋转运动。虽然底片也与层线屏及倒易阵点面族始终保持平行并同步地作徘循运动，但是底片在运动过程中它的中心点 O' 在摄取零层衍射谱时是保持不动的，此时（也只是在记录 $n=0$ 层衍射的时候）入射束方向 $\mathbf{S}_0$ 始终与底片中心 O' 点保持相交，尽管 $\mathbf{S}_0$ 并不垂直于底片（当 $\mu\neq0$ 时）。在摄取非零（$n=0$）层衍射谱时，由于底片必须向晶体方向移动 nMd^*（见图 3-6-26）。其中，M 是 $n=0$ 时底片与晶体的距离。此时，$\mathbf{S}_0$ 在底片上相交点 O'' 的轨迹将是一个小圆。再以摄取零（$n=0$）层衍射谱为例。由于此时 $\nu_0=\mu$，入射束方向 $\mathbf{S}_0$ 总是通过层线屏的狭缝到达底片的不动点 O' 点上。层线屏作徘循运动时，$\mathbf{S}_0$ 在层线屏上所留下的轨迹就是一个落在圆形狭缝上的圆。层线屏与底片一起对反射球作徘循运动的过程，将是层线屏上的圆形狭缝以底片上的 O' 作为固定切点，在底片上周转地作扫描运动。显然，连同零层（$n=0$）倒易阵点面一起对反射球面作徘循运动，其结果将是零层衍射锥面通过层线屏狭缝后，以 $\mathbf{S}_0$ 作为衍射锥面上的固定切线，在底片中进行扫描。这样的徘循衍射结果，底片将同步地把倒易阵点平面上与反射球面相交的阵点所给出的衍射，随着徘循运动的连续进行，依次地记录下来。由于底片是平行于倒易阵点平面，所记录的衍射斑点在底片上的相对几何位置，必然与倒易阵点平面上阵点之间的相对几何位置（排布）完全一致。非零（$n\neq0$）层衍射的情况与此类同。

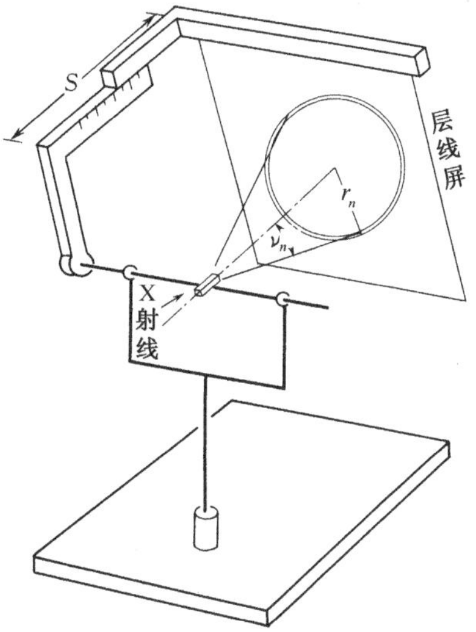

图 3-6-24　徘循方法中层线屏装置示意图

如果在层线屏的位置上，以一张平板底片代替层线屏，不难推知，这张与衍射锥面族的轴线垂直并保持严格同步的徘循运动的底片，它所记录下来的衍射图案将是一组同心圆，如图 3-6-25 所示。它们是这倒易阵点面族在倾斜角为 μ 时的同轴衍射锥面族，在距离为 S 的垂直截面。这样所获得的衍射图案，称为锥轴衍射

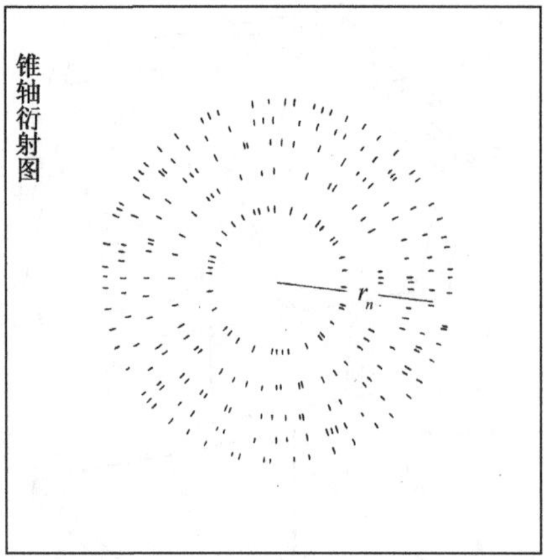

图 3-6-25 锥轴图衍射谱的示意图。放在层线屏位置上的底片所记录下来的衍射图谱示意

图谱,简称"锥轴图"。锥轴图上紧靠圆心的小圆(由衍射斑点构成的圆),其半径为 r_0,它是零($n=0$)层倒易阵点平面所给出的衍射锥面在距离为 S 上的垂直截面,其锥面的半张角为 ν_0(这里 $\nu_0=\mu$)。依此类推,在锥轴图上距圆心第 n 个衍射圆的半径为 r_n,它是第 n 层倒易阵点平面在倾斜角为 μ 时所给出的衍射锥面的截面,衍射锥面的半张角为 ν_n。显然,锥轴图上第 n 个衍射圆的大小,既与倾斜角 μ 及底片距离 S 有关,也与 X 射线波长 λ 以及这一倒易阵点面族的面间距 d^* 有密切关系。在已知 μ, S 及 λ 值,倒易阵点面族的面间距 d^* 可通过下式(3.6.23)求得:

$$nd^* = \cos\mu - \cos[\mathrm{tg}^{-1}(r_n/s)] \tag{3.6.23}$$

而且

$$t = \lambda/d^* \tag{3.6.24}$$

这里 t 是在这一倒易阵点面族面法线方向上(即 d^* 的方向)的晶体点阵周期。如果我们选择某一晶轴作为 t 的方向,徘循方法的锥轴图将直接给出此晶轴的平移周期。

锥轴图在实践中的另一重要用途是它可以给出晶轴定向的偏离,因而可以作为徘循方法中对晶轴定向调准的手段之一(以小角度徘循的方法作为晶体定向精确调正的手段,在 M.J.Buerger 的专著中已作详细阐述,在此不准备重复介绍)。为此目的,徘循运动只在很小的角度范围内(通常是 5°～10°左右)来回回摆,而不是在 360°地周转。在很小的角度内所摄取的回摆锥族图,可以看作是晶体(倒易阵点面族)处于几乎是静止状态下的衍射锥面族在 S 距离上的垂直截面。如果已给定倾斜角为 μ,由于零层($n=0$)衍射锥面的半张角为 $\nu_0=\mu$,而且已知晶体与锥轴图的距离为 S,通过给定的 μ 值(即 ν_0 值),那么从式(3.6.21)可以预先算出在锥轴图上零层($n=0$)衍射圆的半径 r_0。如果晶体的特定的定向已经十分精确,即当 $\mu=0$ 时,此定向与入射束完全重合,那么回摆锥轴图上零层衍射圆的半径 r_0' 应与上述计算值 r_0 相等。如果晶体的定向存在偏离,那么 $r_0' \neq r_0$。从 Δr_0(即 $r_0' - r_0$)的绝对值可以推算出晶体定向的偏离角度。而且从 Δr 所处的方向(上下左右)可以确定晶体定向的偏离方向,从而可以给以相应调整。

已经清楚,倒易点阵坐标系原点 O 总是与反射球的原点 O 重合,零层倒易阵点平面上的原点当然与 O 点保持重合。此时底片与晶体的距离为 M,而且 X 射线入射束与底片的中心点 O' 相交。对于零层($n=0$)情况,在徘循运动中,底片上的

O'点静止不动。然而，对于非零($n\neq0$)层的情况就不同了。非零层的倒易阵点平面的原点并不与反射球的原点 O 重合。如果倒易阵点面族的面间距为 d^*，那么第 n 层倒易阵点面的原点距离 O 点为 nd^*，而且它以 μ 角度绕着 S_0 作旋转运动。为了让第 n 层倒易阵点平面所给出的衍射能够直接地、不变形地记录在底片上，底片的中心必须相应由 O'点向着晶体方向往前移动到 O''点上，如图 3-6-26 示意。O''点是以角度 μ 绕着入射束旋转的。对于第 n 层的衍射，距离 $O'O''$可按式(3.6.25)计算：

$$O'O'' = nMd^* \tag{3.6.25}$$

其中 M 是底片在零层($n=0$)时与晶体的距离，而 d^* 是倒易阵点面族的面间距离。

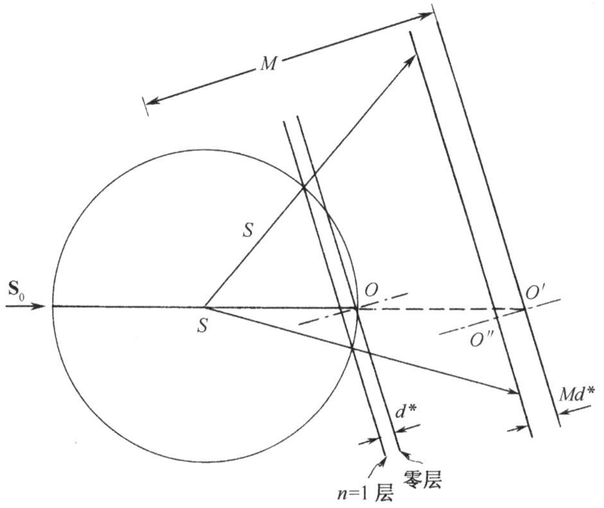

图 3-6-26　摄取非零层($n\neq0$)衍射时，底片应作相应移动的示意图

为了下面进一步的讨论，假定将晶体的晶体学轴 c 选定为徘循轴并已调准到与 X 射线入射束重合(当 $\mu=0$ 时)。在此情况下，徘循衍射方法在底片上所记录的将是衍射空间中以 a^* 与 b^* 展开的各层衍射结点平面，其衍射指数分别为 $hk0$，$hk1$，…，hkn。下面以零层 $hk0$ 衍射作为具体讨论对象。

先从晶体点阵的概念进行分析。图 3-6-27(a)中，平面 SET 示意为晶体点阵的某一特定面族中的一个阵点平面，此面族在徘循运动中满足了布拉格反射方程并给出了衍射点 P'。如果底片上 O'—P'的距离为 R，而且 O'是入射束与底片中心的交点，底片在记录零层 $hk0$ 衍射的徘循过程中，O'保持不动。从几何学上和布拉格方程的条件上可知

$$\sin\theta = (R/2)/M \tag{3.6.26}$$

式中，θ是晶体阵点面族 SET 给出衍射点 P'时的衍射角，R 是 O'到 P'点的距离，而 M 是 S 到 O'的距离，当 $\mu=0$ 时它是晶体到底片的垂直距离。

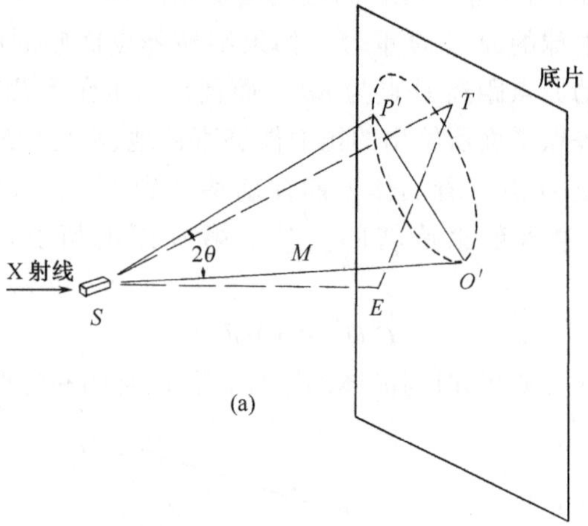

(a)

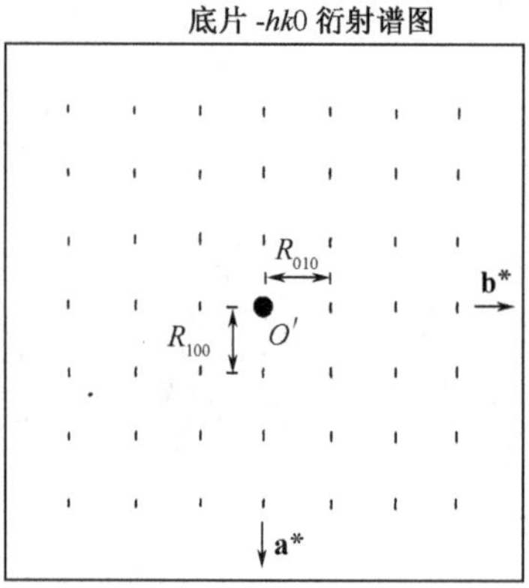

(b)

图 3-6-27 徘循方法零层($hk0$)衍射图谱中，某一特定晶体点阵面族(SET)给出衍射 P'点与其衍射角 θ 的示意图(a)，从图谱中确认 $\mathbf{a}^*$ 与 $\mathbf{b}^*$ 取向后，将可从 R_{100} 及 R_{010} 推算出 d_{100} 及 d_{010}，从而获得 a^*，b^* 和 γ^* 参数(b)

如果衍射点 P'的衍射指数为 $hk0$，依照布拉格方程应有下式表达：

$$\sin\theta_{hk0} = n\lambda/2\,d_{h_0k_00} \tag{3.6.27}$$

其中 $d_{h_0k_00}$是晶体阵点面族 SET 的面间距，($h_0\ k_0\ 0$)是此面族的面指数，而 $h_0\ k_0\ 0$ 自然是此面族的第一级衍射，而 P'的衍射指数 $hk0$ 表明 P'是此面族的第 n 级衍射，其衍射角为 θ_{hk0}。此外，λ是波长。

从式(3.6.27)及式(3.6.26)可得

$$R_{hk0} = Mn\lambda/d_{h_0k_00} \tag{3.6.28}$$

这里 R_{hk0}是底片上衍射指数为 $hk0$ 的衍射点 P'到底片中心点 O'的距离。式(3.6.28)可以改写为：

$$d_{h_0k_00} = Mn\lambda / R_{hk0} \tag{3.6.29}$$

从式(3.6.29)可以理解,在零层 $hk0$ 衍射图谱上[见图 3.6.27(b)],沿着倒易点阵基本周期 b^* 方向,以 O'为原点的第 n 个衍射点一定是晶体点阵中(010)面族的第 n 级衍射结果。因此,将此衍射点到原点 O'的距离 R_{0k0} 代入式(3.6.28),即可求出面间距 d_{010}。同理也可以求出 d_{100}。

现在,如果从倒易阵点的概念进行讨论,问题就会变得更为直观。底片所记录的是零层 $hk0$ 的衍射。倒易点阵基本矢量 $\mathbf{a}^*$,$\mathbf{b}^*$ 一旦被确认,底片上所有的衍射斑点都可以给出它们应有的衍射指数(即指数化)。因为底片上的衍射斑点的几何排布与倒易阵点平面 $hk0$ 上阵点的排布是完全一致的,如果不考虑倒易阵点的系统消失,那么沿 $\mathbf{a}^*$ 方向上任何两个相邻的衍射点之间的距离都等于 R_{100},它是基本倒易平移周期 a^* 在宏观上的表达。已知:

$$H_{100} = a^*$$

而且 $$d_{100} = I / H_{100}$$

从式(3.6.28)可知 $$a^* = R_{100} / M\lambda \tag{3.6.30}$$

同理 $$b^* = R_{010} / M\lambda \tag{3.6.31}$$

与此同时,在底片上从 a^* 与 b^* 的夹角可以直接读出 γ^* 来。

最后,通过第 n 层 hkn 的衍射图谱中零点衍射 $00n$ 的位移(即零点衍射 $00n$ 相对于零层的原点 O 所产生的位移)的距离及其方向,可粗略地计算出倒易格子的其他两个夹角 α^* 及 β^*。结合锥轴图,沿着一个方向的徘循衍射摄谱,可以获得倒易点阵的 6 个参数,从而导出晶体点阵的 6 个参数。

综合上述讨论,徘循方法可以沿徘循方向将衍射空间的衍射结点分层地,而且直观和不变形地分别记录在底片上。可以设想,将徘循衍射方法所摄取的衍射层,重新按相应于锥轴图所给出的倒易周期,一层层地叠合在一起,将可建立起一个准确、直观的衍射空间(正轴方向)的模型。此外,从这直观的衍射空间模型很容易确定它的对称性——劳埃群。

3.6.5 四圆衍射仪的基本原理

四圆衍射仪是继线性衍射仪之后在 20 世纪 60 年代末发展起来,并不断改善的一种精确测量单晶体衍射数据的自动化仪器,至今在国际上仍极广泛地被应用于单晶体、特别是小分子晶体衍射数据的收集。其结构及工作原理很不同于上述各节已介绍过的衍射方法。

顾名思义,四圆衍射仪应具有 4 个圆,其结构原理示意于图 3-6-28。4 个圆分别称为 ϕ(phi)(圆)、κ(chi)圆、ω(omega)圆和 2θ(2-theta)圆。ϕ 圆是指围绕安置晶体的轴而旋转的圆,即测角头绕晶体某一特定晶轴方向自转的圆;κ 圆是指安装测角头的垂直圆,测角头可在此圆上运动;ω 圆是使垂直圆绕垂直中轴转动的圆,亦即晶体绕垂直中轴转动的圆；2θ圆是和ω圆一样绕着垂直中轴转动的，带着探测器(闪烁计数器或正比计数器)的另一个圆。ϕ圆和κ圆的作用是共同调节晶体的取向，把晶体点阵中某特定的阵点面族($h_0 k_0 l_0$)调整到适当的取向，使它的面法线处于水平面上与X射线入射束共面。ω圆的作用是使这一面族(其面法线已经与入射束共面)绕着垂直中轴旋转，让面族的面与入射束的夹角为特定的θ_{hkl}，从而此面族的第n级衍射(其衍射指数为$nh_0\ nk_0\ nl_0$)得以发生。显然，此时晶体所给出的这一特定衍射束也必然处于水平面上，即与入射束和面族法线共平面。最后，2θ圆的作用是在另一圆上绕着垂直中轴转动到$2\theta_{hkl}$角度，将探测器带到衍射束的位置上，把面族的第n级衍射记录下来。

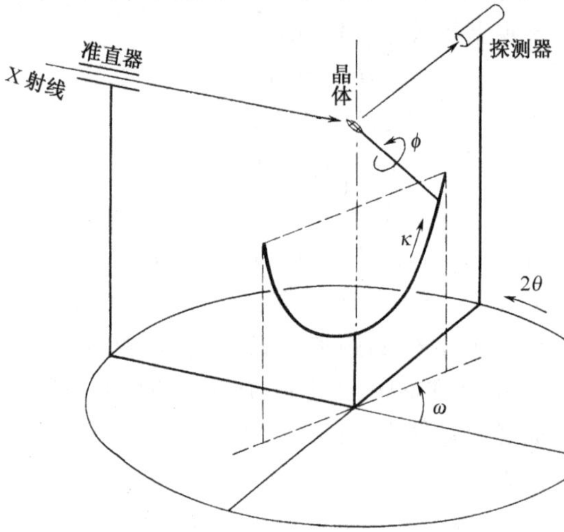

图 3-6-28　四圆衍射仪结构示意图

如果用反射球与倒易点阵之间的关系描述上述的讨论有可能更为简单一些。首先应该记住，无论倒易点阵对反射球中$\mathbf{S}_0$的取向如何，倒易点阵坐标系原点O与反射球原点O永远相互重合在一起。ϕ圆和κ圆的共同作用是让整个倒易点阵以坐标原点O为固定点作二轴(即三维方向)的转动，使某一特定倒易阵点(其指数为hkl)落在与反射球的水平面大圆(通过球心)相重合的平面上。此时$\mathbf{S}_0$必然也躺在大圆内。从原点O到倒易阵点hkl的倒易矢量$\mathbf{H}_{hkl}$当然也躺在此水平面上。ω圆的功能在于使$\mathbf{H}_{hkl}$以原点O为固定点，沿着水平面对反射球大圆作相对运动，直至使倒易阵点hkl与大圆相交。相交的结果给出了从大圆中心点到倒易阵点hkl为方向($\mathbf{S}$)的衍射，衍射指数是hkl。毫无疑问，$\mathbf{S}$(即hkl衍射)也一定躺在大圆(即水平面)上。而2θ圆的功能就只是将已经躺在水平面上的探测器送到hkl衍射方向上并进行记录。

在仪器的设计上，每一个圆都由一个非常精密的步进马达驱动，而4个马达都全部由计算机和一套十分复杂的程序来控制操纵。当晶体的基本周期矢量 **a**,**b** 和 **c** 与仪器的机械坐标轴 X,Y 和 Z 之间的取向关系一旦被精确地确定之后,将表达此取向关系的矩阵参数同晶体单位晶胞 6 个参数一起送入计算机,电脑将会按照工作者事先指定的次序,逐个地将全部需要收集衍射强度的衍射,通过探测器连同它的衍射指数记录下来。

仪器的机械坐标 X,Y 和 Z 的取向一般规定如下:以 X 射线入射方向为 X 轴,以 ω 圆和 2θ 圆共同的垂直中轴线为 Z 轴,再根据右手坐标系规则确定垂直于 XZ 平面的轴为 Y 轴。

四圆衍射仪在国际上以及在我国已被广泛使用。每一个实验室对每一台仪器都会建立自己的工作规程(标准的或非标准的)。此外,由于各个生产厂家对其四圆衍射仪不断改进,特别在计算机软件(电脑)方面发展很快,自动化程度越来越高。在实际应用中,读者应从仪器的使用说明书上以及实验室所建立的工作程序了解特定的仪器性能和使用操作步骤。作为入门知识,读者还可以参阅周公度著《晶体结构测定》一书中有关四圆衍射仪具体应用步骤的简单介绍。

图题索引

表题索引